住房和城乡建设领域专业人员岗位培训考试指导用书（标准版）

施工员（土建方向）通用知识与基础知识

主　编　郎松军

副主编　蒲　琳　杜　勇

中国环境出版集团　·　北京

图书在版编目（CIP）数据

施工员（土建方向）通用知识与基础知识／郎松军主编．
—北京：中国环境出版集团，2018.9
住房和城乡建设领域专业人员岗位培训考试指导用书：标准版
ISBN 978-7-5111-3184-3

Ⅰ.①施… Ⅱ.①郎… Ⅲ.①土木工程－工程施工－
岗位培训－自学参考资料 Ⅳ.① TU74

中国版本图书馆 CIP 数据核字（2017）第 110338 号

出 版 人	武德凯
策划编辑	陶克菲
责任编辑	易　萌
责任校对	尹　芳
封面设计	彭　杉

出版发行　中国环境出版集团
　　　　　（100062　北京市东城区广渠门内大街 16 号）
　　　　　网　　　址：http://www.cesp.com.cn
　　　　　电子邮箱：bjgl@cesp.com.cn
　　　　　联系电话：010-67112765（编辑管理部）
　　　　　　　　　　010-67112739（建筑分社）
　　　　　发行热线：010-67125803，010-67113405（传真）
印　　刷　北京中科印刷有限公司
经　　销　各地新华书店
版　　次　2018 年 10 月第 1 版
印　　次　2018 年 10 月第 1 次印刷
开　　本　787×1092 1/16
印　　张　24
字　　数　630 千字
定　　价　63.00 元

住房和城乡建设领域专业人员岗位培训考试指导用书（标准版）编委会

（排名不分先后）

施工员（土建方向）通用知识与基础知识编委会

前　言

本套教材包含三本：《施工员（土建方向）通用知识与基础知识》（以下简称"基础"）、《施工员专业管理实务（土建方向）》（以下简称"实务"）、《施工员习题集（土建方向）》，是按照住建部和中国建设教育协会编写的《建筑与市政工程施工现场专业人员考核评价大纲》中《施工员（土建方向）考核评价大纲》（以下简称"考核大纲"）整合编写的。

在分析了"考核大纲"的基础上，我们对其进行了整合，思路是：将《通用知识》、《岗位知识》和《专业技能》贯穿考虑，具体说明如下：

（一）《施工员通用与基础知识（土建方向）》

总体包含两部分内容，第一部分为"国家工程建设相关法律法规"；第二部分为"专业基础知识"。

1. 国家工程建设相关法律法规

本部分为"基础"部分的第一章，对应"考核大纲"中内容为：《通用知识》第一部分：熟悉国家工程建设相关法律法规；《岗位知识》第一部分：熟悉土建施工相关的管理规定和标准中的第一款和第二款；第二部分：熟悉施工组织设计及专项施工方案的内容和编制方法中第二款。

2. 专业基础的建筑材料和建筑测量

这两部分内容在考核大纲中相对比较独立，属于专业基础课程和技能。

《建筑材料》部分为"基础"的第二章，对应"考核大纲"中的内容为：《通用知识》第二部分：熟悉工程材料的基本知识。

《建筑测量》部分为"基础"的第八章，对应"考核大纲"中的内容为：《通用知识》第五部分：熟悉施工测量的基本知识；《专业技能》第四部分：能够正确使用测量仪器，进行施工测量。

3. 建筑构造和建筑施工图

本部分为"基础"的第三章和第四章，对应"考核大纲"中的内容为：《通用知识》第三部分：熟悉施工图识读、绘制的基本知识中的建筑施工图部分；《基础知识》第二部分：熟悉建筑构造、建筑结构的基本知识中的第一款。《专业技能》第二部分：能够识读施工图和其他工程设计、施工等文件中涉及建筑施工图部分。

4. 建筑力学、建筑结构和结构施工图

本部分为"基础"的第五章、第六章和第七章，对应"考核大纲"中的内容为：《基础知识》第一部分：熟悉土建施工相关的力学知识；第二部分：熟悉建筑构造、建筑结构的基本知识中的第二款。《通用知识》第三部分：掌握施工图识读、绘制的基本知识中涉及结构施工图的部分。《专业技能》第二部分：能够识读施工图和其他工程设计、施工等文件中涉及结构施工图部分。

本书由成都航空职业技术学院冯光灿教授担任主审。

特别感谢我们的良师益友四川建筑职业技术学院张曦副院长。

由于编者水平有限，书中仍难免存在不妥之处，恳请读者批评指正。

编者

目 录
CONTENTS

第一章　工程建设相关法律法规

第一节　概　述

一、建设法规的概念

建设法规是指国家有关机构、企事业单位、社会团体、公民在建设活动中或建设行政管理活动中，应遵守的国家立法机关或其授权的行政机关制定的各种法律法规的总称。

二、建设法规体系

（一）建设法规体系

建设法规体系是由许多不同层次的建设法律、法规构成的，目前我国的建设法规体系为梯形结构，由以下六个层次构成：

（1）宪法是由全国人民代表大会按照特定的程序制定并颁布的根本大法，具有最高法律效力及地位。

（2）建设法律是由全国人民代表大会或由全国人民代表大会常委会制定的专门法，是国家主席以主席令的形式公布的。如《建筑法》《安全生产法》《招标投标法》《城市房地产管理法》《城乡规划法》等。

（3）建设行政法规是由国务院制定并审议通过的法规，由国务院总理以国务院令的形式公布的。如《建设工程质量管理条例》《建设工程安全生产管理条例》《建设工程勘察设计管理条例》《招标投标法实施条例》等。

（4）建设部门规章是指住房和城乡建设部根据国务院规定的职责范围，依法制定并颁布的各项规章，或者由住房和城乡建设部与国务院其他有关部门联合制定并发布的法规，由国务院各部委的部门首长签署命令的形式公布。如《工程建设项目施工招标投标办法》《建设工程施工许可管理办法》《建筑业企业资质管理规定》《建设工程监理范围和规模标准规定》等。

（5）地方性建设法规是指由省、自治区、直辖市人民代表大会及其常务委员会制定并颁布的法规，该法规仅在当地行政区域内适用。

（6）地方政府建设规章是指省、自治区、直辖市人民政府或者是省会城市、自治区首府城市、经过国务院批准的较大城市的人民政府，根据相关法律、法规制定并颁布的法规，该法规仅在当地行政区域内适用。

（二）法的效力层级

上述法律体系中，法的效力从高到低依次排列为：宪法、建设法律、建设行政法规、建设部门规章、地方性建设法规、地方政府建设规章。宪法高于一切法，上位法优于下位法，特别法优于一般法，新法优于旧法。

第二节　建筑许可

一、建筑工程施工许可

（一）建筑工程施工许可证的领取

《建筑法》第 7 条，对施工许可证的领取作出相关规定：

建筑工程开工前，建设单位应当按照国家有关规定向工程所在地县级以上人民政府建设行政主管部门申请领取施工许可证；但是，国务院建设行政主管部门确定的限额以下的小型工程除外。

按照国务院规定的权限和程序批准开工报告的建筑工程，不再领取施工许可证。

《建筑工程施工许可管理办法》第 2 条，对"限额以下的小型工程"的范围作出了具体的规定：

工程投资额在 30 万元以下或者建筑面积在 300m² 以下的建筑工程，可以不申请办理施工许可证。省、自治区、直辖市人民政府住房城乡建设主管部门可以根据当地的实际情况，对限额进行调整，并报国务院住房城乡建设主管部门备案。

依法核定作为文物保护的纪念建筑物和古建筑等的修缮，依照文物保护的有关法律规定执行；抢险救灾及其他临时性房屋建筑和农民自建低层住宅的建筑活动，不适用于本办法。

军事房屋建筑工程施工许可的管理，按国务院、中央军事委员会制定的办法执行。

(二) 建筑工程施工许可证的申领

1. 建筑工程施工许可证的申领条件

《建筑法》第 8 条，对建筑工程施工许可证申领条件作出相关规定：

申请领取施工许可证，应当具备下列条件：

(1) 已经办理该建筑工程用地批准手续；

(2) 在城市规划区的建筑工程，已经取得规划许可证；

(3) 需要拆迁的，其拆迁进度符合施工要求；

(4) 已经确定建筑施工企业；

(5) 有满足施工需要的施工图纸及技术资料；

(6) 有保证工程质量和安全的具体措施；

(7) 建设资金已经落实；

(8) 法律、行政法律规定的其他条件。

建设行政主管部门应当自收到申请之日起十五日内，对符合条件的申请颁发施工许可证。

《建筑工程施工许可管理办法》第 4 条，对以上条文又作出了具体的规定：

建设单位申领施工许可证，应当具备下列条件，并提交相应的证明文件：

(1) 依法应当办理用地批准手续的，已经办理该建筑工程用地批准手续。

(2) 在城市、镇规划区的建筑工程，已经取得建设工程规划许可证。

(3) 施工场地已经基本具备施工条件，需要征收房屋的，其进度符合施工要求。

(4) 已经确定施工企业。按照规定应当招标的工程没有招标，应当公开招标的工程没有公开招标，或者肢解发包工程，以及将工程发包给不具备相应资质条件的企业的，所确定的施工企业无效。

(5) 有满足施工需要的技术资料，施工图设计文件已按规定审查合格。

(6) 有保证工程质量和安全的具体措施。施工企业编制的施工组织设计中有根据建筑工程特点制定的相应质量、安全技术措施。建立工程质量安全责任制并落实到人。专业性较强的工程项目编制了专项质量、安全施工组织设计并按照规定办理了工程质量、安全监督手续。

(7) 按照规定应当委托监理的工程已委托监理。

(8) 建设资金已经落实。建设工期不足一年的，到位资金原则上不得少于工程合同价的 50%，建设工期超过一年的，到位资金原则上不得少于工程合同价的 30%。建设单位应当提供本单位截至申请之日无拖欠工程款情形的承诺书或者能够表明其无拖欠工程款情形的其他材料，以及银行出具的到位资金证明，有条件的可以实行银行付款保函或者其他第三方担保。

（9）法律、行政法规规定的其他的条件。

县级以上地方人民政府住房城乡建设主管部门不得违反法律法规规定，增设办理施工许可证的其他条件。

2. 建设工程施工许可证的申领程序

《建筑工程施工许可管理办法》第5条规定，申请办理施工许可证，应当按照下列程序进行：

（1）建设单位向发证机关领取《建筑工程施工许可证申请表》；

（2）建设单位持加盖单位及法定代表人印鉴的《建筑工程施工许可证申请表》，并附相关证明文件，向发证机关提出申请；

（3）发证机关在收到建设单位报送的《建筑工程施工许可证申请表》和所附证明文件后，对于符合条件的，应当自收到申请之日起十五日内颁发施工许可证；对于证明文件不齐全或者失效的，应当限期要求建设单位补正，审批时间可以自证明文件补正齐全后作相应顺延；对于不符合条件的，应当自收到申请之日起十五日内书面通知建设单位，并说明理由。

建筑工程在施工过程中，建设单位或者施工单位发生变更的，应当重新申请领取施工许可证。

（三）建设工程施工许可证的管理

《建筑法》第9～11条规定：

第9条规定：建设单位应当自领取施工许可证之日起三个月内开工。因故不能按期开工的，应当向发证机关申请延期；延期以两次为限，每次不超过三个月。既不开工又不申请延期或者超过延期时限的，施工许可证自行废止。

第10条规定：在建的建筑工程因故中止施工的，建设单位应当自中止施工之日起一个月内，向发证机关报告，并按照规定做好建筑工程的维护管理工作。

建筑工程恢复施工时，应当向发证机关报告；中止施工满一年的工程恢复施工前，建设单位应当报发证机关核验施工许可证。

第11条规定：按照国务院有关规定批准开工报告的建筑工程，因故不能按期开工或者中止施工的，应当及时向批准机关报告情况。因故不能按期开工超过六个月的，应当重新办理开工报告的批准手续。

《建筑工程施工许可管理办法》第6条规定：

建设单位申请领取施工许可证的工程名称、地点、规模，应当符合依法签订的施工承包合同。

施工许可证应当放置在施工现场备查，并按规定在施工现场公开。

（四）法律责任

《建筑工程施工许可管理办法》第12～14条规定：

第12条规定：对于未取得施工许可证或者为规避办理施工许可证将工程项目分解后擅自施工的，由有管辖权的发证机关责令停止施工，限期改正，对建设单位处工程合同价款1%以上2%以下罚款；对施工单位处3万元以下罚款。

第13条规定：建设单位采用欺骗、贿赂等不正当手段取得施工许可证的，由原发证机关撤销施工许可证，责令停止施工，并处1万元以上3万元以下罚款；构成犯罪的，依法追究刑事责任。

第14条规定：建设单位隐瞒有关情况或者提供虚假材料申请施工许可证的，发证机关不予受理或者不予许可，并处1万元以上3万元以下罚款；构成犯罪的，依法追究刑事责任。

建设单位伪造或者涂改施工许可证的，由发证机关责令停止施工，并处1万元以上3万元以下罚款；构成犯罪的，依法追究刑事责任。

二、从业资格

（一）从业条件

《建筑法》第12条规定：

从事建筑活动的建筑施工企业、勘察单位、设计单位和工程监理单位，应当具备下列条件：

（1）有符合国家规定的注册资本；

（2）有与其从事的建筑活动相适应的具有法定执业资格的专业技术人员；

（3）有从事相关建筑活动所应有的技术装备；

（4）法律、行政法规规定的其他条件。

（二）资质等级

《建筑法》第13条规定：

从事建筑活动的建筑施工企业、勘察单位、设计单位和工程监理单位，按照其拥有的注册资本、专业技术人员、技术装备和已完成的建筑工程业绩等级资质条件，划分为不同的资质等级，经资质审查合格，取得相应等级的资质证书后，方可在其资质等级许可的范围内从事建筑活动。

1. 资质等级的划分

《建筑业企业资质管理规定》第5条规定：

建筑业企业资质分为施工总承包资质、专业承包资质、施工劳务资质三个序列。

施工总承包资质、专业承包资质按照工程性质和技术特点分别划分为若干资质类别，各资质类别按照规定的条件划分为若干资质等级。施工劳务资质不分类别与等级。

（1）由国务院住房城乡建设主管部门许可的资质等级。

《建筑业企业资质管理规定》第9条规定：

下列建筑业企业资质，由国务院住房城乡建设主管部门许可：

1）施工总承包资质序列特级资质、一级资质及铁路工程施工总承包二级资质；

2）专业承包资质序列公路、水运、水利、铁路、民航方面的专业承包一级资质及铁路、民航方面的专业承包二级资质；涉及多个专业的专业承包一级资质。

（2）由省、自治区、直辖市人民政府住房城乡建设主管部门许可的资质等级。

《建筑业企业资质管理规定》第10条规定：

下列建筑业企业资质，由企业工商注册所在地省、自治区、直辖市人民政府住房城乡建设主管部门许可：

1）施工总承包资质序列二级资质及铁路、通信工程施工总承包三级资质；

2）专业承包资质序列一级资质（不含公路、水运、水利、铁路、民航方面的专业承包一级资质及涉及多个专业的专业承包一级资质）；

3）专业承包资质序列二级资质（不含铁路、民航方面的专业承包二级资质）；铁路方面专业承包三级资质；特种工程专业承包资质。

（3）由设区的市人民政府住房城乡建设主管部门许可的资质等级。

《建筑业企业资质管理规定》第11条规定：

下列建筑业企业资质，由企业工商注册所在地设区的市人民政府住房城乡建设主管部门许可：

1）施工总承包资质序列三级资质（不含铁路、通信工程施工总承包三级资质）；

2）专业承包资质序列三级资质（不含铁路方面专业承包资质）及预拌混凝土、模板脚手架专业承包资质；

3）施工劳务资质；

4）燃气燃烧器具安装、维修企业资质。

2. 资质申请的管理

《建筑业企业资质管理规定》第8条规定：

企业可以申请一项或多项建筑业企业资质。

企业首次申请或增项申请资质，应当申请最低等级资质。

（1）资质申请的程序。

《建筑业企业资质管理规定》第12条规定：

申请本规定第9条所列资质的，应当向企业工商注册所在地省、自治区、直辖市人民政府住房城乡建设主管部门提出申请。其中，国务院国有资产管理部门直接监管的建筑企业及其下属一层级的企业，可以由国务院国有资产管理部门直接监管的建筑企业向国务院住房城乡建设主管部门提出申请。

省、自治区、直辖市人民政府住房城乡建设主管部门应当自受理申请之日起20个工作日内初审完毕，并将初审意见和申请材料报国务院住房城乡建设主管部门。

国务院住房城乡建设主管部门应当自省、自治区、直辖市人民政府住房城乡建设主管部门受理申请材料之日起 60 个工作日内完成审查，公示审查意见，公示时间为 10 个工作日。其中，涉及公路、水运、水利、通信、铁路、民航等方面资质的，由国务院住房城乡建设主管部门会同国务院有关部门审查。

《建筑业企业资质管理规定》第 13 条规定：

本规定第 10 条规定的资质许可程序由省、自治区、直辖市人民政府住房城乡建设主管部门依法确定，并向社会公布。

本规定第 11 条规定的资质许可程序由设区的市级人民政府住房城乡建设主管部门依法确定，并向社会公布。

（2）建筑企业资质。

《建筑业企业资质管理规定》第 14 条规定：

企业申请建筑业企业资质，应当提交以下材料：

1）建筑业企业资质申请表及相应的电子文档；

2）企业营业执照正副本复印件；

3）企业章程复印件；

4）企业资产证明文件复印件；

5）企业主要人员证明文件复印件；

6）企业资质标准要求的技术装备的相应证明文件复印件；

7）企业安全生产条件有关材料复印件；

8）按照国家有关规定应提交的其他材料。

（三）执业资格的取得

《建筑法》第 14 条规定：

从事建筑活动的专业技术人员，应当依法取得相应的执业资格证书，并在执业资格证书许可的范围内从事建筑活动。

第三节　建筑工程发包与承包

一、建设工程发包

（一）工程发包管理

《建筑法》第 19 条规定：

建筑工程依法实行招标发包，对不适于招标发包的可以直接发包。

《建筑法》第 22 条规定：

建筑工程实行招标发包的，发包单位应当将建筑工程发包给依法中标的承包单位。建筑工程实行直接发包的，发包单位应当将建筑工程发包给具有相应资质条件的承包单位。

《建筑法》第 23 条对禁止限定发包的规定：

政府及其所属部门不得滥用行政权力，限定发包单位将招标发包的建筑工程发包给指定的承包单位。

《建筑法》第 24 条对总承包原则的规定：

提倡对建筑工程实行总承包，禁止将建筑工程肢解发包。

建筑工程的发包单位可以将建筑工程的勘察、设计、施工、设备采购一并发包给一个工程总承包单位，也可以将建筑工程勘察、设计、施工、设备采购的一项或者多项发包给一个工程总承包单位；但是，不得将应当由一个承包单位完成的建筑工程肢解成若干部分发包给几个承包单位。

《建筑法》第 25 条对建筑材料采购的规定：

按照合同约定，建筑材料，建筑构配件和设备由工程承包单位采购的，发包单位不得指定承包单位购入用于工程的建筑材料、建筑构配件和设备或者指定生产厂、供应商。

（二）工程招标

1. 招标的方式

《招标投标法》第 10 条规定：

公开招标，是指招标人以招标公告的方式邀请不特定的法人或者其他组织投标。

邀请招标，是指招标人以投标邀请书的方式邀请特定的法人或者其他组织投标。

《建筑法》第 20 条规定：

建筑工程实行公开招标的，发包单位应当依照法定程序和方式，发布招标公告，提供载有招标工程的主要技术要求、主要的合同条款、评标的标准和方法以及开标、评标、定标的程序等内容的招标文件。

开标应当在招标文件规定的时间、地点公开进行。开标后应当按照招标文件规定的评标标准和程序对标书进行评价、比较，在具备相应资质条件的投标者中，择优选定中标者。

2. 招标的范围

《招标投标法》第 3 条规定：

在中华人民共和国境内进行下列工程建设项目包括项目的勘察、设计、施工、监理以及与工程建设有关的重要设备、材料等的采购，必须进行招标：

（1）大型基础设施、公用事业等关系社会公共利益、公众安全的项目；

（2）全部或者部分使用国有资金投资或者国家融资的项目；

（3）使用国际组织或者外国政府贷款、援助资金的项目。

前款所列项目的具体范围和规模标准，由国务院发展计划部门会同国务院有关部门制订，报国务院批准。

法律或者国务院对必须进行招标的其他项目的范围有规定的，依照其规定。

《招标投标法实施条例》第 8、9 条规定：

第 8 条规定：国有资金占控股或者主导地位的依法必须进行招标的项目，应当公开招标；但有下列情形之一的，可以邀请招标：

（1）技术复杂、有特殊要求或者受自然环境限制，只有少量潜在投标人可供选择；

（2）采用公开招标方式的费用占项目合同金额的比例过大。

第 9 条规定：有下列情形之一的，可以不进行招标：

（1）需要采用不可替代的专利或者专有技术；

（2）采购人依法能够自行建设、生产或者提供；

（3）已通过招标方式选定的特许经营项目投资人依法能够自行建设、生产或者提供；

（4）需要向原中标人采购工程、货物或者服务，否则将影响施工或者功能配套要求；

（5）国家规定的其他特殊情形。

《工程建设项目招标范围和规模标准规定》中规定下列项目必须实行招标：

（1）关系社会公共利益、公众安全的基础设施项目的范围包括：

1）煤炭、石油、天然气、电力、新能源等能源项目；

2）铁路、公路、管道、水运、航空以及其他交通运输业等交通运输项目；

3）邮政、电信枢纽、通讯、信息网络等邮电通讯项目；

4）防洪、灌溉、排涝、引（供）水、滩涂治理、水土保持、水利枢纽等水利项目；

5）道路、桥梁、地铁和轻轨交通、污水排放及处理、垃圾处理、地下管道、公共停车场等城市设施项目；

6）生态环境保护项目；

7）其他基础设施项目。

（2）关系社会公共利益、公众安全的公用事业项目的范围包括：

1）供水、供电、供气、供热等市政工程项目；

2）科技、教育、文化等项目；

3）体育、旅游等项目；

4）卫生、社会福利等项目；

5）商品住宅，包括经济适用住房；

6）其他公用事业项目。

（3）使用国有资金投资项目的范围包括：

1）使用各级财政预算资金的项目；

2）使用纳入财政管理的各种政府性专项建设基金的项目；

3）使用国有企业事业单位自有资金，并且国有资产投资者实际拥有控制权的项目。

（4）国家融资项目的范围包括：

1）使用国家发行债券所筹资金的项目；

2）使用国家对外借款或者担保所筹资金的项目；

3）使用国家政策性贷款的项目；

4）国家授权投资主体融资的项目；

5）国家特许的融资项目。

（5）使用国际组织或者外国政府资金的项目的范围包括：

1）使用世界银行、亚洲开发银行等国际组织贷款资金的项目；

2）使用外国政府及其机构贷款资金的项目；

3）使用国际组织或者外国政府援助资金的项目。

（6）勘察、设计、施工、监理以及与工程建设有关的重要设备、材料等的采购，达到下列标准之一的，必须进行招标：

1）施工单项合同估算价在 200 万元人民币以上的；

2）重要设备、材料等货物的采购，单项合同估算价在 100 万元人民币以上的；

3）勘察、设计、监理等服务的采购，单项合同估算价在 50 万元人民币以上的；

4）单项合同估算价低于第 1）、2）、3）项规定的标准，但项目总投资额在 3 000 万元人民币以上的。

3. 招标组织和监督

《建筑法》第 21 条规定：

建筑工程招标的开标、评标、定标由建设单位依法组织实施，并接受有关行政主管部门的监督。

《招标投标法实施条例》第 4 条规定：

国务院发展改革部门指导和协调全国招标投标工作，对国家重大建设项目的工程招标投标活动实施监督检查。国务院工业和信息化、住房城乡建设、交通运输、铁道、水利、商务等部门，按照规定的职责分工对有关招标投标活动实施监督。

县级以上地方人民政府发展改革部门指导和协调本行政区域的招标投标工作。县级以上地方人民政府有关部门按照规定的职责分工，对招标投标活动实施监督，依法查处招标投标活动中的违法行为。县级以上地方人民政府对其所属部门有关招标投标活动的监督职责分工另有规定的，从其规定。

财政部门依法对实行招标投标的政府采购工程建设项目的预算执行情况和政府采购

政策执行情况实施监督。

监察机关依法对与招标投标活动有关的监察对象实施监察。

(三) 工程违法发包

《建筑工程施工转包违法分包等违法行为认定查处管理办法 (试行)》第 4、5 条规定：

第 4 条规定：违法发包是指建设单位将工程发包给不具有相应资质条件的单位或个人，或者肢解发包等违反法律法规规定的行为。

第 5 条规定：存在下列情形之一的，属于违法发包：

(1) 建设单位将工程发包给个人的；

(2) 建设单位将工程发包给不具有相应资质或安全生产许可的施工单位的；

(3) 未履行法定发包程序，包括应当依法进行招标未招标，应当申请直接发包未申请或申请未核准的；

(4) 建设单位设置不合理的招投标条件，限制、排斥潜在投标人或者投标人的；

(5) 建设单位将一个单位工程的施工分解成若干部分发包给不同的施工总承包或专业承包单位的；

(6) 建设单位将施工合同范围内的单位工程或分部分项工程又另行发包的；

(7) 建设单位违反施工合同约定，通过各种形式要求承包单位选择其指定分包单位的；

(8) 法律法规规定的其他违法发包行为。

二、建设工程承包

(一) 工程承包管理

《建筑法》第 26 条规定：

承包建筑工程的单位应当持有依法取得的资质证书，并在其资质等级许可的业务范围内承揽工程。

禁止建筑施工企业超越本企业资质等级许可的业务范围或者以任何形式用其他建筑施工企业的名义承揽工程。禁止建筑施工企业以任何形式允许其他单位或者个人使用本企业的资质证书、营业执照，以本企业的名义承揽工程。

《建筑法》第 28 条规定：

禁止承包单位将其承包的全部建筑工程转包给他人，禁止承包单位将其承包的全部建筑工程肢解以后以分包的名义分别转包给他人。

《建筑法》第 29 条规定：

建筑工程总承包单位可以将承包工程中的部分工程发包给具有相应资质条件的分包

单位；但是，除总承包合同中约定的分包外，必须经建设单位认可。施工总承包的，建筑工程主体结构的施工必须由总承包单位自行完成。

建筑工程总承包单位按照总承包合同的约定对建设单位负责；分包单位按照分包合同的约定对总承包单位负责。总承包单位和分包单位就分包工程对建设单位承担连带责任。

禁止总承包单位将工程分包给不具备相应资质条件的单位。禁止分包单位将其承包的工程再分包。

（二）工程投标

1. 投标

《招标投标法》第26、27条规定：

第26条规定：投标人应当具备承担招标项目的能力；国家有关规定对投标人资格条件或者招标文件对投标人资格条件有规定的，投标人应当具备规定的资格条件。

第27条规定：投标人应当按照招标文件的要求编制投标文件。投标文件应当对招标文件提出的实质性要求和条件作出响应。

2. 联合体投标

《建筑法》第27条规定：

大型建筑工程或者结构复杂的建筑工程，可以由两个以上的承包单位联合共同承包。共同承包的各方对承包合同的履行承担连带责任。

两个以上不同资质等级的单位实行联合共同承包的，应当按照资质等级低的单位的业务许可范围承揽工程。

《招标投标法》第31条规定：

两个以上法人或者其他组织可以组成一个联合体，以一个投标人的身份共同投标。

联合体各方均应当具备承担招标项目的相应能力；国家有关规定或者招标文件对投标人资格条件有规定的，联合体各方均应当具备规定的相应资格条件。由同一专业的单位组成的联合体，按照资质等级较低的单位确定资质等级。

联合体各方应当签订共同投标协议，明确约定各方拟承担的工作和责任，并将共同投标协议连同投标文件一并提交招标人。联合体中标的，联合体各方应当共同与招标人签订合同，就中标项目向招标人承担连带责任。

招标人不得强制投标人组成联合体共同投标，不得限制投标人之间的竞争。

（三）工程违法分包

《建筑工程施工转包违法分包等违法行为认定查处管理办法（试行）》第8、9条规定：

违法分包是指施工单位承包工程后违反法律法规规定或者施工合同关于工程分包的约定，把单位工程或分部分项工程分包给其他单位或个人施工的行为。

存在下列情形之一的，属于违法分包：

（1）施工单位将工程分包给个人的；

（2）施工单位将工程分包给不具备相应资质或安全生产许可的单位的；

（3）施工合同中没有约定，又未经建设单位认可，施工单位将其承包的部分工程交由其他单位施工的；

（4）施工总承包单位将房屋建筑工程的主体结构的施工分包给其他单位的，钢结构工程除外；

（5）专业分包单位将其承包的专业工程中非劳务作业部分再分包的；

（6）劳务分包单位将其承包的劳务再分包的；

（7）劳务分包单位除计取劳务作业费用外，还计取主要建筑材料款、周转材料款和大中型施工机械设备费用的；

（8）法律法规规定的其他违法分包行为。

（四）工程转包

《建筑工程施工转包违法分包等违法行为认定查处管理办法（试行）》第6、7条规定：

转包是指施工单位承包工程后，不履行合同约定的责任和义务，将其承包的全部工程或者将其承包的全部工程肢解后以分包的名义分别转给其他单位或个人施工的行为。

存在下列情形之一的，属于转包：

（1）施工单位将其承包的全部工程转给其他单位或个人施工的；

（2）施工总承包单位或专业承包单位将其承包的全部工程肢解以后，以分包的名义分别转给其他单位或个人施工的；

（3）施工总承包单位或专业承包单位未在施工现场设立项目管理机构或未派驻项目负责人、技术负责人、质量管理负责人、安全管理负责人等主要管理人员，不履行管理义务，未对该工程的施工活动进行组织管理的；

（4）施工总承包单位或专业承包单位不履行管理义务，只向实际施工单位收取费用，主要建筑材料、构配件及工程设备的采购由其他单位或个人实施的；

（5）劳务分包单位承包的范围是施工总承包单位或专业承包单位承包的全部工程，劳务分包单位计取的是除上缴给施工总承包单位或专业承包单位"管理费"之外的全部工程价款的；

（6）施工总承包单位或专业承包单位通过采取合作、联营、个人承包等形式或名义，直接或变相地将其承包的全部工程转给其他单位或个人施工的；

（7）法律法规规定的其他转包行为。

（五）挂靠行为

《建筑工程施工转包违法分包等违法行为认定查处管理办法（试行）》第10、11条规定：

挂靠是指单位或个人以其他有资质的施工单位的名义，承揽工程的行为。其中：承揽工程包括参与投标、订立合同、办理有关施工手续、从事施工等活动。

存在下列情形之一的，属于挂靠：

(1) 没有资质的单位或个人借用其他施工单位的资质承揽工程的；

(2) 有资质的施工单位相互借用资质承揽工程的，包括资质等级低的借用资质等级高的，资质等级高的借用资质等级低的，相同资质等级相互借用的；

(3) 专业分包的发包单位不是该工程的施工总承包或专业承包单位的，但建设单位依约作为发包单位的除外；

(4) 劳务分包的发包单位不是该工程的施工总承包、专业承包单位或专业分包单位的；

(5) 施工单位在施工现场派驻的项目负责人、技术负责人、质量管理负责人、安全管理负责人中一人以上与施工单位没有订立劳动合同，或没有建立劳动工资或社会养老保险关系的；

(6) 实际施工总承包单位或专业承包单位与建设单位之间没有工程款收付关系，或者工程款支付凭证上载明的单位与施工合同中载明的承包单位不一致，又不能进行合理解释并提供材料证明的；

(7) 合同约定由施工总承包单位或专业承包单位负责采购或租赁的主要建筑材料、构配件及工程设备或租赁的施工机械设备，由其他单位或个人采购、租赁，或者施工单位不能提供有关采购、租赁合同及发票等证明，又不能进行合理解释并提供材料证明的；

(8) 法律法规规定的其他挂靠行为。

(六) 法律责任

《建筑法》第65～67条规定：

第65条规定：发包单位将工程发包给不具有相应资质条件的承包单位的，或者违反本法规定将建筑工程肢解发包的，责令改正，处以罚款。

超越本单位资质等级承揽工程的，责令停止违法行为，处以罚款，可以责令停业整顿，降低资质等级；情节严重的，吊销资质证书；有违法所得的，予以没收。

未取得资质证书承揽工程的，予以取缔，并处罚款；有违法所得的，予以没收。

以欺骗手段取得资质证书的，吊销资质证书，处以罚款；构成犯罪的，依法追究刑事责任。

第66条规定：建筑施工企业转让、出借资质证书或者以其他方式允许他人以本企业的名义承揽工程的，责令改正，没收违法所得，并处罚款，可以责令停业整顿，降低资质等级；情节严重的，吊销资质证书。对因该项承揽工程不符合规定的质量标准造成的损失，建筑施工企业与使用本企业名义的单位或者个人承担连带赔偿责任。

第 67 条规定：承包单位将承包的工程转包的，或者违反本法规定进行分包的，责令改正，没收违法所得，并处罚款，可以责令停业整顿，降低资质等级；情节严重的，吊销资质证书。

承包单位有前款规定的违法行为的，对因转包工程或者违法分包的工程不符合规定的质量标准造成的损失，与接受转包或者分包的单位承担连带赔偿责任。

第四节　建设工程安全生产管理

一、安全生产法规总则

《建筑法》第 36 条规定：

建筑工程安全生产管理必须坚持安全第一、预防为主的方针，建立健全安全生产的责任制度和群防群治制度。

《安全生产法》第 3 条规定：

安全生产工作应当以人为本，坚持安全发展，坚持安全第一、预防为主、综合治理的方针，强化和落实生产经营单位的主体责任，建立生产经营单位负责、职工参与、政府监管、行业自律和社会监督的机制。

《建设工程安全生产管理条例》第 4、5 条规定：

第 4 条规定：建设单位、勘察单位、设计单位、施工单位、工程监理单位及其他与建设工程安全生产有关的单位，必须遵守安全生产法律、法规的规定，保证建设工程安全生产，依法承担建设工程安全生产责任。

第 5 条规定：国家鼓励建设工程安全生产的科学技术研究和先进技术的推广应用，推进建设工程安全生产的科学管理。

《安全生产法》第 35 条规定：

国家对严重危及生产安全的工艺、设备实行淘汰制度，具体目录由国务院安全生产监督管理部门会同国务院有关部门制定并公布。法律、行政法规对目录的制定另有规定的，适用其规定。

省、自治区、直辖市人民政府可以根据本地区实际情况制定并公布具体目录，对前款规定以外的危及生产安全的工艺、设备予以淘汰。

生产经营单位不得使用应当淘汰的危及生产安全的工艺、设备。

二、施工单位的安全责任

（一）安全责任的规定

1.《建筑法》的相关规定

《建筑法》第 44、45、47、48、50 条规定：

第 44 条规定：建筑施工企业必须依法加强对建筑安全生产的管理，执行安全生产责任制度，采取有效措施，防止伤亡和其他安全生产事故的发生。

建筑施工企业的法定代表人对本企业的安全生产负责。

第 45 条规定：施工现场安全由建筑施工企业负责。实行施工总承包的，由总承包单位负责。分包单位向总承包单位负责，服从总承包单位对施工现场的安全生产管理。

第 47 条规定：建筑施工企业和作业人员在施工过程中，应当遵守有关安全生产的法律、法规和建筑行业安全规章、规程，不得违章指挥或者违章作业。作业人员有权对影响人身健康的作业程序和作业条件提出改进意见，有权获得安全生产所需的防护用品。作业人员对危及生命安全和人身健康的行为有权提出批评、检举和控告。

第 48 条规定：建筑施工企业应当依法为职工参加工伤保险缴纳工伤保险费。鼓励企业为从事危险作业的职工办理意外伤害保险，支付保险费。

第 50 条规定：房屋拆除应当由具备保证安全条件的建筑施工单位承担，由建筑施工单位负责人对安全负责。

2.《安全生产法》的相关规定

《安全生产法》第 17 条规定：

生产经营单位应当具备本法和有关法律、行政法规和国家标准或者行业标准规定的安全生产条件；不具备安全生产条件的，不得从事生产经营活动。

《安全生产法》第 19 条规定：

生产经营单位的安全生产责任制应当明确各岗位的责任人员、责任范围和考核标准等内容。

生产经营单位应当建立相应的机制，加强对安全生产责任制落实情况的监督考核，保证安全生产责任制的落实。

《安全生产法》第 18 条规定：

生产经营单位的主要负责人对本单位安全生产工作负有下列职责：

（1）建立、健全本单位安全生产责任制；

（2）组织制定本单位安全生产规章制度和操作规程；

（3）组织制订并实施本单位安全生产教育和培训计划；

（4）保证本单位安全生产投入的有效实施；

（5）督促、检查本单位的安全生产工作，及时消除生产安全事故隐患；

（6）组织制订并实施本单位的生产安全事故应急救援预案；

（7）及时、如实报告生产安全事故。

《安全生产法》第21条规定：

矿山、金属冶炼、建筑施工、道路运输单位和危险物品的生产、经营、存储单位，应当设置安全生产管理机构或者配备专职安全生产管理人员。

除矿山、金属冶炼、建筑施工、道路运输单位和危险物品的生产、经营、存储单位以外，其他生产经营单位，从业人员超过一百人的，应当设置安全生产管理机构或者配备专职安全生产管理人员；从业人员在一百人以下的，应当配备专职或者兼职的安全生产管理人员。

《安全生产法》第43条规定：

生产经营单位的安全生产管理人员应当根据本单位的生产经营特点，对安全生产状况进行经常性检查；对检查中发现的安全问题，应当立即处理；不能处理的，应当及时报告本单位有关负责人，有关负责人应当及时处理。检查及处理情况应当如实记录在案。

生产经营单位的安全生产管理人员在检查中发现重大事故隐患，依照前款规定向本单位有关负责人报告，有关负责人不及时处理的，安全生产管理人员可以向主管的负有安全生产监督管理职责的部门报告，接到报告的部门应当依法及时处理。

《安全生产法》第47条规定：

生产经营单位发生生产安全事故时，单位的主要负责人应当立即组织抢救，并不得在事故调查处理期间擅离职守。

《安全生产法》第28条规定：

生产经营单位新建、改建、扩建工程项目（以下统称建设项目）的安全设施，必须与主体工程同时设计、同时施工、同时投入生产和使用。安全设施投资应当纳入建设项目概算。

《安全生产法》第20条规定：

生产经营单位应当具备的安全生产条件所必需的资金投入，由生产经营单位的决策机构、主要负责人或者个人经营的投资人予以保证，并对由于安全生产所需的资金投入不足导致的后果承担责任。

有关生产经营单位应当按照规定提取和使用安全生产费用，专门用于改善安全生产条件。安全生产费用在成本中据实列支。

3.《建设工程安全生产管理条例》的相关规定

《建设工程安全生产管理条例》第20~24条规定：

第20条规定：施工单位从事建设工程的新建、扩建、改建和拆除等活动，应当具备国家规定的注册资本、专业技术人员、技术装备和安全生产等条件，依法取得相应等级的资质证书，并在其资质等级许可的范围内承揽工程。

第21条规定：施工单位主要负责人依法对本单位的安全生产工作全面负责。施工单位应当建立健全安全生产责任制度和安全生产教育培训制度，制定安全生产规章制度和操作规程，保证本单位安全生产条件所需资金的投入，对所承担的建设工程进行定期和专项安全检查，并做好安全检查记录。

施工单位的项目负责人应当由取得相应执业资格的人员担任，对建设工程项目的安全施工负责，落实安全生产责任制度、安全生产规章制度和操作规程，确保安全生产费用的有效使用，并根据工程的特点组织制定安全施工措施，消除安全事故隐患，及时、如实报告生产安全事故。

第22条规定：施工单位对列入建设工程概算的安全作业环境及安全施工措施所需费用，应当用于施工安全防护用具及设施的采购和更新、安全施工措施的落实、安全生产条件的改善，不得挪作他用。

第23条规定：施工单位应当设立安全生产管理机构，配备专职安全生产管理人员。专职安全生产管理人员负责对安全生产进行现场监督检查。发现安全事故隐患，应当及时向项目负责人和安全生产管理机构报告；对违章指挥、违章操作的，应当立即制止。

按照文件精神和有关规定：工程项目部专职安全管理人员的配备：建筑工程、装修工程按照建筑面积配备10 000m² 以下的工程不少于1人；10 000~50 000m² 的工程不少于2人；50 000m² 及以上的工程不少于3人，且按专业配备专职安全生产管理人员。

土木工程、线路管道、设备安装工程按照工程合同价配备：5 000万元以下的不少于1人；5 000万~1亿元的不少于2人；1亿元以上的不少于3人，且按专业配备。

专业分包单位：每个分包单位不少于1人。劳务企业：50人以下1人；50~200人2人；200人以上3人，且不少于现场作业人数的5‰。

第24条规定：建设工程实行施工总承包的，由总承包单位对施工现场的安全生产负总责。

总承包单位应当自行完成建设工程主体结构的施工。

总承包单位依法将建设工程分包给其他单位的，分包合同中应当明确各自的安全生产方面的权利、义务。总承包单位和分包单位对分包工程的安全生产承担连带责任。

分包单位应当服从总承包单位的安全生产管理，分包单位不服从管理导致生产安全事故的，由分包单位承担主要责任。

（二）安全措施及防范

1.《建筑法》的相关规定

《建筑法》第38、39、41条规定：

第38条规定：建筑施工企业在编制施工组织设计时，应当根据建筑工程的特点制订相应的安全技术措施；对专业性较强的工程项目，应当编制专项安全施工组织设计，并采取安全技术措施。

第39条规定：建筑施工企业应当在施工现场采取维护安全、防范危险、预防火灾等措施；有条件的，应当对施工现场实行封闭管理。

施工现场对毗邻的建筑物、构筑物和特殊作业环境可能造成损害的，建筑施工企业应当采取安全防护措施。

第41条规定：建筑施工企业应当遵守有关环境保护和安全生产的法律、法规的规定，采取控制和处理施工现场的各种粉尘、废气、废水、固体废物以及噪声、振动对环境的污染和危害的措施。

2.《安全生产法》的相关规定

《安全生产法》第32条规定：

生产经营单位应当在有较大危险因素的生产经营场所和有关设施、设备上，设置明显的安全警示标志。

《安全生产法》第39条规定：

生产、经营、储存、使用危险物品的车间、商店、仓库不得与员工宿舍在同一座建筑物内，并应当与员工宿舍保持安全距离。

生产经营场所和员工宿舍应当设有符合紧急疏散要求、标志明显、保持畅通的出口。禁止锁闭、封堵生产经营场所或者员工宿舍的出口。

3.《建设工程安全生产管理条例》的相关规定

（1）安全、防护、保障资金的管理。

《建设工程安全生产管理条例》第22条规定：

施工单位对列入建设工程概算的安全作业环境及安全施工措施所需费用，应当用于施工安全防护用具及设施的采购和更新、安全施工措施的落实、安全生产条件的改善，不得挪作他用。

《建设工程安全生产管理条例》第38条规定：

施工单位应当为施工现场从事危险作业的人员办理意外伤害保险。

意外伤害保险费由施工单位支付。实行施工总承包的，由总承包单位支付意外伤害保险费。意外伤害保险期限自建设工程开工之日起至竣工验收合格止。

（2）现场安全管理。

《建设工程安全生产管理条例》第26～31条规定：

第26条规定：施工单位应当在施工组织设计中编制安全技术措施和施工现场临时用电方案，对达到一定规模的危险性较大的分部分项工程编制专项施工方案，并附具安全验算结果，经施工单位技术负责人、总监理工程师签字后实施，由专职安全生产管理人员进行现场监督。

对涉及深基坑、地下暗挖工程、高大模板工程的专项施工方案，施工单位还应当组织专家进行论证、审查。（详见本教材第一章第四节（六）中《危险性较大的分部分项工程安全管理》）

第27条规定：建设工程施工前，施工单位负责项目管理的技术人员应当对有关安全施工的技术要求向施工作业班组、作业人员作出详细说明，并由双方签字确认。

第 28 条规定：施工单位应当在施工现场入口处、施工起重机械、临时用电设施、脚手架、出入通道口、楼梯口、电梯井口、孔洞口、桥梁口、隧道口、基坑边沿、爆破物及有害危险气体和液体存放处等危险部位，设置明显的安全警示标志。安全警示标志必须符合国家标准。

施工单位应当根据不同施工阶段和周围环境及季节、气候的变化，在施工现场采取相应的安全施工措施。施工现场暂时停止施工的，施工单位应当做好现场防护，所需费用由责任方承担，或者按照合同约定执行。

第 29 条规定：施工单位应当将施工现场的办公、生活区与作业区分开设置，并保持安全距离；办公、生活区的选址应当符合安全性要求。职工的膳食、饮水、休息场所等应当符合卫生标准。施工单位不得在尚未竣工的建筑物内设置员工集体宿舍。

施工现场临时搭建的建筑物应当符合安全使用要求。施工现场使用的装配式活动房屋应当具有产品合格证。

第 30 条规定：施工单位对因建设工程施工可能造成损害的毗邻建筑物、构筑物和地下管线等，应当采取专项防护措施。

施工单位应当遵守有关环境保护法律、法规的规定，在施工现场采取措施，防止或者减少粉尘、废气、废水、固体废物、噪声、振动和施工照明对人和环境的危害和污染。

在城市市区内的建设工程，施工单位应当对施工现场实行封闭围挡。

第 31 条规定：施工单位应当在施工现场建立消防安全责任制度，确定消防安全责任人，制定用火、用电、使用易燃易爆材料等各项消防安全管理制度和操作规程，设置消防通道、消防水源，配备消防设施和灭火器材，并在施工现场入口处设置明显标志。

（3）施工机械设备、安全防护用具的管理。

《建设工程安全生产管理条例》第 34、35 条规定：

第 34 条规定：施工单位采购、租赁的安全防护用具、机械设备、施工机具及配件，应当具有生产（制造）许可证、产品合格证，并在进入施工现场前进行查验。

施工现场的安全防护用具、机械设备、施工机具及配件必须由专人管理，定期进行检查、维修和保养，建立相应的资料档案，并按照国家有关规定及时报废。

第 35 条规定：施工单位在使用施工起重机械和整体提升脚手架、模板等自升式架设设施前，应当组织有关单位进行验收，也可以委托具有相应资质的检验检测机构进行验收；使用承租的机械设备和施工机具及配件的，由施工总承包单位、分包单位、出租单位和安装单位共同进行验收。验收合格的方可使用。

（三）从业人员的安全生产教育与培训

《建筑法》第 46 条规定：

建筑施工企业应当建立健全劳动安全生产教育培训制度，加强对职工安全生产的教育培训；未经安全生产教育培训的人员，不得上岗作业。

《安全生产法》第25～27条规定：

第25条规定：生产经营单位应当对从业人员进行安全生产教育和培训，保证从业人员具备必要的安全生产知识，熟悉有关的安全生产规章制度和安全操作规程，掌握本岗位的安全操作技能，了解事故应急处理措施，知悉自身在安全生产方面的权利和义务。未经安全生产教育和培训合格的从业人员，不得上岗作业。

生产经营单位使用被派遣劳动者的，应当将被派遣劳动者纳入本单位从业人员统一管理，对被派遣劳动者进行岗位安全操作规程和安全操作技能的教育和培训。劳动派遣单位应当对被派遣劳动者进行必要的安全生产教育和培训。

......

生产经营单位应当建立安全生产教育和培训档案，如实记录安全生产教育和培训的时间、内容、参加人员以及考核结果等情况。

第26条规定：生产经营单位采用新工艺、新技术、新材料或者使用新设备，必须了解、掌握其安全技术特性，采取有效的安全防护措施，并对从业人员进行专门的安全生产教育和培训。

第27条规定：生产经营单位的特种作业人员必须按照国家有关规定经专门的安全作业培训，取得相应资格，方可上岗作业。

特种作业人员的范围：建筑电工、建筑架子工、建筑起重信号司索工、建筑起重机械司机、建筑起重机械安装拆卸工、高处作业吊篮安装拆卸工、电焊工、油漆工等。

《安全生产法》第41条规定：

生产经营单位应当教育和督促从业人员严格执行本单位的安全生产规章制度和安全操作规程；并向从业人员如实告知作业场所和工作岗位存在的危险因素、防范措施以及事故应急措施。

《安全生产法》第50～53条规定：

第50条规定：生产经营单位的从业人员有权了解其作业场所和工作岗位存在的危险因素、防范措施及事故应急措施，有权对本单位的安全生产工作提出建议。

第51条规定：从业人员有权对本单位安全生产工作中存在的问题提出批评、检举、控告；有权拒绝违章指挥和强令冒险作业。

生产经营单位不得因从业人员对本单位安全生产工作提出批评、检举、控告或者拒绝违章指挥、强令冒险作业而降低其工资、福利等待遇或者解除与其订立的劳动合同。

第52条规定：从业人员发现直接危及人身安全的紧急情况时，有权停止作业或者在采取可能的应急措施后撤离作业场所。

生产经营单位不得因从业人员在前款紧急情况下停止作业或者采取紧急撤离措施而降低其工资、福利等待遇或者解除与其订立的劳动合同。

第53条规定：因生产安全事故受到损害的从业人员，除依法享有工伤保险外，依照有关民事法律尚有获得赔偿的权利的，有权向本单位提出赔偿要求。

《安全生产法》第42条规定：

生产经营单位必须为从业人员提供符合国家标准或者行业标准的劳动防护用品，并监督、教育从业人员按照使用规则佩戴、使用。

《安全生产法》第54～56条规定：

第54条规定：从业人员在作业过程中，应当严格遵守本单位的安全生产规章制度和操作规程，服从管理，正确佩戴和使用劳动防护用品。

第55条规定：从业人员应当接受安全生产教育和培训，掌握本职工作所需的安全生产知识，提高安全生产技能，增强事故预防和应急处理能力。

第56条规定：从业人员发现事故隐患或者其他不安全因素，应当立即向现场安全生产管理人员或者本单位负责人报告；接到报告的人员应当及时予以处理。

《建设工程安全生产管理条例》第25条规定：

垂直运输机械作业人员、安装拆卸工、爆破作业人员、起重信号工、登高架设作业人员等特种作业人员，必须按照国家有关规定经过专门的安全作业培训，并取得特种作业操作资格证书后，方可上岗作业。

《建设工程安全生产管理条例》第32、33条规定：

第32条规定：施工单位应当向作业人员提供安全防护用具和安全防护服装，并书面告知危险岗位的操作规程和违章操作的危害。

作业人员有权对施工现场的作业条件、作业程序和作业方式中存在的安全问题提出批评、检举和控告，有权拒绝违章指挥和强令冒险作业。

在施工中发生危及人身安全的紧急情况时，作业人员有权立即停止作业或者在采取必要的应急措施后撤离危险区域。

第33条规定：作业人员应当遵守安全施工的强制性标准、规章制度和操作规程，正确使用安全防护用具、机械设备等。

《建设工程安全生产管理条例》第36、37条规定：

第36条规定：施工单位的主要负责人、项目负责人、专职安全生产管理人员应当经建设行政主管部门或者其他有关部门考核合格后方可任职。

施工单位应当对管理人员和作业人员每年至少进行一次安全生产教育培训，其教育培训情况记入个人工作档案。安全生产教育培训考核不合格的人员，不得上岗。

第37条规定：作业人员进入新的岗位或者新的施工现场前，应当接受安全生产教育培训。未经教育培训或者教育培训考核不合格的人员，不得上岗作业。

施工单位在采用新技术、新工艺、新设备、新材料时，应当对作业人员进行相应的安全生产教育培训。

（四）工会对安全生产工作的职责

《安全生产法》第57条规定：

工会有权对建设项目的安全设施与主体工程同时设计、同时施工、同时投入生产和使用进行监督，提出意见。

工会对生产经营单位违反安全生产法律、法规，侵犯从业人员合法权益的行为，有权要求纠正；发生生产经营单位违章指挥、强令冒险作业或者发现事故隐患时，有权提出解决的建议，生产经营单位应当及时研究答复；发现危及从业人员生产安全的情况时，有权向生产经营单位建议组织从业人员撤离危险场所，生产经营单位必须立即作出处理。

工会有权依法参加事故调查，向有关部门提出处理意见，并要求追究有关人员的责任。

三、工程建设其他相关主体的安全责任

（一）建设单位的安全责任

《建筑法》第37、40、49条规定：

建筑工程设计应当符合按照国家规定制定的建筑安全规程和技术规范，保证工程的安全性能。

建设单位应当向建筑施工企业提供与施工现场相关的地下管线资料，建筑施工企业应采取措施加以保护。

涉及建筑主体和承重结构变动的装修工程，建设单位应当在施工前委托原设计单位或者具有相应资质条件的设计单位提出设计方案；没有设计方案的，不得施工。

《建设工程安全生产管理条例》第6～11条规定：

第6条规定：建设单位应当向施工单位提供施工现场及毗邻区域内供水、排水、供电、供气、供热、通信、广播电视等地下管线资料，气象和水文观测资料，相邻建筑物和构筑物、地下工程的有关资料，并保证资料的真实、准确、完整。

建设单位因建设工程需要，向有关部门或者单位查询前款规定的资料时，有关部门或者单位应当及时提供。

第7条规定：建设单位不得对勘察、设计、施工、工程监理等单位提出不符合建设工程安全生产法律、法规和强制性标准规定的要求，不得压缩合同约定的工期。

第8条规定：建设单位在编制工程概算时，应当确定建设工程安全作业环境及安全施工措施所需费用。

第9条规定：建设单位不得明示或者暗示施工单位购买、租赁、使用不符合安全施工要求的安全防护用具、机械设备、施工机具及配件、消防设施和器材。

第10条规定：建设单位在申请领取施工许可证时，应当提供建设工程有关安全施工措施的资料。

依法批准开工报告的建设工程，建设单位应当自开工报告批准之日起15日内，将保

证安全施工的措施报送建设工程所在地的县级以上地方人民政府建设行政主管部门或者其他有关部门备案。

第11条规定：建设单位应当将拆除工程发包给具有相应资质等级的施工单位。

建设单位应当在拆除工程施工15日前，将下列资料报送建设工程所在地的县级以上地方人民政府建设行政主管部门或者其他有关部门备案：

（1）施工单位资质等级证明；

（2）拟拆除建筑物、构筑物及可能危及毗邻建筑的说明；

（3）拆除施工组织方案；

（4）堆放、清除废弃物的措施。

实施爆破作业的，应当遵守国家有关民用爆炸物品管理的规定。

（二）勘察、设计单位的安全责任

《建设工程安全生产管理条例》第12、13条规定：

第12条规定：勘察单位应当按照法律、法规和工程建设强制性标准进行勘察，提供的勘察文件应当真实、准确，满足建设工程安全生产的需要。

勘察单位在勘察作业时，应当严格执行操作规程，采取措施保证各类管线、设施和周边建筑物、构筑物的安全。

第13条规定：设计单位应当按照法律、法规和工程建设强制性标准进行设计，防止因设计不合理导致生产安全事故的发生。

设计单位应当考虑施工安全操作和防护的需要，对涉及施工安全的重点部位和环节在设计文件中注明，并对防范生产安全事故提出指导意见。

采用新结构、新材料、新工艺的建设工程和特殊结构的建设工程，设计单位应当在设计中提出保障施工作业人员安全和预防生产安全事故的措施建议。

设计单位和注册建筑师等注册执业人员应当对其设计负责。

（三）监理单位的安全责任

《建设工程安全生产管理条例》第14条规定：

工程监理单位应当审查施工组织设计中的安全技术措施或者专项施工方案是否符合工程建设强制性标准。

工程监理单位在实施监理过程中，发现存在安全事故隐患的，应当要求施工单位整改；情况严重的，应当要求施工单位暂时停止施工，并及时报告建设单位。施工单位拒不整改或者不停止施工的，工程监理单位应当及时向有关主管部门报告。

工程监理单位和监理工程师应当按照法律、法规和工程建设强制性标准实施监理，并对建设工程安全生产承担监理责任。

（四）其他相关单位的安全责任

《建设工程安全生产管理条例》第15～19条规定：

第 15 条规定：为建设工程提供机械设备和配件的单位，应当按照安全施工的要求配备齐全有效的保险、限位等安全设施和装置。

第 16 条规定：出租的机械设备和施工机具及配件，应当具有生产（制造）许可证、产品合格证。

出租单位应当对出租的机械设备和施工机具及配件的安全性能进行检测，在签订租赁协议时，应当出具检测合格证明。

禁止出租检测不合格的机械设备和施工机具及配件。

第 17 条规定：在施工现场安装、拆卸施工起重机械和整体提升脚手架、模板等自升式架设设施，必须由具有相应资质的单位承担。

安装、拆卸施工起重机械和整体提升脚手架、模板等自升式架设设施，应当编制拆装方案、制定安全施工措施，并由专业技术人员现场监督。

施工起重机械和整体提升脚手架、模板等自升式架设设施安装完毕后，安装单位应当自检，出具自检合格证明，并向施工单位进行安全使用说明，办理验收手续并签字。

第 18 条规定：施工起重机械和整体提升脚手架、模板等自升式架设设施的使用达到国家规定的检验检测期限的，必须经具有专业资质的检验检测机构检测。经检测不合格的，不得继续使用。

第 19 条规定：检验检测机构对检测合格的施工起重机械和整体提升脚手架、模板等自升式架设设施，应当出具安全合格证明文件，并对检测结果负责。

四、安全生产监督管理

（一）《建筑法》《安全生产法》对安全生产监督管理的规定

《建筑法》第 43 条规定：

建设行政主管部门负责建筑安全生产的管理，并依法接受劳动行政主管部门对建筑安全生产的指导和监督。

《安全生产法》第 22 条规定：

生产经营单位的安全生产管理机构以及安全生产管理人员履行下列职责：

（1）组织或者参与拟定本单位安全生产规章制度、操作规程和生产安全事故应急救援预案；

（2）组织或者参与本单位安全生产教育和培训，落实纪律安全生产教育和培训情况；

（3）督促落实本单位重大危险源的安全管理措施；

（4）组织或者参与本单位应急救援演练；

（5）检查本单位的安全生产状况，及时排查生产安全事故隐患，提出改进安全生产管理的建议；

（6）制止和纠正违章指挥、强令冒险作业、违反操作规程的行为；

（7）督促落实本单位安全生产整改措施。

《安全生产法》第 23 条规定：

生产经营单位的安全生产管理机构以及安全生产管理人员应当恪尽职守，依法履行职责。

生产经营单位作出涉及安全生产的经营决策，应当听取安全生产管理机构以及安全生产管理人员的意见。

生产经营单位不得因安全生产管理人员依法履行职责而降低其工资、福利等待遇或者解除与其订立的劳动合同。

危险物品的生产、储存单位以及矿山、金属冶炼单位的安全生产管理人员的任免，应当告知主管的负有安全生产监督管理职责的部门。

《安全生产法》第 24 条规定：

生产经营单位的主要负责人和安全生产管理人员必须具备与本单位所从事的生产经营活动相应的安全生产知识和管理能力。

（二）《建设工程安全生产管理条例》对安全生产监督管理的规定

《建设工程安全生产管理条例》第 42～44 条规定：

第 42 条规定：建设行政主管部门在审核发放施工许可证时，应当对建设工程是否有安全施工措施进行审查，对没有安全施工措施的，不得颁发施工许可证。

建设行政主管部门或者其他有关部门对建设工程是否有安全施工措施进行审查时，不得收取费用。

第 43 条规定：县级以上人民政府负有建设工程安全生产监督管理职责的部门在各自的职责范围内履行安全监督检查职责时，有权采取下列措施：

（1）要求被检查单位提供有关建设工程安全生产的文件和资料；

（2）进入被检查单位施工现场进行检查；

（3）纠正施工中违反安全生产要求的行为；

（4）对检查中发现的安全事故隐患，责令立即排除；重大安全事故隐患排除前或者排除过程中无法保证安全的，责令从危险区域内撤出作业人员或者暂时停止施工。

第 44 条规定：建设行政主管部门或者其他有关部门可以将施工现场的监督检查委托给建设工程安全监督机构具体实施。

《建设工程安全生产管理条例》第 46 条规定：

县级以上人民政府建设行政主管部门和其他有关部门应当及时受理对建设工程生产安全事故及安全事故隐患的检举、控告和投诉。

五、安全事故及应急救援与调查处理的规定

（一）生产安全事故等级划分

根据生产安全事故（以下简称事故）造成的人员伤亡或者直接经济损失，事故一般

分为以下等级（"以上"包括本数，所称的"以下"不包括本数）。

（1）特别重大事故，是指造成30人以上死亡或者100人以上重伤（包括急性工业中毒，下同），或者1亿元以上直接经济损失的事故；

（2）重大事故，是指造成10人以上30人以下死亡，或者50人以上100人以下重伤，或者5 000万元以上1亿元以下直接经济损失的事故；

（3）较大事故，是指造成3人以上10人以下死亡，或者10人以上50人以下重伤，或者1 000万元以上5 000万元以下直接经济损失的事故；

（4）一般事故，是指造成3人以下死亡，或者10人以下重伤，或者1 000万元以下经济损失的事故。

（二）安全事故报告程序

《建筑法》第51条规定：

施工中发生事故时，建筑施工企业应当采取紧急措施减少人员伤亡和事故损失，并按照国家有关规定及时向有关部门报告。

《生产安全事故报告和调查处理条例》第9、11条规定：

事故发生后，事故现场有关人员应当立即向本单位负责人报告；单位负责人接到报告后，应当于1小时内向事故发生地县级以上人民政府安全生产监督管理部门和负有安全生产监督管理职责的有关部门报告。

情况紧急时，事故现场有关人员可以直接向事故发生地县级以上人民政府安全生产监督管理部门和负有安全生产监督管理职责的有关部门报告。

安全生产监督管理部门和负有安全生产监督管理职责的有关部门逐级上报事故情况，每级上报的时间不得超过2小时。

《生产安全事故报告和调查处理条例》第10条规定：

安全生产监督管理部门和负有安全生产监督管理职责的有关部门接到事故报告后，应当依照下列规定上报事故情况，并通知公安机关、劳动保障行政部门、工会和人民检察院：

（1）特别重大事故，重大事故逐级上报至国务院安全生产监督管理部门和负有安全生产监督管理职责的有关部门；

（2）较大事故逐级上报至省、自治区、直辖市人民政府安全生产监督管理部门和负有安全生产监督管理职责的有关部门；

（3）一般事故上报至设区的市级人民政府安全生产监督管理部门和负有安全生产监督管理职责的有关部门。

安全生产监督管理部门和负有安全生产监督管理职责的有关部门依照前款规定上报事故情况，应当同时报告本级人民政府。国务院安全生产监督管理部门和负有安全生产监督管理职责的有关部门以及省级人民政府接到发生特别重大事故，重大事故的报告后，应当立即报告国务院。

必要时，安全生产监督管理部门和负有安全生产监督管理职责的有关部门可以越级上报事故情况。

《生产安全事故报告和调查处理条例》第13条规定：

事故报告后出现新情况的，应当及时补报。

自事故发生之日起30日内，事故造成的伤亡人数发生变化的，应当及时补报。道路交通事故、火灾事故自发生之日起7日内，事故造成的伤亡人数发生变化的，应当及时补报。

（三）安全事故报告内容

报告事故应当包括下列内容：

（1）事故发生单位概况；

（2）事故发生的时间、地点以及事故现场情况；

（3）事故的简要经过；

（4）事故已经造成或者可能造成的伤亡人数（包括下落不明的人数）和初步估计的直接经济损失；

（5）已经采取的措施；

（6）其他应当报告的情况。

（四）安全事故调查

《生产安全事故报告和调查处理条例》第19条规定：

特别重大事故由国务院或者国务院授权有关部门组织事故调查组进行调查。

重大事故、较大事故、一般事故分别由事故发生地省级人民政府、设区的市级人民政府、县级人民政府负责调查。省级人民政府、设区的市级人民政府、县级人民政府可以直接组织事故调查组进行调查，也可以授权或者委托有关部门组织事故调查组进行调查。

未造成人员伤亡的一般事故，县级人民政府也可以委托事故发生单位组织事故调查组进行调查。

《生产安全事故报告和调查处理条例》第29条规定：

事故调查组应当自事故发生之日起60日内提交事故调查报告；特殊情况下，经负责事故调查的人民政府批准，提交事故调查报告的期限可以适当延长，但延长的期限最长不超过60日。

《生产安全事故报告和调查处理条例》第27条规定：

事故调查中需要进行技术鉴定的，事故调查组应当委托具有国家规定资质的单位进行技术鉴定。必要时，事故调查组可以直接组织专家进行技术鉴定。技术鉴定所需时间不计入事故调查期限。

（五）安全事故调查报告内容

事故调查报告应当包括下列内容：

（1）事故发生单位概况；

（2）事故发生经过和事故救援情况；

（3）事故造成的人员伤亡和直接经济损失；

（4）事故发生的原因和事故性质；

（5）事故责任的认定以及对事故责任者的处理建议；

（6）事故防范和整改措施。

事故调查报告应当附具有关证据材料。事故调查组成员应当在事故调查报告上签名。

（六）安全事故处理

《生产安全事故报告和调查处理条例》第 32 条规定：

重大事故、较大事故、一般事故，负责事故调查的人民政府应当自收到事故调查报告之日起 15 日内作出批复；特别重大事故，30 日内作出批复，特殊情况下，批复时间可以适当延长，但延长的时间最长不超过 30 日。

有关机关应当按照人民政府的批复，依照法律、行政法规规定的权限和程序，对事故发生单位和有关人员进行行政处罚，对负有事故责任的国家工作人员进行处分。

事故发生单位应当按照负责事故调查的人民政府的批复，对本单位负有事故责任的人员进行处理。

负有事故责任的人员涉嫌犯罪的，依法追究刑事责任。

六、危险性较大的分部分项工程安全管理

（一）危险性较大的分部分项工程范围

（1）基坑支护、降水工程。开挖深度超过 3m（含 3m）或虽未超过 3m 但地质条件和周边环境复杂的基坑（槽）支护、降水工程。

（2）土方开挖工程。开挖深度超过 3m（含 3m）的基坑（槽）的土方开挖工程。

（3）模板工程及支撑体系。包括：①各类工具式模板工程：大模板、滑模、爬模、飞模等工程；②混凝土模板支撑工程：搭设高度 5m 及以上；搭设跨度 10m 及以上；施工总荷载 $10kN/m^2$ 及以上；集中线荷载 $15kN/m^2$ 及以上；高度大于支撑水平投影宽度且相对独立无联系构件的混凝土模板支撑工程；③承重支撑体系：用于钢结构安装等满堂支撑体系。

（4）起重吊装及安装拆卸工程。包括：①采用非常规起重设备、方法，且单件起吊重量在 10kN 及以上的起重吊装工程；②采用起重机械进行安装的工程；③起重机械设

备自身的安装、拆卸。

(5) 脚手架工程。包括：①搭设高度 24m 及以上的落地式钢管脚手架工程；②附着式整体和分片提升脚手架工程；③悬挑式脚手架工程；④吊篮脚手架工程；⑤自制卸料平台、移动操作平台工程；⑥新型及异型脚手架工程。

(6) 拆除、爆破工程。包括：①建筑物、构筑物拆除工程；②采用爆破拆除的工程。

(7) 其他工程。包括：①建筑幕墙安装工程；②钢结构、网架和索膜结构安装工程；③人工挖扩孔桩工程；④地下暗挖、顶管及水下作业工程；⑤预应力工程；⑥采用新技术、新工艺、新材料、新设备及尚无相关技术标准的危险性较大的分部分项工程。

(二) 超过一定规模的危险性较大的分部分项工程范围

(1) 深基坑工程。包括：①开挖深度超过 5m（含 5m）的基坑（槽）的土方开挖、支护、降水工程；②开挖深度虽未超过 5m，但地质条件、周围环境和地下管线复杂，或影响毗邻建筑（构筑）物安全的基坑（槽）的土方开挖、支护、降水工程。

(2) 模板工程及支撑体系。包括：①工具式模板工程：滑模、爬模、飞模工程；②混凝土模板支撑工程：搭设高度 8m 及以上；搭设跨度 18m 及以上，施工总荷载 15kN/m² 及以上；集中线荷载 20kN/m² 及以上；③承重支撑体系：用于钢结构安装等满堂支撑体系，承受单点集中荷载 700kg 以上。

(3) 起重吊装及安装拆卸工程。①采用非常规起重设备、方法，且单件起吊重量在 100kN 及以上的起重吊装工程；②起重量 300kN 及以上的起重设备安装工程；高度 200m 及以上内爬起重设备的拆除工程。

(4) 脚手架工程。①搭设高度 50m 及以上落地式钢管脚手架工程；②提升高度 150m 及以上附着式整体和分片提升脚手架工程；③架体高度 20m 及以上悬挑式脚手架工程。

(5) 拆除、爆破工程。①采用爆破拆除的工程；②码头、桥梁、高架、烟囱、水塔或拆除中容易引起有毒有害气（液）体或粉尘扩散、易燃易爆事故发生的特殊建、构筑物的拆除工程；③可能影响行人、交通、电力设施、通信设施或其他建、构筑物安全的拆除工程；④文物保护建筑、优秀历史建筑或历史文化风貌区控制范围的拆除工程。

(6) 其他工程。①施工高度 50m 及以上的建筑幕墙安装工程；②跨度大于 36m 及以上的钢结构安装工程；跨度大于 60m 及以上的网架和索膜结构安装工程；③开挖深度超过 16m 的人工挖孔桩工程；④地下暗挖工程、顶管工程、水下作业工程；⑤采用新技术、新工艺、新材料、新设备及尚无相关技术标准的危险性较大的分部分项工程。

(三) 危险性较大的分部分项工程安全管理办法

《危险性较大的分部分项工程安全管理办法》第 2～6 条规定：

　　危险性较大的分部分项工程安全专项施工方案（以下简称"专项方案"），是指施工单位在编制施工组织（总）设计的基础上，针对危险性较大的分部分项工程单独编制的安全技术措施文件。建设单位在申请领取施工许可证或办理安全监督手续时，应当提供危险性较大的分部分项工程清单和安全管理措施。施工单位、监理单位应当建立危险性较大的分部分项工程安全管理制度。

　　施工单位应当在危险性较大的分部分项工程施工前编制专项方案；对于超过一定规模的危险性较大的分部分项工程，施工单位应当组织专家对专项方案进行论证。建筑工程实行施工总承包的，专项方案应当由施工总承包单位组织编制。其中，起重机械安装拆卸工程、深基坑工程、附着式升降脚手架等专业工程实行分包的，其专项方案可由专业承包单位组织编制。

（四）危险性较大的分部分项工程安全专项方案编制的内容

　　（1）工程概况：危险性较大的分部分项工程概况、施工平面布置、施工要求和技术保证条件。

　　（2）编制依据：相关法律、法规、规范性文件、标准、规范及图纸（国标图集）、施工组织设计等。

　　（3）施工计划：包括施工进度计划、材料与设备计划。

　　（4）施工工艺技术：技术参数、工艺流程、施工方法、检查验收等。

　　（5）施工安全保证措施：组织保障、技术措施、应急预案、监测监控等。

　　（6）劳动力计划：专职安全生产管理人员、特种作业人员等。

　　（7）计算书及相关图纸。

　　《危险性较大的分部分项工程安全管理办法》第8～13条规定：

　　专项方案应当由施工单位技术部门组织本单位施工技术、安全、质量等部门的专业技术人员进行审核。经审核合格的，由施工单位技术负责人签字。实行施工总承包的，专项方案应当由总承包单位技术负责人及相关专业承包单位技术负责人签字。对于无须专家论证的专项方案，经施工单位审核合格后报监理单位，由项目总监理工程师审核签字。超过一定规模的危险性较大的分部分项工程专项方案应当由施工单位组织召开专家论证会。实行施工总承包的，由施工总承包单位组织召开专家论证会。

　　下列人员应当参加专家论证会：专家组成员；建设单位项目负责人或技术负责人；监理单位项目总监理工程师及相关人员；施工单位分管安全的负责人、技术负责人、项目负责人、项目技术负责人、专项方案编制人员、项目专职安全生产管理人员；勘察、设计单位项目技术负责人及相关人员。

　　专家组成员应当由5名及以上符合相关专业要求的专家组成。

（五）危险性较大的分部分项工程安全专项方案实施过程中对施工单位的要求

　　《危险性较大的分部分项工程安全管理办法》第11～17条规定：

专项方案经论证后，专家组应当提交论证报告，对论证的内容提出明确的意见，并在论证报告上签字。该报告作为专项方案修改完善的指导意见。施工单位应当根据论证报告修改完善专项方案，并经施工单位技术负责人、项目总监理工程师、建设单位项目负责人签字后，方可组织实施。实行施工总承包的，应当由施工总承包单位、相关专业承包单位技术负责人签字。

专项方案经论证后需做重大修改的，施工单位应当按照论证报告修改，并重新组织专家进行论证。施工单位应当严格按照专项方案组织施工，不得擅自修改、调整专项方案。如因设计、结构、外部环境等因素发生变化确需修改的，修改后的专项方案应当重新审核。对于超过一定规模的危险性较大工程的专项方案，施工单位应当重新组织专家进行论证。

专项方案实施前，编制人员或项目技术负责人应当向现场管理人员和作业人员进行安全技术交底。施工单位应当指定专人对专项方案实施情况进行现场监督和按规定进行监测。发现不按照专项方案施工的，应当要求其立即整改；发现有危及人身安全紧急情况的，应当立即组织作业人员撤离危险区域。施工单位技术负责人应当定期巡查专项方案实施情况。

对于按规定需要验收的危险性较大的分部分项工程，施工单位、监理单位应当组织有关人员进行验收。验收合格的，经施工单位项目技术负责人及项目总监理工程师签字后，方可进入下一道工序。

（六）危险性较大的分部分项工程安全专项方案实施过程中对监理单位的要求

《危险性较大的分部分项工程安全管理办法》第18、19条规定：

监理单位应当将危险性较大的分部分项工程列入监理规划和监理实施细则，应当针对工程特点、周边环境和施工工艺等，制定安全监理工作流程、方法和措施。监理单位应当对专项方案实施情况进行现场监理；对不按专项方案实施的，应当责令整改，施工单位拒不整改的，应当及时向建设单位报告；建设单位接到监理单位报告后，应当立即责令施工单位停工整改；施工单位仍不停工整改的，建设单位应当及时向住房城乡建设主管部门报告。

（七）危险性较大的分部分项工程安全专项方案实施过程中对建设单位的要求

《危险性较大的分部分项工程安全管理办法》第23条规定：

建设单位未按规定提供危险性较大的分部分项工程清单和安全管理措施，未责令施工单位停工整改的，未向住房城乡建设主管部门报告的；施工单位未按规定编制、实施专项方案的；监理单位未按规定审核专项方案或未对危险性较大的分部分项工程实施监理的；住房城乡建设主管部门应当依据有关法律法规予以处罚。

七、法律责任

（一）施工单位违反相关规定的法律责任

《建设工程安全生产管理条例》第62～67条规定：

第62条规定：……施工单位有下列行为之一的，责令限期改正；逾期未改正的，责令停业整顿，依照《中华人民共和国安全生产法》的有关规定处以罚款；造成重大安全事故，构成犯罪的，对直接责任人员，依照刑法有关规定追究刑事责任。

（1）未设立安全生产管理机构、配备专职安全生产管理人员或者分部分项工程施工时无专职安全生产管理人员现场监督的；

（2）施工单位的主要负责人、项目负责人、专职安全生产管理人员、作业人员或者特种作业人员，未经安全教育培训或者经考核不合格即从事相关工作的；

（3）未在施工现场的危险部位设置明显的安全警示标志，或者未按照国家有关规定在施工现场设置消防通道、消防水源、配备消防设施和灭火器材的；

（4）未向作业人员提供安全防护用具和安全防护服装的；

（5）未按照规定在施工起重机械和整体提升脚手架、模板等自升式架设设施验收合格后登记的；

（6）使用国家明令淘汰、禁止使用的危及施工安全的工艺、设备、材料的。

第63条规定：……施工单位挪用列入建设工程概算的安全生产作业环境及安全施工措施所需费用的，责令限期改正，处挪用费用20%以上50%以下的罚款；造成损失的，依法承担赔偿责任。

第64条规定：……施工单位有下列行为之一的，责令限期改正；逾期未改正的，责令停业整顿，并处5万元以上10万元以下的罚款；造成重大安全事故，构成犯罪的，对直接责任人员，依照刑法有关规定追究刑事责任：

（1）施工前未对有关安全施工的技术要求作出详细说明的；

（2）未根据不同施工阶段和周围环境及季节、气候的变化，在施工现场采取相应的安全施工措施，或者在城市市区内的建设工程的施工现场未实行封闭围挡的；

（3）在尚未竣工的建筑物内设置员工集体宿舍的；

（4）施工现场临时搭建的建筑物不符合安全使用要求的；

（5）未对因建设工程施工可能造成损害的毗邻建筑物、构筑物和地下管线等采取专项防护措施的。

施工单位有前款规定第（4）项、第（5）项行为，造成损失的，依法承担赔偿责任。

第65条规定：……施工单位有下列行为之一的，责令限期改正；逾期未改正的，责令停业整顿，并处10万元以上30万元以下的罚款；情节严重的，降低资质等级，直至吊销资质证书；造成重大安全事故，构成犯罪的，对直接责任人员，依照刑法有关规定追究刑事责任；造成损失的，依法承担赔偿责任。

（1）安全防护用具、机械设备、施工机具及配件在进入施工现场前未经查验或者查验不合格即投入使用的；

（2）使用未经验收或者验收不合格的施工起重机械和整体提升脚手架、模板等自升式架设设施的；

（3）委托不具有相应资质的单位承担施工现场安装、拆卸施工起重机械和整体提升脚手架、模板等自升式架设设施的；

（4）在施工组织设计中未编制安全技术措施、施工现场临时用电方案或者专项施工方案的。

第66条规定：……施工单位的主要负责人、项目负责人未履行安全生产管理职责的，责令限期改正；逾期未改正的，责令施工单位停业整顿；造成重大安全事故、重大伤亡事故或者其他严重后果，构成犯罪的，依照刑法有关规定追究刑事责任。

作业人员不服管理、违反规章制度和操作规程冒险作业造成重大伤亡事故或者其他严重后果，构成犯罪的，依照刑法有关规定追究刑事责任。

施工单位的主要负责人、项目负责人有前款违法行为，尚不够刑事处罚的，处2万元以上20万元以下的罚款或者按照管理权限给予撤职处分；自刑罚执行完毕或者受处分之日起，5年内不得担任任何施工单位的主要负责人、项目负责人。

第67条规定：施工单位取得资质证书后，降低安全生产条件的，责令限期改正；经整改仍未达到与其资质等级相适应的安全生产条件的，责令停业整顿，降低其资质等级直至吊销资质证书。

（二）建设单位违反相关规定的法律责任

《建设工程安全生产管理条例》第54、55条规定：

第54条规定：……建设单位未提供建设工程安全生产作业环境及安全施工措施所需费用的，责令限期改正；逾期未改正的，责令该建设工程停止施工。

建设单位未将保证安全施工的措施或者拆除工程的有关资料报送有关部门备案的，责令限期改正，给予警告。

第55条规定：……建设单位有下列行为之一的，责令限期改正，处20万元以上50万元以下的罚款；造成重大安全事故，构成犯罪的，对直接责任人员，依照刑法有关规定追究刑事责任；造成损失的，依法承担赔偿责任：

（1）对勘察、设计、施工、工程监理等单位提出不符合安全生产法律、法规和强制性标准规定的要求的；

（2）要求施工单位压缩合同约定的工期的；

（3）将拆除工程发包给不具有相应资质等级的施工单位的。

（三）勘察单位、设计单位违反相关规定的法律责任

《建设工程安全生产管理条例》第56条规定：

勘察单位、设计单位有下列行为之一的，责令限期改正，处 10 万元以上 30 万元以下的罚款；情节严重的，责令停业整顿，降低资质等级，直至吊销资质证书；造成重大安全事故，构成犯罪的，对直接责任人员，依照刑法有关规定追究刑事责任；造成损失的，依法承担赔偿责任。

(1) 未按照法律、法规和工程建设强制性标准进行勘察、设计的；

(2) 采用新结构、新材料、新工艺的建设工程和特殊结构的建设工程，设计单位未在设计中提出保障施工作业人员安全和预防生产安全事故的措施建议的。

(四) 工程监理单位违反相关规定的法律责任

《建设工程安全生产管理条例》第 57 条规定：

……工程监理单位有下列行为之一的，责令限期改正；逾期未改正的，责令停业整顿，并处 10 万元以上 30 万元以下的罚款；情节严重的，降低资质等级，直至吊销资质证书；造成重大安全事故，构成犯罪的，对直接责任人员，依照刑法有关规定追究刑事责任；造成损失的，依法承担赔偿责任。

(1) 未对施工组织设计中的安全技术措施或者专项施工方案进行审查的；

(2) 发现安全事故隐患未及时要求施工单位整改或者暂时停止施工的；

(3) 施工单位拒不整改或者不停止施工，未及时向有关主管部门报告的；

(4) 未依照法律、法规和工程建设强制性标准实施监理的。

(五) 从业人员违反相关规定的法律责任

《建设工程安全生产管理条例》第 58 条规定：

注册执业人员未执行法律、法规和工程建设强制性标准的，责令停止执业 3 个月以上 1 年以下；情节严重的，吊销执业资格证书，5 年内不予注册；造成重大安全事故的，终生不予注册；构成犯罪的，依照刑法有关规定追究刑事责任。

(六) 其他单位违反相关规定的法律责任

《建设工程安全生产管理条例》第 59~61 条规定：

第 59 条规定：……为建设工程提供机械设备和配件的单位，未按照安全施工的要求配备齐全有效的保险、限位等安全设施和装置的，责令限期改正，处合同价款 1 倍以上 3 倍以下的罚款；造成损失的，依法承担赔偿责任。

第 60 条规定：……出租单位出租未经安全性能检测或者经检测不合格的机械设备和施工机具及配件的，责令停业整顿，并处 5 万元以上 10 万元以下的罚款；造成损失的，依法承担赔偿责任。

第 61 条规定：……施工起重机械和整体提升脚手架、模板等自升式架设设施安装、拆卸单位有下列行为之一的，责令限期改正，处 5 万元以上 10 万元以下的罚款；情节严重的，责令停业整顿，降低资质等级，直至吊销资质证书；造成损失的，依法承担赔偿责任。

(1) 未编制拆装方案、制定安全施工措施的；

(2) 未由专业技术人员现场监督的；

(3) 未出具自检合格证明或者出具虚假证明的；

(4) 未向施工单位进行安全使用说明，办理移交手续的。

施工起重机械和整体提升脚手架、模板等自升式架设设施安装、拆卸单位有前款规定的第（1）项、第（3）项行为，经有关部门或者单位职工提出后，对事故隐患仍不采取措施，因而发生重大伤亡事故或者造成其他严重后果，构成犯罪的，对直接责任人员，依照刑法有关规定追究刑事责任。

第五节 建设工程质量管理

一、施工单位的质量责任

(一)《建筑法》对施工单位的相关规定

《建筑法》第 55 条，对工程质量责任制作出规定：

建筑工程实行总承包的，工程质量由工程总承包单位负责，总承包单位将建筑工程分包给其他单位的，应当对分包工程的质量与分包单位承担连带责任。分包单位应当接受总承包单位的质量管理。

《建筑法》第 58 条，对施工质量责任制作出规定：

建筑施工企业对工程的施工质量负责。

建筑施工企业必须按照工程设计图纸和施工技术标准施工，不得偷工减料。工程设计的修改由原设计单位负责，建筑施工企业不得擅自修改工程设计。

《建筑法》第 59 条，对建设材料设备检验作出规定：

建筑施工企业必须按照工程设计要求，施工技术标准和合同的约定，对建筑材料、建筑构配件和设备进行检验，不合格的不得使用。

《建筑法》第 60 条，对地基和主体结构质量保证作出规定：

建筑物在合理使用寿命内，必须确保地基基础工程和主体结构的质量。

建筑工程竣工时，屋顶、墙面不得留有渗漏、开裂等质量缺陷；对已发现的质量缺陷，建筑施工企业应当修复。

《建筑法》第 61 条，对工程验收作出规定：

交付竣工验收的建筑工程，必须符合规定的建筑工程质量标准，有完整的工程技术经济资料和经签署的工程保修书，并具备国家规定的其他竣工条件。

建筑工程竣工经验收合格后，方可交付使用；未经验收或者验收不合格的，不得交付使用。

《建筑法》第62条，对工程质量保修作出规定：

建筑工程实行质量保修制度。

建筑工程的保修范围应当包括地基基础工程、主体结构工程、屋面防水工程和其他土建工程，以及电气管线、上下水管线的安装工程，供热、供冷系统工程等项目；保修的期限应当按照保证建筑物合理寿命年限内正常使用，维护使用者合法权益的原则确定。具体的保修范围和最低保修期限由国务院规定。（见本教材第一章第五节一、（二））

（二）《建设工程质量管理条例》对施工单位的相关规定

1. 施工单位的质量责任

《建设工程质量管理条例》第25条规定：

施工单位应当依法取得相应等级的资质证书，并在其资质等级许可的范围内承揽工程。

禁止施工单位超越本单位资质等级许可的业务范围或者以其他施工单位的名义承揽工程。禁止施工单位允许其他单位或者个人以本单位的名义承揽工程。施工单位不得转包或者违法分包工程。

《建设工程质量管理条例》第26、27条，对工程总承包、分包作出规定：

施工单位对建设工程的施工质量负责。

施工单位应当建立技师责任制，确定工程项目的项目经理、技术负责人和施工管理负责人。

建设工程实行总承包的，总承包单位应当对全部建设工程质量负责；建设工程勘察、设计、施工、设备采购的一项或者多项实行总承包的，总承包单位应当对其承包的建设工程或者采购的设备的质量负责。

总承包单位依法将建设工程分包给其他单位的，分包单位应当按照分包合同的约定对其分包工程的质量向总承包单位负责，总承包单位分包单位对分包工程的质量承担连带责任。

2. 施工单位的现场管理

《建设工程质量管理条例》第28～33条规定：

施工单位必须按照工程设计图纸和施工技术标准施工，不得擅自修改工程设计，不得偷工减料。施工单位在施工过程中发现设计文件和图纸有差错的，应当及时提出意见和建议。

施工单位必须按照工程设计要求、施工技术标准和合同约定，对建筑材料、建筑构配件、设备和商品混凝土进行检验，检验应当有书面记录和专人签字；未经检验或者检验不合格的，不得使用。

施工单位必须建立、健全施工质量的检验制度，严格工序管理，做好隐蔽工程的质量检查和记录。隐蔽工程在隐蔽前，施工单位应当通知建设单位和建设工程质量监督机构。

施工人员对涉及结构安全的试块、试件以及有关材料，应当在建设单位或者工程监理单位监督下现场取样，并送具有相应资质等级的质量检测单位进行检测。

施工单位对施工中出现质量问题的建设工程或者竣工验收不合格的建设工程，应当负责返修。

施工单位应当建立、健全教育培训制度，加强对职工的教育培训；未经教育培训或者考核不合格的人员，不得上岗作业。

3. 工程保修的规定

《建设工程质量管理条例》第39～42条规定：

建设工程实行质量保修制度。建设工程承包单位在向建设单位提交工程竣工验收报告时，应当向建设单位出具质量保修书。质量保修书中应当明确建设工程的保修范围、保修期限和保修责任等。

在正常使用条件下，建设工程的最低保修期限为：

（1）基础设施工程、房屋建筑的地基基础工程和主体结构工程，为设计文件规定的该工程的合理使用年限；

（2）屋面防水工程、有防水要求的卫生间、房间和外墙面的防渗漏，为5年；

（3）供热与供冷系统，为2个采暖期、供冷期；

（4）电气管线、给排水管道、设备安装和装修工程，为2年。

其他项目的保修期限由发包方与承包方约定。建设工程的保修期，自竣工验收合格之日起计算。

建设工程在保修范围和保修期限内发生质量问题的，施工单位应当履行保修义务，并对造成的损失承担赔偿责任。

建设工程在超过合理使用年限后需要继续作用的，产权所有人应当委托具有相应资质等级的勘察、设计单位鉴定，并根据鉴定结果采取加固、维修等措施，重新界定使用期。

二、工程建设其他相关主体的质量责任

（一）建设单位的质量责任

1. 《建筑法》对建设单位的相关规定

《建筑法》第54条，对工程质量保证作出规定：

建设单位不得以任何理由，要求建筑设计单位或者建筑施工企业在工程设计或者施

工作业中，违反法律、行政法规和建筑工程质量、安全标准，降低工程质量。

建筑设计单位和建筑施工企业对建设单位违反前款规定提出的降低工程质量的要求，应当予以拒绝。

《建筑法》第80条，对损害赔偿作出规定：

在建筑物的合理使用寿命内，因建筑工程质量不合格受到损害的，有权向责任者要求赔偿。

2.《建设工程质量管理条例》对建设单位的相关规定

《建设工程质量管理条例》第7～11条规定：

建设单位应当将工程发包给具有相应资质等级的单位。建设单位不得将建设工程肢解发包。

建设单位应当依法对工程建设项目的勘察、设计、施工、监理以及与工程建设有关的重要设备、材料等的采购进行招标。

建设单位必须向有关的勘察、设计、施工、工程监理等单位提供与建设工程有关的原始资料。原始资料必须真实、准确、齐全。

建设工程发包单位不得迫使承包方以低于成本价格竞标，不得任意压缩合理工期。

建设单位不得明示或暗示设计单位或者施工单位违反工程建设强制性标准，降低建设工程质量。

建设单位应当将施工图设计文件报县级以上人民政府建设行政主管部门或者其他有关部门审查。施工图设计文件审查的具体办法，同国务院建设行政主管部门会同国务院其他有关部门制定。

施工图设计文件未经审查批准的，不得使用。

《房屋建筑和市政基础设施工程施工图设计文件审查管理办法》第9～11条，对施工图设计文件审查办法作出具体规定：

建设单位应当将施工图送审查机构审查，但审查机构不得与所审查项目的建设单位、勘察设计企业有隶属关系或者其他利害关系。送审管理的具体办法由省、自治区、直辖市人民政府住房城乡建设主管部门按照"公开、公平、公正"的原则规定。

建设单位不得明示或者暗示审查机构违反法律法规和工程建设强制性标准进行施工图审查，不得压缩合理审查周期、压低合理审查费用。

建设单位应当向审查机构提供下列资料并对所提供资料的真实性负责：

（1）作为勘察、设计依据的政府有关部门的批准文件及附件；

（2）全套施工图；

（3）其他应当提交的材料。

审查机构应当对施工图审查下列内容：

（1）是否符合工程建设强制性标准；

（2）地基基础和主体结构的安全性；

（3）是否符合民用建筑节能强制性标准，对执行绿色建筑标准的项目，还应当审查是否符合绿色建筑标准；

（4）勘察设计企业和注册执业人员以及相关人员是否按规定在施工图上加盖相应的图章和签字；

（5）法律、法规、规章规定必须审查的其他内容。

《房屋建筑和市政基础设施工程施工图设计文件审查管理办法》第 14 条规定：

任何单位或者个人不得擅自修改审查合格的施工图；确需修改的，根据上述程序，建设单位应当将修改后的施工图送原审查机构审查。

《建设工程质量管理条例》第 12 条规定：

实行监理的建设工程，建设单位应当委托具有相应资质等级的工程监理单位进行监理，也可以委托具有工程监理相应资质等级并与被监理工程的旗工承包单位没有隶属关系或者其他利害关系的该工程的设计单位进行监理。

下列建设工程必须实行监理：

（1）国家重点建设工程；

（2）大中型公用事业工程；

（3）成片开发建设的住宅小区工程；

（4）利用外国政府或者国际组织贷款、援助资金的工程；

（5）国家规定必须实行监理的其他工程。

《建设工程质量管理条例》第 13 条规定：

建设单位在领取施工许可证或者开工报告之前，应当按照国家有关规定办理工程质量监督手续。

《建设工程质量管理条例》第 14 条规定：

按照合同约定，由建设单位采购建筑材料、建筑构配件和设备的，建设单位应当保证建筑材料、建筑构配件和设备符合设计文件和合同要求。

建设单位不得明示或者暗示施工单位使用不合格的建筑材料、建筑构配件和设备。

《建设工程质量管理条例》第 15 条规定：

涉及建筑主体和承重结构变动的装修工程，建设单位应当在施工前委托原设计单位或者具有相应资质等级的设计单位提出设计方案；没有设计方案的，不得施工。

房屋建筑使用者在装修过程中，不得擅自变动房屋建筑主体和承重结构。

《建设工程质量管理条例》第 16 条规定：

建设单位收到建设工程竣工报告后，应当组织设计、施工、工程监理等有关单位进行竣工验收。

建设工程竣工验收应当具备下列条件：

（1）完成建设工程设计和合同约定的各项内容；

（2）有完整的技术档案和施工管理资料；

（3）有工程使用的主要建筑材料、建筑构配件和设备的进场试验报告；

（4）有勘察、设计、施工、工程监理等单位分别签署的质量合格文件；

（5）有施工单位签署的工程保修书。

建设工程经验收合格的，方可交付使用。

《建设工程质量管理条例》第 17 条规定：

建设单位应当严格按照国家有关档案管理的规定，及时收集、整理建设项目各环节的文件资料，建立、健全建设项目档案，并在建设工程竣工验收后，及时向建设行政主管部门或者其他有关部门移交建设项目档案。

（二）勘察、设计单位的质量责任

1.《建筑法》对勘察、设计单位的相关规定

《建筑法》第 56 条，对工程勘察、设计单位职责作出规定：

建筑工程的勘察、设计单位必须对其勘察、设计的质量负责。勘察、设计文件应当符合有关法律、行政法规的规定和建筑工程质量、安全标准、建筑工程勘察、设计技术规范以及合同的约定。设计文件选用的建筑材料、建筑构配件和设备，应当注明其规格、型号、性能等技术指标，其质量要求必须符合国家规定的标准。

2.《建设工程质量管理条例》对勘察、设计单位的相关规定

《建设工程质量管理条例》第 18、19 条规定：

从事建设工程勘察、设计的单位应当依法取得相应等级的资质证书，并在其资质等级许可的范围内承揽工程。

禁止勘察、设计单位超越其资质等级许可的范围或者以其他勘察、设计单位的名义承揽工程。禁止勘察、设计单位允许其他单位或者个人以本单位的名义承揽工程。

勘察、设计单位不得转包或者违法分包所承揽的工程。

勘察、设计单位必须按照工程建设强制性标准进行勘察、设计，并对其勘察、设计的质量负责。

注册建筑师、注册结构工程师等注册执业人员应当在设计文件上签字，对设计文件负责。

《建设工程质量管理条例》第 20～24 条规定：

勘察单位提供的地质、测量、水文等勘察成果必须真实、准确。设计单位应当根据勘察成果文件进行建设工程设计。设计文件应当符合国家规定的设计深度要求，注明工程合理使用年限。

设计单位在设计文件中选用的建筑材料、建筑构配件和设备，应当注明规格、型号、性能等技术指标，其质量要求必须符合国家规定的标准。除有特殊要求的建筑材料、专用设备、工艺生产线等外，设计单位不得指定生产厂、供应商。

设计单位应当就审查合格的施工图设计文件向施工单位作出详细说明。设计单位应当

参与建设工程质量事故分析，并对因设计造成的质量事故，提出相应的技术处理方案。

（三）工程监理单位的质量责任

《建设工程质量管理条例》第34条规定：

工程监理单位应当依法取得相应等级的资质证书，并在其资质等级许可的范围内承担工程监理业务。

禁止工程监理单位超越本单位资质等级许可的范围或者以其他工程监理单位的名义承担工程监理业务。禁止工程监理单位允许其他单位或者个人以本单位的名义承担工程监理业务。

工程监理单位不得转让工程监理业务。

《建设工程质量管理条例》第35、36条规定：

工程监理单位与被监理工程的施工承包单位以及建筑材料、建筑构配件和设备供应单位有隶属关系或者其他利害关系的，不得承担该项建设工程的监理业务。

工程监理单位应当依照法律、法规以及有关技术标准、设计文件和建设工程承包合同，代表建设单位对施工质量实施监理，并对施工质量承担监理责任。

《建设工程质量管理条例》第37条规定：

工程监理单位应当选派具备相应资格的总监理工程师和监理工程师进驻施工现场。未经监理工程师签字，建筑材料、建筑构配件和设备不得在工程上使用或者安装，施工单位不得进行下一道工序的施工。未经总监理工程师签字，建设单位不拨付工程款，不进行竣工验收。

《建设工程质量管理条例》第38条规定：

监理工程师应当按照工程监理规范的要求，采取旁站、巡视和平行检验等形式，对建设工程实施监理。

（四）其他相关单位的质量责任

《建筑法》第57条，对建筑材料供给作出规定：

建筑设计单位对设计文件选用的建筑材料、建筑构配件和设备，不得指定生产厂、供应商。

三、建设工程质量监督管理及竣工验收备案制度

（一）《建筑法》的相关规定

《建筑法》第52条，对工程质量管理作出规定：

建筑工程勘察、设计、施工的质量必须符合国家有关建筑工程安全标准的要求，具体管理办法由国务院规定。

有关建筑工程安全的国家标准不能适应确保建筑安全的要求时，应当及时修订。

《建筑法》第53条，对质量体系认证作出规定：

国家对从事建筑活动的单位推行质量体系认证制度。从事建筑活动的单位根据自愿原则可以向国务院产品质量监督管理部门或者国务院产品质量监督管理部门授权的部门认可的认证机构申请质量体系认证。经认证合格的，由认证机构颁发质量体系认证证书。

《建筑法》第63条，对质量投诉作出规定：

任何单位和个人对建筑工程的质量事故、质量缺陷都有权向建设行政主管部门或者其他有关部门进行检举、控告、投诉。

（二）《建设工程质量管理条例》的相关规定

《建设工程质量管理条例》第43条规定：

国家实行建设工程质量监督管理制度。

国务院建设行政主管部门对全国的建设工程质量实施统一监督管理。国务院铁路、交通、水利等有关部门按照国务院规定的职责分工，负责对全国的有关专业建设工程质量的监督管理。

县级以上地方人民政府建设行政主管部门对本行政区域内的建设工程质量实施监督管理。县级以上地方人民政府交通、水利等有关部门在各自的职责范围内，负责对本行政区域内的专业建设工程质量的监督管理。

《建设工程质量管理条例》第44条规定：

国务院建设行政主管部门和国务院铁路、交通、水利等有关部门应当加强对有关建设工程质量的法律、法规和强制性标准执行情况的监督检查。

《建设工程质量管理条例》第45条规定：

国务院发展计划部门按照国院规定的职责，组织稽查特派员，对国家出资的重大建设项目实施监督检查。

国务院经济贸易主管部门按照国务院规定的职责，对国家重大技术改造项目实施监督检查。

《建设工程质量管理条例》第46条规定：

建设工程质量监督管理，可以由建设行政主管部门或者其他有关部门委托的建设工程质量监督机构具体实施。

从事房屋建筑工程和市政基础设施工程质量监督的机构，必须按照国家有关规定经国务院建设行政主管部门或者省、自治区、直辖市人民政府建设行政主管部门考核；从事专业建设工程质量监督的机构，必须按照国家有关规定经国务院有关部门或者省、自治区、直辖市人民政府有关部门考核。经考核合格后，方可实施质量监督。

《建设工程质量管理条例》第47条规定：

县级以上地方人民政府建设行政主管部门和其他有关部门应当加强对有关建设工程

质量的法律、法规和强制性标准执行情况的监督检查。

《建设工程质量管理条例》第48条规定：

县级以上人民政府建设行政主管部门和其他有关部门履行监督检查职责时，有权采取下列措施：

（1）要求被检查的单位提供有关工程质量的文件和资料；

（2）进入被检查单位的施工现场进行检查；

（3）发现有影响工程质量问题时，责令改正。

《建设工程质量管理条例》第49条规定：

建设单位应当自建设工程竣工验收合格之日起15日内，将建设工程竣工验收报告和规划、公安消防、环保等部门出具的认可文件或者准许使用文件报建设行政主管部门或其他有关部门备案。

建设行政主管部门或者其他有关部门发现建设单位在竣工验收过程中有违反国家有关建设工程质量管理规定行为的，责令停止使用，重新组织竣工验收。

《建设工程质量管理条例》第50条规定：

有关单位和个人对县级以上人民政府建设行政主管部门和其他有关部门进行的监督检查应当支持与配合，不得拒绝或者阻碍建设工程质量监督检查人员依法执行职务。

《建设工程质量管理条例》第51条规定：

供水、供电、供气、公安消防等部门或者单位不得明示或者暗示建设单位、施工单位购买其指定的生产供应单位的建筑材料、建筑构配件和设备。

《建设工程质量管理条例》第52条规定：

建设工程发生质量事故，有关单位应当在24小时内向当地建设行政主管部门和其他有关部门报告。对重大质量事故，事故发生地的建设行政主管部门和其他有关部门应当按照事故类别和等级向当地人民政府和上级建设行政主管部门和其他有关部门报告。

特别重大质量事故的调查程序按照国务院有关规定办理。

《建设工程质量管理条例》第53条规定：

任何单位和个人对建设工程的质量事故、质量缺陷都有权检举、控告、投诉。

四、法律责任

(一)《建筑法》的相关规定

1. 建设单位的法律责任

《建筑法》第64条规定：

未取得施工许可证或者开工报告未经批准擅自施工的，责令改正，对不符合开工条件的责令停止施工，可以处以罚款。

《建筑法》第65条规定：

发包单位将工程发包给不具有相应资质条件的承包单位的，或者违反本法规定将建筑工程肢解发包的，责令改正，处以罚款。

超越本单位资质等级承揽工程的，责令停止违法行为，处以罚款，可以责令停业整顿，降低资质等级；情节严重的，吊销资质证书；有违法所得的，予以没收。

未取得资质证书承揽工程的，予以取缔，并处罚款；有违法所得的，予以没收。

以欺骗手段取得资质证书的，吊销资质证书，处以罚款；构成犯罪的，依法追究刑事责任。

《建筑法》第72条，对质量降低处罚作出规定：

建设单位要求建筑设计单位或者建筑施工企业违反建筑工程质量、安全标准，降低工程质量的，责令改正，可以处以罚款；构成犯罪的，依法追究刑事责任。

2. 施工单位的法律责任

《建筑法》第66条规定：

建筑施工企业转让、出借资质证书或者以其他方式允许他人以本企业的名义承揽工程的，责令改正，没收违法所得，并处以罚款，可以责令停业整顿，降低资质等级；情节严重的，吊销资质证书。对因该项承揽工程不符合规定的质量标准造成的损失，建筑施工企业与使用本企业名义的单位或者个人承担连带赔偿责任。

《建筑法》第67条规定：

承包单位将承包的工程转包的，或者违反本法规定进行分包的，责令改正，没收违法所得，并处以罚款，可以责令停业整顿，降低资质等级；情节严重的，吊销资质证书。

承包单位有前款规定的违法行为的，对因转包工程或者违法分包的工程不符合规定的质量标准造成的损失，与接受转包或者分包的单位承担连带赔偿责任。

《建筑法》第70条，对擅自变动施工处罚作出规定：

涉及建筑主体或者承重结构变动的装修工程擅自施工的，责令改正，处以罚款；造成损失的，承担赔偿责任；构成犯罪的，依法追究刑事责任。

《建筑法》第71条，对安全事故处罚作出规定：

建筑施工企业违反本法规定，对建筑安全事故隐患不采取措施予以消除的，责令改正，可以处以罚款；情节严重的，责令停业整顿，降低资质等级或者吊销资质证书；构成犯罪的，依法追究刑事责任。

建筑施工企业的管理人员违章指挥、强令职工冒险作业，因而发生重大伤亡事故或者造成其他严重后果的，依法追究刑事责任。

《建筑法》第74条，对非法施工处罚作出规定：

建筑施工企业在施工中偷工减料的，使用不合格的建筑材料、建筑构配件和设备的，或者有其他不按照工程设计图纸或者施工技术标准施工的行为的，责令改正，处以罚款；情节严重的，责令停业整顿，降低资质等级或者吊销资质证书；造成建筑工程质量不符合规定的质量标准的，负责返工、修理，并赔偿因此造成的损失；构成犯罪的，依法追究刑事责任。

《建筑法》第75条，对不保修处罚及赔偿作出规定：

建筑施工企业违反本法规定，不履行保修义务或者拖延履行保修义务的，责令改正，可以处以罚款，并对在保修期内因屋顶、墙面渗漏、开裂等质量缺陷造成的损失，承担赔偿责任。

3. 设计单位的法律责任

《建筑法》第73条，对非法设计处罚作出规定：

建筑设计单位不按照建筑工程质量、安全标准进行设计的，责令改正，处以罚款；造成工程质量事故的，责令停业整顿，降低资质等级或者吊销资质证书，没收违法所得，并处以罚款；造成损失的，承担赔偿责任；构成犯罪的，依法追究刑事责任。

4. 工程监理单位的法律责任

《建筑法》第69条规定：

工程监理单位与建设单位或者建筑施工企业串通，弄虚作假、降低工程质量的，责令改正，处以罚款，降低资质等级或者吊销资质证书；有违法所得的，予以没收；造成损失的，承担连带赔偿责任；构成犯罪的，依法追究刑事责任。

工程监理单位转让监理业务的，责令改正，没收违法所得，可以责令停业整顿，降低资质等级；情节严重的，吊销资质证书。

(二)《建设工程质量管理条例》的相关规定

1. 建设单位的法律责任

《建设工程质量管理条例》第54～59条规定：

建设单位将建设工程发包给不具有相应资质等级的勘察、设计、施工单位，或者委托给不具备相应资质等级的工程监理单位的，责令改正，处50万元以上100万元以下的罚款。

建设单位将建设工程肢解发包的，责令改正，处工程合同价款0.5%以上1%以下的罚款；对全部或者部分使用国有资金的项目，并可以暂停项目执行或者暂停资金拨付。

建设单位有下列行为之一的，责令改正，处20万元以上50万元以下的罚款：

(1) 迫使承包方以低于成本的价格竞标的；

(2) 任意压缩合理工期的；

(3) 明示或者暗示设计单位或者施工单位违反工程建设强制性标准，降低工程质量的；

(4) 施工图设计文件未经审查或者审查不合格，擅自施工的；

(5) 建设项目必须实行工程监理而未实行工程监理的；

(6) 未按国家规定办理工程质量监督手续的；

(7) 明示或者暗示施工单位使用不合格的建筑材料、建筑构配件和设备的；

（8）未按照国家规定将竣工验收报告、有关认可文件或者准许使用文件报送备案的。

建设单位未取得施工许可证或者开工报告未经批准，擅自施工的，责令停止施工，限期改正，处工程合同价款1%以上2%以下的罚款。

建设单位有下列行为之一的，责令改正，处工程合同价款2%以上4%以下的罚款；造成损失的，依法承担赔偿责任：

（1）未组织竣工验收，擅自交付使用的；

（2）验收不合格，擅自交付使用的；

（3）对不合格的建设工程按照合格工程验收的。

建设工程竣工验收后，建设单位未向建设行政主管部门或者其他有关部门移交建设项目档案的，责令改正，处1万元以上10万元以下的罚款。

《建设工程质量管理条例》第69条规定：

涉及建筑主体或者承重结构变动的装修工程，没有设计方案擅自施工的，责令改正，处50万元以上100万元以下的罚款；房屋建筑使用者在装修过程中擅自变动房屋建筑主体和承重结构的，责令改正，处5万元以上10万元以下的罚款。

有前款所列行为，造成损失的，依法承担赔偿责任。

2. 施工单位的法律责任

《建设工程质量管理条例》第62~66条规定：

承包单位将承包的工程转包或者违法分包的，责令改正，没收违法所得，对勘察、设计单位处合同约定的勘察费、设计费25%以上50%以下的罚款；对施工单位处工程合同价款0.5%以上1%以下的罚款；可以责令停业整顿，降低资质等级；情节严重的，吊销资质证书。

施工单位在施工中偷工减料的，使用不合格的建筑材料、建筑构配件和设备的，或者有不按照工程设计图纸或者施工技术标准施工的其他行为的，责令改正，处工程合同价款2%以上4%以下的罚款；造成建设工程质量不符合规定的质量标准的，负责返工、修理，并赔偿因此造成的损失；情节严重的，责令停业整顿，降低资质等级或者吊销资质证书。

施工单位未对建筑材料、建筑构配件、设备和商品混凝土进行检验，或者未对涉及结构安全的试块、设备和商品混凝土进行检验，或者未对涉及结构安全的试块、试件以及有关材料取样检测的，责令改正，处10万元以上20万元以下的罚款；情节严重的，责令停业整顿，降低资质等级或者吊销资质证书；造成损失的，依法承担赔偿责任。

施工单位不履行保修义务或者拖延履行保修义务的，责令改正，处10万元以上20万元以下的罚款，并对在保修期内因质量缺陷造成的损失承担赔偿责任。

3. 勘察、设计、施工、工程监理单位的法律责任

《建设工程质量管理条例》第60、61条规定：

勘察、设计、施工、工程监理单位超越本单位资质等级承揽工程的，责令停止违法行为，对勘察、设计单位或者工程监理单位处合同约定的勘察费、设计费或者监理酬金1倍以上2倍以下的罚款；对施工单位处工程合同价款2%以上4%以下的罚款，可以责令停业整顿，降低资质等级；情节严重的，吊销资质证书；有违法所得的，予以没收。

未取得资质证书承揽工作的，予以取缔，依照前款规定处以罚款；有违法所得的，予以没收。

以欺骗手段取得资质证书承揽工程的，吊销资质证书，依照本条第1款规定处以罚款；有违法所得的，予以没收。

勘察、设计、施工、工程监理单位允许其他单位或者个人以本单位名义承揽工程的，责令改正，没收违法所得，对勘察、设计单位和工程监理单位处合同约定的勘察费、设计费和监理酬金1倍以上2倍以下的罚款；可以责令停业整顿，降低资质等级；情节严重的，吊销资质证书。

《建设工程质量管理条例》第62、63条规定：

工程监理单位转让工程监理业务的，责令改正，没收违法所得，处合同约定的监理酬金25%以上50%以下的罚款；可以责令停业整顿，降低资质等级；情节严重的，吊销资质证书。

勘察、设计单位有下列行为之一的，责令改正，处10万元以上30万元以下的罚款：

(1) 勘察单位未按照工程建设强制性标准进行勘察的；

(2) 设计单位未根据勘察成果文件进行工程设计的；

(3) 设计单位指定建筑材料、建筑构配件的生产厂、供应商的；

(4) 设计单位未按照工程建设强制性标准进行设计的。有前款所列行为，造成工程质量事故的，责令停业整顿，降低资质等级；情节严重的，吊销资质证书；造成损失的，依法承担赔偿责任。

《建设工程质量管理条例》第67、68条规定：

工程监理单位有下列行为之一的，责令改正，处50万元以上100万元以下的罚款，降低资质等级或者吊销资质证书；有违法所得的，予以没收；造成损失的，承担连带赔偿责任：

(1) 与建设单位或者施工单位串通，弄虚作假、降低工程质量的；

(2) 将不合格的建设工程、建筑材料、建筑构配件和设备按照合格签字的。

工程监理单位与被监理工程的施工承包单位以及建筑材料、建筑构配件和设备供应单位有隶属关系或其他利害关系承担该项建设工程的监理业务的，责令改正，处5万元以上10万元以下的罚款，降低资质等级或者吊销资质证书；有违法所得的，予以没收。

(三) 政府监督管理的责任

1. 政府相关部门监管原则

《建设工程质量管理条例》第43、46条规定：

国家实行建设工程质量监督管理制度。

国务院建设行政主管部门对全国的建设工程质量实施统一监督管理。国务院铁路、交通、水利等有关部门按照国务院规定的职责分工，负责对全国的有关专业建设工程质量的监督管理。

县级以上地方人民政府建设行政主管部门对本行政区域内的建设工程质量实施监督管理。县级以上地方人民政府交通、水利等有关部门在各自的职责范围内，负责对本行政区域内的专业建设工程质量的监督管理。

《建设工程质量管理条例》第46条规定：

建设工程质量监督管理，可以由建设行政主管部门或者其他有关部门委托的建设工程质量监督机构具体实施。

从事房屋建筑工程和市政基础设施工程质量监督的机构，必须按照国家有关规定经国务院建设行政主管部门或者省、自治区、直辖市人民政府建设行政主管部门考核；从事专业建设工程质量监督的机构，必须按照国家有关规定经国务院有关部门或者省、自治区、直辖市人民政府有关部门考核。经考核合格后，方可实施质量监督。

《建设工程质量管理条例》第51条规定：

供水、供电、供气、公安消防等部门或者单位不得明示或者暗示建设单位、施工单位购买其指定的生产供应单位的建筑材料、建筑构配件和设备。

2. 政府相关部门监督措施

《建设工程质量管理条例》第47条规定：

县级以上地方人民政府建设行政主管部门和其他有关部门应当加强对有关建设工程质量的法律、法规和强制性标准执行情况的监督检查。

县级以上人民政府建设行政主管部门和其他有关部门履行监督检查职责时，有权采取下列措施：

(1) 要求被检查的单位提供有关工程质量的文件和资料；

(2) 进入被检查单位的施工现场进行检查；

(3) 发现有影响工程质量的行为时，责令改正。

《建设工程质量管理条例》第49条规定：

建设单位应当自建设工程竣工验收合格之日起15日内，将建设工程竣工验收报告和规划、公安消防、环保等部门出具的认可文件或者准许使用文件报建设行政主管部门或其他有关部门备案。

建设行政主管部门或者其他有关部门发现建设单位在竣工验收过程中有违反国家有关建设工程质量管理规定行为的，责令停止使用，重新组织竣工验收。

《建设工程质量管理条例》第52条规定：

建设工程发生质量事故，有关单位应当在24小时内向当地建设行政主管部门和其他有关部门报告。对重大质量事故，事故发生地的建设行政主管部门和其他有关部门应当按照事故类别和等级向当地人民政府和上级建设行政主管部门和其他有关部门报告。

特别重大质量事故的调查程序按照国务院有关规定办理。

第六节 劳动合同和劳动安全卫生

一、劳动合同和集体合同

（一）劳动合同的订立

《劳动法》第16、17条规定：

劳动合同是劳动者与用人单位确立劳动关系、明确双方权利和义务的协议。建立劳动关系应当订立劳动合同。订立和变更劳动合同，应当遵循平等自愿、协商一致的原则，不得违反法律、行政法规的规定。劳动合同依法订立即具有法律约束力，当事人必须履行劳动合同规定的义务。

《劳动合同法》第10、11条规定：

建立劳动关系，应当订立书面劳动合同。已建立劳动关系，未同时订立书面劳动合同的，应当自用工之日起一个月内订立书面劳动合同。用人单位与劳动者在用工前订立劳动合同的，劳动关系自用工之日起建立。

用人单位未在用工的同时订立书面劳动合同，与劳动者约定的劳动报酬不明确的，新招用的劳动者的劳动报酬按照集体合同规定的标准执行；没有集体合同或者集体合同未规定的，实行同工同酬。

（二）劳动合同的形式和内容

《劳动合同法》第12条规定：

劳动合同分为固定期限劳动合同、无固定期限劳动合同和以完成一定工作任务为期限的劳动合同。

《劳动合同法》第17条规定：

劳动合同应当具备以下条款：

（1）用人单位的名称、住所和法定代表人或者主要负责人；

（2）劳动者的姓名、住址和居民身份证或者其他有效身份证件号码；

（3）劳动合同期限；

（4）工作内容和工作地点；

（5）工作时间和休息休假；

（6）劳动报酬；

（7）社会保险；

（8）劳动保护、劳动条件和职业危害防护；

（9）法律、法规规定应当纳入劳动合同的其他事项。（劳动合同除前款规定的必备条款外，用人单位与劳动者可以约定试用期、培训、保守秘密、补充保险和福利待遇等其他事项。）

《劳动法》第 19 条规定：

劳动合同应当以书面形式订立，并具备以下条款：

（1）劳动合同期限；

（2）工作内容；

（3）劳动保护和劳动条件；

（4）劳动报酬；

（5）劳动纪律；

（6）劳动合同终止的条件；

（7）违反劳动合同的责任。（劳动合同除前款规定的必备条款外，当事人可以协商约定其他内容。）

《劳动合同法》第 32 条规定：

劳动者拒绝用人单位管理人员违章指挥、强令冒险作业的，不视为违反劳动合同。劳动者对危害生命安全和身体健康的劳动条件，有权对用人单位提出批评、检举和控告。

（三）劳动合同的期限

《劳动法》第 20 条规定：

劳动合同的期限分为固定期限、无固定期限和以完成一定的工作为期限。

1. 无固定期限合同

《劳动合同法》第 14 条规定：

无固定期限劳动合同，是指用人单位与劳动者约定无确定终止时间的劳动合同。用人单位与劳动者协商一致，可以订立无固定期限劳动合同。

有下列情形之一，劳动者提出或者同意续订、订立劳动合同的，除劳动者提出订立固定期限劳动合同外，应当订立无固定期限劳动合同：

（1）劳动者在该用人单位连续工作满十年的；

（2）用人单位初次实行劳动合同制度或者国有企业改制重新订立劳动合同时，劳动者在该用人单位连续工作满十年且距法定退休年龄不足十年的；

（3）连续订立两次固定期限劳动合同，且劳动者没有下列 1）～8）规定的情形的。

1）在试用期间被证明不符合录用条件的；

2）严重违反用人单位的规章制度的；

3）严重失职，营私舞弊，给用人单位造成重大损害的；

4）劳动者同时与其他用人单位建立劳动关系，对完成本单位的工作任务造成严重影响，或者经用人单位提出，拒不改正的；

5）因以欺诈、胁迫的手段或者乘人之危，使对方在违背真实意思的情况下订立或者变更劳动合同的；

6）被依法追究刑事责任的；

7）劳动者患病或者非因工负伤，在规定的医疗期满后不能从事原工作，也不能从事由用人单位另行安排的工作的；

8）劳动者不能胜任工作，经过培训或者调整工作岗位，仍不能胜任工作的；

用人单位自用工之日起满一年不与劳动者订立书面劳动合同的，视为用人单位与劳动者已订立无固定期限劳动合同。

2. 固定期限劳动合同

《劳动合同法》第 13 条规定：

固定期限劳动合同，是指用人单位与劳动者约定合同终止时间的劳动合同。用人单位与劳动者协商一致，可以订立固定期限劳动合同。

3. 以完成一定工作任务为期限的劳动合同

《劳动合同法》第 15 条规定：

以完成一定工作任务为期限的劳动合同，是指用人单位与劳动者约定以某项工作的完成为合同期限的劳动合同。用人单位与劳动者协商一致，可以订立以完成一定工作任务为期限的劳动合同。

（四）劳动合同对劳动报酬的约定

《劳动合同法》第 30 条规定：

用人单位应当按照劳动合同约定和国家规定，向劳动者及时足额支付劳动报酬。用人单位拖欠或者未足额支付劳动报酬的，劳动者可以依法向当地人民法院申请支付令，人民法院应当依法发出支付令。

《劳动合同法》第 18 条规定：

劳动合同对劳动报酬和劳动条件等标准约定不明确，引发争议的，用人单位与劳动者可以重新协商；协商不成的，适用集体合同规定；没有集体合同或者集体合同未规定劳动报酬的，实行同工同酬；没有集体合同或者集体合同未规定劳动条件等标准的，适用国家有关规定。

（五）劳动合同对试用期条款的约定

《劳动法》第 21 条规定：

劳动合同可以约定试用期。试用期最长不得超过 6 个月。

《劳动合同法》第19~21条规定：

劳动合同期限三个月以上不满一年的，试用期不得超过一个月；劳动合同期限一年以上不满三年的，试用期不得超过二个月；三年以上固定期限和无固定期限的劳动合同，试用期不得超过六个月。同一用人单位与同一劳动者只能约定一次试用期。

以完成一定工作任务为期限的劳动合同或者劳动合同期限下满三个月的，不得约定试用期。

试用期包含在劳动合同期限内。劳动合同仅约定试用期的，试用期不成立，该期限为劳动合同期限。

劳动者在试用期的工资不得低于本单位相同岗位最低档工资或者劳动合同约定工资的80%，并不得低于用人单位所在地的最低工资标准。

在试用期中，用人单位不得解除劳动合同。用人单位在试用期解除劳动合同的，应当向劳动者说明理由。

（六）劳动合同的效力

1. 劳动合同生效

《劳动合同法》第16条规定：

劳动合同由用人单位与劳动者协商一致，并经用人单位与劳动者在劳动合同文本上签字或者盖章生效。劳动合同文本由用人单位和劳动者各执一份。

2. 无效劳动合同

《劳动法》第18条规定，下列劳动合同无效：

（1）违反法律、行政法规的劳动合同；

（2）采取欺诈、威胁等手段订立的劳动合同。

无效的劳动合同，从订立的时候起，就没有法律约束力。确认劳动合同部分无效的，如果不影响其余部分的效力，其余部分仍然有效。

劳动合同的无效，由劳动争议仲裁委员或者人民法院确认。

《劳动合同法》第28条规定：

劳动合同被确认无效，劳动者已付出劳动的，用人单位应当向劳动者支付劳动报酬。劳动报酬的数额，参照本单位相同或者相近岗位劳动者的劳动报酬确定。

3. 劳动合同的变更

《劳动合同法》第33~35条规定：

用人单位与劳动者协商一致，可以变更劳动合同约定的内容。变更劳动合同，应当采用书面形式。变更后的劳动合同文本由用人单位和劳动者各执一份。

用人单位变更名称、法定代表人、主要负责人或者投资人等事项，不影响劳动合同的履行。

用人单位发生合并或者分立等情况，原劳动合同继续有效，劳动合同由承继其权利和义务的用人单位继续履行。

4. 劳动合同的终止

《劳动法》第 23 条规定：

劳动合同期满或者当事人约定的劳动合同终止条件出现，劳动合同即行终止。

《劳动合同法》第 44 条规定，有下列情形之一的，劳动合同终止：

（1）劳动合同期满的；

（2）劳动者开始依法享受基本养老保险待遇的；

（3）劳动者死亡，或者被人民法院宣告死亡或者宣告失踪的；

（4）用人单位被依法宣告破产的；

（5）用人单位被吊销营业执照、责令关闭、撤销或者用人单位决定提前解散的；

（6）法律、行政法规规定的其他情形。

5. 劳动合同的解除

《劳动法》第 24 条规定：

经劳动合同当事人协商一致，劳动合同可以解除。

《劳动合同法》第 37 条规定：

劳动者提前三十日以书面形式通知用人单位，可以解除劳动合同。劳动者在试用期内提前三日通知用人单位，可以解除劳动合同。

6. 用人单位可以与劳动者解除劳动合同的情形

（1）过失性辞退。

《劳动法》第 25 条规定：

劳动者有下列情形之一的，用人单位可以解除劳动合同：在试用期间被证明不符合录用条件的；严重违反劳动纪律或者用人单位规章制度的；严重失职，营私舞弊，对用人单位利益造成重大损害的；被依法追究刑事责任的。

（2）非过失性辞退。

《劳动合同法》第 40 条规定：

有下列情形之一的，用人单位可以解除劳动合同，但是应当提前 30 日以书面形式通知劳动者本人或者额外支付劳动者一个月工资后，可以解除劳动合同：劳动者患病或者非因工负伤，医疗期满后，不能从事原工作也不能从事由用人单位另行安排的工作的；劳动者不能胜任工作，经过培训或者调整工作岗位，仍不能胜任工作的；劳动合同订立时所依据的客观情况发生重大变化，致使原劳动合同无法履行，经当事人协商不能就变更劳动合同达成协议的。

（3）用人单位经济性裁员。

《劳动法》第 27 条规定：

用人单位濒临破产进行法定整顿期间或者生产经营状况发生严重困难，确需裁减人员的，应当提前 30 日向工会或者全体职工说明情况，听取工会或者职工的意见，经向劳动行政部门报告后，可以裁减人员。

用人单位依据本条规定裁减人员，在 6 个月内录用人员的，应当优先录用被裁减的人员。

《劳动合同法》第 41 条规定：

有下列情形之一，需要裁减人员 20 人以上或者裁减不足 20 人但占企业职工总数 10%以上的，用人单位提前 30 日向工会或者全体职工说明情况，听取工会或职工的意见后，裁减人员方案经向劳动行政部门报告，可以裁减人员：依照企业破产法规定进行重整的；生产经营发生严重困难的；企业转产、重大技术革新或者经营方式调整，经变更劳动合同后，仍需裁减人员的；其他因劳动合同订立时所依据的客观经济情况发生重大变化，致使劳动合同无法履行的。

裁减人员时，应当优先留用下列人员：与本单位订立较长期限的固定期限劳动合同的；与本单位订立无固定期限劳动合同的；家庭无其他就业人员，有需要扶养的老人或者未成年人的。

7. 用人单位不得与劳动者解除劳动合同的情形

《劳动法》第 29 条规定：

劳动者有下列情形之一的，用人单位不得解除劳动合同：

（1）患职业病或者因工负伤并被确认丧失或者部分丧失劳动能力的；

（2）患病或者负伤，在规定的医疗期内的；

（3）女职工在孕期、产期、哺乳期内的；

（4）法律、行政法规规定的其他情形。

《劳动合同法》第 42 条规定：

劳动者有下列情形之一的，用人单位不得解除劳动合同：

（1）从事接触职业病危害作业的劳动者未进行离岗前职业健康检查，或者疑似职业病病人在诊断或者医学观察期间的；

（2）在本单位患职业病或者因工负伤并被确认丧失或者部分丧失劳动能力的；

（3）患病或者非因工负伤，在规定的医疗期内的；

（4）女职工在孕期、产期、哺乳期的；

（5）在本单位连续工作满 15 年，且距法定退休年龄不足 5 年的；

（6）法律、行政法规规定的其他情形。

8. 劳动者可以与用人单位解除劳动合同的情形

（1）劳动者单方解除劳动合同。

《劳动法》第 31 条规定：

劳动者解除劳动合同，应当提前 30 日以书面形式通知用人单位。

（2）劳动者无条件解除劳动合同的情形。

《劳动法》第 32 条规定：

有下列情形之一的，劳动者可以随时通知用人单位解除劳动合同：在试用期内的；用人单位以暴力、威胁或者非法限制人身自由的手段强迫劳动的；用人单位未按照劳动合同约定支付劳动报酬或者提供劳动条件。

同时《劳动合同法》第38条规定：

用人单位有下列情形之一的，劳动者可以解除劳动合同：未按照劳动合同约定提供劳动保护或者劳动条件的；未及时足额支付劳动报酬的；未依法为劳动者缴纳社会保险费的；用人单位的规章制度违反法律、法规的规定，损害劳动者权益的；劳动合同无效的；法律、行政法规规定劳动者可以解除劳动合同的其他情形。

用人单位以暴力、威胁或者非法限制人身自由的手段强迫劳动者劳动的，或者用人单位违章指挥、强令冒险作业危及劳动者人身安全的，劳动者可以立即解除劳动合同，不需事先告知用人单位。

（七）工会对用人单位解除劳动合同的监督权

《劳动法》第30条规定：

用人单位解除劳动合同，工会认为不适当的，有权提出意见。如果用人单位违反法律、法规或者劳动合同，工会有权要求重新处理；劳动者申请仲裁或者提起诉讼的，工会应当依法给予支持和帮助。

（八）集体合同的内容及签订程序

《劳动法》第33条规定：

企业职工一方与企业可以就劳动报酬、工作时间、休息休假、劳动安全卫生、保险福利等事项，签订集体合同。集体合同草案应当提交职工代表大会或者全体职工讨论通过。集体合同由工会代表职工与企业签订；没有建立工会的企业，由职工推荐的代表与企业签订。

《劳动合同法》第51条规定：

企业职工一方与用人单位通过平等协商，可以就劳动报酬、工作时间、休息休假、劳动安全卫生、保险福利等事项订立集体合同。集体合同草案应当提交职工代表大会或者全体职工讨论通过。

集体合同由工会代表企业职工一方与用人单位订立；尚未建立工会的用人单位，由上级工会指导劳动者推举的代表与用人单位订立。

《劳动合同法》第52条规定：

企业职工一方与用人单位可以订立劳动安全卫生、女职工权益保护、工资调整机制等专项集体合同。

《劳动合同法》第53条规定：

在县级以下区域内，建筑业、采矿业、餐饮服务业等行业可以由工会与企业方面代表订立行业性集体合同，或者订立区域性集体合同。

（九）集体合同的审查

《劳动合同法》第 54 条规定：

集体合同订立后，应当报送劳动行政部门；劳动行政部门自收到集体合同文本之日起 15 日内未提出异议的，集体合同即行生效。

依法订立的集体合同对用人单位和劳动者具有约束力。行业性、区域性集体合同对当地本行业、本区域的用人单位和劳动者具有约束力。

《劳动法》第 34 条规定：

集体合同签订后应当报送劳动行政部门；劳动行政部门自收到集体合同文本之日起 15 日内未提出异议的，集体合同即行生效。

（十）集体合同的效力

《劳动法》第 35 条规定：

依法签订的集体合同对企业和企业全体职工具有约束力。职工个人与企业订立的劳动合同中劳动条件和劳动报酬等标准不得低于集体合同的规定。

《劳动合同法》第 55、56 条规定：

集体合同中劳动报酬和劳动条件等标准不得低于当地人民政府规定的最低标准；用人单位与劳动者订立的劳动合同中劳动报酬和劳动条件等标准不得低于集体合同规定的标准。

用人单位违反集体合同，侵犯职工劳动权益的，工会可以依法要求用人单位承担责任；因履行集体合同发生争议，经协商解决不成的，工会可以依法申请仲裁、提起诉讼。

二、劳动安全卫生

（一）用人单位

《劳动法》第 52～54 条规定：

用人单位必须建立、健全劳动安全卫生制度，严格执行国家劳动安全卫生规程和标准，对劳动者进行劳动安全卫生教育，防止劳动过程中事故，减少职业危害。

劳动安全卫生设施必须符合国家规定的标准。新建、改建、扩建工程的劳动安全卫生设施必须与主体工程同时设计、同时施工、同时投入生产和使用。

用人单位必须为劳动者提供符合国家规定的劳动安全卫生条件和必要的劳动防护用品，对从事有职业危害作业的劳动者应当定期进行健康检查。

（二）劳动者

《劳动法》第 55、56 条规定：

从事特种作业的劳动者必须经过专门培训并取得特种作业资格。

劳动者在劳动过程中必须严格遵守安全操作规程。劳动者对用人单位管理人员违章指挥、强令冒险作业，有权拒绝执行；对危害生命安全和身体健康的行为，有权提出批评、检举和控告。

（三）相关单位

国家建立伤亡事故和职业病统计报告和处理制度。县级以上各级人民政府劳动行政部门、有关部门和用人单位应当依法对劳动者在劳动过程中发生的伤亡事故和劳动者的职业病状况，进行统计、报告和处理。

第二章　建筑材料

第一节　材料的基本性质

建筑材料是建筑工程中所使用的各种材料的总称。在正常使用状态下，建筑材料除了要承受一定的外力和自重外，还会受到周围环境的作用以及各种物理作用（如温度差、湿度差、摩擦等）。因此为了在工程设计和施工中正确合理地使用材料，保证建筑物的正常使用和耐久性，必须熟悉和掌握材料的基本性质，包括物理性质、力学性质及耐久性等其他一些特殊的性质。

一、材料的物理性质

（一）材料与质量有关的性质

一般来说，单体材料的体积主要是由绝对密实的体积 V，开口孔隙体积 $V_{开}$，闭口孔隙体积 $V_{闭}$ 组成，为简单起见，我们将绝对密实的体积 V 与闭口孔隙体积 $V_{闭}$ 之和称为表观体积 V'，而将材料的自然体积即 $V+V_{闭}+V_{开}$（也即 $V+V_{孔}$）用 V_0 表示。对于堆积材料，将材料的空隙体积 $V_{空}$ 与自然体积 V_0 的和定义为材料的堆积体积，用 V'_0 表示。

（1）密度和表观密度：材料在绝对密实状态下单位体积的质量，表达式为

$$\rho = \frac{m}{V}$$

式中：ρ——材料的密度，kg/m^3；

　　　m——材料的质量，kg；

　　　V——材料在绝对密实状态下的体积，m^3。

所谓的绝对密实状态体积是指不包括材料内部孔隙，仅指内部固体物质本身的体积。对于绝对密实而外形规则的材料如钢材、玻璃等，V 可以用测量计算的方法求得。对于可研磨的非密实材料，如砖、石膏，V 可采用研磨成细粉，再用密度瓶测定的方法求得。

对于颗粒状外形不规则的坚硬颗粒，如砂、石子，V 可采用排水法测得，但此时所得体积为表观体积 V'，故对此类材料一般采用表观密度 ρ' 来表示。

$$\rho' = \frac{m}{V'}$$

式中：ρ'——材料的表观密度，kg/m^3；

    m——材料的质量，kg；

    V'——材料的表观体积，m^3。

（2）体积密度：材料在自然状态下单位体积的质量，表达式为

$$\rho_0 = \frac{m}{V_0}$$

式中：ρ_0——材料的表观密度，kg/m^3；

    m——材料的质量，kg；

    V_0——材料在自然状态下的体积，m^3。

材料自然体积的测量，对于外形规则的材料，如烧结砖、砌块，可采用测量计算方法求得。对于外形不规则的散粒材料，也可采用排水法，但材料需涂蜡处理。

（3）堆积密度：指粉状、颗粒状或纤维状材料在堆积状态下单位体积质量，表达式为

$$\rho'_0 = \frac{m}{V'_0}$$

式中：ρ'_0——材料的堆积密度，kg/m^3；

    m——材料的质量，kg；

    V'_0——材料在自然状态下的体积，m^3。

材料的堆积密度可以用容积桶来测定。

（4）密实度：指材料内部体积被固体物质充满的程度，用 D 表示：

$$D = \frac{V}{V_0} \times 100\% = \frac{\rho_0}{\rho} \times 100\%$$

（5）孔隙率：指材料内部体积中，孔隙所占的百分比，用 P 表示：

$$P = \frac{V_0 - V}{V_0} \times 100\% = \left(1 - \frac{\rho_0}{\rho}\right) \times 100\%$$

由上述可见：$P + D = 1$，材料的孔隙率是反映材料孔隙状态的重要指标，与材料的各项物理、力学性能有密切的关系。

（6）填充率：指散粒材料在其堆积体积中，被颗粒实体体积填充的程度，用 D' 表示：

$$D' = \frac{V_0}{V'_0} \times 100\% = \frac{\rho'_0}{\rho} \times 100\%$$

（7）空隙率：指散状颗粒材料在堆积体积中空隙体积占的比例，用 P' 表示：

$$P' = \frac{V'_0 - V_0}{V'_0} \times 100\% = \left(1 - \frac{\rho'_0}{\rho}\right) \times 100\%$$

由上述可见：$P' + D' = 1$，空隙率反映了材料的颗粒之间的相互填充的致密程度，比如混凝土的粗细骨料，空隙率越小，说明其颗粒大小搭配越合理，用其配制的混凝土越密实，水泥也越节约。

（二）材料与水有关的性质

1. 亲水性和憎水性

根据材料与水接触时，能否被水浸湿，可将材料分为亲水性材料和憎水性材料。

（1）材料能够被水浸湿的性质称为亲水性，而具有这种性质的材料就称为亲水性材料，例如：黏土砖、混凝土、木材等。

（2）材料不能被水浸湿的性质称为憎水性，具有这种性质的材料就称为憎水性材料，例如：沥青、油漆、石蜡等（憎水性材料常用作防水材料）。

2. 吸水性和吸湿性

（1）材料在水中能够吸收水分的能力称为吸水性，用吸水率表示。吸水率有两种表示方法：质量吸水率和体积吸水率。

质量吸水率是指材料在浸水饱和状态下所吸收的水分的质量与材料在绝对干燥状态下的质量之比。

$$W_w = \frac{m_2 - m_1}{m_1} \times 100\%$$

式中：W_w——质量吸水率，%；

m_2——材料在吸水饱和状态下的质量，g；

m_1——材料在绝对干燥状态下的质量，g。

体积吸水率是指材料在浸水饱和状态下所吸收的水分的体积与材料在自然状态下的体积之比。

$$W_v = \frac{V_w}{V_0} \times 100\% = \frac{m_2 - m_1}{V_0} \times \frac{1}{\rho_w} \times 100\%$$

式中：W_v——体积吸水率，%；

V_w——材料所吸收水分的体积，cm^3；

ρ_w——水的密度，常温下可取为 $1g/cm^3$。

对于质量吸水率大于 100% 的材料，比如木材等通常采用体积吸水率，而对于大多数材料，则常采用质量吸水率。一般来说，材料的亲水性越强，孔隙率越大，连通的毛细孔隙越多，其吸水率越大。材料的吸水率越大，其吸水后强度下降越大，导热性增大，抗冻性随之下降。

（2）材料在潮湿空气中能吸收空气中水分的性质称为吸湿性，用含水率表示：

$$W = \frac{m_k - m_1}{m_1} \times 100\%$$

式中：W——材料的含水率，%；

m_k——材料吸湿后的质量，g；

m_1——材料在绝对干燥状态下的质量，g。

3. 耐水性

耐水性是指材料在长期饱和水的作用下不破坏，其强度也不显著降低的性质，用软化系数表示，是材料在吸水饱和状态下的抗压强度和绝对干燥状态下的抗压强度之比。通常把软化系数大于 0.80 的称为耐水材料。长期受水浸泡或处于潮湿环境的重要结构物软化系数应大于 0.85，次要建筑物或受潮较轻的情况下，不应小于 0.75。

材料的吸水性和吸湿性都会对材料产生不利的影响，材料吸收水分之后会使材料的自重增加、强度降低、保温性能下降，吸湿还会导致材料体积变形，影响使用。因此在混凝土施工比的设计当中，要考虑砂、石含水率的影响。

二、材料的力学性质

材料的力学性质是指材料在外力作用下产生变形和抵抗破坏能力的有关性质。

1. 材料的强度和强度等级

材料的强度：结构杆件所用材料在规定的荷载作用下，材料发生破坏时的应力称为强度。根据外力方式的不同，分为抗拉强度、抗压强度、抗剪强度及抗弯强度。图 2-1 为建筑工程中，材料常见的几种外力作用。

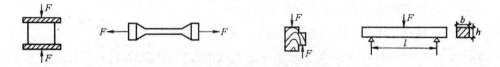

图 2-1 强度试验示意图

强度是材料的一项重要技术指标，建筑材料常按其强度值的大小将材料划分为若干个等级或牌号（称为强度等级）。工程中常用材料的强度见表 2-1。

表 2-1 常用材料的强度   单位：MPa

材料	抗压	抗拉	抗折
花岗岩	100～250	5～8	10～14
普通混凝土	5～60	1～9	—
轻骨料混凝土	5～50	0.4～2	—
松木（顺纹）	30～50	80～120	60～100
钢材	240～1 500	240～1 500	—

材料强度除了跟本身性质有关以外，还和试验条件有关，常见的影响因素有：试件

的形状和大小、加荷速度、温度、含水状况、表面状况等。

衡量材料是否轻质高强，我们一般用比强度，即材料的强度与其体积密度之比，木材的强度虽然比混凝土低，但比强度比混凝土高，所以和混凝土相比，木材是轻质高强的。

2. 材料的弹性与塑性

弹性和塑性是材料的变形性能。它们主要描述的是材料变形的可恢复特性。

（1）弹性是指材料在外力作用下发生变形，当外力解除后，能完全恢复到变形前形状的性质。这种完全可以恢复的变形称为弹性变形或可恢复变形。

（2）塑性是指材料在外力作用下发生变形，当外力解除后，不能完全恢复至原来形状的性质。这种不能恢复的变形称为塑性变形或不可恢复变形。

3. 材料的脆性和韧性

（1）脆性是指材料在外力作用下（如拉伸、冲击等）仅产生很小的变形即破坏断裂的性质，材料会发生无先兆破坏，具有这种性质的材料称为脆性材料，例如：混凝土、铸铁、石材、砖等。

（2）韧性是指在冲击荷载作用下，材料能够产生较大的变形而不致破坏的性能。具有这种性质的材料称为韧性材料，常见的韧性材料有木材、钢筋等。

三、材料的耐久性

耐久性是指材料抵抗自身和自然环境双重因素长期破坏作用的能力，即保证其经久耐用的能力。耐久性越好，材料的使用寿命越长。耐久性是衡量材料在长期使用条件下安全性能的一项重要指标，包括抗渗性、抗冻性、耐火性等。

影响材料耐久性的外部作用因素是多种多样的，外部因素又通过其内部因素而发生作用，材料的不同化学成分、结构和构造的特点造成不同的耐久性。

第二节　气硬性胶凝材料

胶凝材料，又称胶结料。在物理、化学作用下，能从浆体变成坚固的石状体，并能胶结其他物料，制成有一定机械强度的复合固体的物质。胶凝材料根据化学成分可以分为无机胶凝材料和有机胶凝材料，其中，无机胶凝材料又可以根据能否在水中凝结硬化分为水硬性胶凝材料和气硬性胶凝材料。

（1）水硬性胶凝材料是指不仅能在空气中，而且能更好地在水中硬化，保持并继续发展其强度的材料，如各种水泥。

（2）气硬性胶凝材料是指只能在空气中硬化，也只能在空气中保持和发展其强度的材料，如石灰、石膏、水玻璃等；气硬性胶凝材料一般只适用于干燥环境中，而不宜用于潮湿环境，更不可用于水中。

本节主要介绍几种常见的气硬性胶凝材料。

一、石灰

石灰是将以碳酸钙为主要成分的岩石（如石灰岩、贝壳石灰岩）经适当煅烧、分解、排除二氧化碳而制成的块状材料，其主要成分是氧化钙（CaO），其次为氧化镁（MgO）。根据生石灰中氧化镁含量的不同，生石灰分为钙质生石灰和镁质生石灰。钙质生石灰中的氧化镁含量小于 5%；镁质生石灰的氧化镁含量为 5%～24%。

由于石灰原料分布广，生产工艺简单，成本低廉，石灰在土木工程中应用十分广泛。建筑用石灰有：生石灰（块灰），生石灰粉，熟石灰粉（又称建筑消石灰粉、消解石灰粉、水化石灰）和石灰膏等几种形态。

（一）石灰的生产

将主要成分为碳酸钙的天然岩石，在适当温度下煅烧，排除分解出的二氧化碳后，所得的以氧化钙（CaO）为主要成分的产品即为石灰，又称生石灰。

$$CaCO_3 \xrightarrow{900℃} CaO + CO_2 \uparrow$$

当煅烧温度达到 700℃时，石灰岩的次要成分碳酸镁开始分解。

$$MgCO_3 \xrightarrow{700℃} MgO + CO_2 \uparrow$$

煅烧的过程对石灰的质量有很大的影响，生产时，由于火候或温度控制不均，常会含有欠火石灰或过火石灰。当煅烧温度过低或者煅烧时间不足时，会使石灰中残留未分解的碳酸钙，称为欠火石灰。欠火石灰降低了石灰的利用率，降低了石灰的质量。当煅烧温度超过烧结温度或煅烧时间过长时，将会产生过火石灰。过火石灰熟化十分缓慢，可能在石灰应用之后熟化，造成开裂，影响工程质量。

（二）石灰的熟化和硬化

石灰的熟化是指生石灰加水后熟化成熟石灰的过程。

$$CaO + H_2O \rightarrow Ca(OH)_2$$

生石灰具有强烈的消解能力，水化时放出大量的热，其放热量和放热速度都比其他胶凝材料大得多，体积可以增加 1～2.5 倍。

生石灰熟化的方法有淋灰法和化灰法。淋灰法就是在生石灰中均匀加入 70%左右的水便可以得到颗粒细小、分散的熟石灰粉。化灰法是在生石灰中加入适量的水，得到石灰乳，经沉淀后除去表层多余水分后得到的膏状物称为石灰膏。调制石灰膏通常在化灰池和储灰坑中完成，为了消除过火石灰在使用中造成的危害，石灰膏（乳）应在储灰坑中存放 15d 以上，这一过程称为"陈伏"。

石灰浆的硬化一般包括干燥硬化、结晶硬化和碳酸化硬化，在内部，对强度增长起主导作用的是结晶硬化，干燥硬化也起一定的附加作用，表层的碳化作用，固然可以获得较高的强度，但进行得非常慢。

（三）石灰的技术性质和应用

1. 石灰的技术性质

（1）良好的保水性：生石灰熟化为石灰浆时，颗粒极细，数量众多，总表面积很大，这是保水性好的主要原因，利用这一性质，将其加入水泥砂浆中，合成为水泥混合砂浆，克服了水泥砂浆容易泌水的缺点。

（2）凝结硬化慢、强度低：由于空气中二氧化碳含量低，熟石灰碳化硬化的速度慢，早期强度较低。

（3）吸湿性强：生石灰吸湿性强、保水性好，是传统的干燥剂。

（4）体积收缩大：石灰浆体凝结硬化过程中，蒸发大量水分，由于毛细管失水收缩，引起体积收缩。收缩变形使制品开裂。

（5）耐水性差：若石灰浆体尚未硬化之前，就处于潮湿环境中，由于石灰中水分不能蒸发出去，则其硬化停止；若是已硬化的石灰，长期受潮或受水浸泡，则由于氢氧化钙可溶于水，会使已硬化的石灰溃散。因此，石灰胶凝材料不宜用于潮湿环境及易受水浸泡的部位。

（6）化学稳定性差：石灰是碱性材料，与酸性物质接触时，易发生化学反应，生成新物质。此外，石灰及含石灰的材料长期处于潮湿空气中，容易发生碳化生成碳酸钙。

2. 石灰的应用

石灰在建筑中的应用为：粉刷墙壁和配制石灰砂浆或水泥混合砂浆；配制灰土和三合土、生产无熟料水泥、硅酸盐制品和碳化石灰板。

二、石膏

建筑石膏是一种以硫酸钙为主要成分的气硬性胶凝材料。石膏及其制品具有轻质、高强、隔热、阻火、吸音、形体饱满、容易加工等一系列优良性能，是室内装饰工程常用的装饰材料。

（一）石膏的化学组成

生产石膏的原料主要为含硫酸钙的天然石膏（又称生石膏）或含硫酸钙的化工副产品和磷石膏、氟石膏、硼石膏等废渣，其化学式为 $CaSO_4 \cdot 2H_2O$，也称二水石膏。将天然二水石膏在不同的温度下煅烧可得到不同的石膏品种。

建筑石膏是将二水石膏加热至110～170℃时，部分结晶水脱出后得到半水石膏（熟石膏），再经磨细得到粉状的石膏品种。

$$CaSO_4 \cdot 2H_2O \xrightarrow{110～170℃} CaSO_4 \cdot \frac{1}{2}H_2O + \frac{3}{2}H_2O$$

这种在常压下生产的建筑石膏称为 β 型半水石膏。如果将二水石膏在 0.13MPa，124℃的压蒸锅内蒸炼，则生成比 β 型半水石膏晶体粗大的 α 型半水石膏，称为高强度石膏，由于高强石膏晶体粗大，比表面小，调试可塑性浆体时需水量只是建筑石膏需水量的一半，因此硬化后具有较高的密实度和强度。高强石膏可以用于室内抹灰制作装饰制品和石膏板。若掺入防水剂可制成高强度抗水石膏，在潮湿环境中使用。

（二）建筑石膏的凝结与硬化

将建筑石膏加水后，它首先溶解于水，然后生成二水石膏析出。随着水化的不断进行，生成的二水石膏胶体微粒不断增多，浆体中的自由水分由于水化和蒸发而不断减少，浆体的稠度不断增加，使浆体逐渐失去可塑性，即浆体逐渐产生凝结。继续水化，胶体转变成晶体。晶体颗粒逐渐长大，使浆体完全失去可塑性，产生强度，即浆体产生了硬化。这一过程不断进行，直至浆体完全干燥，强度不再增加，此时浆体已硬化成人造石材。

浆体的凝结硬化过程是一个连续进行的过程。从加水开始拌和一直到浆体开始失去可塑性的过程称为浆体的初凝，对应的这段时间称为初凝时间；从加水拌和开始一直到浆体完全失去可塑性，并开始产生强度的过程称为浆体的硬化，对应的时间称为终凝时间。

（三）石膏的性质与应用

1. 建筑石膏的特性

（1）凝结硬化快。建筑石膏加水拌和后 6min 内初凝，30min 内即终凝硬化并产生强度，在室温自然干燥条件下，约一周时间可完全硬化。初凝时间短不便施工操作，使用时一般均加入缓凝剂。

（2）孔隙率大。石膏硬化后孔隙率可达 50%～60%，因此建筑石膏制品质轻、隔热、吸声性好，是一种良好的室内装饰材料。但孔隙率大会使石膏制品强度降低、吸水率增大。

（3）耐水性差、抗冻性差但具有一定的调湿功能。建筑石膏制品的软化系数只有 0.2～0.3，不耐水。但由于毛细孔隙较多，比表面积大，当空气过于潮湿时能吸收水分；而当空气过于干燥时则能释放出水分，从而调节空气中的相对湿度。提高石膏耐水性的主要措施有掺加矿渣、粉煤灰等活性混合材，或者掺加防水剂、表面防水处理等。

（4）凝固时体积微膨胀。干燥时不会产生收缩裂缝。

（5）防火性好。建筑石膏制品的导热系数小，传热慢，比热又大，更重要的是二水石膏遇火脱水，产生的水蒸气能有效阻止火势蔓延，起到防火作用。但脱水后制品强度要下降。

2. 石膏的应用

建筑石膏的应用很广，主要用于室内抹灰及粉刷，即将建筑石膏加水调成浆体，可用作室内粉刷材料；以模型石膏为主要原料，掺加少量纤维增强材料和胶料，加水搅拌成石膏浆体，可以生产各种建筑装饰制品；建筑石膏还可以生产各种石膏板。

建筑石膏容易受潮吸湿，凝结硬化快，因此在运输、储存中应注意避免受潮，石膏长期存放强度会降低，一般储存期不超过三个月，否则应重新检验并确定其等级。

第三节　水硬性胶凝材料

一、水泥的基本知识

水泥是一种加入适量水后可以成为塑性浆体，既能在空气中硬化，又能在水中硬化，并能够把砂、石材料牢固胶结在一起的水硬性胶凝材料。

水泥是建筑工业三大基本材料之一，使用广、用量大。

水泥品种繁多，水泥按照其用途和性能的不同，可以分为通用水泥、专用水泥和特性水泥。按照其主要水硬性物质的不同，可分为硅酸盐水泥、氯酸盐水泥、硫铝酸盐水泥、铁铝酸盐水泥等，其中硅酸盐系列水泥生产量最大，应用最广泛。

二、硅酸盐水泥

（一）硅酸盐水泥的概念及分类

凡以硅酸钙为主的硅酸盐水泥熟料，5%以下的石灰石或粒化高炉矿渣，适量石膏磨细（生产过程可简称"两磨一烧"）制成的水硬性胶凝材料，统称为硅酸盐水泥。

硅酸盐水泥分两种类型，不掺加混合材料的称为Ⅰ型硅酸盐水泥，代号P·Ⅰ；掺加不超过水泥质量5%的石灰石或粒化高炉矿渣混合材料的称为Ⅱ型硅酸盐水泥，代号P·Ⅱ。

（二）硅酸盐水泥的矿物组成

硅酸盐水泥的主要矿物组成是硅酸三钙、硅酸二钙、铝酸三钙、铁铝酸四钙。硅酸三钙决定着硅酸盐水泥四个星期内的强度；硅酸二钙在四个星期后才发挥强度作用，一年左右达到硅酸三钙四个星期的强度；铝酸三钙强度发挥较快，但强度低，其对硅酸盐水泥在 1～3d 或稍长时间内的强度起到一定的作用；铁铝酸四钙的强度发挥也较快，但强度低，对硅酸盐水泥的强度贡献小。

（三）硅酸盐水泥的水化和凝结硬化

1. 概念

硅酸盐水泥加水之后，其矿物与水发生作用生成一系列新的化合物的过程称为水化。

水泥加水拌和初期形成具有可塑性的浆体，然后逐渐变稠并失去可塑性的过程称为初凝，此后浆体的强度逐渐提高并变成坚硬的石状固体这一过程称硬化。

2. 水泥石及影响其凝结硬化的因素

硬化后的水泥浆体，称为水泥石，是由胶凝体、未水化的水泥颗粒内核、毛细孔等组成的非均质体。水泥石的硬化程度越高，凝胶体含量越多，水泥石强度越高。影响水泥石凝结硬化的因素有：

（1）水泥熟料的矿物组成和细度。

（2）石膏掺量：掺入石膏可延缓其凝结硬化速度。

（3）养护时间：随着养护时间的增长，其强度不断增加。

（4）温度和湿度：温度升高，硬化速度和强度增长快；水泥的凝结硬化必须在水分充足的条件下进行，因此要有一定的环境湿度。

（5）水灰比：拌和水泥浆时，水与水泥的质量比，称为水灰比。水灰比越小，其凝结硬化速度越快，强度越高。

（6）外加剂的影响。

（四）硅酸盐水泥的技术要求

（1）细度：是指水泥颗粒粗细的程度。水泥的细度可用筛析法和比表面积法来检测。国家规定硅酸盐水泥比表面积大于 $300m^2/kg$，普通水泥 $80\mu m$ 方孔筛筛余不得超过 10％，否则为不合格。

（2）凝结时间：为保证在施工时有充足的时间来完成搅拌、运输、成型等各种工艺，水泥的初凝时间不宜太短；施工完毕后，希望水泥能尽快硬化，产生强度，所以终凝时间不宜太长。硅酸盐水泥初凝不得早于 45min，终凝不得迟于 6.5h。初凝时间不符合规定的产品为废品；终凝时间不符合规定的产品为不合格品。

（3）体积安定性：是指水泥凝结硬化过程中体积变化的均匀性。如体积变化不均匀即体积安定性不良，容易产生翘曲和开裂，降低工程质量甚至出现事故。水泥的体积安定性用沸煮法检验。

（4）强度：水泥强度等级按规定龄期的抗压强度和抗折强度来划分。硅酸盐水泥的强度等级分为 42.5、42.5R、52.5、52.5R、62.5、62.5R 六个等级。

（5）水化热：水泥在水化过程中放出的热量，称为水泥的水化热。一般在大体积混凝土中要严格控制水泥的水化热。

（6）不溶物和烧失量：不溶物是指水泥经酸碱处理后，不能被溶解的残余物，它是水泥中非活性组分的反映，主要由生料、混合料和石膏中的杂质产生；烧失量是指水泥经高温灼烧处理后的质量损失率，主要由水泥中未煅烧组分产生，如未烧透的生料、石膏带入的杂质、掺合料及存放过程中的风化等。

凡是不溶物和烧失量任一项不符合标准规定的水泥均为不合格水泥。

（7）碱含量：当用于混凝土中的水泥含碱量过高，骨料又具有一定的活性时，会在潮湿环境或有水的环境中发生有害的碱集料反应，因此，国家标准规定，若使用活性骨料，用户要求提供低碱水泥时，水泥中的碱含量不得大于 0.6％或由供需双方商定。

（五）水泥石的腐蚀与防止

在正常环境条件下，水泥石的强度会不断增长。然而某些环境因素（如某些侵蚀性液体或气体）却能引起水泥石强度的降低，严重的甚至引起混凝土的破坏，这种现象称为水泥石的腐蚀。

（1）水泥石腐蚀的原因：水泥石中含有易受腐蚀的成分，即氢氧化钙和水化铝酸钙等；水泥石不密实，内部含有很多毛细孔通道，侵蚀介质易进入其内部；腐蚀与通道相互作用。

（2）常见的水泥石腐蚀。

1）软水侵蚀：软水能够使水泥水化产物中的氢氧化钙溶解，并促使水泥石其他水化产物发生分解，强度下降，也可称为溶出性侵蚀。

2）酸类侵蚀：硅酸盐水泥水化产物呈碱性，其中含有较多的氢氧化钙，当遇到酸类或酸性水时则会发生中和反应，生产溶解度更大的盐类，导致水泥石受损破坏，又称为溶解性侵蚀。

3）盐类侵蚀：主要是硫酸盐和镁盐对水泥石的侵蚀。

4）强碱腐蚀：一般的碱不会对水泥石造成明显损害，但是强碱，如 NaOH 会对水泥石有比较严重的腐蚀作用。

（3）水泥石腐蚀的防止：合理选用水泥的品种；掺入活性混合材料；提高水泥石密实度；表面加设保护层。

（六）硅酸盐水泥的特性及应用

（1）凝结硬化快，早期及后期强度比较高：适用于有早强要求的混凝土工程、冬季施工的混凝土工程、预应力混凝土工程等。

（2）抗冻性好：适用于严寒地区和抗冻性要求高的混凝土工程。

（3）耐腐蚀性差：不宜用于与流水经常接触的工程，也不宜用于受海水和其他腐蚀性介质作用的工程。

（4）水化热高：不宜用于大体积混凝土工程。

（5）抗碳化性好：适合用于二氧化碳浓度较高的环境，如翻砂、铸造车间等。

（6）耐热性差：不得用于耐热混凝土工程。

（7）干缩小：可用于干燥环境下的混凝土工程。

（8）耐磨性好：可用于道路与地面工程。

（9）湿热养护效果差：硅酸盐水泥在常规养护条件下硬化快、强度高。但经过蒸汽养护后，再经自然养护至 28d 测得的抗压强度往往低于未经蒸汽养护的 28d 的抗压强度。

三、掺混合材料的硅酸盐水泥

1. 混合材料

在水泥生产过程中，为了改善水泥性能、提高水泥的产量、调节水泥强度等级所加入的天然或人工矿物材料称为水泥混合材料，简称混合材料。根据混合材料在水泥中性能的不同表现，分为活性混合材料和非活性混合材料。

（1）活性混合材料是指具有潜在水硬性或火山灰性，或者兼具有潜在水硬性和火山灰性的混合材料。活性混合材料主要作用是改善水泥的某种性能。

（2）非活性混合材料是指不具有潜在水硬性或质量活性指标不能达到规定要求的混合材料。主要有石灰石、石英砂及矿渣等。非活性混合材料具有调节水泥标号，降低水化热，增加水泥的产量，降低水泥成本等作用。

2. 普通硅酸盐水泥

普通硅酸盐水泥简称普通水泥，是由硅酸盐水泥熟料、5％～20％的混合材料及适量石膏磨细制成的水硬性胶凝材料。

3. 矿渣硅酸盐水泥、火山灰质硅酸盐水泥、粉煤灰硅酸盐水泥

（1）矿渣硅酸盐水泥简称矿渣水泥是指由硅酸盐水泥熟料和粒化高炉矿渣、适量石膏磨细制成的水硬性胶凝材料，代号 P·S。

（2）粉煤灰硅酸盐水泥简称粉煤灰水泥是指由硅酸盐水泥熟料和粉煤灰、适量石膏磨细制成的水硬性胶凝材料，代号 P·F。

（3）火山灰质硅酸盐水泥简称火山灰水泥是指由硅酸盐水泥熟料和火山灰质混合材料、适量石膏磨细制成的水硬性胶凝材料，代号 P·P。

4. 复合硅酸盐水泥

复合硅酸盐水泥简称复合水泥，是指由硅酸盐水泥、两种或两种以上规定的混合材料、适量石膏磨细制成的水硬性胶凝材料，代号 P·C。复合硅酸盐水泥介于普通水泥与火山灰水泥、矿渣水泥以及粉煤灰水泥性能之间，当复掺混合材料较少（小于 20％）时，它的性能与普通水泥相似，随着混合材料复掺量的增加，性能也趋向所掺混合材料的水泥。

　　掺活性混合材料的硅酸盐水泥的共性：密度较小；早期强度比较低，后期强度增长较快；养护时对湿度、温度变化敏感，一般比较适合蒸汽养护条件下养护；水化热较小；耐腐蚀性较好；抗冻性及耐磨性不及硅酸盐水泥和普通水泥。

　　掺活性混合材料的硅酸盐水泥的个性：矿渣水泥的耐热性较好，耐软水和海水、耐硫酸等腐蚀性能好；火山灰水泥不宜用于长期处于干燥环境和水位变化区的混凝土工程；粉煤灰水泥尤其适合大体积水工混凝土以及地下和海港工程等。

　　通用硅酸盐水泥的性能与应用见表2-2：

表2-2　通用硅酸盐水泥的性能与应用

水泥	硅酸盐水泥	普通水泥	矿渣水泥	火山灰水泥	粉煤灰水泥	复合水泥
主要成分	硅酸盐水泥熟料，0%～5%混合料，适量石膏	硅酸盐水泥熟料，5%～20%混合料，适量石膏	硅酸盐水泥熟料，20%～70%粒化高炉矿渣，适量石膏	硅酸盐水泥熟料，20%～40%火山灰质混合材料，适量石膏	硅酸盐水泥熟料，20%～40%粉煤灰，适量石膏	硅酸盐水泥熟料，20%～50%两种或以上混合材料，适量石膏
性能	1. 强度高 2. 快硬早强 3. 抗冻耐磨性好 4. 水化热大 5. 耐腐蚀性较差 6. 耐热性较差	1. 早期强度较高 2. 抗冻性较好 3. 水化热较大 4. 耐腐蚀性较差 5. 耐热性较差	1. 早期强度低但后期强度增长快 2. 强度发展对温、湿度较敏感 3. 水化热低 4. 耐软水、海水、硫酸盐腐蚀性好 5. 耐热性较好 6. 抗冻性抗渗性较差	1. 抗渗性较好，耐热性不及矿渣水泥、收缩大，耐磨性差 2. 其他同矿渣水泥	1. 干缩性较好，抗裂性较好 2. 其他性能同矿渣水泥	1. 早期强度较高 2. 其他性能与所掺主要混合材料的水泥相近
适用范围	1. 高强混凝土 2. 预应力混凝土 3. 快硬早强结构 4. 抗冻混凝土	1. 一般混凝土 2. 预应力混凝土 3. 地下与水中结构 4. 抗冻混凝土	1. 一般耐热混凝土 2. 大体积混凝土 3. 蒸汽养护构件 4. 一般混凝土构件 5. 一般耐软水、海水、硫酸盐腐蚀要求的混凝土	1. 水中、地下、大体积混凝土，抗渗混凝土 2. 其他同矿渣水泥	1. 地上、地下与水中大体积混凝土 2. 其他同矿渣水泥	1. 早期强度要求较高的混凝土工程 2. 其他用途与所掺主要混合料的水泥类似
不适用范围	1. 大体积混凝土 2. 易受腐蚀的混凝土 3. 耐热混凝土、高温养护混凝土	—	1. 早期强度要求较高的混凝土 2. 严寒地区及处在水位升降范围内的混凝土 3. 抗渗性要求高的混凝土	1. 干燥环境及处在水位变化范围内的混凝土 2. 有耐磨要求的混凝土 3. 其他同矿渣水泥	1. 抗碳化要求的混凝土 2. 有抗渗要求的混凝土 3. 其他同火山灰质混凝土	与掺主要混合料的水泥类似

四、强度等级

硅酸盐水泥的强度等级分为 42.5、42.5R、52.5、52.5R、62.5、62.5R 六个等级。

普通硅酸盐水泥的强度等级分为 42.5、42.5R、52.5、52.5R 四个等级。

矿渣硅酸盐水泥、火山灰质硅酸盐水泥、粉煤灰硅酸盐水泥、复合硅酸盐水泥的强度等级分为 32.5、32.5R、42.5、42.5R、52.5、52.5R 六个等级。

五、技术指标

（1）化学指标：满足《通用硅酸盐水泥》（GB 175—2007）的规定。

（2）碱含量（选择性指标）：水泥中碱含量按 $Na_2O+0.658K_2O$ 计算值表示。若使用活性骨料，用户要求提供低碱水泥时，水泥中的碱含量应不大于 0.60％或由买卖双方协商确定。

（3）物理指标：

①凝结时间：硅酸盐水泥初凝不小于 45min，终凝不大于 390min；普通硅酸盐水泥、矿渣硅酸盐水泥、火山灰质硅酸盐水泥、粉煤灰硅酸盐水泥和复合硅酸盐水泥初凝不小于 45min，终凝不大于 600min。

②安定性：沸煮法合格。

③强度：不同品种不同强度等级的通用硅酸盐水泥，其不同各龄期的强度应符合规范要求。

④细度（选择性指标）：硅酸盐水泥和普通硅酸盐水泥以比表面积表示，不小于 $300m^2/kg$；矿渣硅酸盐水泥、火山灰质硅酸盐水泥、粉煤灰硅酸盐水泥和复合硅酸盐水泥以筛余表示，$80\mu m$ 方孔筛筛余不大于 10％或 $45\mu m$ 方孔筛筛余不大于 30％。

出厂检验时化学指标、凝结时间、安定性、强度均符合要求为合格品，其中有任意一项不符合要求为不合格品。

六、包装、标志、运输与储存

1. 包装

水泥可以散装或袋装，袋装水泥每袋净含量为 50kg，且应不少于标志质量的 99％；随机抽取 20 袋总质量（含包装袋）应不少于1 000kg。

2. 标志

水泥包装袋上应清楚标明：执行标准、水泥品种、代号、强度等级、生产者名称、生产许可证标志（QS）及编号、出厂编号、包装日期、净含量。包装袋两侧应根据水泥的品种采用不同的颜色印刷水泥名称和强度等级，硅酸盐水泥和普通硅酸盐水泥采用红色，矿渣硅酸盐水泥采用绿色；火山灰质硅酸盐水泥、粉煤灰硅酸盐水泥和复合硅酸盐水泥采用黑色或蓝色。

散装发运时应提交与袋装标志相同内容的卡片。

3. 运输与储存

水泥在运输与储存时不得受潮和混入杂物，不同品种和强度等级的水泥在贮运中避免混杂。袋装水泥堆放时应考虑防水防潮，堆置高度一般不超过 10 袋，每平方米可堆放 1t 左右。存放期一般不应超过 3 个月。

七、特种水泥简介

高铝水泥是以铝矾土和石灰为原料，按一定比例配制，经煅烧磨细所制得的一种以氯酸盐为主要矿物成分的水硬性胶凝材料，又称铝酸盐水泥。具有快硬早强、水化热大、具有较好的抗硫酸盐侵蚀的能力、耐热性好、耐碱性差。

快硬硅酸盐水泥是由硅酸盐水泥熟料和适量石膏磨细制成的，以 3d 抗压强度表示强度等级的水硬性胶凝材料。快硬性硅酸盐水泥主要是提高了熟料中 C_3A 和 C_3S 含量，并提高了水泥的粉磨细度。早期强度高，凝结硬化快，适用于早期强度要求高的工程，用于紧急抢修工程、低温施工工程、高等级混凝土工程。但是易受潮变质，故存放期不应超过 1 个月。

白色硅酸盐水泥是以硅酸盐水泥熟料加入适量石膏，经磨细制成的水硬性胶凝材料。

彩色硅酸盐水泥，按生产方法分为两类，一类是在白水泥的生料中加入少量金属氧化物，直接烧成彩色水泥熟料，然后再加适量石膏磨细而成，另一类是在白水泥熟料中，加入适量石膏及碱性颜料，共同磨细而成。

膨胀水泥和自应力水泥，在水化硬化过程中体积产生膨胀的水泥，属膨胀水泥，当这种膨胀受到水泥混凝土中钢筋的约束而膨胀率又较大时，钢筋和混凝土会一起发生变形，钢筋受到拉力，混凝土受到压力，这种压力是由于水泥水化的体积膨胀所引起的，所以叫自应力，自应力值大于 2MPa 的水泥称为自应力水泥。

第四节　混凝土

一、混凝土的分类

从广义上讲，混凝土是由胶凝材料、颗粒状集料（也称为骨料）、水，以及必要时加入的外加剂和掺合料按一定比例配制，经均匀搅拌，密实成型，养护硬化而成的一种人工石材。是建筑工程最主要材料之一。

混凝土的分类：

（1）按照表观密度大小可分为：重混凝土、普通混凝土、轻质混凝土。

1）重混凝土是指表观密度大于 2 500kg/m³ 的混凝土，例如重晶石混凝土、钢屑混凝土等；

2）普通混凝土是指表观密度为 1 950～2 500kg/m³ 的混凝土，一般采用天然的砂、石和骨料配制而成，是建筑工程中使用最多的混凝土；

3）轻质混凝土是指表观密度小于 1 950kg/m³ 的混凝土。它又可以分为轻集料混凝土、多空混凝土（如泡沫混凝土、加气混凝土等）和大孔混凝土（如普通大孔混凝土、轻骨料大孔混凝土等）三种。

（2）按使用功能可以分为：结构混凝土、保温混凝土、装饰混凝土、防水混凝土、耐火混凝土等。

（3）按施工工艺可以分为：离心混凝土、真空混凝土、灌浆混凝土、喷射混凝土等。

（4）按配筋方式可以分为：素（即无筋）混凝土、钢筋混凝土、钢丝网水泥混凝土、预应力混凝土等。

（5）按胶凝材料可以分为：无机胶凝材料混凝土（如水泥混凝土、石膏混凝土、硅酸盐混凝土等）和有机胶结料混凝土（如沥青混凝土、聚合物混凝土等）。

二、普通混凝土的组成材料及其主要技术性质

水泥、砂（细骨料）、石子（粗骨料）、水是普通混凝土的四种基本组成材料。水和水泥形成水泥浆，在混凝土中赋予拌合混凝土以流动性，粘结粗细骨料形成整体，填充骨料的间隙，提高密实度。砂和石子构成混凝土的骨架，有效抵抗水泥浆的干缩，砂石颗粒逐级填充，形成理想的密实状态，节约水泥浆的用量。

1. 水泥

水泥是决定混凝土成本的主要材料，同时又起着粘结、填充等重要作用，水泥的选用，主要考虑的是水泥的品种和强度等级。

水泥的品种应根据工程的特点和所处的环境气候条件，特别是针对工程竣工后可能遇到的环境影响因素进行分析，并考虑当地水泥的供应情况做出选择，相关内容在本教材第二章第三节中已有阐述。

水泥强度等级的选择是指水泥强度和混凝土设计强度等级的关系。根据经验，一般情况下水泥强度等级应为混凝土设计强度等级的 1.5～2.0 倍为宜。对于较高强度等级的混凝土，应为混凝土强度等级的 0.9～1.5 倍。但是选用普通强度等级的水泥配制高强混凝土（C60 及以上）时并不受此比例限制。

2. 细骨料

细骨料是指粒径小于 4.75mm 的岩石颗粒，通常称为砂。按砂的产源不同，可将砂分为天然砂和机制砂两类。

天然砂包括河砂、湖砂、山砂、淡化海砂，但不包括软质、风化的岩石颗粒。

机制砂是经除土处理，机械破碎后形成的岩石、矿山尾矿或工业废渣颗粒，不包括软质、风化的岩石颗粒，俗称人工砂。

用于混凝土中的细骨料，主要质量控制项目应包括颗粒级配、细度模数、含泥量、泥块含量、坚固性、氯离子含量和有害物质含量。

海砂还应包括贝壳含量。

人工砂尚应包括石粉含量和压碎值指标。

人工砂质量控制项目可不包括氯离子含量和有害物质含量。

（1）砂的颗粒级配及粗细程度。

砂的颗粒级配即表示砂大小颗粒的搭配情况。

砂的粗细程度是指不同粒径的砂粒混合在一起后的总体的粗细程度，通常有粗砂、中砂与细砂之分。在相同质量条件下，细砂的总表面积较大，而粗砂的总表面积较小。在混凝土中，砂子的表面需要由水泥浆包裹，砂子的总表面积越大，则需要包裹砂粒表面的水泥浆就越多。因此，一般来说用粗砂拌制混凝土比用细砂所需的水泥浆要省。

砂的粗细程度和颗粒级配是由砂的筛分试验进行测定。

筛分试验是用一套孔径（净尺寸）为 4.75mm、2.36mm、1.18mm、0.60mm、0.30mm 及 0.15mm 的标准筛，将 500g 的干砂试样由粗到细依次过筛，然后称得余留在各个筛上的砂的质量，并计算出各筛上的分计筛余百分率及累计筛余百分率，由累计筛余百分率作为计算砂平均粗细程度的指标细度模数（M_x）和检验砂的颗粒级配是否合理的依据。

细度模数越大，表示砂越粗，按照细度模数可将砂分为粗砂（$M_x = 3.70 \sim 3.10$）、中砂（$M_x = 3.00 \sim 2.30$）、细砂（$M_x = 2.20 \sim 1.60$）。

（2）含泥量、泥块含量和石粉含量。

含泥量是天然砂中；泥块含量是砂中原粒径大于 1.18mm，经水浸洗、手捏后小于 $600 \mu m$ 的颗粒含量；石粉含量是机制砂中粒径小于 $75 \mu m$ 的颗粒含量。

（3）坚固性。

砂在自然风化和其他外界物理化学因素作用下抵抗破裂的能力。一般可以采用硫酸钠溶液法进行试验，机制砂还需要通过压碎指标衡量。

（4）有害物质。

砂中的有害物质一般包括云母、轻物质、有机物、硫化物及硫酸盐、氯化物、贝壳等。

砂按照技术要求可分为Ⅰ类、Ⅱ类、Ⅲ类。

按照《混凝土质量控制标准》（GB 50164—2011），细骨料的应用应符合下列规定：

1）泵送混凝土宜采用中砂，且 $300\mu m$ 筛孔的颗粒通过量不宜少于 15%。

2）对于有抗渗、抗冻或其他特殊要求的混凝土，砂中的含泥量和泥块含量分别不应大于 3.0% 和 1.0%；坚固性检验的质量损失不应大于 8%。

3）对于高强混凝土，砂的细度模数宜控制在 2.6～3.0，含泥量和泥块含量分别不应大于 2.0% 和 0.5%。

4）钢筋混凝土和预应力混凝土用砂的氯离子含量分别不应大于 0.06% 和 0.02%。

5）混凝土用海砂应经过净化处理。

6）混凝土用海砂氯离子含量不应大于 0.03%，海砂不得用于预应力混凝土。

3. 粗骨料

粗骨料是指粒径大于 4.75mm 的岩石颗粒。由自然风化、水流搬运和分选、堆积形成的，粒径大于 4.75mm 的岩石颗粒称为卵石；由天然岩石、卵石或矿山废石经机械破碎、筛分制成的，粒径大于 4.75mm 的岩石颗粒。

粗骨料质量主要控制项目应包括颗粒级配、针片状颗粒含量、含泥量、泥块含量、压碎值指标和坚固性，用于高强混凝土的粗骨料主要控制项目还应包括岩石抗压强度。粗骨料按照技术要求不同可分为Ⅰ类、Ⅱ类、Ⅲ类。

按照《混凝土质量控制标准》（GB 50164—2011），粗骨料在应用方面应符合下列规定：

（1）混凝土粗骨料宜采用连续级配。

（2）对于混凝土结构，粗骨料最大公称粒径不得大于构件截面最小尺寸的 1/4，且不得大于钢筋最小净间距的 3/4，对混凝土实心板，骨料的最大公称粒径不宜大于板厚的 1/3，且不得大于 40mm；对于大体积混凝土，粗骨料最大公称粒径不宜小于 31.5mm。

（3）对于有抗渗、抗冻、抗腐蚀、耐磨或其他特殊要求的混凝土，粗骨料中的含泥量和泥块含量分别不应大于 1.0% 和 0.5%；坚固性检验的质量损失不应大于 8%。

（4）对于高强度混凝土，粗骨料的岩石抗压强度应至少比混凝土设计强度高 30%；最大公称粒径不宜大于 25mm，针片状颗粒含量不宜大于 5% 且不应大于 8%；含泥量和泥块含量分别不应大于 0.5% 和 0.2%。

（5）对粗骨料或用于制作粗骨料的岩石，应进行碱活性检验，包括碱-硅酸反应活性检验和碱-碳酸盐反应活性检验；对于有预防混凝土碱-骨料反应要求的混凝土工程，不宜采用有碱活性的粗骨料。

4. 矿物掺合料

用于混凝土中的矿物掺合料可包括粉煤灰、粒化高炉矿渣粉、硅灰、沸石粉、钢渣粉、磷渣粉；可采用两种或两种以上的矿物掺合料按一定比例混合使用。

粉煤灰的主要控制项目应包括细度、需水量比、烧失量和三氧化硫含量。

粒化高炉矿渣粉的主要控制项目应包括比表面积、活性指数和流动度比。

钢渣粉的主要控制项目应包括比表面积、活性指数、流动度比、游离氧化钙含量、三氧化硫含量、氧化镁含量和安定性。

磷渣粉的主要控制项目应包括细度、活性指数、流动度比、五氧化二磷含量和安定性。

硅灰的主要控制项目应包括比表面积和二氧化硅含量。

矿物掺合料的主要控制项目还应包括放射性。

矿物掺合料的应用应符合下列规定：

（1）掺用矿物掺合料的混凝土，宜采用硅酸盐水泥和普通硅酸盐水泥。

（2）在混凝土中掺用矿物掺合料时，矿物掺合料的种类和掺量应经试验确定。

（3）矿物掺合料宜与高效减水剂同时使用。

（4）对于高强混凝土或有抗渗、抗冻、抗腐蚀、耐磨等其他特殊要求的混凝土，不宜采用低于Ⅱ级的粉煤灰。

（5）对于高强混凝土和有耐腐蚀要求的混凝土，当需要采用硅灰时，不宜采用二氧化硅含量小于90%的硅灰。

5. 外加剂

外加剂质量主要控制项目应包括掺外加剂混凝土性能和外加剂匀质性两方面，混凝土性能方面的主要控制项目应包括减水率、凝结时间差和抗压强度比，外加剂匀质性方面的主要控制项目应包括pH、氯离子含量和碱含量；引气剂和引气减水剂主要控制项目还应包括含气量；防冻剂主要控制项目还应包括含气量和50次冻融强度损失率比；膨胀剂主要控制项目还应包括凝结时间、限制膨胀率和抗压强度。

外加剂的应用应符合下列规定：

（1）在混凝土中掺用外加剂时，外加剂应与水泥具有良好的适应性，其种类和掺量应经试验确定。

（2）高强混凝土宜采用高性能减水剂；有抗冻要求的混凝土宜采用引气剂或引气减水剂；大体积混凝土宜采用缓凝剂或缓凝减水剂；混凝土冬期施工可采用防冻剂。

（3）外加剂中的氯离子含量和碱含量应满足混凝土设计要求。

（4）宜采用液态外加剂。

6. 水

混凝土用水主要控制项目应包括pH、不溶物含量、可溶物含量、硫酸根离子含量、氯离子含量、水泥凝结时间差和水泥胶砂强度比。当混凝土骨料为碱活性时，主要控制项目还应包括碱含量。

混凝土用水的应用应符合下列规定：

（1）未经处理的海水严禁用于钢筋混凝土和预应力混凝土。

（2）当骨料具有碱活性时，混凝土用水不得采用混凝土企业生产设备洗涮水。

三、混凝土拌合物的技术性质

混凝土的技术性质通常以混凝土拌合物和硬化混凝土分别研究，混凝土拌合物的主要技术性质是工作性。

1. 混凝土拌合物的工作性

工作性又称和易性，是指混凝土拌合物在一定的施工条件和环境下，是否易于各种施工工序的操作，以获得均匀密实混凝土的性能。一般包括流动性、黏聚性、保水性三个方面。

（1）流动性是指新拌混凝土在自重或机械振捣的作用下，能产生流动并均匀密实地填满模板的性能。流动性反映拌合物的稀稠程度。

（2）黏聚性是指新拌混凝土的组成材料之间有一定的黏聚力，在施工过程中不致发生分层和离析现象，仍能保持均匀的性能。黏聚性反映混凝土拌合物的均匀性。

（3）保水性是指新拌混凝土具有一定的保水能力，在施工过程中，不致产生严重泌水现象的性能。保水性反映混凝土拌合物的稳定性。保水性差的混凝土内部易形成透水通道，影响混凝土的密实性，并降低混凝土的强度和耐久性。

2. 工作性的测定方法

混凝土拌合物的工作性可以用三种方式表示：坍落度、维勃稠度、扩展度。坍落度检验适用于坍落度不小于 10mm 的混凝土拌合物，维勃稠度检验适用于维勃稠度 5～30s 的混凝土拌合物，扩展度适用于泵送高强混凝土和自密实混凝土。

坍落度、维勃稠度和扩展度的等级划分应分别符合表 2-3、表 2-4、表 2-5 的规定。

表 2-3 混凝土拌合物的坍落度等级划分

等级	坍落度/mm
S1	10～40
S2	50～90
S3	100～150
S4	160～210
S5	≥220

表 2-4 混凝土拌合物的维勃稠度等级划分

等级	维勃稠度/s
V0	≥31
V1	30～21
V2	20～11
V3	10～6
V4	5～3

表 2-5 混凝土拌合物的扩展度等级划分

等级	扩展度/mm	等级	扩展度/mm
F1	≤340	F4	490～550
F2	350～410	F5	560～620
F3	420～480	F6	≥630

混凝土拌合物应在满足施工要求的前提下，尽可能采用较小的坍落度；泵送混凝土拌合物坍落度设计值不宜大于 180mm。

泵送高强混凝土的扩展度不宜小于 500mm；自密实混凝土的扩展度不宜小于 600mm。

混凝土拌合物的坍落度经时损失不应影响混凝土的正常施工。泵送混凝土拌合物的坍落度经时损失不宜大于 30mm/h。

混凝土拌合物应具有良好的和易性，并不得离析或泌水。混凝土拌合物的凝结时间应满足施工要求和混凝土性能要求。

3. 改善混凝土拌合物工作性的措施

（1）在保持水胶比不变的情况下，适当增加造浆材料（如水泥浆）的用量；

（2）通过试验，采用合理砂率；

（3）改善砂、石料的级配，一般情况下尽可能采用连续级配；

（4）调整砂石的粒径，如为加大流动性可加大粒径，若提高黏聚性和保水性可减少骨料的粒径；

（5）掺加外加剂；

（6）根据具体环境条件，尽可能缩小新拌混凝土的运输时间，若不允许，可加缓凝剂、流变剂，减少坍落度损失。

四、硬化混凝土的技术性质

1. 混凝土的强度

混凝土的强度有受压强度、受拉强度、受剪强度、疲劳强度等，但最重要的是受压强度。混凝土的受压一般有三种破坏形式：一是骨料先破坏；二是水泥石先破坏；三是水泥石与粗骨料的接合面发生破坏。在普通混凝土中，最可能发生的是第三种形式，第二种仅会发生在骨料少而水泥石过多的情况下，第一种不可能发生，因拌制普通混凝土的骨料强度一般都大于水泥石。

（1）立方体抗压强度。

按照国家标准《普通混凝土力学性能试验方法标准》（GB/T 50081—2002）的规定，采用标准养护的试件，应在温度为（20±5）℃的环境中静置一昼夜至二昼夜，然后编号、拆模。拆模后应立即放入温度为（20±2）℃，相对湿度为95%以上的标准养护室中养护，或在温度为（20±2）℃的不流动的 $Ca(OH)_2$ 饱和溶液中养护。标准养护室内的试件应放在支架上，彼此间隔 10～20mm，试件表面应保持潮湿，并不得被水直接冲淋。标准养护龄期为 28d（从搅拌加水开始计时）。

试件有标准试件和非标准试件，标准试件为边长为 150mm 的立方体，非标试件尺寸为边长 100mm 和 200mm 的立方体。几种试件应用和强度换算见表 2-6。

表 2-6　混凝土试件应用及强度的换算系数

试件尺寸/mm×mm×mm	强度的尺寸换算系数	最大粒径/mm
100×100×100	0.95	≤31.5
150×150×150	1.00	≤40.0
200×200×200	1.05	≤63.0

混凝土立方体抗压强度试验，每组三个试件，应在同一盘混凝土中取样制作，混凝土强度值的确定应符合下列规定：

1) 三个试件测值的算术平均值作为该组试件的强度值（精确至 0.1MPa）；

2) 三个测值中的最大值或最小值中如有一个与中间值的差值超过中间值的 15% 时，则把最大及最小值一并舍去，取中间值作为该组试件的抗压强度值；

3) 如最大值和最小值与中间值的差均超过中间值的 15%，则该组试件的试验结果无效。

4) 混凝土强度等级小于 C60 时，用非标准试件测得的强度值均应乘以尺寸换算系数。当混凝土强度等级不小于 C60 时，宜采用标准试件；使用非标准试件时，尺寸换算系数应由试验确定。

强度等级应按立方体抗压强度标准值（MPa）划分为 C10、C15、C20、C25、C30、C35、C40、C45、C50、C55、C60、C65、C70、C75、C80、C85、C90、C95、C100。

需要说明的是：纳入现行《混凝土结构设计规范》（GB 50010—2010）中的混凝土等级是从 C15 到 C80，总共 14 个等级。

（2）影响混凝土强度的因素。

影响混凝土强度等级的因素很多，其中主要有：水泥的强度、水胶比、养护条件（温度和湿度）、龄期、施工质量等。

提高混凝土强度的措施：采用高强度等级的水泥；降低水胶比；采用湿热养护，比如采用蒸汽养护和蒸压养护；改进施工工艺，采用机械搅拌和振捣；掺加混凝土外加剂，如加入减水剂和早强剂等。

2. 混凝土的变形

混凝土在硬化和使用过程中，会受各种因素影响而产生变形。影响混凝土变形的因素主要来有两大类：荷载作用下的变形和非荷载作用下的变形。

（1）荷载作用下的变形有徐变，是指混凝土在长期荷载作用下，应力不变而应变不断增加的现象。影响混凝土徐变的因素有很多，包括：

1) 水灰比大时，徐变就大；

2) 养护条件好，徐变就小；

3) 骨料质量及级配好，徐变就小。

徐变可消除钢筋混凝土内的应力集中，使应力均匀地重新分布，对大体积混凝土能消除一部分由于温度变形所产生的破坏应力。但在预应力混凝土结构中，徐变将使混凝土的预加应力受到损失。

（2）非荷载作用下的变形包括化学收缩、干湿变形和温度变形等。

1) 化学收缩是指混凝土在硬化过程中，水泥水化后的体积小于水化前的体积，导致混凝土产生的收缩。

2) 当混凝土在水中硬化时，会引起微小膨胀，在干燥空气中硬化时，会引起干缩。干缩变形对混凝土危害较大，它可使混凝土表面开裂，使混凝土的耐久性严重降低。温度变形对大体积混凝土极为不利。

3）在混凝土硬化初期，放出较多的水化热，当混凝土较厚时，散热缓慢，致使内外温差较大，因而变形较大。

3. 耐久性

耐久性是一项综合技术指标，抗渗性、抗冻性、抗侵蚀性、抗碳化性、防止碱-骨料反应等，统称为混凝土的耐久性。

提高混凝土耐久性的措施有：

1）合理选择水泥品种；

2）控制混凝土的水灰比并保证足够的水泥用量；

3）选用较好的砂石骨料以及控制骨料中泥及有害杂质的含量；

4）适当掺加减水剂和引气剂，提高混凝土的抗冻性和抗渗性；

5）改善施工条件，确保施工质量。

五、轻混凝土、高性能混凝土、预拌混凝土的特性及其应用

1. 轻混凝土

轻混凝土是指体积密度不大于 1 950kg/m³ 的混凝土的统称。与普通混凝土相比，其最大的特点是容重轻、具有良好的保温性能。由于自重轻，弹性模量低，抗震性能好，轻混凝土特别适合高层和大跨度结构。

2. 高性能混凝土

高性能混凝土（HPC）是一种新型高技术混凝土，是在大幅度提高普通混凝土性能的基础上采用现代技术制作的混凝土。它以耐久性作为设计的主要指标。高性能混凝土具有较好的自密实性、体积稳定性较高等优点，是一种能更好满足结构功能要求和施工工艺要求的混凝土，能最大限度地延长混凝土结构的使用年限，降低工程造价。

3. 预拌混凝土

预拌混凝土是指在工厂或车间集中搅拌运送到建筑工地的混凝土，也称商品混凝土。预拌混凝土产品质量好、材料消耗少、工效高、成本低，又能改善劳动条件，减少环境污染。

第五节　砂　浆

一、砂浆的分类、特性及其应用

建筑砂浆是由无机胶凝材料（水泥、石灰、黏土等）和细骨料（砂）加水拌和而成

的，有时也掺入某些掺合料，建筑砂浆是建筑工程用量最大、用途最广的建筑材料之一。

1. 砂浆的分类

（1）砂浆根据组成材料，可以分为：

1）石灰砂浆：由石灰膏、砂和水按一定配比制成，一般用于强度要求不高、不受潮湿的砌体和抹灰层；

2）水泥砂浆：由水泥、砂和水按一定配比制成，一般用于潮湿环境或水中的砌体、墙面或地面等；

3）混合砂浆：在水泥或石灰砂浆中适当掺加掺合料如粉煤灰、硅藻土等制成，以节约水泥或石灰用量，并改善砂浆的和易性。

（2）砂浆按其用途可以分为：

砌筑砂浆、抹面砂浆、粘结砂浆。抹面砂浆包括普通抹面砂浆、装饰抹面砂浆、特种砂浆等。

建筑砂浆和混凝土的区别主要在于不含粗骨料，它是由胶凝材料、细骨料和水按一定的比例配制而成的。合理使用砂浆对节约胶凝材料、方便施工、提高工程质量等有着重要的作用。

2. 砂浆的特性及其应用

（1）新拌砂浆的和易性。

砂浆的和易性是指砂浆是否容易在砖石等表面铺成均匀、连续的薄层，并且与基层紧密粘结的性质。包括流动性和保水性两方面含义。

1）流动性：砂浆的流动性也称为稠度，是指在自重或外力作用下流动的性能，用"沉入度"表示。沉入度大，砂浆流动性大，但流动性过大，硬化后强度将会降低；若流动性过小，则不便于施工操作。

影响砂浆流动性的因素，主要有胶凝材料的种类和用量，用水量以及细骨料的种类、颗粒、形状、粗细程度与级配，除此之外，也与掺入的混合材料及外加剂的品种、用量有关。

2）保水性：保水性是指砂浆保持水分的能力。保水性也指砂浆中各项组成材料不易分离的性质，新拌砂浆在存放、运输和使用的过程中，必须保持其中的水分不致很快流失，才能形成均匀密实的砂浆缝，保证砌体的质量。砂浆的保水性用"分层度"表示。分层度在 10~20mm 为宜，不得大于 30mm，否则容易产生离析，但是分层度接近于零的砂浆，则容易发生干缩裂缝。

影响砂浆保水性的主要因素是胶凝材料的种类和用量、砂的品种、细度和用水量。在砂浆中掺入石灰膏、粉煤灰等粉状混合材料，可以提高砂浆的保水性。

（2）硬化后砂浆的强度。

影响砂浆强度的因素有很多：当原材料的质量一定时，砂浆的强度主要取决于水泥标号和水泥用量。此外，砂浆强度还受砂、外加剂、掺入的混合材料以及砌筑和养护条件等因素的影响。砂中泥及其他杂质含量较多时，砂浆强度也受影响。

二、砌筑砂浆

砌筑砂浆是将砖、石、砌块等黏结成为砌体的砂浆。它起着传递荷载的作用，是砌体的重要组成部分。

1. 砌筑砂浆的主要组成

（1）胶凝材料。

用于砌筑砂浆的胶凝材料有水泥和石灰。砌筑砂浆所用水泥宜采用通用硅酸盐水泥或砌筑水泥。水泥强度等级应根据砂浆品种及强度等级的要求进行选择，M15 及以下强度等级的砌筑砂浆宜选用 32.5 级的通用硅酸盐水泥或砌筑水泥；M15 以上强度等级的砌筑砂浆宜选用 42.5 级普通硅酸盐水泥，如果水泥强度等级过高，则可加些混合材料。

（2）其他胶凝材料及掺加料。

为改善砂浆的和易性，减少水泥用量，通常掺加一些廉价的其他胶凝材料，比如石灰膏、粉煤灰等。建筑生石灰、建筑生石灰粉熟化为石灰膏，其熟化时间分别不得少于 7d 和 2d。

（3）细骨料。

砂浆常用的细骨料为普通砂，砌筑砂浆用砂宜采用过筛中砂。作为勾缝和抹面用的砂浆，最大粒径不超过 1.25mm，砂的粗细程度对水泥用量、和易性、强度和收缩性影响很大。

2. 砌筑砂浆的性质

经拌和后的砂浆应具有以下性质：满足和易性要求；满足设计种类和强度等级要求；具有足够的粘结力。

3. 砌筑砂浆的配合比选择

砂浆的强度等级是用边长为 70.7mm 的立方体试块进行测定的，试件制作后应在温度为（20±5）℃的环境下静置（24±2）h，对试件进行编号、拆模。当气温较低时，或者凝结时间大于 24h 的砂浆，可适当延长时间，但不应超过 2d。试件拆模后应立即放入温度为（20±2）℃，相对湿度为 90% 以上的标准养护室中养护。养护期间，试件彼此间隔不得小于 10mm，混合砂浆、湿拌砂浆试件上面应覆盖，防止有水滴在试件上。从搅拌加水开始计时，标准养护龄期应为 28d。

立方体抗压强度试验的试验结果按下列要求确定：

（1）应以三个试件测值的算术平均值作为该组试件的砂浆立方体抗压强度平均值，精确至 0.1MPa；

（2）当三个测值的最大值或最小值中有一个与中间值的差值超过中间值的 15% 时，

应把最大值及最小值一并舍去，取中间值作为该组试件的抗压强度值；

（3）当两个测值与中间值的差值均超过中间值的 15% 时，该组试验结果应为无效。

4. 砌筑砂浆试块强度验收时其强度合格标准应符合下列规定

（1）同一验收批砂浆试块强度平均值应大于或等于设计强度等级值的 1.10 倍；

（2）同一验收批砂浆试块抗压强度的最小一组平均值应大于或等于设计强度等级值的 85%；

（3）砂浆试块应在现场取样制作，砌筑砂浆的验收批，同一类型、强度等级的砂浆试块不应少于 3 组；同一验收批砂浆只有 1 组或 2 组试块时，每组试块抗压强度平均值应大于或等于设计强度等级值得 1.10 倍；对于建筑结构的安全等级为一级或设计使用年限为 50 年及以上的房屋，同一验收批砂浆试块的数量不得少于 3 组。

（4）每一检验批且不超过 250m³ 砌体的各类、各强度等级的普通砌筑砂浆，每台搅拌机应至少抽检一次。

烧结普通砖、烧结多孔砖、蒸压灰砂普通砖和蒸压粉煤灰普通砖砌体采用的普通砂浆强度等级为：M15、M10、M7.5、M5、M2.5。

三、抹面砂浆

抹面砂浆是指涂抹在建筑物表面或建筑构件表面的砂浆，又称抹灰砂浆。根据抹面砂浆的功能不同可分为普通抹面砂浆、装饰砂浆和特种砂浆（防水砂浆、绝热砂浆、吸音砂浆、耐酸砂浆等）。

1. 普通抹面砂浆

普通抹面砂浆对建筑物和墙体起到保护作用。它可以抵抗风、雨、雪等自然环境对建筑物的侵蚀，并提高建筑物的耐久性，同时经过抹面的建筑物表面或墙面又可以达到平整、光洁、美观的效果。

普通抹面砂浆通常分为两层或三层进行施工。底层抹灰的作用是使砂浆与基底能牢固地粘结，因此要求底层砂浆具有良好的和易性、保水性和较好的粘结强度；中层抹灰主要是找平，有时可以省略；面层抹灰是为了获得平整、光洁的表面效果。

2. 装饰砂浆

装饰砂浆是指涂抹在建筑物内外墙表面，具有美观装饰效果的抹面砂浆。装饰砂浆的底层和中层抹灰与普通抹面砂浆基本相同，但是其面层抹灰要选用具有一定颜色的胶凝材料和骨料以及采用各种加工处理，使建筑物表面呈现各种不同的色彩、线条和花纹等装饰效果。

3. 特种砂浆

特种砂浆是指用于保温隔热、吸音、防水、耐腐蚀、防辐射等特殊要求的砂浆。包括：

（1）防水砂浆是指用作防水层的砂浆，适用于不受振动和具有一定刚度的混凝土或砖石砌体的表面；

（2）保温砂浆，又称绝热砂浆，具有轻质、保温隔热、吸音等性能，可用于屋面保温层、保温墙壁以及供热管道保温层等处。

第六节　石材、砖和砌块

一、建筑石材的分类、特性及其应用

建筑石材是指主要用于建筑工程砌筑或装饰的天然石材。可以将其分为三类：

（1）毛石：分为乱毛石和平毛石。

（2）料石：分为毛料石、粗料石、半细料石和细料石。

（3）饰面石材：

1）天然花岗岩石板材。天然花岗石板材的技术要求包括：规格尺寸允许偏差、平面度允许公差、角度允许公差、外观质量和物理性能。按其表面加工程度可分为细面板（YG）、镜面板（JM）、粗面板（CM）三类。细面板和粗面板常用于室外地面、墙面和柱面；镜面板主要用于室内外地面、墙面和柱面。花岗岩的放射性必须满足《建筑材料放射性核素限量》（GB 6566—2011）的规定，根据放射性比活度和外照射指数的限值可分为 A、B、C 三类：A 类产品的使用范围不受限制；B 类产品不能用于 I 类民用建筑的内饰面，但可用于 I 类民用建筑的外饰面及其他一切建筑物的内、外饰面；C 类产品只能用于建筑物的外饰面。

2）天然大理石板材。天然大理石板材易加工、开光性好，常被制成抛光板材，是装饰工程的常用饰面材料。天然大理石板材的技术要求包括：规格尺寸允许偏差、平面度允许公差、角度允许公差、外观质量和物理性能等。

3）人造饰面石材。人造饰面石材适用于室内外墙面、地面、柱面、台面等。

二、砌墙砖、砌块

砌墙砖根据孔洞率的大小可以分为空心砖、多孔砖、实心砖。根据生产工艺的不同，又分为烧结砖和非烧结砖。

1. 烧结普通砖

烧结普通砖是指由黏土、页岩、煤矸石或粉煤灰为主要原料，经过焙烧而成的砖。按主要原料分为黏土砖（N）、页岩砖（Y）、煤矸石砖（M）和粉煤灰砖（F）（如图 2-2 所示）。

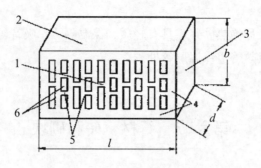

图 2-2　烧结多孔砖示意图

1. 大面（坐浆面）；2. 条面；3. 顶面；4. 外壁；5. 肋；6. 孔洞；*l*. 长度；*b*. 宽度；*d*. 高度

根据抗压强度分为 MU30、MU25、MU20、MU15、MU10 五个强度等级。

强度、抗风化性能和放射性物质合格的砖，根据尺寸偏差、外观质量、泛霜和石灰爆裂分为优等品（A）、一等品（B）、合格品（C）三个质量等级，优等品适用于清水墙和装饰墙，一等品、合格品可用于混水墙，中等泛霜的砖不能用于潮湿部位。

烧结普通砖的外形为直角六面体，无孔洞或孔洞率小于 25%，公称尺寸为 240mm×115mm×53mm。

2. 烧结多孔砖和多孔砌块

经焙烧而成，孔洞率大于或等于 25%（多孔砌块为 33%），孔的尺寸小而数量多的砖或砌块，主要用于承重部位。按主要原料分为黏土砖和黏土砌块（N）、页岩砖和页岩砌块（Y）、煤矸石砖和煤矸石砌块（M）、粉煤灰砖和粉煤灰砌块（F）、淤泥砖和淤泥砌块（U）、固体废弃物砖和固体废弃物砌块（G）（如图 2-3 所示）。

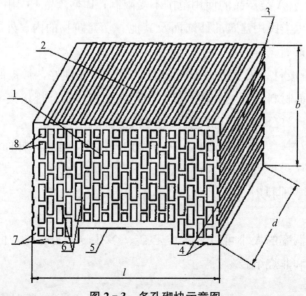

图 2-3　多孔砌块示意图

1. 大面（坐浆面）；2. 条面；3. 顶面；4. 粉刷沟槽；5. 砂浆槽；6. 肋；7. 外壁；8. 孔洞；

l. 长度；*b*. 宽度；*d*. 高度

砖和砌块的外形一般为直角六面体，在与砂浆的接合面上应设有增加结合力的粉刷槽和砌筑砂浆槽。

粉刷槽：混水墙用砖和砌块，应在条面和顶面上设有均匀分布的粉刷槽或类似结构，深度不小于 2mm。

砌筑砂浆槽：砌块至少应在一个条面或顶面上设立砌筑砂浆槽。两个条面或顶面都有砌筑砂浆槽时，砌筑砂浆槽深应大于 15mm 且小于 25mm；只有一个条面或顶面有砌筑砂浆槽时，砌筑砂浆槽深应大于 30mm 且小于 40mm。砌筑砂浆槽宽应超过砂浆槽所在砌块面宽度的 50%。

砖规格尺寸（mm）应符合下列数列要求：290、240、190、180、140、115、90。

砌块规格尺寸（mm）应符合下列数列要求：490、440、390、340、290、240、190、180、140、115、90。

根据抗压强度将多孔砖和砌块分为 MU30、MU25、MU20、MU15、MU10 五个强度等级。

3. 烧结空心砖和空心砌块

孔洞率等于或大于 40%，孔的尺寸大而数量少的砖。常用于非承重部位（如图 2-4 所示）。

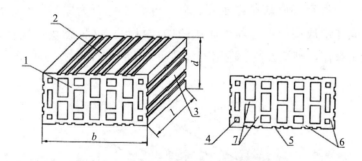

图 2-4 烧结空心砖和空心砌块示意图

1. 顶面；2. 大面；3. 条面；4. 壁孔；5. 粉刷槽；6. 外壁；7. 肋；l. 长度；b. 宽度；d. 高度

按主要原料分为黏土空心砖（N）、页岩空心砖和空心砌块（Y）、煤矸石空心砖和空心砌块（M）、粉煤灰空心砖和空心砌块（F）、淤泥空心砖和空心砌块（U）、建筑渣土空心砖和空心砌块（Z）、其他固体废弃物空心砖和空心砌块（G）。

空心砖和空心砌块的外形为直角六面体，混水墙用空心砖和空心砌块，应在大面和条面上设有均匀分布的粉刷槽或类似结构，深度不小于 2mm。

空心砖和空心砌块的长度、宽度、高度尺寸应符合下列要求：

长度规格尺寸（mm）：390、290、240、190、180（175）、140。

宽度规格尺寸（mm）：190、180（175）140、115。

高度规格尺寸（mm）：180（175）、140、115、90。

烧结空心砖和空心砌块按抗压强度分为 MU10、MU7.5、MU5、MU3.5 四个等级。

4. 蒸压灰砂砖

蒸压灰砂砖是以石灰和砂为主要原料，允许掺入颜料和外加剂，经坯料制备、压制成型、蒸压养护而成的实心灰砂砖。根据灰砂砖的颜色分为：彩色（Co）、本色（N）。

砖的外形为直角六面体。砖的公称尺寸长度240mm，宽度115mm，高度53mm，根据抗压强度和抗折强度分为MU25，MU20，MU15，MU10四个等级。MU15，MU20，MU25的砖可用于基础及其他建筑；MU10的砖仅可用于防潮层以上的建筑。

5. 砌块

建筑用的人造块材，外形多为直角六面体，也有各种异形的。砌块系列中主规格的长度、宽度或高度有一项或一项以上分别大于365mm，240mm或115mm，但高度不大于长度或宽度的六倍，长度不超过高度的三倍。根据尺寸的大小可分为：系列中主规格的高度大于115mm而又小于380mm的砌块，称为小型砌块，简称小砌块；系列中主规格的高度为380~980mm的砌块，称为中型砌块，简称中砌块；系列中主规格的高度大于980mm的砌块，称为大型砌块，简称大砌块。

生产中通常采用蒸养或蒸压工艺。经常压蒸汽养护硬化，称为蒸养；经高压蒸汽养护硬化称为蒸压。

（1）普通混凝土小型空心砌块。

普通混凝土小型空心砌块是以水泥、砂、砾石或碎石为原料，经过加水搅拌、振动、振动加压或冲击成型，再经养护而成的墙体材料。这种砌块单块重量一般为4~20kg，便于徒手操作，砌筑方便，适用于各种建筑体系（如图2-5所示）。

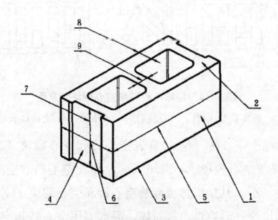

图2-5 混凝土空心砌块示意图

1. 条面；2. 坐浆面（肋厚较小的面）；3. 铺浆面（肋厚较大的面）；4. 顶面；

5. 长度；6. 宽度；7. 高度；8. 壁；9. 肋

混凝土小型空心砌块按其强度等级分为：MU3.5、MU5.0、MU7.5、MU10.0、MU15.0、MU20.0六个等级。主规格尺寸为390mm×190mm×190mm，最小外壁厚应不小于30mm，最小肋厚应不小于25mm，空心率应不小于25％。

（2）蒸压加气混凝土砌块。

蒸压加气混凝土砌块是指以钙质材料和硅质材料为基本原料，以铝粉为发气材料，经过切割、蒸压养护等工艺制成的墙体材料。一般适用于工业与民用建筑物的墙体。

蒸压加气混凝土砌块的规格尺寸见表 2-7。

表 2-7　蒸压加气混凝土砌块规格尺寸　　　　　　　　单位：mm

长度 L	宽度 B	高度 H
600	100、120、125、150、180、200、240、250、300	200、240、250、300

砌块按强度和干密度分级。强度级别：A 1.0、A 2.0、A 2.5、A 3.5、A 5.0、A 7.5、A 10 七个级别。干密度级别：B03、B04、B05、B06、B07、B08 六个级别。其中干密度是指砌块试件在 105℃ 温度下烘至恒质测得的单位体积的质量。

（3）粉煤灰混凝土小型空心砌块。

以粉煤灰、水泥、集料、水为主要组分（也可加入外加剂等）制成的混凝土小型空心砌块，代号 FHB。

按砌块孔的排数分为单排孔、双排孔和多排孔三类。主规格尺寸为 390mm×190mm×190mm。按砌块抗压强度分为 MU3.5、MU5、MU7.5、MU10、MU15 和 MU20 六个等级，砌块在厂内养护 28d 龄期后方可出厂。

第七节　建筑钢材

一、钢材的分类、特性及其性质

建筑钢材是建筑工程中一项重要材料，包括用于钢结构中的各种型钢、钢管、钢板和用于钢筋混凝土工程的钢筋、钢丝等。

（一）钢材的分类

1. 按化学成分分类

（1）碳素钢，钢中除铁外，主要含有碳及少量的硅、锰、磷、硫等杂质元素。碳素钢按含碳量的多少又可以分为：

1）低碳钢——含碳量小于 0.25%。性软、韧，故又称软钢，建筑上应用很广；

2）中碳钢——含碳量为 0.25%～0.6%，质较硬，多用以制造钢轨和机械传动部件等；

3）高碳钢——含碳量超过 0.6%，含碳越多，质越硬、脆，一般用以制造工具。

（2）合金钢，钢中除含有碳素钢所含有的各种元素之外，为了提高其某种或某些性能或获得某些特殊性能，特意加入一种或几种合金元素，比如锰、硅、钒、钛等。合金钢可以按合金元素的含量分为：

    1）低合金钢——合金元素总含量不超过 4％，建筑应用的合金钢主要是低合金钢；

    2）中合金钢——合金元素总含量为 4％～10％；

    3）高合金钢——合金元素总含量大于 10％。

2. 按质量分类

（1）普通钢：含硫量不超过 0.055％～0.065％，含磷量不超过 0.045％～0.085％；

（2）优质钢：含硫量不超过 0.030％～0.045％，含磷量不超过 0.035％～0.040％；

（3）高级优质钢：含硫量不超过 0.020％～0.030％，含磷量不超过 0.027％～0.035％。

3. 按用途分类

（1）结构钢：是指作建筑结构、机器零件等用的钢。

（2）工具钢：是指作工具、模具、量具等用的钢。

（3）专门用途或特殊性能钢：是指作专门用途的钢，如桥梁用钢、铆螺用钢等；具有特殊性能的钢，如不锈钢酸钢、耐热钢等。

4. 按浇铸前脱氧程度分类

（1）镇静钢：脱氧完全的钢。其代号为"Z"。

（2）沸腾钢：脱氧不完全的钢。其冲击韧性较低，不宜用于低温条件和重要结构，代号为"F"。

（3）特殊镇静钢：比镇静钢脱氧更充分的钢。其代号为"TZ"。

（二）建筑钢材的主要技术性能

1. 力学性质

（1）拉伸性能。

拉伸是建筑钢材的主要受力形式，所以抗拉性能是表示钢材性能和选用钢材的重要指标。将低碳钢试件放在材料机上进行拉伸试验，其应力应变曲线如图 2-6 所示。从图中可见钢材受拉直至破坏一共要经历四个阶段：

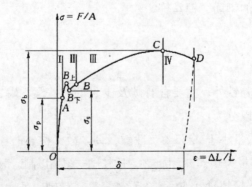

图 2-6　低碳钢应力—应变曲线图

　　1）弹性阶段（O－A 段）：应力与应变成正比，应力增加，应变增大，若卸去外力，试件恢复原状，这种能恢复原状的性质称为弹性，这一阶段称为弹性阶段。

　　2）屈服阶段（A－B 段）：随着应力的增加，应力和应变不再是直线关系，如果将拉力卸去，钢材的变形不会全部恢复，其中不能恢复的变形称为塑性变形，也就是说钢材在这一阶段产生了弹性变形和塑性变形两种变形。当拉力达到某一定值时，即使应力不再增加，塑性变形仍明显增长，钢材出现了屈服现象，此点对应的应力值被称为屈服点（或称屈服强度）。屈服点是重要的指标，它表明钢材若在屈服点以上工作，虽然没有断裂，但会产生较大的塑性变形。因此，在结构设计时，屈服点是确定钢材容许应力的主要依据。

　　3）强化阶段（B－C 段）：拉力超过屈服点以后，钢材又恢复了抵抗变形的能力，应力应变呈曲线变化，此阶段称为强化阶段。强化阶段对应最高点的应力称为抗拉强度（或强度极限）。抗拉强度是衡量钢材强度的重要指标，虽然在结构设计时不能直接利用，但屈服强度与抗拉强度之比（屈强比）却有重要的意义。若屈强比小，钢材在偶尔超载时不会破坏，证明构件在超过屈服点工作时可靠性较高，但屈强比过小，钢材的利用率低，不经济。适宜的屈强比应该是在保证安全使用的前提下，钢材有较高的利用率。通常情况下，屈强比在 0.60~0.75 是比较合适的。

　　4）颈缩阶段（C－D 段）：过了抗拉强度以后，钢材抵抗变形的能力明显降低，并在受拉试件的某一部位，迅速发生较大的塑性变形，出现颈缩现象，直至断裂。

　　（2）冲击韧性。

　　冲击韧性是指钢材在冲击荷载作用下抵抗破坏的能力。

　　影响钢冲击韧性的因素有很多，包括钢材的化学组成与组织状态、钢材的轧制、焊接质量、环境温度等，其中环境温度对钢材的冲击韧性影响较大。试验发现冲击韧性随着温度的降低而降低，当温度降至某一范围时，冲击韧性突然降低很多，钢材断口由韧性断裂状转为脆性断裂状，这种性质称为低温冷脆性。发生低温冷脆性时的温度（范围），称脆性临界温度（范围）。在严寒地区选用钢材时，必须对钢材冷脆性进行评定，此时选用钢的脆性临界温度应低于环境最低温度。

　　此外，钢材的力学性能中还有硬度和耐疲劳性。

　　所谓硬度是指钢材表面抵抗重物压力产生塑形变形的能力。

　　钢材承受交变荷载反复作用时，可能在最大应力远低于屈服强度的情况下突然破坏，称为疲劳破坏。钢材疲劳破坏指标用疲劳强度来表示，它是指疲劳试验中试件在交变应力作用下，在规定的周期内不发生疲劳破坏所能承受的最大应力值。

　　2. 工艺性能

　　（1）冷弯性能：冷弯性能是指钢材在常温下承受弯曲变形的能力。伸长率是反映钢材在均匀变形下的塑性，而冷弯是钢材在不利变形条件下的塑性，所以冷弯是一种比较严格的检验，这种变形在一定程度上比伸长率更能反映钢的内部组织状况、内应力及杂质等缺陷。因此，也可以用冷弯的方法来检验钢的焊接质量。

（2）冷加工：在常温下，钢材经过冷拉、冷拔、冷轧等加工，使其产生塑性变形，从而调整其性能的方法称为冷加工。冷加工后的钢材，屈服点和硬度提高，塑性降低，钢材得到强化。

（3）时效处理：经时效处理后的钢材，若再受拉，屈服点进一步提高，抗拉强度也提高，塑性和韧性进一步降低，弹性模量得到恢复。这种现象也称时效强化。冷拉后的钢材，时效加快。若在常温下存放 15～20d，可完成时效，称自然时效。若加热钢材至 100～200℃，则可以在更短时间内完成时效，称人工时效。建筑工地和混凝土构件厂，常利用冷拉、冷拔和时效处理方法对钢材进行处理，提高钢材的机械强度，降低塑性，从而达到节约钢材的目的。

（4）热处理：热处理是将钢材按规定的温度进行加热、保温和冷却处理，以改变其组织，得到所需要的性能的加工工艺。热处理的方法有淬火、回火、退火和正火。

（5）焊接性能：建筑工程中，钢材绝大多数是采用焊接方法连接的。这就要求钢材要有良好的可焊性。可焊性是指钢材能否适应通常的焊接方法和工艺的性能。钢的可焊性主要受化学成分及其含量的影响。含碳量小于 0.3％的非合金钢具有良好的可焊性，超过 0.3％的，焊接的脆硬倾向增加；硫含量高会使焊接处产生热裂纹，出现热脆性；杂质含量的增加，会使可焊性降低。

二、钢结构用钢材

1. 普通碳素结构钢

普通碳素结构钢简称为碳素钢，包括一般结构钢和工程用热轧型钢、钢板、钢带。

根据《碳素结构钢》（GB/T 700—2006），钢的牌号由代表屈服强度的字母、屈服强度数值、质量等级符号、脱氧方法符号等四个部分按顺序组成，例如：Q235AF。

符号：Q——钢材的屈服强度"屈"字汉语拼音首位字母；

A、B、C、D——分别为质量等级，一般来说 D 质量最高，A 相对最低；

F——沸腾钢"沸"字汉语拼音首位字母；

Z——镇静钢"镇"字汉语拼音首位字母；

TZ——特殊镇静钢"特镇"两字汉语拼音首位字母。

在牌号组成表示方法中，"Z""TZ"符号可以省略。取消了半镇静钢。

钢材应成批验收，每批由同一牌号、同一炉号、同一质量等级、同一品种、同一尺寸、同一交货状态的钢材组成，每批重量应不大于 60t。

2. 低合金高强度结构钢

低合金高强度结构钢是在含碳量不大于 0.20％的碳素结构钢基础上，加入少量的合金元素发展起来的，韧性高于碳素结构钢，同时具有良好的焊接性能、冷热压力加工性能和耐腐蚀性，部分钢种还具有较低的脆性转变温度。此类钢中除含有一定量硅或锰基本元素外，还含有其他适合我国资源情况的元素。如钒（V）、铌（Nb）、钛（Ti）、铝（Al）、钼（Mo）、氮（N）和稀土（RE）等微量元素。

低合金高强度结构钢的牌号由代表屈服点的 Q、屈服点数值、质量等级符号（A、B、C、D、E）三个部分按顺序排列。

低合金结构钢比碳素结构钢强度高、塑性好、韧性好，尤其是抗冲击、耐低温、耐腐蚀能力强，并且质量稳定，可以节省钢材。在钢结构中，常采用低合金结构钢轧制的型钢、钢板和钢管来建造桥梁、高层以及大跨度钢结构建筑。在预应力钢筋混凝土中，二级、三级钢筋即是由普通质量低合金钢轧制而成的。可以用作钢结构用型钢、钢板。通常牌号有 Q345、Q390、Q420、Q460、Q500、Q550、Q620、Q690。

三、钢筋混凝土结构用钢材

钢筋混凝土结构用的钢筋和钢材，主要由碳素结构钢或低合金结构钢轧制而成，其主要品种有热轧钢筋、冷加工钢筋、热处理钢筋、预应力混凝土用钢丝和钢绞线。按直条和盘卷供货。

1. 热轧钢筋

（1）热轧光圆钢筋。是经热轧成型，横截面通常为圆形，表面光滑的成品钢筋。用 HPB（Hotrolled Plain Bars）表示，型号为 HPB300。公称直径为 6～22mm，其中 6.5mm 的为过渡产品。

钢筋应按批进行检查和验收，每批由同一牌号、同一炉罐号、同一尺寸的钢筋组成。每批重量通常不大于 60t。超过 60t 的部分，每增加 40t（或不足 40t 的余数），增加一个拉伸试验试样和一个弯曲试验试样。

检验项目和数量分别为：化学成分，拉伸、弯曲、尺寸（逐支、逐盘）、表面（逐支、逐盘）、重量偏差。

测量钢筋重量偏差时，试样应从不同根钢筋上截取，数量不少于 5 支，每支试样长度不小于 500mm。长度应逐支测量，应精确到 1mm。测量试样总重量时，应精确到不大于总重量的 1%。

（2）热轧带肋钢筋。横截面通常为圆形且表面带肋的混凝土结构用钢材。分为普通热轧钢筋（HRB335、HRB400、HRB500）和细晶粒热轧钢筋（HRBF335、HRBF400、HRBF500），其中 HRB 为热轧带肋钢筋的英文（Hot rolled Ribbed Bars）缩写，F 为"细"（Fine）的英文首位字母。

钢筋的公称直径范围为 6～50mm，钢筋通常按直条交货，直径不大于 12mm 的钢筋也可按盘卷交货。

钢筋应按批进行检查和验收，每批由同一牌号、同一炉罐号、同一规格的钢筋组成。每批重量通常不大于 60t。超过 60t 的部分，每增加 40t（或不足 40t 的余数），增加一个拉伸试验试样和一个弯曲试验试样。

检验项目和数量分别为：化学成分（1）、拉伸（2）、弯曲（2）、反向弯曲（1）、尺寸（逐支）、表面（逐支）、重量偏差（5）、晶粒度（2）。

2. 冷加工钢筋

一般热轧钢筋经机械方式冷加工而成的钢筋称为冷加工钢筋。包括冷拉钢筋、冷轧带肋钢筋等。我们这里介绍冷轧带肋钢筋。

冷轧带肋钢筋是热轧盘条经冷轧后，在其表面带有沿长度方向均匀分布的三面或两面横肋的钢筋。冷轧带肋钢筋的牌号由 CRB 和钢筋的抗拉强度最小值构成，分为 CRB550、CRB650、CRB800、CRB970 四个牌号。CRB 钢筋的公称直径范围为 4～12mm，CRB650 以上牌号钢筋的公称直径为 4mm、5mm、6mm。

3. 热处理钢筋

钢筋混凝土用余热处理钢筋是将钢筋热轧后利用热处理原理进行表面控制冷却，并利用芯部余热自身完成回火处理所得的成品钢筋，按屈服强度特征值可分为 400 级和 500 级，按用途可分为可焊和非可焊两类。用 RRB 表示，公称直径范围为 8～50mm。

第八节　防水材料

防水材料从性质上可以分为刚性防水材料和柔性防水材料。本节主要介绍柔性防水材料，其按照主要成分可以分为沥青防水材料、高聚物改性沥青防水材料和合成高分子防水材料三类。

一、沥青材料

沥青是一种憎水性的有机胶凝材料，构造致密，与石料、砖、混凝土及砂浆等能牢固地粘结在一起。沥青制品具有良好的隔潮、防水、抗渗、耐腐蚀等性能。在地下防潮、防水和屋面防水等建筑工程中及铺路等工程中得到广泛的应用。沥青的种类很多，按产源可分为地沥青和焦油沥青。地沥青主要包括石油沥青和天然沥青；焦油沥青包括煤沥青、木沥青等。建筑工程中主要用的是石油沥青和煤沥青。

1. 石油沥青

石油沥青是石油经蒸馏提炼出多种轻质油后得到的油渣，或经再加工后得到的物质。

（1）石油沥青的技术性质。

1）黏性：是表示沥青抵抗变形或阻滞塑性流动的能力。以绝对黏度表示，是沥青性质的重要指标之一。但是绝对黏度测定较为复杂，工程上常用相对黏度表示，一般用针入度仪测定的针入度来表示，针入度值越小，表明石油沥青的黏度越大。石油沥青的针入度是在规定温度25℃条件下，以规定重量100g的标准针，经历规定时间5s贯入试样中的深度，以1/10mm为单位表示。

2）塑性：是指沥青受到外力作用时，产生变形而不破坏，当外力撤销，能保持所获得的变形的能力，又称为延展性。石油沥青的塑形用延度表示，延度越大，塑形越好。

沥青延度是将沥青制成"8"字形标准试件，在规定拉伸速度（5cm/min）和规定温度（25℃）下拉断时的长度（cm）。

3）温度敏感性：是指沥青的黏性和塑性随着温度变化而改变的程度。沥青没有固定的熔点，当温度升高时，塑性增大，黏性减小，由固体或半固体逐渐软化，变成黏性液体；当温度降低时，塑性减小，黏性增大，由黏流态变为固态。

沥青软化点是反映沥青温度敏感性的重要指标，用"环球法"测定，它表示沥青由固态变为黏流态的温度，温度越高，温度敏感性越小。

4）大气稳定性：是指石油沥青在温度、阳光、空气和水的长期综合作用下，保持性能稳定的能力。

（2）石油沥青的标准及选用。

1）石油沥青的标准。

石油沥青按用途可分为建筑石油沥青、道路石油沥青、防水防潮石油沥青和普通石油沥青。石油沥青的牌号主要是根据针入度以及延度和软化点指标划分的，并以针入度值表示。建筑石油沥青分为10号和30号两个牌号，道路石油沥青分为十个牌号。牌号越大，相应的针入度值越大，黏性越小，软化点越低，使用年限越长。

2）石油沥青的选用。

在通常情况下，建筑石油沥青多用于建筑屋面工程和地下防水工程；道路石油沥青多用于路面、地坪、地下防水工程和制作油纸等；防水防潮石油沥青的技术性质与石油沥青相近，质量更好，适用于建筑屋面、防水防潮工程。选择屋面沥青防水层的沥青牌号时，主要考虑其黏度、温度敏感性和大气稳定性。常以软化点高于当地历年来屋面温度20℃以上为主要条件，并适当考虑屋面坡度。对于夏季气温高而坡度大的屋面，常选用10号或30号石油沥青，或者10号与30号或60号掺配调整性能的混合沥青。但在严寒地区一般不宜直接使用10号石油沥青，以防冬季出现冷脆破裂现象。对于地下防潮、防水工程，一般对软化点要求不高，但要求其塑性好，粘结较大，使沥青层与建筑物粘结牢固，并能适应建筑物的变形而保持防水层完整。

2. 煤沥青

煤沥青是由煤干馏得到的煤焦油再经蒸馏加工制成的沥青。煤沥青与石油沥青相比，在技术性质上有下列差异：温度稳定性较低，与矿质集料的黏附性较好，气候稳定性较差，以及含对人体有害成分较多、臭味较重，但防腐性好，适用于地下防水工程或用作防腐材料。

3. 改性沥青

改性沥青是指掺加橡胶、树脂、高分子聚合物等外掺剂（改性剂），或采取对沥青轻度氧化加工等措施，使沥青或沥青混合料的性能得以改善制成的沥青结合料。

二、防水卷材

将沥青类或高分子类防水材料浸渍在胎体上，制作成的防水材料产品以卷材形式提供，称为防水卷材。防水卷材是建筑工程防水材料的重要品种之一，目前主要包括沥青、高聚物改性沥青防水卷材、合成高分子防水卷材三大系列。它具有重量轻、接缝少、施工维修方便、防水效果可靠、造价低等优点，在屋面工程中占有重要地位。

1. 沥青防水卷材

沥青防水卷材是在基胎（如原纸、纤维织物）上浸涂沥青后，再在表面撒布粉状或片状的隔离材料而制成的可卷曲片状防水材料。可分为：石油沥青纸胎油毡（现已禁止生产使用）；石油沥青玻璃布油毡；石油沥青玻璃纤维胎油毡；铝箔面油毡。

2. 改性沥青防水卷材

改性沥青与传统的沥青防水卷材相比，其使用温度区间大为扩展，制成的卷材光洁柔软，可制成 4～5mm 厚度，可以单层使用，具有 15～20 年可靠的防水效果。可分为：弹性体改性沥青防水卷材（SBS 卷材）；塑性体改性沥青防水卷材（APP 卷材）。

3. 合成高分子防水卷材

合成高分子防水卷材指的是以合成橡胶、合成树脂或两者共混体为基料，加入适量化学助剂和填充料，经一定工序加工而成的可卷曲片状防水卷材。这种卷材拉伸强度高、抗撕裂强度高、断裂伸长率大、耐热性好、低温柔性好、耐腐蚀、耐老化及可冷施工等优越的性能。可分为：橡胶系防水卷材；塑料系防水卷材；橡胶塑料共混系防水卷材。

三、防水涂料

防水涂料按液态类型可以分为溶剂型、水乳型、反应型三类；按主要成膜物质可分为沥青类、高聚物改性沥青类和合成高分子类三种。

1. 沥青类防水涂料

沥青防水涂料是由沥青为基料，与分散介质和改性材料配制而成。是流态或半流态的物质，在建筑工程中常用于屋面、墙面、沟、槽等处，具有施工方便、成本低和较好的防水、防潮、防腐、抗大气渗透等优点。

2. 高聚物改性沥青防水涂料

高聚物改性沥青防水涂料是以沥青为基料，用合成高分子聚合物进行改性，配制成的水乳型或溶剂型防水涂料。具有优良的耐水性、抗渗性，且涂膜柔软、具有高档防水卷材的功效，又有施工方便，潮湿基层可固化成膜、粘结力强、可抵抗压力渗透，特别适用于复杂结构，可明显降低施工费用，用于各种材料表面。

3. 合成高分子防水涂料

合成高分子防水涂料是以合成橡胶或合成树脂为主要成膜物质，加入其他辅助材料配制而成的防水涂料。具有强度高、延伸大、柔韧性好，耐高、低温性能好，耐紫外线能力强等优点。

第九节　建筑节能材料

一、建筑节能的概念

建筑节能是指建筑在规划、设计、建造和使用的过程中，通过采用节能型材料和技术，加强节能管理，在保证建筑节能和室内环境质量的前提下，降低建筑能源消耗。

建筑使用能耗包括采暖、空调、通风、热水、炊事、照明、家用电器、电梯等和建筑有关设备方面的消耗，目前我国这部分能耗约占全国总能耗的 27.6%，随着人们生活质量的改善，居住舒适度要求的提高，建筑能耗所占比例还将不断上升。经济的发展依赖于能源的发展，现在的能源主要依赖于石化煤炭等非再生能源，而非再生能源是有限的。我国现已充分认识到能源形势的严峻性，开展建筑节能是国家实施节能战略的重要环节，从 2007 年以来国家及地方政府先后颁布了多项法律法规及标准来促进建筑节能的实施，如《中华人民共和国建筑节能法》（2008 年 4 月 1 日修订施行）、《民用建筑节能条例》（2008 年 10 月 1 日施行）、《公共建筑节能条例》（2008 年 10 月 1 日施行）、《建筑节能工程施工质量验收规范》（GB 50411—2007）（2007 年 10 月 1 日实施）等。从法律角度对建筑工程由规划、设计、施工到使用做了详细的规定。

二、建筑节能材料的品种、特性及其应用

1. 新型墙体材料

新型墙体材料泛指使用传统实心黏土砖以外的各类墙体材料，是一种新型节能墙体材料，通过先进的加工方法，具有轻质、高强、多功能等适合现代化建筑要求的建筑材

料，其最大的特点是能够节省能源和资源。新型墙体材料的主要原料包括混凝土、水泥、粉煤灰等工业废料。与实心黏土砖相比，具有节约资源、能源、土地、轻质、高强、易于施工等优点，并且对环境保护和资源综合利用具有显著效果。

2. 保温隔热材料

保温隔热材料根据节能保温的状态不同可以分为板材（固体）保温隔热和浆体保温隔热材料两种。

（1）板材保温隔热材料：板材保温隔热材料又可分为单一保温隔热材料和系统保温隔热材料。单一保温隔热材料在使用前要测试导热系数、表观密度、压缩强度、尺寸变化率等。系统保温材料是指将单一保温材料与其他辅助材料复合而成一个系统的材料。

（2）浆体保温材料：目前主要用于外墙内保温，也可用于隔墙和分户墙的保温隔热，如性能允许还可用于外墙外保温。

第三章 建筑构造

第一节 概 述

建筑构造主要研究建筑物各组成部分的材料组成、构造原理和方法，是建筑设计和施工的基础知识。

一、建筑分类

建筑物的分类方法有很多，通常按以下四种情况分类：

（1）建筑物按使用性质可分为民用建筑、工业建筑和农业建筑。

1）民用建筑是供人们居住和进行公共活动的建筑的总称。

2）工业建筑是指为工业生产服务的生产车间及为生产服务的辅助车间、动力用房、仓储等。

3）农业建筑是指供农（牧）业生产使用或直接为农业生产服务的建筑。

（2）建筑物按民用建筑的规模和数量可分为大量性建筑和大型性建筑。

1）大量性建筑是指建筑规模不大，但修建数量多、分布面广的建筑，如住宅、中小学教学楼、医院、中小型影剧院、中小型工厂等。

2）大型性建筑是指规模大、耗资多、数量较少的建筑，如大型体育馆、大型剧院、航空港站、博览馆、大型工厂等。

（3）民用建筑（住宅建筑、公共建筑）按地上层数或高度可分为低层建筑、多层建筑、中高层建筑、高层建筑和超高层建筑。

1）住宅建筑按层数分类：1～3 层的为低层住宅、4～6 层的为多层住宅、7～9 层的为中高层住宅、10 层及 10 层以上的为高层住宅；

2）除住宅建筑之外的民用建筑高度不大于 24m 者为单层和多层建筑，大于 24m 者为高层建筑（不包括建筑高度大于 24m 的单层公共建筑）；

3）建筑高度大于 100m 的民用建筑为超高层建筑。

（4）按承重结构的材料可分为木结构建筑、砌体结构建筑、钢筋混凝土结构建筑、钢结构建筑、混合结构建筑。

1）木结构建筑：是指以木材作为房屋承重骨架的建筑；

2）砌体结构建筑：是指以砖、石材或砌块为承重墙柱和楼板的建筑；

3）钢筋混凝土结构建筑：是指以钢筋混凝土作为承重构件的建筑；

4）钢结构建筑：是指以型钢等钢材为房屋承重骨架的建筑；

5）混合结构建筑：是指采用两种或两种以上材料作为承重结构的建筑。

二、建筑物的等级划分

建筑物的等级主要从设计使用年限和耐火性两方面进行划分。

1. 按建筑的设计使用年限分类

按照建筑物的使用性质不同，《民用建筑设计通则》（GB 50352—2005）对各类建筑合理使用年限作如下规定（见表 3-1）。

表 3-1　设计使用年限分类

类别	设计使用年限	示例
1	25 年以下	临时性建筑
2	25～50 年	易于替换结构构件的建筑
3	50～100 年	普通建筑和构筑物
4	100 年以上	纪念性建筑和特别重要的建筑

2. 按建筑设计防火要求分类

根据《建筑设计防火规范》（GB 50016—2014）的规定：

民用建筑根据其建筑高度和层数可分为单层、多层民用建筑和高层民用建筑。高层民用建筑根据其建筑高度、使用功能和楼层的建筑面积可分为一类和二类。民用建筑的分类应符合表 3-2 的规定。

表 3-2　民用建筑的分类

名称	高层民用建筑		单层、多层民用建筑
	一类	二类	
住宅建筑	建筑高度大于 54m 的住宅建筑（包括设置商业服务网点的住宅建筑）	建筑高度大于 27m，但不大于 54m 的住宅建筑（包括设置商业服务网点的住宅建筑）	建筑高度不大于 27m 的住宅建筑（包括设置商业网点的住宅建筑）

名称	高层民用建筑		单层、多层民用建筑
	一类	二类	
公共建筑	（1）建筑高度大于 50m 的公共建筑； （2）建筑高度 24m 以上部分任一楼层建筑面积大于 1 000m² 的商店、展览、电信、邮政、财贸金融建筑和其他多种功能组合的建筑； （3）医疗建筑、重要公共建筑； （4）省级及以上的广播电视和防灾指挥调度建筑、网局级和省级电力调度建筑； （5）藏书超过 100 万册的图书馆、书库	除一类高层公共建筑的其他高层公共建筑	（1）建筑高度大于 24m 的单层公共建筑； （2）建筑高度不大于 24m 的其他公共建筑

注：1. 表中未列入的建筑，其类别应根据本表类比确定；
　　2. 宿舍、公寓等非住宅类居住建筑的防火要求，应符合公共建筑的规定；
　　3. 裙房的防火要求应符合有关高层民用建筑的规定。

建筑物耐火等级是根据建筑主要构件的燃烧性能和耐火极限确定的，共分为一级、二级、三级、四级，其中，一级最高、四级最低。

三、建筑模数

为推进房屋建筑工业化，实现建筑或部件的尺寸和安装位置的协调，增加建筑构配件的通用性和互换性，国家制定的《建筑模数协调标准》（GB/T 50002—2013）对建筑尺寸进行了统一。

（1）基本模数：基本模数的数值规定为 100mm，表示符号为 M，即 1M 等于 100mm。

（2）扩大模数：指基本模数的整倍数，分为水平扩大模数和竖向扩大模数。

（3）分模数：分模数的基数为 M/10、M/5、M/2 共 3 个，其相应的尺寸为 10mm、20mm、50mm。

建筑物的开间或柱距，进深或跨度，梁、板、隔墙和门窗洞口宽度等分部件的截面尺寸宜采用水平基本模数和水平扩大模数数列，且水平扩大模数数列宜采用 $2nM$、$3nM$（n 为自然数）。

建筑物的高度、层高和门窗洞口高度等宜采用竖向基本模数和竖向扩大模数数列，且竖向扩大模数数列宜采用 nM。

构造节点和分部件的接口尺寸等宜采用分模数数列。

为了保证建筑制品、构配件等有关尺寸的统一与协调，《建筑模数协调标准》（GB/T 50002—2013）中规定了标志尺寸、构造尺寸、实际尺寸及其相互间的关系。

（1）标志尺寸：用以标注建筑物构件定位的距离尺寸（如开间或柱距、进深或跨度、层高等）以及建筑构配件、建筑组合件、建筑制品、有关设备位置界限之间的尺寸。标志尺寸应符合模数数列的规定。

（2）构造尺寸：是建筑构配件、建筑组合件、建筑制品等的设计尺寸，一般情况下标志尺寸减去缝隙尺寸为构造尺寸。缝隙尺寸应符合模数数列的规定。

（3）实际尺寸：是建筑构配件、建筑组合件、建筑制品等生产制作后的实有尺寸。这一尺寸因生产误差造成与设计的构造尺寸有差值，这个差值应符合施工验收规范的规定。

四、建筑的构成

一般民用建筑由基础、墙或柱、楼地层、楼梯、屋顶和门窗六部分所组成，除此以外，还有一些附属部分，如阳台、雨篷、台阶、烟囱等，如图 3-1 所示。

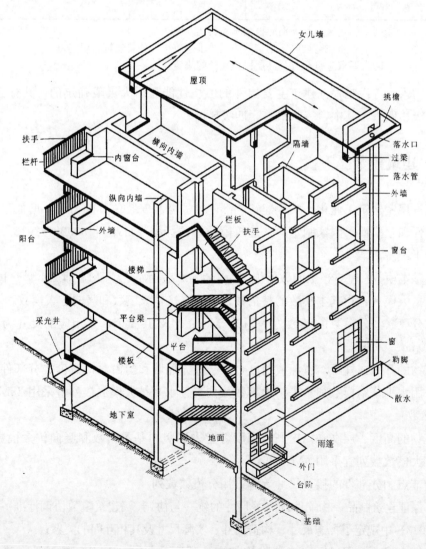

图 3-1 建筑的基本组成

（1）基础是建筑物与土壤直接接触的部分，是建筑物最下部的承重构件。

（2）墙或柱是建筑物垂直方向的承重构件，其中，墙体对建筑进行空间分隔，并具备保温、隔热、防水和防潮等围护功能。

（3）楼地层是建筑物水平方向的承重构件，并按房间层高将建筑物沿垂直方向分为若干层。

（4）楼梯是建筑物的垂直交通构件，供人们上下楼层和紧急疏散之用。

（5）屋顶是建筑物顶部的承重和围护构件，抵抗风、雨、雪、霜、冰雹等自然因素对建筑内部的侵袭和太阳辐射热的影响；还承受风雪荷载及施工、检修等屋面荷载。

（6）门窗均属非承重构件，门起到交通联系的作用，窗主要是房间采光、通风的作用。

第二节　基础与地下室

一、地基和基础的关系

基础是建筑物的组成部分之一，它处在建筑物地面以下，直接与土壤接触，将建筑物的全部荷载传递给地基。地基不是建筑物的组成部分，它位于基础的下部，承受基础传来的建筑物荷载。地基有天然地基和人工地基两种。

二、基础的埋置深度

室外设计地坪到基础底面的垂直距离称为基础的埋置深度，简称基础埋深。根据基础埋深不同，可分为深基础、浅基础。埋深大于或等于 5m 的称为深基础；埋深小于 5m 的称为浅基础。基础的埋深在一般情况下不小于 0.5m（如图 3-2 所示）。

三、基础的类型及构造

按基础所用材料及受力特点分，有刚性基础和柔性基础；按构造形式分有独立基础、条形基础、井格基础、筏形基础、箱形基础和桩基础等。

1. 按材料及受力特点分类

（1）刚性基础：由刚性材料制作的基础称为刚性基础。刚性材料具有抗压强度高，抗拉和抗弯剪强度低的特性。刚性基础底面宽度受到刚性角 α 的限制，如图 3-3（a）所示，基础在刚性角范围内时，只承受压力，不承受拉、剪力。如砖基础宽出部分形成台

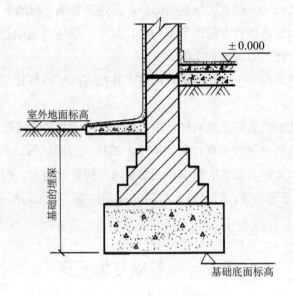

图 3 - 2　基础的埋置深度

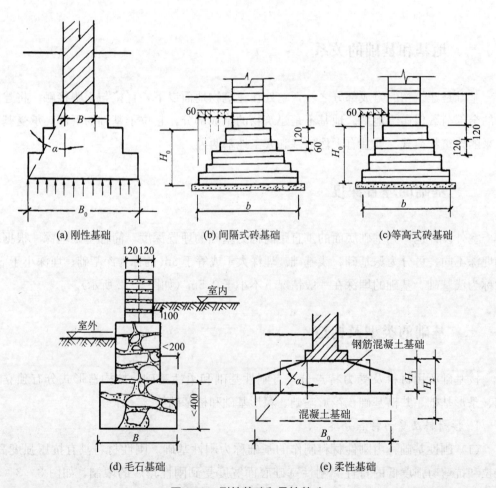

(a) 刚性基础　　　　(b) 间隔式砖基础　　　　(c)等高式砖基础

(d) 毛石基础　　　　　　(e) 柔性基础

图 3 - 3　刚性基础和柔性基础

阶，有等高式和间隔式两种；毛石基础每个台阶高不小于 400mm，挑出长度不大于 200mm。

（2）柔性基础：由钢筋混凝土材料制作的基础称为柔性基础（也称非刚性基础）。柔性基础底面宽度加大不受刚性角 α 限制，如图 3－3（b）所示。

2. 按构造形式分类

基础构造的形式随建筑物上部结构形成、荷载大小及地基土壤性质的变化而不同。

（1）独立基础：将基础设置成单个方形或矩形的独立形式，这类基础称为独立基础，如图 3－4 所示。独立基础通常沿承重柱设置，是柱承重建筑基础的基本形式。

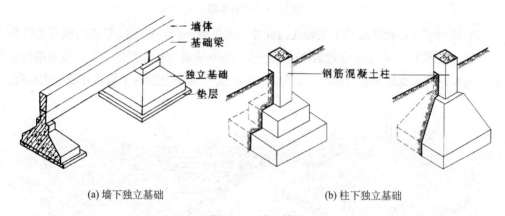

(a) 墙下独立基础　　　　　　　　　　　(b) 柱下独立基础

图 3－4　独立基础

（2）条形基础：将基础设置成连续长条形，这类基础称为条形基础或带形基础，如图 3－5 所示。条形基础通常沿墙身设置，是墙承式建筑基础的基本形式；条形基础也可用于柱下。

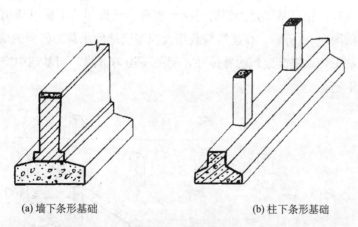

(a) 墙下条形基础　　　　　　　　　　　(b) 柱下条形基础

图 3－5　条形基础

（3）井格基础：将柱下独立基础沿横纵两个方向连接起来，形成"井"字形，这类基础称为井格基础，如图 3－6 所示。在地基条件较差时，井格基础能提高建筑物整体性，避免出现不均匀沉降。

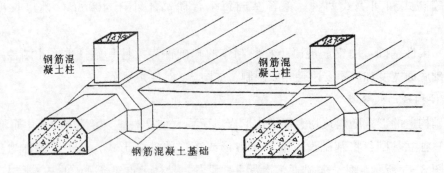

图 3-6　井格基础

（4）筏形基础：将墙或柱下基础连接成片，像筏板一样，这类满堂式的板式基础称为筏形基础，如图 3-7 所示。在建筑物荷载较大，地基承载力较弱的情况下，筏形基础比井格基础能更好地提高建筑物整体性，避免不均匀沉降。筏形基础有平板式和梁板式两种。

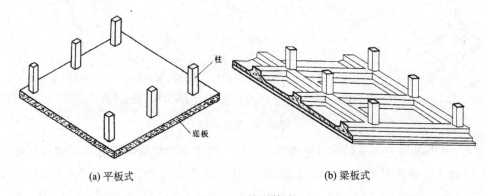

(a) 平板式　　　　　　　　　　　　　　　　　(b) 梁板式

图 3-7　筏形基础

（5）箱形基础：箱形基础是由钢筋混凝土顶板、底板和若干横纵墙组成的空心箱体的整体结构，如图 3-8 所示。在建筑荷载很大或浅层地质承载力较弱的情况下，箱形基础比筏形基础能更好地提高建筑物整体性，避免不均匀沉降。当基础中空部分尺度较大时，可用作地下室。

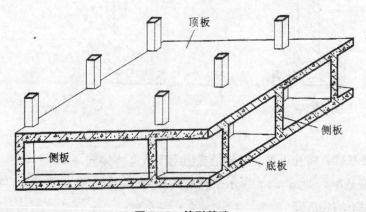

图 3-8　箱形基础

（6）桩基础：桩基础由桩身和承台组成，承台连接上部结构和桩身，桩身伸入土中，承受上部荷载，如图3-9所示。桩基础分为摩擦型桩和端承型桩两种。

四、地下室防潮防水构造

1. 地下室的概念及组成

建筑物下部的地下使用空间称为地下室。地下室一般由墙身、底板、顶板、门窗、楼梯等部分组成。

2. 地下室防潮构造

当地下水的常年水位和最高水位均在地下室地坪标高以下时，须在地下室外墙外面设垂直防潮层，在墙体上设水平防潮层。

垂直防潮层：在墙体外表面先抹一层20mm厚的1:2.5水泥砂浆找平，再涂一道冷底子油和两道热沥青；然后在外侧回填低渗透性土壤，并逐层夯实，土层宽度为500mm左右，如图3-10所示。

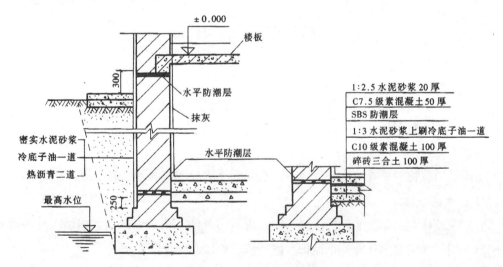

图3-10　地下室防潮构造

水平防潮层通常有油毡防潮、防水砂浆防潮、防水砂浆砌砖防潮、细石混凝土防潮四种，如图3-11所示。地下室墙体应设两道水平防潮层，一道设在地下室地坪附近，另一道设在室外地坪以上。

3. 地下室防水构造

当设计最高水位高于地下室地坪时，地下水对地下室的外墙和底板产生侧压力和浮力，长期水压会导致渗水到室内，影响正常使用，应考虑进行防水处理。地下室防水构造分为材料防水构造和人工降排水防水，具体内容详见第三章第八节四的内容。

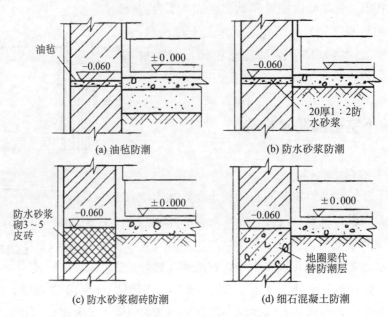

图 3 - 11　水平防潮层构造

第三节　墙　体

一、墙体概述

墙体是建筑物的重要组成部分之一，它起到承重、围护和分隔的作用。

1. 墙体的分类

（1）按墙体在平面上所处的位置不同，可分为外墙和内墙，纵墙和横墙。外墙起到外围护作用，界定室内外空间，保护室内环境；内墙起到分隔作用。

（2）按墙体受力状况不同，可分为承重墙和非承重墙。承重墙直接承受上部结构传来的荷载；非承重墙不承受外来荷载。

（3）按墙身构造不同可分为实体墙、空斗墙和组合墙三种。实体墙由单一材料组成，砌成内部实体。空斗墙也是由单一材料组成，砌成内部空腔。

2. 墙体设计要求

依据墙体所处的位置不同、作用不同，设计时应分别满足以下要求：

（1）具有足够的强度、刚度和稳定性；

（2）具有必要的保温、隔热、隔音、防水和防潮要求；

（3）符合防火规范中对燃烧性能和耐火极限相应规定的要求。

二、砖墙

砖墙是用砂浆等胶结材料将砖按一定技术要求组砌而成的墙体。砖墙具有一定的承载力，保温、隔热、隔音、防火、防冻性能好，取材容易、制造施工简单，但自重大，施工速度慢。

1. 砖墙材料

（1）砖。

按材料不同，有黏土砖、页岩砖、灰砂砖、煤矸石砖、水泥砖及各种工业废料砖如炉渣砖等；按形状分有实心砖、多孔砖和空心砖等。

（2）砂浆。

砂浆是砌块的胶结材料，常用的有水泥砂浆、石灰砂浆和混合砂浆。

2. 砖墙的组砌方式

砖墙砌筑时必须保证横平竖直、砂浆饱满、上下错缝、内外搭接。常见的砖墙砌式有全顺式、一顺（或多顺）一丁、梅花丁、两平一侧等。标准砖墙厚度尺寸见表3-3。

表3-3　标准砖墙的厚度尺寸

墙厚名称	习惯称呼	标志尺寸/mm	构造尺寸/mm
半砖墙	12墙	120	115
3/4砖墙	18墙	180	178
一砖墙	24墙	240	240
一砖半墙	37墙	370	365
二砖墙	49墙	490	490

三、砌块墙

砌块墙是用预制块材组砌而成的墙体。与砖混建筑相比，具有设备简单，施工方便，节省人工，便于就地取材，能大量利用工业废料和地方材料的优点。但砌块建筑的工业化程度不高，现场湿作业较多，砌块强度较低。

1. 砌块墙的组砌方式

用砌块设计砌筑墙体时，必须将砌块彼此交错搭接进行砌筑，以保证建筑物有一定的整体性。

（1）上下皮砌块应错缝搭接，尽量减少通缝；

（2）内外墙和转角处砌块应彼此搭接，以加强其整体性；

（3）优先采用主规格砌块，使主砌块的总数量在70%以上，以利加快施工进度；

（4）尽量减少砌块规格，在砌块体中允许用极少量的普通砖来镶砌填缝，以方便施工；

（5）空心砌块上下皮之间应孔对孔、肋对肋，以保证有足够的受压面积。

2. 砌块墙的构造要点

砌块建筑需采取加固措施，以提高房屋的整体性。构造要点如下：

（1）砌块建筑的每层楼应设圈梁，用以加强砌块墙的整体性。圈梁通常与过梁统一考虑，有现浇和预制钢筋混凝土圈梁两种做法。

（2）砌块墙的拼缝做法。砌块墙的拼缝有平缝、凹槽缝和高低缝。

（3）砌块墙的通缝处理。当上下皮砌块出现通缝或错缝距离不足 150mm 时，应在水平缝通缝处加钢筋网片，使之拉结成整体。

（4）砌块墙芯柱。采用混凝土空心砌块时，应在房屋的四大角、外墙转角、楼梯间四角设芯柱。

（5）砌块墙外墙面。砌块建筑的外墙面宜做饰面，也可采用带饰面的砌块，以提高砌块墙的防渗水能力和改善墙体的热工性能。

（6）砌块墙的砌块尺寸较大，有空洞和吸水性，应另设钢筋混凝土窗台板，在砌墙时一起安装。

四、隔墙

隔墙是分隔建筑物内部空间的非承重构件，本身重量由楼板或梁来承担，不承受外来荷载。隔墙应在保证稳定性和满足隔音、耐水、耐火的要求的情况下，减轻自重，越薄越好。常用隔墙有块材隔墙、轻骨架隔墙和板材隔墙三大类。

1. 块材隔墙

块材隔墙是用水泥焦渣空心砖、加气混凝土砌块、玻璃砖等块材砌筑而成，常采用砌块隔墙，如图 3-12（a）所示。

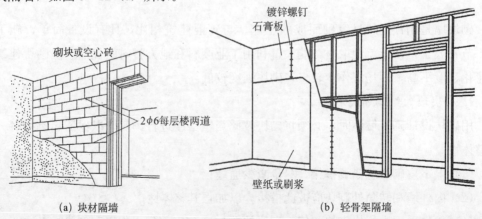

（a）块材隔墙　　　　　　　　　　　（b）轻骨架隔墙

图 3-12　块材隔墙和轻骨架隔墙

2. 轻骨架隔墙

轻骨架隔墙由骨架和面板层两部分组成，骨架有木骨架和金属骨架之分，面板有板条抹灰、钢丝网板抹灰、胶合板、纤维板、石膏板等。故又称为立筋式隔墙。构造做法是，先固定骨架，然后采用膨胀铆钉将板材固定到骨架上，在面板上刮腻子后裱糊墙纸或喷涂油漆，如图3-12（b）所示。

3. 板材（条板）隔墙

板材隔板是指采用各种预制型轻质板材安装而成的隔墙。板材高度尺寸较大，一般与房间净高相仿，施工时不需要立筋，可直接将板材竖立相接排列构成，隔墙四周与墙体、顶棚及地面连接，如图3-13所示。

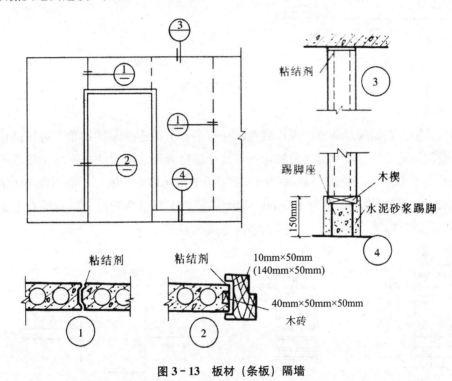

图3-13 板材（条板）隔墙

五、过梁、圈梁和构造柱

1. 门窗过梁

当墙身上开设门窗洞口时，为承受洞口上部砌体传来的各种荷载，并把这些荷载传给洞口两侧的墙体，常在门窗洞口上设置横梁，即门窗过梁。常见的有砖拱过梁、钢筋砖过梁和钢筋混凝土过梁三种。对有较大振动荷载或可能产生不均匀沉降的房屋，应采用混凝土过梁。当过梁的跨度不大于1.5m时，可采用钢筋砖过梁；不大于1.2m时，可采用砖砌平拱过梁。

钢筋混凝土过梁应用较为广泛。钢筋混凝土过梁有现浇和预制两种。为了施工方便，梁高应与砖的皮数相适应，以方便墙体连续砌筑，故常见梁高为 60mm、120mm、180mm、240mm，即 60mm 的整数倍。梁宽一般同墙厚，梁两端支承在墙上的长度不少于 240mm，以保证足够的承压面积。过梁断面形式有矩形和 L 形，可将过梁与圈梁、悬挑雨棚、窗楣板或遮阳板等结合起来设计（如图 3 - 14 所示）。

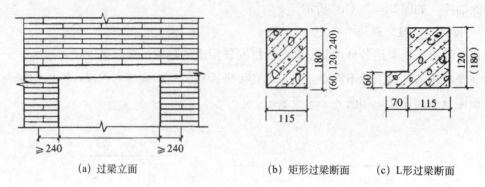

（a）过梁立面 （b）矩形过梁断面 （c）L形过梁断面

图 3 - 14 门窗过梁

2. 圈梁

圈梁是沿外墙四周及部分内墙设置在同一水平面上的连续封闭的梁，可提高建筑物的空间刚度及整体性，增加墙体的稳定性，减少墙身开裂。圈梁的高度应为砖厚的整倍数，并不小于 120mm，宽度与墙厚相同，在寒冷地区可略小于墙厚，但不宜小于墙厚的 2/3。基础里的圈梁最小高度为 180mm。当圈梁被门窗洞口截断时，应在洞口上部增设相同截面的附加圈梁，其配筋和混凝土强度等级均不变（如图 3 - 15 所示）。

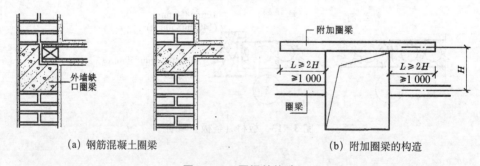

（a）钢筋混凝土圈梁 （b）附加圈梁的构造

图 3 - 15 圈梁的构造

3. 构造柱

是从构造角度考虑设置的，增强房屋整体性的有效措施。一般设在建筑物四角、外墙、错层部位横墙与外纵墙交接处、较大的洞口两侧、大房间内外墙交接处、楼梯间、电梯间以及某些较长墙体中部。构造柱的截面不宜小于 240mm×180mm，纵向钢筋宜采用 4Φ12，箍筋不少于 Φ6@250，并在柱的上下端适当加密。构造柱应先砌墙后浇柱，墙与柱的连接处宜留出五进五出的大马牙槎，进出 60mm，并沿墙高每隔 500mm 设 2Φ6 的拉结钢筋，每边伸入墙内不宜少于 1 000mm。构造柱下端应锚固于钢筋混凝土条形基础或基础梁内，上段锚固于顶层圈梁或女儿墙压顶内（如图 3 - 16、图 3 - 17 所示）。

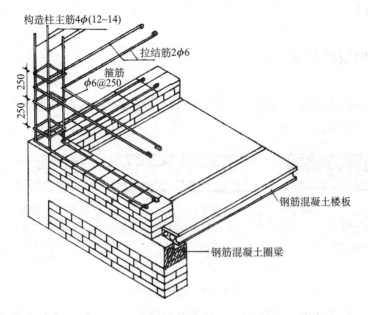

图 3-16 转角处构造柱

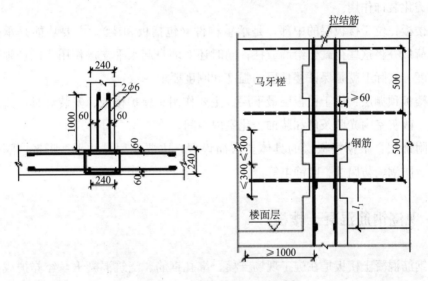

图 3-17 平直墙面处的构造柱

第四节 楼板与地面

楼地层包括楼板层和底层地坪，是分隔建筑空间的水平承重构件。它一方面承受着楼层板上的全部活荷载和恒荷载，并将这些荷载合理有序地传给墙或柱，另一方面对墙身起着水平支撑作用，加强建筑物的整体刚度；此外，还具备一定的隔音、防火、防水、防潮的能力。

一、楼地层的组成

底层地坪的基本构造层为面层、垫层和地基；楼板层的基本构造为面层、楼板和顶棚，如图3-18所示。

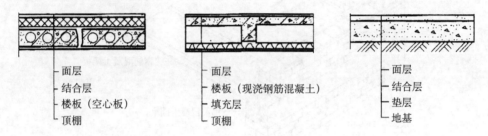

　　——面层　　　　　　——面层　　　　　　　　——面层
　　——结合层　　　　　——楼板（现浇钢筋混凝土）　——结合层
　　——楼板（空心板）　——填充层　　　　　　　　——垫层
　　——顶棚　　　　　　——顶棚　　　　　　　　　——地基

图3-18　楼地层构造

（1）面层：位于楼板层的最上层，起着保护楼板层、分布荷载和绝缘的作用，同时对室内起美化装饰作用。

（2）楼板：位于楼板层的中部，是承重构件（包括板和梁）。主要功能是承受楼面上的全部荷载并将这些荷载传给墙或柱；同时还对墙身起水平支撑作用，以加强建筑物的整体刚度。实际上就是保证楼板层的强度和刚度要求。

（3）楼板顶棚层：位于楼板层最下层，主要作用是保护楼板、安装灯具、遮挡各种水平管线、改善室内光照条件和装饰美化室内空间。

（4）附加层：根据楼板层的具体要求而设置，主要作用是找平、隔音、隔热、保温、防水、防潮、防腐蚀、防静电等。

二、现浇钢筋混凝土楼板

现浇钢筋混凝土楼板是在施工现场支模、绑扎钢筋、浇筑混凝土，经养护成型的楼板。这种楼板整体性好，特别适用于有抗震设防要求的多层房屋和对整体性要求较高的其他建筑。对有管道穿过的房间、平面形状不规整的房间、尺度不符合模数要求的房间和防水要求较高的房间，都适合采用现浇钢筋混凝土楼板。

（1）平板式楼板：在墙体承重建筑中，当房间较小时，楼面荷载可直接通过楼板传给墙体不需要另设梁。在这种厚度一致的楼板称为平板式楼板，多用于厨房、卫生间、走廊等较小的空间。

楼板根据受力特点和支承情况，分为单向板和双向板。

两对边支承的板为单向板；

四边支承的板：当长边与短边之比不大于2时，为双向板；长边与短边之比不小于

3 时，为单向板；在 2～3 时，宜按双向板处理（如图 3 - 19 所示）。

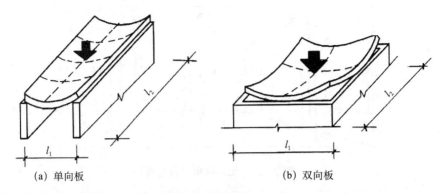

(a) 单向板　　　　　　　　　　　(b) 双向板

图 3 - 19　平板式楼板

（2）肋梁式楼板：分为单向板肋梁楼板和双向板肋梁楼板。单向板肋梁楼板由板、次梁、梁组成。荷载传递路线为板→次梁→主梁→柱（或墙），如图 3 - 20（a）所示。双向板肋梁楼板无主次梁之分，由板和梁组成，荷载传递路线为板→梁→柱（或墙）。当双向板肋梁楼板的板跨相同，且两个方向的梁截面也相同时，就形成了井式楼板，如图 3 - 20（b）所示。

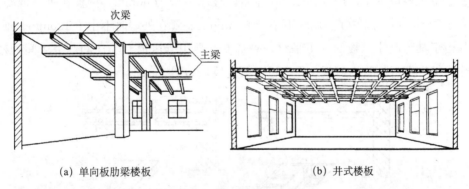

(a) 单向板肋梁楼板　　　　　　　　　　(b) 井式楼板

图 3 - 20　肋梁式楼板

为了保证墙体对楼板、梁的支撑强度，使楼板、梁能够可靠地传递荷载，楼板和梁必须有足够的搁置长度。楼板在砖墙上的搁置长度一般不小于板厚且不小于 110mm，梁在砖墙上的搁置长度与梁高有关，当梁高不超过 500mm 时，搁置长度不小于 180mm，当梁高超过 500mm 时，搁置长度不小于 240mm。

（3）无梁楼板：无梁楼板为等厚的平板直接支承在柱上，分为有柱帽（如图 3 - 21所示）和无柱帽两种。

三、装配式钢筋混凝土楼板

装配式钢筋混凝土楼板是指在构建预制加工厂或施工现场外预先制作，然后运到工

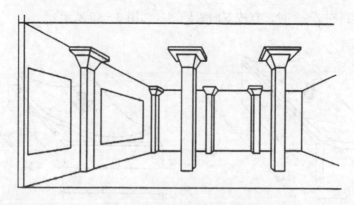

图 3-21　无梁楼板（有柱帽）

地现场进行安装的钢筋混凝土楼板。这种方法可节省模板、提高效率、缩短工期、促进工业化水平，但楼板的整体性和灵活性也不如现浇板，也不宜在楼板上穿洞。预制构件有预应力和非预应力两种。

1. 预制装配式钢筋混凝土楼板

预制楼板常用类型有实心平板、槽形板、空心板三种。

（1）实心平板。

实心平板规格较小，跨度在 1.5m 左右，板厚一般为 60mm，搁置在钢筋混凝土梁上时不小于 80mm，搁置在内墙时不小于 100mm，搁置在外墙时不小于 120mm。预制实心平板由于其跨度小，板面上下平整，隔音差，常用于过道和小房间、卫生间的楼板，亦可作为架空搁板、管沟盖板、阳台板、雨篷板，如图 3-22（a）所示。

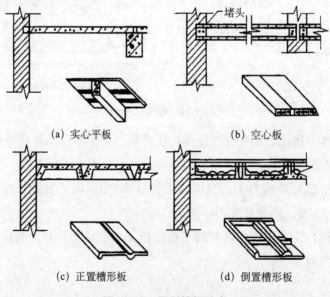

(a) 实心平板　　(b) 空心板

(c) 正置槽形板　　(d) 倒置槽形板

图 3-22　预制楼板种类

（2）槽形板。

槽形板是一种肋板结合的预制构件，即在实心板两侧设有边肋，荷载都由边肋来承担。板宽为 500~1 200mm。槽形做楼板时，正置槽形板通常需做吊顶遮盖，板端伸入墙内部分堵砖填实。倒置槽形板可在槽内填充轻质材料，以解决楼板的隔音和保温隔热问题，还可以获得平整的顶棚，如图 3-22 (c)、(d) 所示。

（3）空心板。

空心板每条肋相当于一个"工"字形梁，受力合理、刚度较好，制作方便、节省材料，隔音隔热较好，在非地震区被广泛采用，但板面不能任意打洞。空心板根据板内抽孔形状的不同，分为方孔板、椭圆孔板和圆孔板，如图 3-22 (d) 所示。

2. 装配整体式钢筋混凝土楼板

将预制的楼板构件进行现场安装，用整体浇筑的办法连接成整体的楼板，称为装配整体式钢筋混凝土楼板（如图 3-23 所示）。

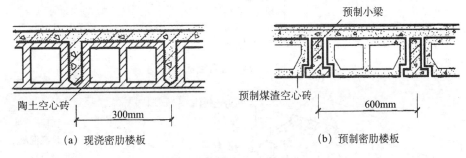

陶土空心砖　300mm　　（a）现浇密肋楼板

预制小梁　预制煤渣空心砖　600mm　　（b）预制密肋楼板

图 3-23　装配整体式钢筋混凝土楼板

（1）密肋楼板。

现浇（或预制）密肋小梁间填充预制空心砌块并现浇面板而制成的楼板。这种楼板兼有整体性强、刚度大、自重轻和模板利用率高的特点。

（2）叠合楼板。

预制薄板（预应力）与现浇混凝土面层叠合而成的楼板，又称预制薄板叠合楼板（如图 3-24 所示）。这种楼板以预制薄板为永久模板，板面现浇混凝土叠合层，管线埋在叠合层内。叠合楼板具有良好的整体性和连续性，而且楼板跨度大、厚度小、自重轻。

（3）压型钢板组合楼板。

利用固定在钢梁上的压型钢板做衬板，与现浇钢筋混凝土浇筑在一起形成的楼板，称为压型钢板组合楼板（如图 3-25 所示）。这种楼板由楼面层、组合楼板、钢梁三部分组成。

四、地坪层与楼地面的构造

地层地面的类型可分为整体地面、块材地面、木地面。

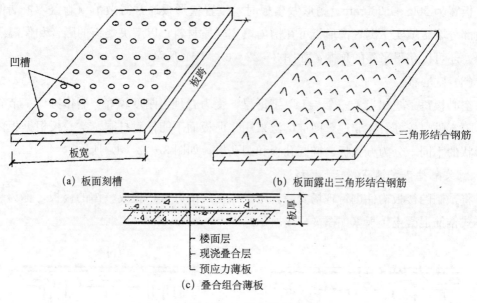

(a) 板面刻槽　　　　　　　(b) 板面露出三角形结合钢筋

(c) 叠合组合薄板

图 3 - 24　叠合楼板

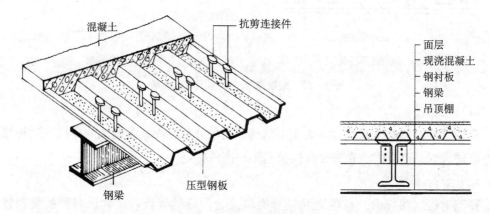

图 3 - 25　压型钢板组合楼板

1. 地坪层的构造

室内地坪指的是建筑底层地面，可分为实铺地层地面和空铺地层地面两类。

（1）实铺地坪。

实铺地坪一般由面层、附加层、垫层、基层四个基本层次组成，如图 3 - 26 所示。

1）面层：属于表面层，直接接受各种物理和化学作用，应坚固、耐磨、平整、光洁、不起尘、易于清洗、防水、防火等。

2）垫层：位于基层和面层之间的过渡层，作用是满足面层铺设所需要的刚度和平整度。

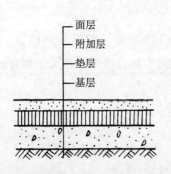

图 3 - 26　实铺地坪

3）基层：位于最下面的承重土壤。

（2）空铺地坪。

当房间要求地面能严格防潮或有较好的弹性时，可采用空铺地坪的做法，即在夯实的地垄墙上铺设预制钢筋混凝土或木板层，如图 3－27 所示。采用空铺地坪时，应在外墙勒脚部位及地垄墙上设置通风口，以便对流空气。

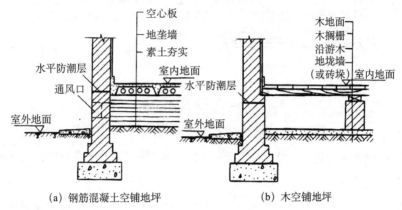

(a) 钢筋混凝土空铺地坪　　　　　(b) 木空铺地坪

图 3－27　空铺地坪

2. 楼面和地面构造

（1）整体地面。

1）水泥砂浆地面。水泥砂浆地面构造简单，坚固、耐磨、防水，造价低廉。在混凝土垫层或结构层上抹水泥砂浆，通常有单层和双层两种做法。单层做法只抹一层 10～20mm 厚 1：3水泥砂浆找平，表面再抹 5～10mm 厚 1：2 水泥砂浆抹平压光（如图 3－28 所示）。

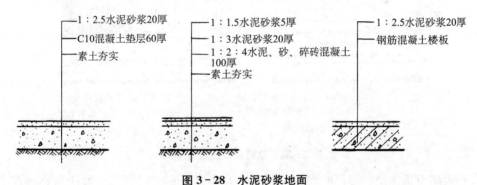

图 3－28　水泥砂浆地面

2）水磨石地面。是将天然石料（大理石、方解石）的石碴做成水泥石屑面层，经磨光打蜡制成。可分层构造，地层为 1：3 水泥砂浆 18mm 找平，面层为 1：（1.5～2）水泥石碴 12mm 厚，石碴粒径为 8～10mm。施工中先将找平层做好，在找平层上按设计为 1m×1m 方格的图案嵌固玻璃塑料分格条（或铜条、铝条），分格条一般高 10mm，用 1：1水泥砂浆固定，将拌和好的水泥石屑铺入压实，经浇水养护后磨光，一般须粗磨、中磨、精磨，用草酸水溶液洗净，最后打蜡抛光（如图 3－29 所示）。

（2）块材类地面。

块材类地面是利用各种人造的和天然的预制块材、板材镶铺在基层上面。

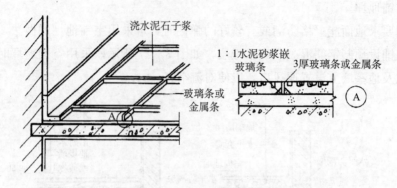

图 3-29 水磨石地面

1）缸砖、地面砖及陶瓷锦砖地面。缸砖是陶土加矿物颜料烧制而成的一种无釉砖块。做法为 20mm 厚 1∶3 水泥砂浆找平，3～4mm 厚水泥胶粘贴缸砖，用素水泥浆擦缝，如图 3-30（a）所示。

陶瓷锦砖质地坚硬，经久耐用。做法为 15～20mm 厚 1∶3 水泥砂浆找平，3～4mm 厚水泥胶粘贴陶瓷锦砖（纸胎），用滚筒压平，使水泥胶挤入缝隙，用水洗去牛皮纸，用白水泥擦缝，如图 3-30（b）所示。

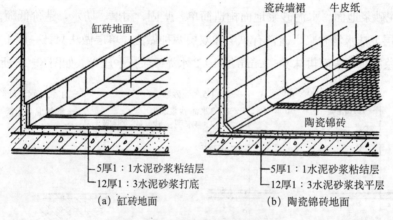

图 3-30 缸砖、陶瓷锦砖地面

2）天然石板地面。常见的天然大理石指大理石板和花岗石板。做法是在基层上刷素水泥一道，30mm 厚 1∶3 干硬性水泥砂浆找平，面上撒 2mm 厚素水泥（洒适量清水），粘贴 20mm 厚大理石板（花岗石板），用橡皮锤敲实，用素水泥浆擦缝（如图 3-31 所示）。

（3）木地板。

木地板按其用材规格分为普通木地板、硬木条地板和拼花木地板三种。按构造方式有空铺、实铺和粘贴三种。

1）空铺式木楼地面是将木楼地面架空铺设，使板下有足够的空间便于通风，保持干燥（如图 3-32 所示）。

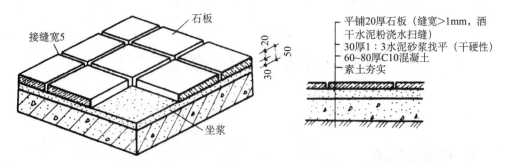

平铺20厚石板（缝宽>1mm，洒
干水泥粉浇水扫缝）
30厚1：3水泥砂浆找平（干硬性）
60~80厚C10混凝土
素土夯实

图 3-31 花岗石、大理石地面

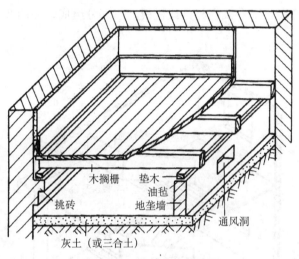

图 3-32 空铺式木楼地面

2）实铺式木楼地面是在混凝土垫层或楼板上固定小断面的木搁栅，在木搁栅上铺定木板材（如图 3-33 所示）。

3）粘贴式木楼地面是在混凝土垫层或楼板上先用 20mm 厚 1：2.5 的水泥砂浆找平，干燥后用专用胶黏剂黏接木板材（如图 3-34 所示）。

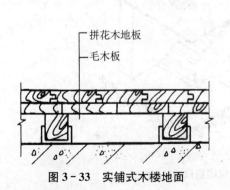

图 3-33 实铺式木楼地面

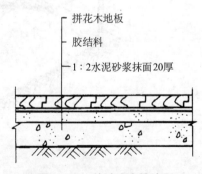

图 3-34 粘贴式木楼地面

第五节 楼 梯

一、楼梯的组成

楼梯一般由楼梯段、平台及栏杆（或栏板）三部分组成，如图 3 - 35 所示。

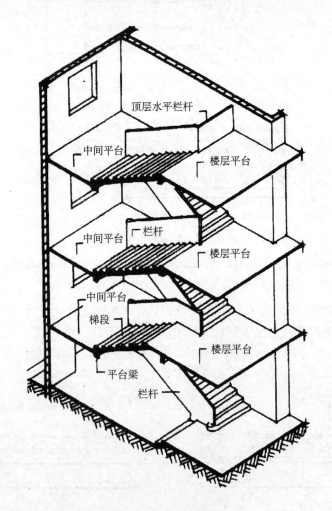

图 3 - 35　楼梯的组成

（1）楼梯段又称楼梯跑，是楼梯的主要使用和承重部分，它由若干个踏步组成。

（2）平台是指两楼梯段之间的水平板，有楼层平台、中间平台之分。

（3）栏杆是楼梯段的安全措施，一般设置在梯段的边缘和平台临空的一边。

楼梯的数量、位置、宽度和楼梯间形式应满足使用方便和安全疏散的要求。

梯段改变方向时，扶手转向端处的平台最小宽度不应小于梯段宽度，并不得小于 1.20m，当有搬运大型物件需要时应适当加宽。每个梯段的踏步不应超过 18 级，亦不应少于 3 级。

楼梯平台上部及下部过道处的净高不应小于 2m，梯段净高不宜小于 2.20m。梯段净高为自踏步前缘量至上方突出物下缘间的垂直高度。

楼梯应至少一侧设扶手，楼梯净宽达三股人流时应两侧设扶手，达四股人流时宜加设中间扶手。

室内楼梯扶手高度自踏步前缘线量起不宜小于 0.90m。靠楼梯井一侧水平扶手长度超过 0.50m 时，其高度不应小于 1.05m。踏步应采取防滑措施。

托儿所、幼儿园、中小学及少年儿童专用活动场所的楼梯，梯井净宽大于 0.20m 时，必须采取防止少年儿童攀滑的措施，楼梯栏杆应采取不宜攀登的构造，当采用垂直杆件做栏杆时，其杆件净距不应大于 0.11m。

二、钢筋混凝土楼梯

钢筋混凝土楼梯按施工方式不同可分为现浇式、预制装配式和装配整体式三种。现浇钢筋混凝土楼梯是指楼梯段、楼梯平台等整浇在一起的楼梯。它整体性好、刚度大，对抗震较为有利。装配式钢筋混凝土楼梯抗震性能差，安装需要大型吊装设备。现浇钢筋混凝土楼梯可分为板式楼梯和梁板式楼梯两大类。

1. 板式梯段

板式楼梯是指楼梯段作为一块整板，斜搁在楼梯的平台梁上。板式楼梯分为有平台梁和无平台梁两种，如图 3-36 所示。

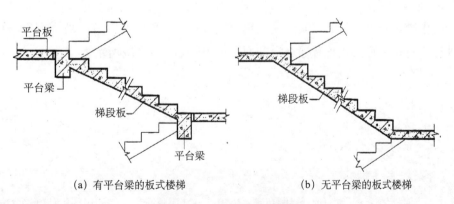

（a）有平台梁的板式楼梯　　　（b）无平台梁的板式楼梯

图 3-36　板式楼梯的构造

2. 梁板式楼梯

增加梯段斜梁（简称梯梁）以承受板的荷载，并将荷载传给平台梁，这种梯段称梁板式梯段。梁板式梯段在结构布置上有双梁布置和单梁布置之分，如图 3-37 所示。双梁式梯段是将梯段斜梁布置在梯段踏步的两端，梯梁在板下部的称正梁式梯段。将梯梁反向上面，称反梁式梯段。有的梯段由一根梯梁支撑踏步，称为单梁式楼梯。梯梁布置有两种方式：一种是单梁悬臂式楼梯，是将梯段斜梁布置在踏步的一端，而将踏步的另一端向外悬臂挑出；另一种是单梁挑板式楼梯，是将梯段斜梁布置在梯段踏步的中间，让踏步从梁的两侧悬挑。

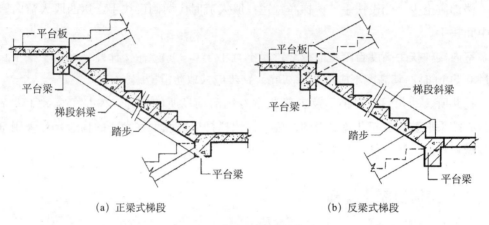

(a) 正梁式梯段　　　　　　　　　　　(b) 反梁式梯段

图 3-37　梁板式楼梯的构造

三、台阶、坡道和栏杆

台阶是指在室外或室内的地坪或楼层不同标高处设置的供人们行走的阶梯。坡道是指连接不同标高的楼面、地面供人行或车行的斜坡式交通道。

1. 台阶与坡道的形式

台阶由踏步和平台组成，其形式由单面踏步式、三面踏步式等。坡道有行车坡道和轮椅坡道，行车坡道又包含普通坡道和回车坡道，如图 3-38 所示。

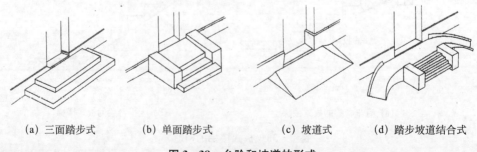

(a) 三面踏步式　　　(b) 单面踏步式　　　(c) 坡道式　　　(d) 踏步坡道结合式

图 3-38　台阶和坡道的形式

2. 台阶构造

台阶构造与底层地面构造相似，由面层、结构层和垫层构成。结构层材料应采用抗冻、抗水性能好且质地坚实的材料。台阶面层应采用耐磨、抗冻材料（如图 3 - 39 所示）。

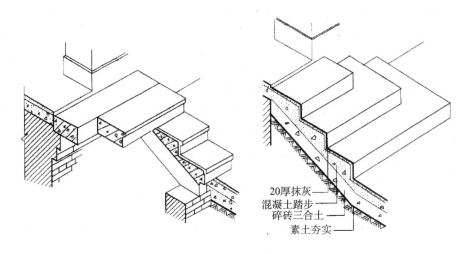

20厚抹灰
混凝土踏步
碎砖三合土
素土夯实

图 3 - 39 台阶的构造

3. 坡道构造

坡道的构造做法与台阶基本相同，其表面必须做防滑处理。

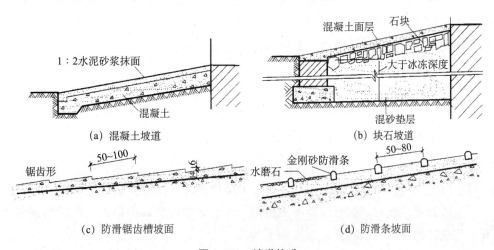

1:2水泥砂浆抹面

混凝土

(a) 混凝土坡道

混凝土面层　石块

大于冰冻深度

混砂垫层

(b) 块石坡道

锯齿形　50~100

(c) 防滑锯齿槽坡面

水磨石　金刚砂防滑条　50~80

(d) 防滑条坡面

图 3 - 40 坡道构造

台阶设置应符合下列规定：公共建筑室内外台阶踏步宽度不应小于 0.30m，踏步高度不宜大于 0.15m，并不应小于 0.10m，踏步应防滑，室内台阶踏步数不应少于 2 级，当高差不足 2 级时，应按坡道设置；人流密集的场所台阶高度超过 0.70m 并侧面临空时，应有防护设施。

坡道设置应符合下列规定：室内坡道坡度不宜大于 1：8，室外坡道坡度不宜大于 1：10；室内坡道水平投影长度超过 15m 时，宜设休息平台；供轮椅使用的坡道不应大于 1：12，困难地段不应大于 1：8；自行车推行坡道每段长度不宜超过 6m，坡度不应大于 1：5。

阳台、外廊、室内回廊、内天井、上人屋面及室外楼梯等临空处应设置防护栏杆，并符合下列规定：栏杆应以坚固、耐久的材料制作，并能够承受荷载规范规定的水平荷载；临空高度在 24m 以下时，栏杆高度不应低于 1.05m，临空高度在 24m 及以上（包括中高层住宅）时，栏杆高度不应低于 1.10m。栏杆高度的计算应从楼地面或屋面至栏杆扶手垂直高度计算，如底部有宽度大于 0.22m，且高度低于或等于 0.45m 的可踏部位，应从可踏部位顶面起计算。栏杆离楼面或屋面 0.10m 高度内不宜留空；住宅、托儿所、中小学及少年儿童专业活动场所的栏杆必须采用防止少年儿童攀登的构造，当采用垂直杆件做栏杆时，其杆件净距不应大于 0.11m；在其他允许少年儿童进入活动的场所，当采用垂直杆件做栏杆时，其杆件净距也不应大于 0.11m。

第六节 变 形 缝

在变形的敏感部位或其他必要的部位预先将整个建筑物沿全高断开，以适应建筑变形的需要，这样的缝隙称为变形缝。导致建筑物变形的三个因素是昼夜温差、不均匀沉降和地震，建筑则设置伸缩缝（温度缝）应对温差引起的变形，设置沉降缝应对不均匀沉降引起的变形，设置防震缝应对地震可能引起的变形。

一、变形缝设置的要求

（1）伸缩缝（温度缝）：建筑物的基础不必要断开，地面以上对应的结构部分全部断开。

（2）沉降缝：在结构变形的敏感部位，沿结构全高（包括基础）全部断开。

（3）防震缝：在建筑物有可能因地震作用而引起结构断裂的部位，沿结构部分全部断开，建筑物的基础可以断开，也可以不断开。

在抗震设防地区，所有变形缝都要按照防震缝的宽度来设置。

二、设变形缝处的结构布置

在建筑物设变形缝的部位，要使两边的结构满足断开的要求，又要自成系统，其布置方法有以下三种：

（1）按照建筑物承重系统的类型，在变形缝的两侧设双墙或双柱，如图 3-41 所示。

（2）变形缝两侧的垂直承重构件分别退开变形缝一定距离，或单边退开，在做水平悬臂构件向变形缝方向挑出，如图 3-42 所示。

（3）用一段简支的水平构件做过渡处理，即在两个独立单元相对的两侧各伸出悬臂构件来支承中间一段水平构件，如图 3-43 所示。

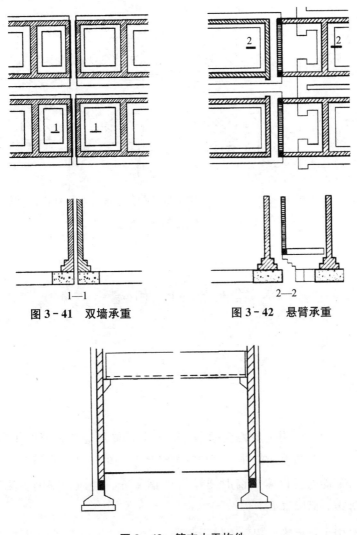

图 3-41　双墙承重　　　　图 3-42　悬臂承重

图 3-43　简支水平构件

三、变形缝盖缝构造

变形缝必须做盖缝处理，满足相应功能需要，如通行、防渗漏、美观等。变形缝盖缝处理时，要注意以下三点：

（1）所选择的盖缝板的形式必须能够符合所属变形缝类别的变形需要。如沉降缝的盖缝板需要适应垂直方向的位移。

（2）所选择的盖缝板的材料及构造方式必须能够符合变形缝所在部位的其他功能需要。如外墙盖缝板注意防锈蚀，内墙盖缝板注意和装修协调等。

（3）在变形缝内部应当用具有自防水功能的柔性材料来塞缝。如沥青麻丝、橡胶条等。

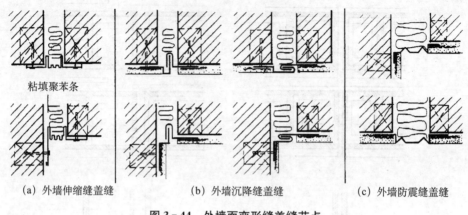

（a）外墙伸缩缝盖缝　　　　（b）外墙沉降缝盖缝　　　　（c）外墙防震缝盖缝

图 3-44　外墙面变形缝盖缝节点

第七节　门 和 窗

一、概述

门在房屋建筑中的作用主要是交通联系，并兼采光和通风；窗的作用主要是采光、通风及眺望。门窗还兼顾着建筑外立面和室内环境装饰的作用，直接关系到建筑物的使用安全、舒适、节能等。设置门窗时要综合考虑采光、通风、密闭、热工、交通、安全、视觉效果等多方面因素。

门窗通常可用木、金属、塑料等材料制作。

二、门窗的组成

门窗主要由门窗框、门窗扇、门窗五金件等部分组成。有时为了完善构造节点，加强密封性能或改善装修效果，还常常用到一些门窗附件，如披水板、贴脸板等。

（1）门窗框是门窗与建筑墙体、柱、梁等构件联系的部分，起固定作用。

（2）门窗扇是门窗可供开启的部分。门扇的类型主要有镶板门、夹板门、百叶门、无框玻璃门等，窗扇通常镶玻璃。

（3）门窗五金是在门窗各组成部件之间起到连接、控制、固定的作用。如把手、门锁、铰链、插销、风钩等。

三、门窗的开启方式及门窗开启线

根据门窗位置、使用方式不同，其开启方式也不相同。

1. 门的开启方式

(1) 平开门：可以向外开启或向内开启，可做成单门扇或双门扇。

(2) 折叠门：由多道门扇组成，门扇可分组叠合后推移到侧面。

(3) 推拉门：沿轨道左右滑行开关门扇。

(4) 弹簧门：可以单向或双向开启。

(5) 旋转门：由三到四扇门组合成风车形，在两个固定弧形门套内旋转。

(6) 上翻门：利用轨道和五金件将门扇向上翻起。

(7) 升降门：设置传动装置及导轨垂直升降门扇。

(8) 卷帘门：门扇由金属页片组成，将上部页片与卷筒连接，卷筒卷起页片则为开启，反之则关闭。

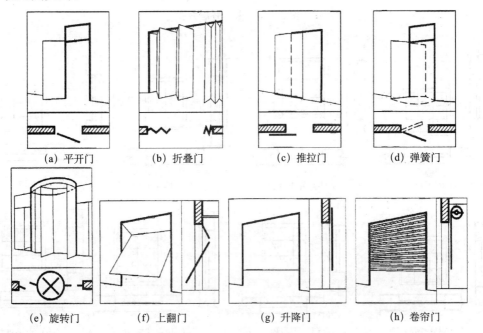

(a) 平开门	(b) 折叠门	(c) 推拉门	(d) 弹簧门
(e) 旋转门	(f) 上翻门	(g) 升降门	(h) 卷帘门

图 3 - 45　门的开启方式

2. 窗的开启方式

(1) 固定窗：不能开启。

(2) 平开窗：可以向外开启或向内开启，可做成单窗扇或多窗扇。

(3) 悬窗：使窗扇上下旋转开启，通过铰链和转轴位置不同有上悬、中悬、下悬之分。

(4) 立式转窗：使窗扇左右旋转开启，中部设转轴立向转动。

(5) 推拉窗：设滑轨槽水平推拉窗扇，或者升降制约措施垂直推拉窗扇。

(6) 百叶窗：百叶板有活动和固定两种。

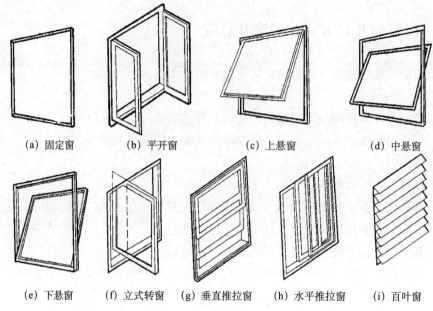

(a) 固定窗　　　(b) 平开窗　　　(c) 上悬窗　　　(d) 中悬窗

(e) 下悬窗　(f) 立式转窗　(g) 垂直推拉窗　(h) 水平推拉窗　(i) 百叶窗

图 3 - 46　窗的开启方式

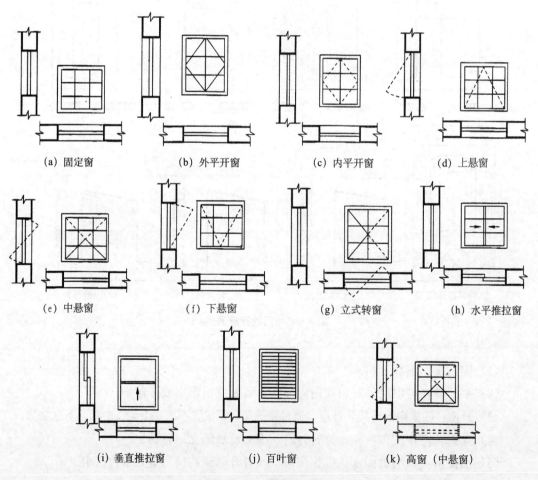

(a) 固定窗　　　　(b) 外平开窗　　　　(c) 内平开窗　　　　(d) 上悬窗

(e) 中悬窗　　　　(f) 下悬窗　　　　(g) 立式转窗　　　　(h) 水平推拉窗

(i) 垂直推拉窗　　　　(j) 百叶窗　　　　(k) 高窗（中悬窗）

图 3 - 47　窗的开启线

3. 门窗开启线

门窗的开启方向直接影响建筑的使用功能，建筑平面图中表达门的开启方向，通常用弧线或直线表示门的开启方向和门扇运动轨迹。窗的开启线通常是在建筑立面图中表达，细实线表示窗扇外开，虚实线表示窗扇内开，线段交叉处是窗扇转轴位置。推拉门窗开启线用箭头表示。

第八节　建筑防水构造

建筑物的屋顶和外墙经常受到自然界雨、雪的侵蚀，地下室受到地下水的影响，厨房、卫生间等室内空间有用水需求，这些部位都需要进行防水处理。

一、建筑防水构造综述

建筑物的变形是引起建筑物开裂和渗漏的重要原因之一，水压造成水通过建筑材料中的细小空隙向室内渗透也是不可忽视的原因，建筑防水构造做法要注意以下几条基本原则：

（1）有效控制建筑物的变形，对有可能因为变形引起开裂的部位事先采取应对措施。

（2）有可能积水的部位，采取疏导的措施即时排水，防止积水造成渗漏。

（3）对防水的关键部位，采取构造措施，将水堵在外部，不使入侵。

防水构造通常分两大类：一类是构造防水，即通过构造节点设计和加工的合理及完善，达到防水的目的；另一类是材料防水，即采用具备良好防水性能的材料，配合合理的构造进行防水。

二、建筑屋面防水构造

1. 屋面常用坡度

屋面坡度对疏导和及时排水起到积极作用。根据屋面坡度不同，可分为平屋顶和坡屋顶两大类，平屋面最小坡度为2%。

2. 平屋面的防水构造

平屋面的防水主要采用材料防水的方式，根据防水材料不同，可分为卷材或涂膜防水屋面。

（1）卷材防水屋面。

卷材防水屋面，是指以柔性防水卷材或片材用胶结料分层粘贴而构成防水层的屋面。

卷材防水屋面由多层材料叠合而成，其基本构造层次如图3-48所示。

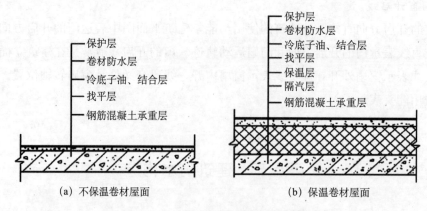

(a) 不保温卷材屋面   (b) 保温卷材屋面

图3-48 卷材屋面构造层次示意图

（2）泛水结构。

泛水指屋面上沿所有垂直面所设的防水构造。其构造要点如下：

1）将屋面的卷材防水层继续铺至垂直面上，形成卷材泛水，其上再加铺一层附加卷材，泛水高度不得小于250mm。

2）屋面与垂直面交接处应将卷材下的砂浆找平层抹成圆弧形或45°斜面，上刷卷材黏结剂，使卷材铺贴牢实，以免卷材架空或折断。

3）做好泛水上口的卷材收头固定，防止卷材在垂直墙面上下滑。

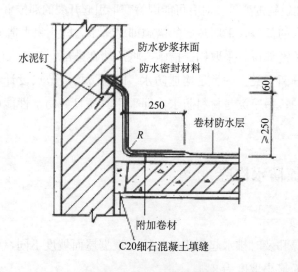

图3-49 屋面泛水构造

3. 涂膜防水屋面

涂膜防水屋面是在自身有一定防水能力的结构层表面涂刷一定厚度的防水材料，在常温状态条件下固化后，形成一层具有一定坚韧性的防水薄膜的防水办法。其构造做法与卷材防水屋面基本相同。

结合层：即基层处理剂，要在防水涂料涂布前，先喷涂或刷涂一层较稀的涂料。

防水层：大面积涂布前，先在女儿墙根部、天沟等特殊位置涂刷一层防水涂料。

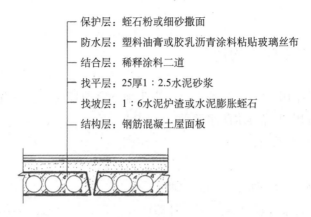

图3-50 涂膜防水屋面构造

三、建筑外墙防水构造

建筑外墙最容易发生渗漏的地方是各种构件的接缝处，外墙防水构造主要是填缝、盖缝处理。

1. 一般单层钢筋混凝土外墙板板缝的防水构造

（1）运用空腔原理，处理钢筋混凝土外墙板常见的水平缝、垂直缝和十字缝的防水构造。墙板的两侧边留凹口，合起来在板的垂直缝中形成扩大的空腔，其减压作用破坏了水的毛细现象，再加上塑料条等起到挡水作用，有效地限制雨水进入板缝，如图3-51所示。

（2）构造防水和材料防水结合使用。高低缝的企口构造起到盖缝作用，缝口填入柔性防水材料抵御雨水侵蚀，如图3-52所示。

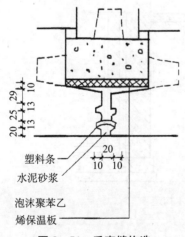

图3-51 垂直缝构造

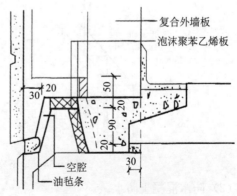

图3-52 水平缝构造

2. 带有装饰面板的复合型外墙板的防水构造

带有装饰面板的复合型外墙板，一般在基层墙板和装饰面板之间都会留有空隙。基层面板的板缝间可采取同普通外墙板一样的防水构造措施，也可以在基层墙板的外表面满布防水材料。

四、建筑地下室防水构造

在第三章第二节四中提到，当地下水位高于地下室地坪时，应设置防水构造。其主要做法有材料防水和人工降排水防水两种。

1. 地下室材料防水构造

（1）卷材防水。

地下室卷材防水分为外防水和内防水两类。

1）外防水是将防水卷材贴在地下室外墙的外表面，其防水效果好，但维修困难。

构造要点是：先是外墙外侧抹 20mm 厚的 1∶2.5 水泥砂浆找平层，并刷冷底子油一道，然后铺贴卷材防水层。防水层须高出最高地下水位 500～1 000mm 为宜。卷材防水层以上的地下室侧墙应抹水泥砂浆涂两道热沥青，直至室外散水处。垂直防水层外侧砌半砖厚的保护墙一道，如图 3-53 所示。

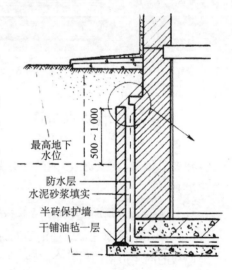

图 3-53　地下室卷材外防水构造

2）内防水是将防水卷材贴在地下室外墙的内表面，施工方便、维修容易，但对防水效果差，故常用于修缮工程，如图 3-54 所示。

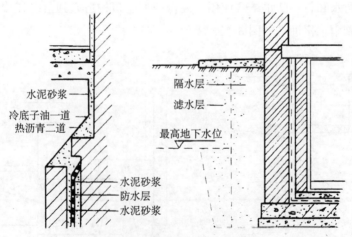

图 3-54　地下室卷材内防水构造

（2）防水混凝土防水。

对于墙体和地坪均为钢筋混凝土结构的地下室，可增加混凝土的密实度或在混凝土中添加防水剂、加气剂等方法，提高混凝土的抗渗性能，这种防水称为防水混凝土防水，是结构自防水的一种形式（图 3-55）。

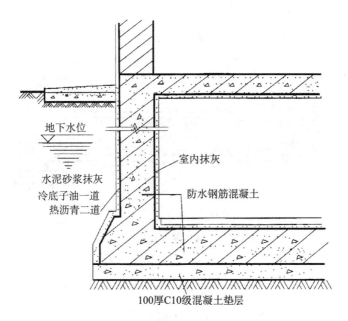

图 3－55　地下室防水混凝土防水构造

（3）涂料防水构造

涂料防水构造使用与受侵蚀性介质或受振动作用的地下工程主体迎水面或背水面的涂刷。

1）有机防水涂料最终形成柔性防水层，适用于主体结构的迎水面，如 SBS 改性沥青防水涂料。

2）无机防水涂料认定为刚性防水材料，适用于主体结构的背水面，如聚合物改性水泥基防水涂料。

2. 地下室人工降、排水防水

人工降排水通常有外排和内排两种。

（1）外排法是在建筑物的四周设置永久性排水设施，是高过地下室底板的地下水回落至其底板标高以下，使地下室不承受水压，减小水的渗透能力。构造做法是在建筑物四周地下室地坪标高以下设盲沟，周围填充可以滤水的粗砂等材料。

（2）内排水是将有可能渗入地下室内的水，通过永久性自流排水系统，如集水沟排入集水井再用水泵排除。其构造做法是将地下室地坪架空或设隔水层。

五、建筑室内防水构造

1. 楼面防水

用水频繁的室内房间，楼板最好采用现浇钢筋混凝土楼板，板面设置一定的排水坡度，坡向朝地漏的方向。对防水质量要求高的地方，在楼板结构层与面层之间设置一道防水层，常见的防水材料有防水卷材、防水砂浆和防水涂料。防水构造可参照屋面防水的构造要求。

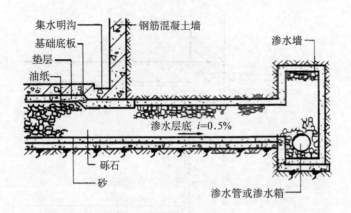

图 3-56　地下室外排水

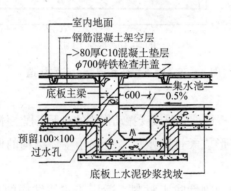

图 3-57　地下室内排水

2. 淋水墙面防水处理

淋水墙面可以先用添加外加剂的防水砂浆打底，然后做饰面层。如果墙面饰面需要先立墙筋，可以在墙筋与墙体基层之间附加一层防水卷材。

第九节　建筑保温、隔热构造

建筑保温、隔热是为满足人们室内生活、生产的基本需要，要保证室内基本的热环境质量。

一、建筑热工构造原理综述

1. 建筑热工构造基本知识

热量从高温处向低温处转移的过程，存在热传导、热对流和热辐射三种方式。建筑物室内外存在较大温差的时候，要维持建筑室内的热稳定性，必须减少通过建筑外围护构件传递的热流量，需要在符合强度要求的建筑物外围护结构的基层构件上直接复合或附加热工性能良好的材料，或者对建筑外围护构件的构造层次做法进行良好的安排和设计，提高其整体的热工效能。在建筑外围护结构中，存在某些局部易于传热，成为热流密集的通道，这被称为"热桥"。

2. 水汽对建筑热工性能的影响

空气中含有水蒸气，水蒸气分子会从压力高的一侧通过围护构件向压力低的一侧渗透，温度降低后可能在外围护构件之中出现结露的现象。如果水汽不能排除，可能是材料发展霉变，影响使用寿命；也可能受冻结冰，体积膨胀，破坏外围护结构内部。因此，要阻止水汽进入保温材料内，要安排通道排除水汽。

二、建筑外围护结构保温构造

1. 建筑屋面保温构造

（1）保温层放置在屋面结构与防水层之间，下设隔蒸汽层。这是最常见的做法，不具备防水性能的保温材料都可以这样设置。该做法称为正置式屋面。

（2）保温层放置在屋面防水层之上，保温层上设置保护层。具有自防水功能的保温材料可以使用这种构造方法。保温层在防水层之上，可以保护防水层不受阳光的直射，延长使用寿命。该做法称为倒置式屋面。

（3）保温层放置在屋面结构层之下。在顶层屋面板底下做吊顶的建筑中，屋面保温层可以直接放置在屋面板底或者板底与吊顶的夹层内。

2. 建筑外墙面保温构造

用于屋面保温的材料大多可以用于建筑外墙保温。

（1）外墙内保温构造。

内保温优点在于不影响外墙外装饰及防水构造的做法，但需要占据室内空间，给用户装修造成一定的麻烦。

1）硬质保温制品内贴。在外墙内侧用胶黏剂粘贴增强石膏聚苯复合保温板等硬质建筑保温制品，然后在其表面抹粉刷石膏，并在里面压入中碱玻纤涂塑网格布，最后用腻子嵌平，做涂料。

2）保温层挂装。在外墙内侧固定衬有保温材料的保温龙骨，在龙骨的间隙中填入岩棉等保温材料，然后在龙骨表面安装纸面石膏板。

（2）外墙外保温。

外保温优点是不占用室内空间，对外墙保护效果好，但在对抗变形因素的影响和防止脱落，以及防火等方面要求更高。

1）保温浆料外粉刷。现在外墙外表面做一道界面砂浆，然后粉胶粉聚苯颗粒保温浆料等保温砂浆。保护层及饰面用聚合物砂浆加上耐碱玻纤布，最后用柔性耐水腻子嵌平，涂表面涂料。

2）外贴保温板材。用粘接胶浆与辅助机械锚固方法一起固定保温板材，保护层用聚合物砂浆加上耐碱玻纤布，饰面用柔性耐水腻子嵌平，涂表面涂料。

3）外加保温砌块墙。全部或局部在结构外墙的外面再贴砌一道墙，选用保温性能较好的砌块。

（3）外墙中保温构造（夹心复合墙保温）。

对于设置多道墙板或者做双层砌体墙的建筑，在这些墙板或砌体墙的夹层中，放入保温材料，或者封闭夹层形成静止空气间层，阻挡热量外流。

3. 建筑外门窗保温构造

（1）采用导入系数大的金属材料，断面设计为三道空腹形式，中间用聚酰胺隔板做断热层。

（2）在门窗可开启部分和门窗框之间设施密封条。

（3）采用双层中空玻璃，中间充入惰性气体。

4. 建筑地面保温构造

保温层可放在底层地面的结构面板与地面的饰面层之间，还可以放在底层地面的结构面板，即地下室的顶板之下。

三、建筑外围护结构隔热构造

隔热措施主要通过反射隔热、通风散热、遮挡隔热、淋水降温等几种方法。

外墙面、屋顶用浅色的饰面材料，门窗玻璃镀反射膜，形成反射隔热，墙体、屋顶设置通风的空气间层，形成通风隔热；门窗设置遮阳板，屋顶种植植被，形成遮挡隔热；屋顶淋水或蓄水，形成降温隔热。

第十节　工业建筑构造

一、排架结构厂房

排架结构厂房是由屋架（或屋面梁）、柱、基础等构件组成，柱与屋架铰接，与基础刚接。根据生产工艺和使用要求的不同，排架结构可做成等高、不等高等多种形式（如图3-58所示）；根据结构材料的不同，排架可分为：钢—钢筋混凝土排架、钢筋混凝土排架和钢筋混凝土—砖排架。此类结构能承受较大的荷载作用，在冶金和机械工业厂房中广泛应用，其跨度可达30m，高度可达20～30m，吊车吨位可达150t或150t以上。

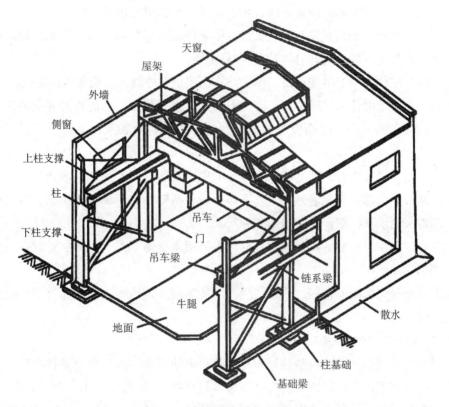

图3-58 排架结构厂房构造示意图

1. **排架结构厂房的结构组成**

排架结构厂房有墙承重结构和骨架承重结构两种。墙承重结构虽然构造简单、造价经济、施工方便，但承载能力和抗震性能较差，只使用于中小厂房。以下着重介绍骨架承重结构的组成。

（1）承重结构。装配式排架结构由横向排架、纵向连系构件和支撑构成。横向排架由屋架（或屋面梁）、柱和基础组成，沿厂房的横向布置；纵向连系构件包括吊车梁、连系梁和基础梁，它们沿厂房的纵向布置，建立起了横向排架的纵向连系；支撑包括屋盖支撑和柱间支撑。各构件在厂房中的作用分别是：

屋架（或屋面梁）：屋架搁置在柱上，它承受屋面板、天窗架等传来的荷载，并将这些荷载传给柱子。

柱：承受屋架、吊车梁、连系梁及支撑传来的荷载，并把荷载传给基础。

基础：承受柱及基础梁传来的荷载，并将荷载传给地基。

吊车梁：吊车梁支撑在柱牛腿上，承受吊车传来的荷载并传给柱，同时加强纵向柱列的联系。

连系梁：其作用主要是加强纵向柱列的联系，同时承受其上外墙的重量并传给柱。

基础梁：基础梁一般搁置在柱下基础上，承受其上墙体重量，并传递给基础，同时加强横向排架间的联系。

屋架支撑：设在相邻的屋架之间，用来加强屋架的刚度和稳定性。

柱间支撑：包括上柱支撑与下柱支撑，用来传递水平荷载（如风荷载、地震作用及吊车的制动力等），提高厂房的纵向刚度和稳定性。

（2）围护结构。排架结构厂房的围护结构由屋顶、外墙、门窗和地面组成。

屋顶：承受屋面传来的风、雨、雪、积灰、检修等荷载，并防止外界的寒冷、酷暑对厂房内部的影响，同时屋面板也加强了横向排架的纵向联系，有利于保证厂房的整体性。

外墙：指厂房四周的外墙和抗风柱。外墙主要起防风雨、保温、隔热等作用，一般分上下两部分，上部分砌在连系梁上，下部分砌在基础梁上，属自承重墙。抗风柱主要承受山墙传来的水平荷载，并传给屋架和基础。

门窗：门窗作为外墙的重要组成部分，主要用来交通联系、采光、通风，同时具有外墙的围护作用。

地面：承受地面的原材料、产品、生产设备等荷载，根据生产使用要求，提供良好的劳动条件。

2. 厂房的起重运输设备

（1）单轨悬挂吊车。单轨悬挂吊车有电动和手动两种，吊车轨道悬挂在厂房的屋架下弦上，一般布置成直线，也可转弯（用来跨间穿越），转弯半径不小于 2.5m，滑轮组在钢轨上移动运行。这种吊车操纵方便，布置灵活，但起重量不大，一般不超过 5t。

（2）梁式吊车。梁式吊车有悬挂式和支撑式两种。

悬挂式梁式吊车是在屋架下弦悬挂两根平行的钢轨，在两根钢轨上设有可滑行的横梁，横梁上设有可横向滑行的滑轮组。在横梁与滑轮组移动范围内均可起重。

悬挂式梁式吊车的自重和起吊物的重量都传给了屋架，增加了屋顶荷载，故起重量不宜过大，一般不超过 5t。支承式梁式吊车是在排架柱上设牛腿，牛腿支承吊车梁和轨道，横梁沿吊车梁上的轨道运行，其起重量与悬挂式相同。

（3）桥式吊车。桥式吊车由桥架和起重小车组成。通常是在排架柱的牛腿上搁置吊车梁，吊车梁上安装钢轨，钢轨上放置能沿厂房纵向运行的双榀钢桥架，桥架上设起重小车，小车可沿桥架横向运行。桥式吊车在桥架和小车运行范围内均可起重，起重量从5t 至数百吨。其开行一般由专门司机操作，司机室设在桥架的一端。

二、刚架结构厂房

是梁与柱刚接，柱与基础通常为铰接。因梁、柱整体结合，故受荷载后，在刚架的转折处将产生较大的弯矩，容易开裂；另外，柱顶在横梁推力的作用下，将产生相对位移，使厂房的跨度发生变化，故此类结构的刚度较差，仅适用于屋盖较轻的厂房或吊车吨位不超过 10t，跨度不超过 10m 的轻型厂房或仓库等。

第四章 建筑制图及识图

第一节 建筑制图的基本知识

一、建筑制图统一标准

建筑工程图是建筑工程项目从设计到建成全过程中的重要文件，是项目参与人员之间交流的工程语言。为规范建筑制图，建设部会同有关部门修订并颁布了《房屋建筑制图统一标准》（GB/T 50001—2010）、《总图制图标准》（GB/T 50103—2010）、《建筑制图标准》（GB/T 50104—2010）、《建筑结构制图标准》（GB/T 50105—2010）、《建筑给水排水制图标准》（GB/T 50106—2010）和《暖通空调制图标准》（GB/T 50114—2010）。

二、图幅和图框

图幅是图纸幅面的简称，指的是图纸本身的大小规格。图框是限定图幅内绘图区域边界。同一项建筑工程的图纸，图幅规格不宜超过两种（如图 4-1 所示）。

建筑工程图纸的图幅规格和图框尺寸应符合表 4-1 的规定。

表 4-1 图幅规格和图框尺寸 单位：mm

	A0	A1	A2	A3	A4
$b \times l$	841×1189	594×841	420×594	297×420	210×297
c			10		5
a			25		

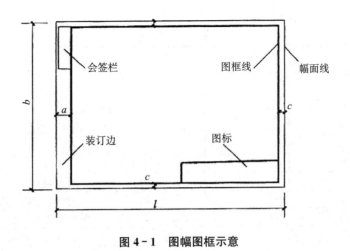

图 4 - 1 图幅图框示意

三、标题栏与会签栏

每一张图纸右下角都绘制有标题栏，记录了图纸的基本属性，包括设计单位、工程名称、图样名称、图样类别、编号以及设计、审核、负责人的签名，具体形式见表 4 - 2；在图纸图框线外绘制有会签栏，记录各专业工种负责人签字，具体形式见表 4 - 3。

表 4 - 2 标题栏示意

设计单位名称区	工程名称区	签字区	图号区
	图名区		

表 4 - 3 会签栏示意

（专业）	（实名）	（签名）	（日期）

四、图线

建筑工程图纸上的工程图样是由图线绘制而成，根据表达的内容不同，图线的线型和线宽也不同。常见的图线线型有实线、虚线、单点长画线、双点长画线、折断线和波浪线六种，线宽有粗、中、细三种，不同规格图线的用途见表 4 - 4。b 代表线宽，较复杂的图选择较细的线宽取值，如 0.5mm、0.35mm。

图线的画法

（1）相互平行的图线，其间隙不能小于粗线的宽度，且不宜小于 0.2mm，如图 4 - 2

（a）所示。

表4-4　图线

名称		线型	线宽	一般用途
实线	粗	——————	b	主要可见轮廓线
	中粗	——————	$0.7b$	可见轮廓线
	中	——————	$0.5b$	可见轮廓线、尺寸线、变更云线
	细	——————	$0.25b$	图例填充线、家具线
曲线	粗	- - - - -	b	见各有关专业制图标准
	中粗	- - - - -	$0.7b$	不可见轮廓线
	中	- - - - -	$0.5b$	不可见轮廓线、图例线
	细	- - - - -	$0.25b$	图例填充线、家具线
单点长画线	粗	—·—·—	b	见各有关专业制图标准
	中	—·—·—	$0.5b$	见各有关专业制图标准
	细	—·—·—	$0.25b$	中心线、对称线、轴线等
双点长曲线	粗	—··—··	b	见各有关专业制图标准
	中	—··—··	$0.5b$	见各有关专业制图标准
	细	—··—··	$0.25b$	假想轮廓线、成型前原始轮廓线
折断线	细	—√—	$0.25b$	断开界线
波浪线	细	∿∿	$0.25b$	断开界线

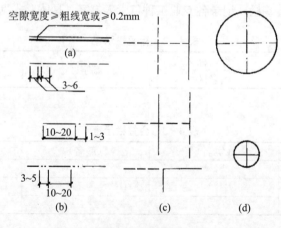

图4-2　图线画法

（2）虚线、单点画线、双点画线的线段长度和间隔，宜各自相等，如图4-2（b）所示。

（3）虚线与虚线相交或虚线与其他相交时，应交于线段处；虚线在实线的延长线上时，不能与实线连接，如图4-2（c）所示。

（4）单点画线或双点画线的两端不应是点，点画线之间或点画线与其他图线相交时应交于线段处。

（5）在较小图形中，点画线绘制有困难时可用实线代替。圆的中心线应用单点画线表示，两端伸出圆周2～3mm；圆的直径较小时中心线用实线表示，伸出圆周长度1～

2mm。如图 4-2 （d）所示。

五、字体

建筑工程图中标注有文字、拉丁字母、阿拉伯数字、符号、代号等字体。对于字体书写，要求笔画清晰、字体端正、排列整齐、间隔均匀、标点符号清楚正确。汉字应采用长仿宋体，拉丁字母及数字可采用一般字体和窄字体两种，其中又有直体字和斜体字之分。

六、比例

比例指的是图形与实物相对应的线型尺寸之比。为保证建筑工程图中工程图样的准确性，根据图纸内容不同，采用不同比例将建筑物或建筑构件缩小绘制在图纸上，并将所用比例注写在图名的右方，符号为"："，如 1：100、1：50 等。比例与图名的基准线取平，字高比文字小一号或两号。

无论用何种比例画图，所标的尺寸均为物体的实际尺寸，不是图形本身的尺寸。

七、尺寸标注

1. 尺寸的组成及标注

建筑工程图中用尺寸标注来准确、清晰地表达工程图样的实际尺寸，以此作为施工依据。尺寸标注包含尺寸线、尺寸界限、尺寸起止符号、尺寸数字四个部分，如图 4-3 所示。尺寸线表示所要标注轮廓线的方向，用细实线绘制。尺寸界限表示所标注的轮廓线边界位置，用细实线绘制。尺寸起止符号表示尺寸的起止点，用短粗线、圆点或箭头表示。尺寸数字表示所标注除了总平面图上的尺寸单位和标高的单位为"m"以外，其余尺寸均为"mm"单位。

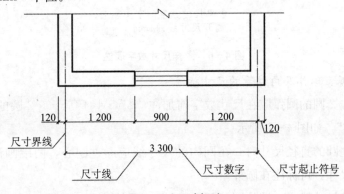

图 4-3　尺寸标注

尺寸线应用中实线绘制，应与被注长度平行。注意，任何图线均不得用作尺寸线。尺寸线与图样最外轮廓线的间距不宜小于 10mm，平行排列的尺寸线的间距宜为 7～10mm，并保持一致，如图 4-4 所示。尺寸起止符号一般用中粗斜短线绘制，其倾斜方向应与尺寸界线成顺时针 45°角，长度宜为 2～3mm。半径、直径、角度与弧长的尺寸起止符号，宜用长箭头表示，如图 4-5 所示。

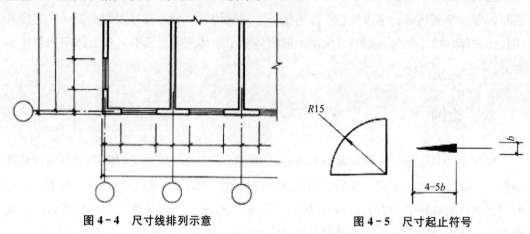

图 4-4　尺寸线排列示意　　　　　图 4-5　尺寸起止符号

图样的尺寸大小应以数字表达为准，不能从图中直接量取。尺寸数字应注写在水平尺寸线的上方中部；或竖向尺寸线的左方中部，此时竖向尺寸数字的字头应朝左；尺寸数字的大小要一致，尺寸数字的字号一般不小于 3.5 号，通常选用 3.5 号字，如图 4-6 所示。

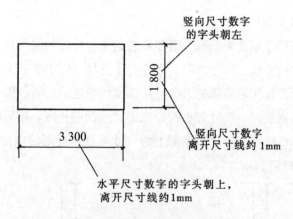

图 4-6　图样尺寸数字表达

2. 圆、圆弧、球体及角度等的尺寸标注

圆及大于 1/2 圆的圆弧应在尺寸数字前加注"φ"，小于等于 1/2 圆的圆弧应在尺寸数字前加注"R"，如图 4-7 所示。

（1）在标注圆的直径尺寸时，在圆内的尺寸线应通过圆心，两端画箭头指到圆弧；较小圆的直径尺寸，可标注在圆外。

（2）半径的尺寸线应一端从圆心开始，另一端画箭头指到圆弧。较小圆弧的半径尺

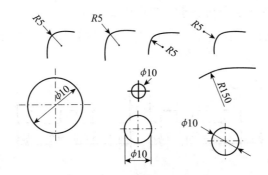

图 4-7　圆、圆弧的尺寸标注

寸可引出标注，较大圆弧的半径尺寸线可画成折断线，但其延长线应对准圆心。

（3）标注球的半径尺寸时，应在尺寸前加注符号"SR"。标注球的直径尺寸时，应在尺寸数字前加注符号"$S\phi$"。注写方法与圆弧半径和圆直径的尺寸标注方法相同。

（4）角度的尺寸线用细实线圆弧表示，其圆心为角的顶点，角的两边为尺寸界线，起止符号应以箭头表示，如无足够位置画箭头，可以圆点代替，角度数值应按水平方向注写，如图 4-8（a）所示。

（5）标注弦长时，尺寸线应与弦长方向平行，尺寸界线与弦垂直，起止符号用 45°中实线短划表示。如图 4-8（b）所示。

（6）弧长的尺寸线应采用与圆弧同心的细弧线表示，尺寸界线应垂直于该圆弧的弦，起止符号用箭头表示，弧长数字上应加圆弧符号"⌒"，如图 4-8（c）所示。

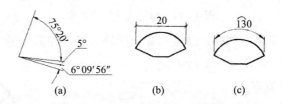

（a）　　　　　（b）　　　　　（c）

图 4-8　角度、弦长、弧长标注

（7）斜边需标注坡度（直线或平面与水平面之间的倾斜关系）时，用由斜边构成的直角三角形的对边与底边之比来表示，或者在坡度较小时换算成百分数。标注坡度时，应在坡度数字下画出坡度符号，该符号为单面箭头，坡度符号的箭头应指下坡方向。坡度也可用直角三角形的形式进行标注有关坡度的标注如图 4-9 表示。

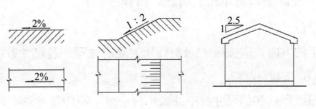

图 4-9　坡度标注方法

3. 等长尺寸、单线图、相同要素的尺寸标注

（1）对于连续排列的等长尺寸，可用"个数×等长尺寸＝总长"的形式标注，如图4-10所示。

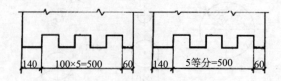

图4-10 连续排列尺寸标注

（2）对于桁架简图、钢筋简图、管线图等单线图在尺寸标注时，可直接将尺寸数字标注在管线的一侧，如图4-11所示。

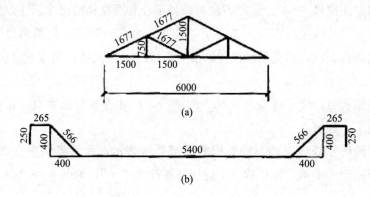

图4-11 单线尺寸标注方法

当形体内的构造要素（如孔、槽等）有相同处，可标注其中的一个要素尺寸，并在尺寸数字前注明个数，如图4-12所示。

4. 尺寸标注的注意事项

（1）轮廓线、中心线可用作尺寸界线，但不能作为尺寸线。

（2）不能用尺寸界线作为尺寸线。

（3）有多道尺寸时，大尺寸在外、小尺寸在内。

（4）建筑工程图上的尺寸单位，除总平面图和标高以米为单位外，一般以毫米为单位。因此，图样上的尺寸数字不再注写单位。

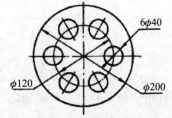

图4-12 相同要素尺寸标注

（5）尺寸数字的方向，应按图4-13（a）的规定注写。若尺寸数字在30°斜线区内，也可按图4-13（b）的形式注写。

（6）同一张图纸所标注的尺寸数字的大小应一致，不能忽大忽小。

（7）尺寸数字一般应依据其方向注写在靠近尺寸线的上方中部。如没有足够的注写位置，最外边的尺寸数字可注写在尺寸界线的外侧，中间相邻的尺寸数字可上下错开注写，引出线端部用圆点表示标注尺寸的位置，如图 4 - 14 所示。

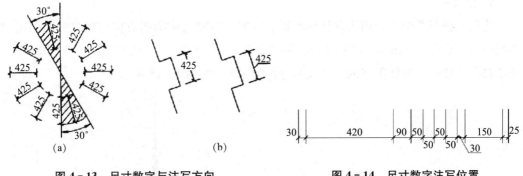

图 4 - 13 尺寸数字与注写方向　　　　图 4 - 14 尺寸数字注写位置

八、工程制图的基本规定

1. 定位轴线

定位轴线指的是建筑工程图中确定承重墙、柱子、大梁或屋架等主要承重构件位置的基准线，是施工定位、放线的重要依据。定位轴线和端部圆圈（直径 8～10mm）用细实线绘制，轴线编号写在圆圈内。横向轴线编号用阿拉伯数字从左至右顺序编写；纵向轴线编号用大写拉丁字母从下至上顺序编写，其中 I、O、Z 不能用。

2. 标高

标高指的是建筑物某一部位相对于基准面（标高的零点）的竖向高度，是竖向定位的依据。根据基准面位置不同，标高可分为相对标高和绝对标高两种。相对标高参照的基准面是建筑物室内底层地面，绝对标高的基准面是山东青岛海洋观测站平均海平面。根据标注的位置不同，标高可分为建筑标高和结构标高两种。建筑标高标注在建筑完成面上，结构标高标注在结构构件表面上。

标高符号为 45°等腰直角三角形，高约 3mm。总平面图中室外地面标高用黑色三角形表示，其他标高均用细实线绘制，如图 4 - 15 所示。

3. 索引符号和详图符号

工程图样中的某一局部或构件需要另见详图时，应用索引符号进行索引标注。索引符号的引出线和圆均以细实线绘制，圆的直径 10mm。索引符号上半圆标明索引详图的编号，下半圆标明索引详图的图纸页码，如果索引详图与被索引的图样在同一张图上，下半圆内用短横线表示，如图 4 - 16 所示。

图 4 - 15 标高　　　　　　　　　图 4 - 16 索引符号

详图的位置和编号用详图符号表示，详图符号的圆用粗实线绘制，直径 14mm，其详图编号应与索引符号相对应，如图 4-17 所示。

4. 指北针

建筑工程图纸中，采用指北针标明正北方向，为建筑物指明方向。指北针的圆用细实线绘制，直径为 24mm，指针头部注写"北"（或"N"）字，尾宽 3mm，需用较大直径绘制指北针时，指针尾部的宽度宜为直径的 1/8，如图 4-18 所示。

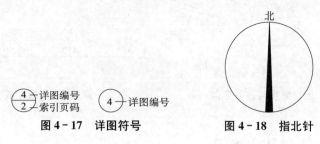

图 4-17　详图符号　　　　图 4-18　指北针

第二节　平面图和立面图

一、建筑平面图的种类及表达内容

建筑平面图是指导施工、预算及装饰装修的重要图纸，通常可分为底层平面图、标准层平面图、顶层平面图和屋顶平面图四类。具体图示内容如下：

（1）标明建筑物的平面形状，各房间的平面布置、朝向，墙、柱的位置和轴线编号；

（2）标明建筑外部三道尺寸和内部主要尺寸，室内外楼地面标高；

（3）标明门、窗的位置、尺寸、形式、开启方向及编号；

（4）标明楼梯间上下楼梯的方向；

（5）标明阳台、雨篷、雨水管、散水、台阶、明沟、地沟、花池、水池、泵座、检查井、预埋件等构配件的位置和尺寸；

（6）标明详图索引符号；

（7）底层平面图要标明剖面图的剖切位置和指北针；

（8）屋顶平面图要标明屋顶檐沟、檐口、屋面坡度、分水线、落水口和上人孔等；

（9）文字说明。

除顶棚平面图外，各种平面图应按正投影法绘制。建筑平面图应在建筑物的门窗洞口处水平剖切俯视，屋顶平面图应在屋面以上俯视，图内应包括剖切面及投影方向可见的建筑结构以及必要的尺寸、标高等，表示高窗、洞口、通气孔、槽、地沟及起重机等不可见部分时，应采用虚线绘制。顶棚平面图宜采用镜像投影法绘制。

二、建筑立面图的种类及表达内容

建筑立面图反映建筑物的外观特征和艺术效果，按照命名方式不同可分三类：一是按朝向命名，如北立面图；二是按外貌特征命名，如正立面图；三是按首位轴线命名，如①－⑨轴立面图，⑨－①立面图。具体图示内容如下：

（1）标明建筑物外形上可以看到的全部内容，包括散水、勒脚、台阶、花池、雨水管、雨篷、阳台、屋顶、檐口、烟囱、外墙门窗和室外楼梯等；

（2）标明建筑外形高度方向的主要尺寸（3道尺寸）和主要部位的标高；

（3）标明里面首尾两端的定位轴线和编号；

（4）标明详图索引符号；

（5）标明外墙面各部位材料和装修做法；

（6）文字说明。

第三节　剖面图、断面图、详图

一、剖面图的种类及表达方法

剖面图是假想一个剖切平面将物体剖切，移去介于观察者和剖切平面之间的部分，对剩余部分向投影面做的正投影图。剖面图能准确反映物体内部的材料、构造和尺寸，便于人们的识读理解，如图4－19所示。

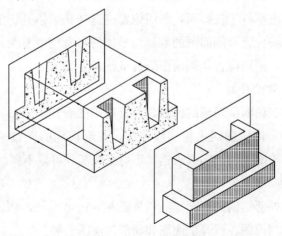

图4－19　剖面图的形成

1. 剖面图的表达

（1）剖面图的标注。

剖切符号表达了剖切面、剖切位置、投影方向等内容，由剖切位置线、投影方向线和编号组成。剖切位置线表示剖切平面和剖切位置，用长为 $6\sim10$mm 的粗实线表示；投影方向线表示剖切后的投影方向，用 $4\sim6$mm 的粗实线表示；编号注写在投影方向线端部。剖面图下方标注有图名"×－×剖面图"，图名数字与剖切符号编号相对应，如图4-20所示。

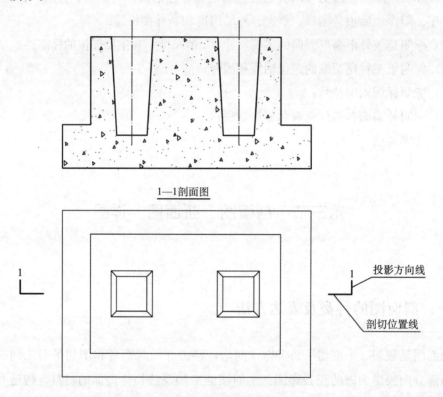

图 4 - 20　剖面图

另外，剖切平面应平行于投影面，剖切位置应选择在形体孔、洞、槽的中心线或其他代表性的位置。剖切位置及剖面图的数量与形体的复杂程度有关，为表达清楚形体内部情况，形体越复杂，剖切位置和剖面图的数量就越多。

（2）剖面图的图示和图例。

剖面图中包括被剖切面剖切到的区域，以及投影能看到但未被剖切的形体轮廓。为加以区分，被剖切的形体轮廓线用粗实线表达，被剖切到的区域应绘制相应材料的图例；未被剖切的形体轮廓线用细实线表达，不可见的部分可以不画。

2. 剖面图的种类

根据形体内部和外部结构的不同，剖切位置和方法也不同，剖面图通常分为全剖面图、半剖面图、阶梯剖面图、展开剖面图和局部剖面图五种。

（1）全剖面图。

假想用一个单一剖切平面将物体完整剖切开后得到的剖面图称为全剖面图，如图4-20所示。

（2）半剖面图。

将左右对称或前后对称的形体，一半画成剖面图，另一半画成外轮廓投影图，这样的表达方法称为半剖面图，如图4-21所示。

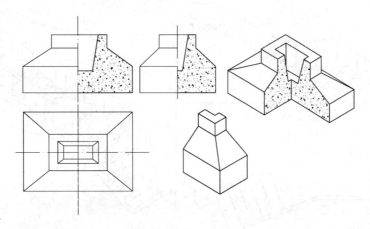

图4-21 半剖面图

注意：半剖面图可以不画剖切符号；投影图与剖面图之间应以单点长画线为界；半剖面图一般在对称轴的下侧或右侧。

（3）阶梯剖面图。

用两个或两个以上相互平行的剖切平面将形体切开后得到阶梯剖面图，如图4-22所示。

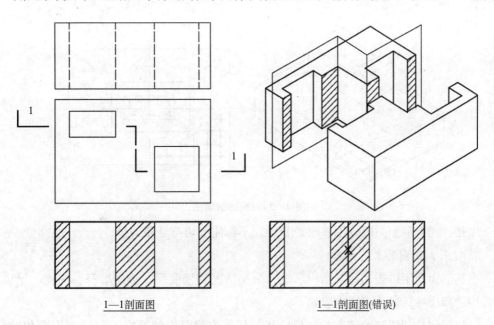

1—1剖面图　　　　　　　　1—1剖面图(错误)

图4-22 阶梯剖面图

注意：剖切平面转折处不画分界线；剖切位置应在两端和剖切平面转折处标注表明；几个剖切平面都应平行于投影面。

（4）展开剖面图。

用两个相交的剖切平面剖切形体后，将用于投影的形体沿交线旋转展开，使剖切区域都平行于投影面后再投影得到展开剖面图，如图 4 - 23 所示。

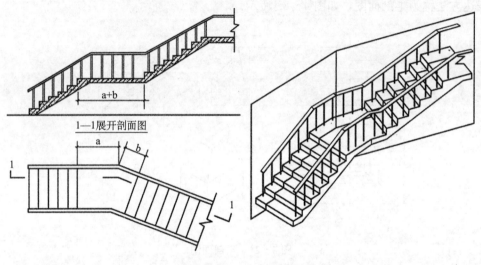

图 4 - 23　展开剖面

（5）局部剖面图。

将形体的局部剖切开形成局部剖面图，如图 4 - 24 所示；形体局部需要剖切表达的层次较多时，可使用分层剖面图，如图 4 - 25 所示。

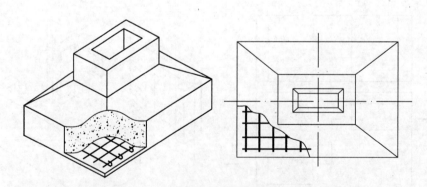

图 4 - 24　局部剖面图

注意：局部剖面图部分用波浪线分界，不标注剖切符号和编号。

3. 建筑剖面图的表达内容

建筑剖面图用以表达建筑结构形式、分层情况和楼底层、竖向墙身、门窗、屋顶檐口等构造和尺寸。具体表达内容如下：

（1）标明被剖切到的墙、柱、梁、板、门、窗等部位的高度、尺寸、位置和材料，

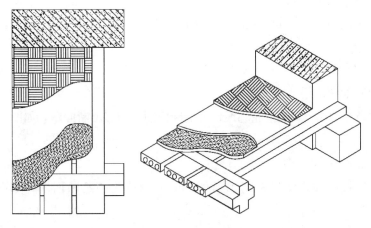

图 4 - 25 分层剖面图

表明相互之间的位置和关系；

(2) 标明楼地层、屋顶层的构造，屋顶坡度、坡向、结构形式；

(3) 标明建筑内外被剖切或能看见的内容；

(4) 标明建筑各部位的标高和尺寸。

二、断面图的种类和表达方法

仅画出剖切平面与形体接触的部分的正投影称为断面图，简称断面。

1. 断面图的表达

(1) 断面图的标注。

剖切符号表达了剖切面、剖切位置、投影方向等内容，由剖切位置线和编号组成，剖切位置线表示剖切面的剖切位置，用长 6～10mm 的粗实线表示；编号注写在剖切位置线侧面，其所在一侧表示剖切后的投影方向。断面图下方标注有图名"×－×"，图名数字与剖切符号编号相对应，如图 4－26 所示。

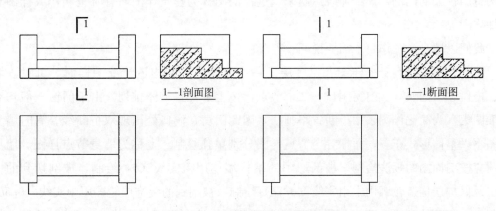

图 4 - 26 断面图和剖面图的区别

（2）断面图的图示和图例。

断面图是剖面图的一部分，其图示和图例与剖面图剖切区域的图示和图例相同，如图 4 - 26 所示。

2. 断面图的种类

（1）移出断面图。

把断面图画在物体投影图的轮廓线以外的断面图称为移出断面图，如图 4 - 26 中 1—1 断面图。

（2）中断断面图。

把断面图直接画在物体投影图中断处的断面图称为中断断面图，如图 4 - 27（a）所示。

（3）重合断面图。

把断面图与物体投影图重合在一起称为重合断面图，如图 4 - 27（b）所示。

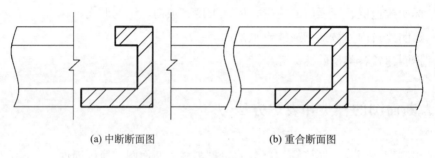

(a) 中断断面图   (b) 重合断面图

图 4 - 27   中断断面图和重合断面图

三、详图的表示方法

为了满足施工要求，如果在建筑平面图或立面图中不能表达清楚的部分，可以对细部构造用较大的比例，详细地表达出来，这样的图称为建筑详图，有时也叫作大样图和配件详图。

我们以墙身详图作一个简要说明。

墙身详图也叫墙身大样图。在多层房屋中，若各层的构造情况一样时，可只画墙脚、檐口和中间层（含门窗洞口）三个节点，按上下位置整体排列，由于门窗一般均有标准图集，为简化作图采用折断省略画法，因此门窗在洞口处出现双折断线。有时墙身详图不以整体形式布置，而把各个节点详图分别单独绘制，也称为墙身节点详图。墙身详图应按剖面图的画法绘制，被剖切到的结构墙体用粗实线（b）绘制，被剖切到的保温层及保护层构造轮廓用中粗实线（$0.7b$）绘制，被剖到的装饰层轮廓用中实线（$0.5b$）绘制，在断面轮廓线内画出材料图例线和可见装饰轮廓线用细实线（$0.25b$）绘制，如

图 4 - 28 所示。

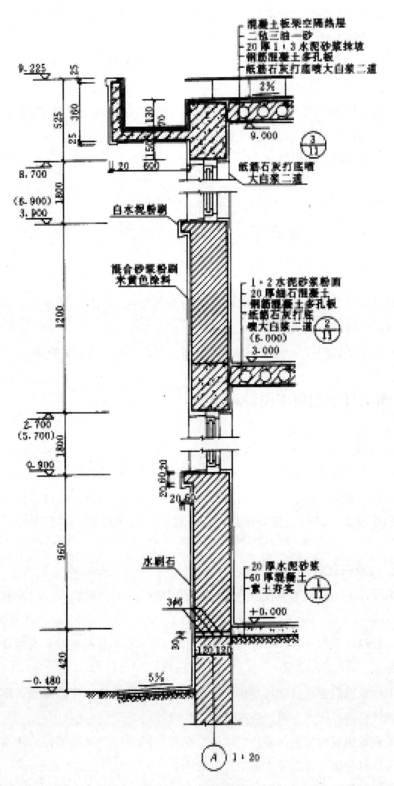

图 4 - 28　外墙身详图

墙身详图的主要内容有：

（1）标明墙身的定位轴线编号，墙体的厚度、材料及其本身与轴线的关系；

（2）标明墙脚的做法；

（3）标明各层梁、板等构件的位置及其与墙体的联系，构件表面抹灰、装饰等内容；

（4）标明檐口部位的做法。檐口部位包括封檐构造（如女儿墙或挑檐）、圈梁、过梁、屋顶泛水构造、屋面保温、防水做法和屋面板等结构构件。

（5）图中的详图索引符号等。

第四节　建筑施工图的识读

工程图纸应按专业顺序编排。其顺序应为图纸目录、总图、建筑图、结构图、给水排水图、暖通空调图、电气图等。

各专业的图纸，应按图纸内容的主次关系、逻辑关系进行分类排序。

一、图纸目录和施工图设计说明

1. 图纸目录

图纸目录放在建筑工程图纸的最前面，汇总了本工程的图样类别、图号编排和图纸名称，便于查阅图纸。目录分为项目总目录和各专业图纸目录。项目总目录按照专业编排；建筑专业图纸目录的编排顺序是：设计说明、总平面图、平面图、立面图、剖面图、详图。

2. 施工图设计说明

施工图设计说明介绍了工程设计依据、工程概况、工程做法表、门窗表以及必要的文字注释。

（1）工程设计依据内容包括工程地质、水文、气象等资料，以及依据性的文件、批示、规范等。

（2）工程概况内容包括项目名称、建设地点、建设单位、建设规模、建筑高度、建筑层数、设计标高、防火等级、防水等级、抗震烈度等。

（3）工程做法表内容包括墙体、地面、楼面、屋面以及其他部位的防水防潮、构造做法、层次材料和施工要求等方面的详细说明。

（4）门窗表的内容包括门窗的类型、数量、编号、规格、所在标准图集等内容。

（5）文字注释主要包括未用图形表达的内容。

二、总平面图的识读

1. 总平面图的作用

总平面图反映了新建建筑用地范围内新建、拟建、原有和拆除建筑物或构筑物的位置、间距等情况，反映了地形、地物、绿化及周边道路情况，是指导房屋定位、施工放线、挖填土方和进行施工的重要文件。

2. 总平面图的内容

（1）标明新建建筑的定位、标高、层数等内容。新建建筑定位通常有三种方式：一是利用新建建筑与原有建筑或道路中心线的相对间距定位；二是利用施工坐标定位；三是利用测量坐标定位。

（2）标明相邻建筑物、构造物、道路的位置、坐标和走向。

（3）标明地形、地物情况。

（4）标明区域方向，通常采用指北针或风向频率玫瑰图来表示。

（5）标明绿化规划。

3. 总平面图的识读

（1）先看总平面区域形状和功能布局。

（2）了解总平面图上所反映的方向。

（3）了解地形地貌、工程性质、用地范围和新建房屋周围环境等情况。

（4）熟悉新建建筑的定型和定位尺寸。

（5）了解新建建筑附件的室外地面标高、明确室内外高差。

（6）风向频率玫瑰图或指北针。

三、建筑平面图的识读

（1）识读图名、比例、建筑总尺寸和朝向。

（2）识读建筑的平面布局，各房间的开间进深尺寸，墙柱的位置和尺寸。

（3）识读建筑各构配件的位置、尺寸和编号。

（4）识读建筑各部位标高。

（5）识读楼梯间及室内设施、设备的布置情况。

（6）识读索引符号、剖切符号及其他符号。

（7）识读排水坡度、排水方向、通风道、上人口、天沟等。

四、建筑立面图的识读

（1）识读图名和比例。

（2）识读建筑的外貌和特征。

（3）识读建筑外装修要求。

（4）识读建筑各部位高度。

五、建筑剖面图的识读

（1）识读图名和比例。

（2）识读建筑的主要结构材料和构造形式。

（3）识读建筑各部位的竖向高度。

（4）识读屋面坡度和构造情况。

（5）识读其他尺寸和符号。

六、建筑详图的识读

建筑详图是将建筑的细部构造用放大的比例详细表达出来，通常有墙身详图见本章第三节三中和楼梯详图。

1. 墙身详图的识读

（1）识读墙身定位轴线编号、墙体的厚度、材料，墙身与轴线的位置关系。

（2）识读墙角的做法。

（3）识读各层梁、板等构件的位置及其与墙体的联系。

（4）识读檐口部位的做法。

（5）识读详图索引符号。

2. 楼梯详图的识读

（1）识读楼梯平面图（如图 4-29 所示）。

（2）识读楼梯剖面图（如图 4-30 所示）。

（3）识读节点详图。

楼梯节点详图主要指栏杆详图、扶手详图以及踏步详图。它们分别用索引符号与楼梯平面图或楼梯剖面图联系。图 4-31 为栏杆、扶手和踏步做法详图。

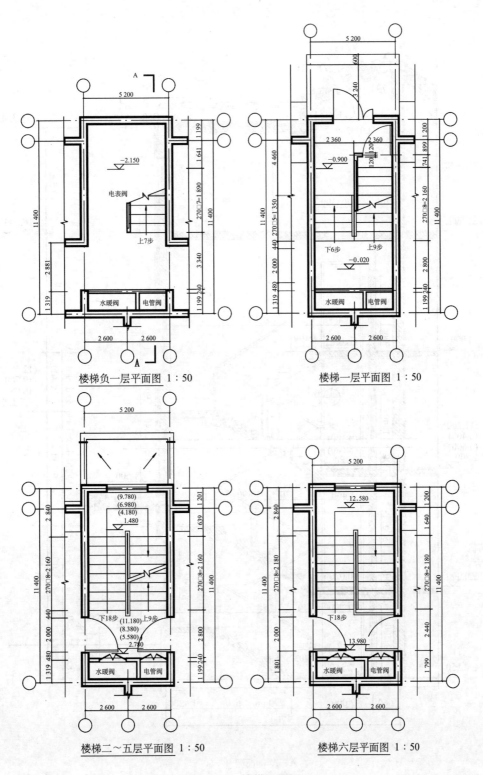

楼梯负一层平面图 1:50

楼梯一层平面图 1:50

楼梯二~五层平面图 1:50

楼梯六层平面图 1:50

图4-29 楼梯平面图

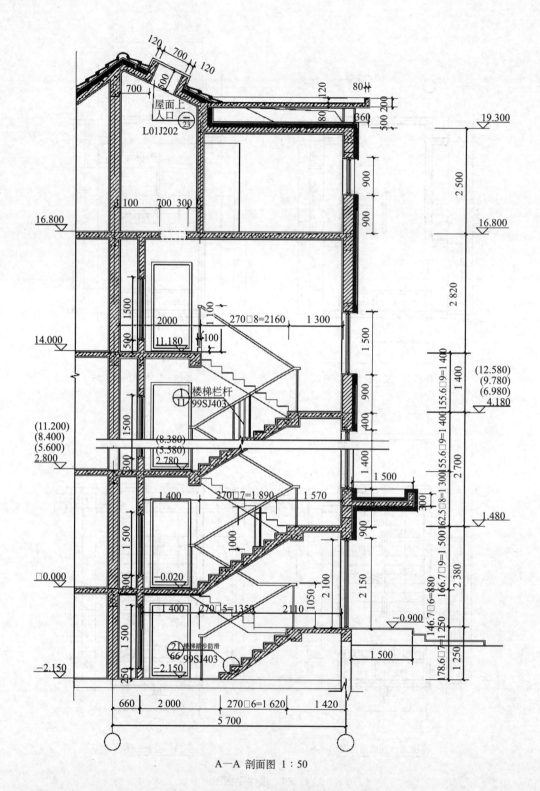

A—A 剖面图 1：50

图 4-30 楼梯剖面图

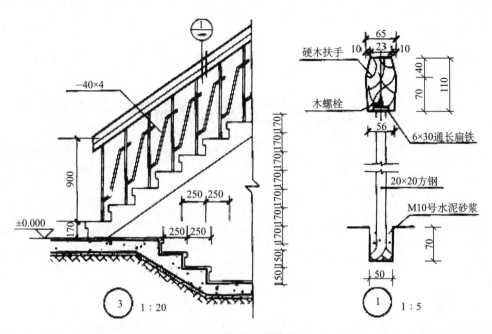

图 4-31 楼梯节点详图

第五章　工程力学概论

第一节　平面力系

一、力的概念

力是物体相互间的一种机械作用，它使物体的机械运动状态发生变化，同时还能使物体产生变形。由力的概念可以看出，力是在至少两个物体间发生的，并且力对物体产生两种不同的作用效果，即力的作用效应：①力使物体的运动状态发生变化，称为力的运动效应或外效应；②力使物体产生变形，称为力的变形效应或内效应。

力对物体的作用效应取决于力的大小、方向和作用点，即力的三要素。力的大小反映物体间相互机械作用的强弱程度。力的方向表示物体间的相互机械作用具有方向性，沿此方向画出的直线为力的作用线，它表示了力在空间中的方位和指向。力的作用点是物体间相互机械作用位置的抽象化。

由此，力是一定位矢量，可以用一沿力的作用线的有向线段表示。此有向线段的起点或终点表示力的作用点，此线段的长度按照一定比例尺表示力的大小，指向表示力的方向。若不强调力的大小，线段的长度不须严格按照比例画出。国际单位制中，力的单位符号为"N"，称作牛，或者"kN"，千牛。本书中用黑斜体 F 表示力矢量，白斜体 $\vec{F}$ 表示力矢量，白斜体 F 表示力的大小。如图 5-1 所示，表示物体在 A 点受到力 F 的作用，$F=5\text{kN}$。

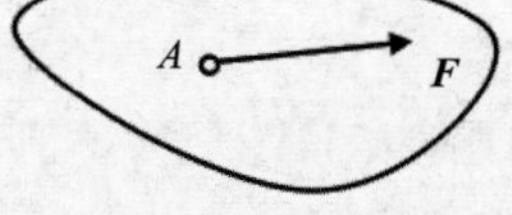

作用在物体上的一群力，称为力系。所有的力作用线位于同一个平面内，称为平面力系；作用线不在同一个平面内，称为空间力系；作用线汇交于一点，称为汇交力

图 5-1　力的示意图

系；作用线互相平行，称为平行力系；作用线既不汇交于一点又不平行，称为一般力系。若两个力系分别作用于同一物体，其效应相同，这两个力系为等效力系。如果一个力系作用在物体上使其平衡，此力系称为平衡力系。

二、刚体、弹性体及各向同性弹性体

刚体是指在运动中和受力作用后，形状和大小都不发生改变，而且内部各点之间的距离不变的物体。简单来说，刚体就是在任何外力作用下均不发生变形的物体。实际上，刚体是一种理想的力学模型，自然界中并不存在。任何物体在力的作用下都会发生变形，只是若变形的尺寸与原始尺寸相比很小，在研究力学问题的时候，忽略此变形不会引起显著的误差，那么为了简化研究的问题，就可以将这个物体抽象化为刚体。由于工程结构在外力作用下的变形一般都比较小，对于物体的受力分析影响甚微，故可忽略不计。因此，关于刚体，主要研究在外力作用下的平衡和运动问题。

相应地，不能忽略变形的物体，即变形体。实验证明，当外力不超过某一极限时，绝大多数材料制成的物体在外力消除后能恢复原有的形状尺寸，具有这种性质的物体称为弹性体，随外力解除后而消除的变形称为弹性变形。当外力过大时，外力消除后，物体只能部分恢复，残留一部分变形，这部分残留的变形称为塑性变形。在工程上，一般要求构件只发生弹性变形，而不允许出现塑性变形。

不同材料的物体受力后表现的不同的变形行为称为材料的受力性能。弹性体根据不同方向上的受力性能是否相同分为两类：①各向异性弹性体，在不同方向上具有不同的受力性能；②各向同性弹性体，在不同方向上具有相同的受力性能。

为了简化研究，对弹性体进行抽象，得到变形固体，对于变形固体做了三个基本假设：连续、均匀、各向同性。即假设认为物体的组成物质是毫无空隙地充满整个物体的几何体积，各处的力学性质完全相同，各个不同方向都具有相同的力学性质。因此，关于变形固体，主要研究连续均匀的各向同性弹性体的变形规律。

三、力矩和力偶

1. 力矩

力除了能造成物体的移动，还能造成物体的转动，比如杠杆、扳手拧紧螺帽、推开门或窗等实例。

如图 5-2 所示，力 F 使扳手和螺母一起绕螺母中心 O 点转动，这种转动的效应与力 F 的大小成正比，还与 O 点到力作用线的垂直距离 d（称为力臂）成正比。用力 F 对 O 点之矩来度量此转动效应，表达符号为：$M_O(F)$，O 点称为矩心，力 F 和矩心所决定的平面称为力矩平面。在此平面中，根据力 F 的方向不同，会形成不同的转动方向。

如图 5-3 所示，力 F 向下，使扳手和螺母绕着点 O 顺时针转动；反之，若力 F 向上，那么就会形成逆时针的转动效应。我们规定，使物体产生逆时针转动的力矩为正，使物体产生顺时针转动的力矩为负，即逆正顺负。故力矩 M_O（F）为一代数量，在国际单位制中，力矩的单位为牛·米（N·m）。

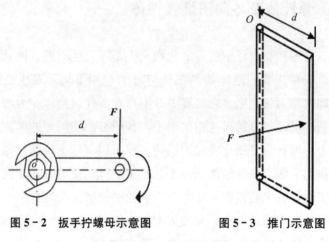

图 5-2 扳手拧螺母示意图   图 5-3 推门示意图

$$M_O（F）=\pm F \cdot d$$

注意：①在确定力臂时，应该从矩心向力的作用线作垂线，求其垂线段长。

②当力 F 的大小等于零，或者力的作用线通过矩心（即 $d=0$）时，力矩等于零。

③当力沿其作用线移动时，不会改变力对某点之矩。

除了力对点之矩之外，力也会使物体绕着某轴转动的效应，即力对轴之矩。如图 5-3 所示，门上作用一个水平的力 F，使门绕着轴 O 转动，从而使得门开或关。力对轴之矩的表达如同力对点之矩—M_O（F），只不过此时 O 表示为轴 O，正负规定、单位都是一致的。力臂为从轴向力的作用线所作垂线的长度。力的大小等于零或力的作用线通过轴时，力矩等于零。力沿其作用线移动时，力矩不变。

例 1：如图 5-4（a）所示，结构上作用力，分别计算力 F 对 A 点的矩。$F=10kN$，$a=3m$，$b=4m$，$\theta=60°$。

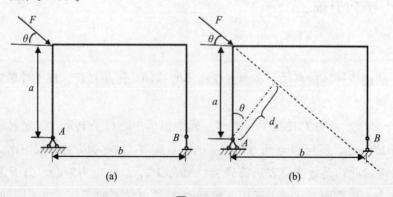

(a)   (b)

图 5-4

解：如图5-4（b）所示做出力 $\boldsymbol{F}$ 的作用线延长线，从 A 点做延长线的垂线，即力臂 d_A。形成顺时针的转动。

$$d_A = a \cdot \cos\theta = 3 \times \cos 60° = 1.5\text{m}$$
$$M_O(\boldsymbol{F}) = -\boldsymbol{F}d_A = -10 \times 1.5 = -15\text{kN} \cdot \text{m}$$

2. 力偶

（1）定义。

生活中，汽车司机转动方向盘时两手加在方向盘的近似视为大小相等、方向相反的平行力（如图5-5所示），也会使方向盘发生转动。此种由大小相等、方向相反、作用线平行，但不在同一直线上的两个力组成的力系称为力偶，记为（$\boldsymbol{F}$，$\boldsymbol{F}'$）。力偶的两个力 $\boldsymbol{F}$，$\boldsymbol{F}'$ 所在的平面称为力偶作用面，两力作用线间的垂直距离 d 称为力偶臂；力的大小与力偶臂 d 的乘积称为力偶矩 $M(\boldsymbol{F}, \boldsymbol{F}') = \boldsymbol{F} \cdot d$。力偶矩只引起转动，不会引起移动，这称为力偶的转动效应。引起的转动的方向称为力偶矩的转向，此力偶矩的指向与转向符合右手螺旋法则。使物体产生逆时针转动的力偶矩为正，使物体产生顺时针转动的力偶矩为负，即逆正顺负。力偶矩 $M(\boldsymbol{F}, \boldsymbol{F}')$ 是矢量，在国际单位制中，力矩的单位为牛·米（N·m）或千牛·米（kN·m）。力偶矩的图示符号表达也可简化为用 M 加上转向记号（∪或∪）。

（2）力偶的性质。

性质一：力偶不能简化为一个合力，即力偶不能与一个力等效，也不能和一个力相平衡，力偶只能和力偶平衡。

性质二：力偶中两力对任意点之矩的和恒等于力偶矩。即力偶对刚体的转动效应只取决于力偶矩的大小和其正负号，而与刚体转动中心或所取矩心的位置无关。如图5-6所示，力 $\boldsymbol{F}$ 和 $\boldsymbol{F}'$ 大小相等，方向相反，这两个力对点 O 的力矩之和为 $M_O(\boldsymbol{F}) + M_O(\boldsymbol{F}') = \boldsymbol{F} \cdot (d+r) - \boldsymbol{F}' \cdot r = \boldsymbol{F} \cdot d = M(\boldsymbol{F}, \boldsymbol{F}')$。

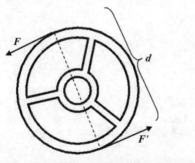
图5-5　汽车方向盘示意图

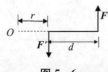
图5-6

性质三：力偶等效性质，作用于同一刚体的两个力偶，只要其力偶矩相等，则它们对刚体的作用等效。也就是说在保持力偶矩大小和力偶转向不变的情况下，力偶可在其作用面内任意移转，不改变它对刚体的转动效应。即力偶的三要素是大小、转向和作用面。

（3）力偶系的合成与平衡。

刚体上作用的一群力偶称为力偶系。力偶系合成的力偶称为合力偶，合力偶矩等于力偶系中各力偶的矢量和。

$$\boldsymbol{M} = M_1 + M_2 + \cdots + M_n = \sum M_i$$

在平面力偶系的情况下，各力偶矩矢彼此平行，因此力偶矩只需用代数量表示。一般规定，从平面上方俯视，逆时针转向为正，反之为负。那么要使平面力偶系平衡的充分必要条件是合力偶矩为零或各个分力偶矩的代数和为零，即

$$\sum M_i = 0$$

例2：如图5-7所示，该物体处于平衡状态，已知 $\boldsymbol{F}_1 = \boldsymbol{F}'_1 = 2\text{kN}$，$M_O = 0.56\text{kN} \cdot \text{m}$，$\boldsymbol{F}_2 = \boldsymbol{F}'_2$，方向如图5-7所示，试求 $\boldsymbol{F}_2$ 的大小。

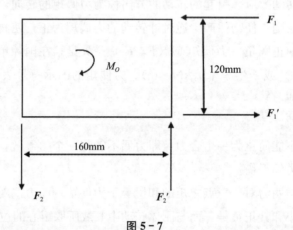

图5-7

解：$M_1 (\boldsymbol{F}_1, \boldsymbol{F}'_1) = 2 \times 120 \times 10^{-3} = 0.24\text{kN} \cdot \text{m}$

由平面力偶系平衡条件知：

$M_1 (\boldsymbol{F}_1, \boldsymbol{F}'_1) + M_2 (\boldsymbol{F}_2, \boldsymbol{F}'_2) - M_O = 0$

$M_2 (\boldsymbol{F}_2, \boldsymbol{F}'_2) = M_0 - M_1 (\boldsymbol{F}_1, \boldsymbol{F}'_1)$

$M_2 (\boldsymbol{F}_2, \boldsymbol{F}'_2) = \boldsymbol{F}_2 \cdot d_2$

故：

$$\boldsymbol{F}_2 = \frac{M_O - M_1 (\boldsymbol{F}_1, \boldsymbol{F}'_1)}{d_2} = \frac{0.56 - 0.24}{160 \times 10^{-3}} = 2\text{kN}$$

四、静力学基本公理

人们在生活和生产实践中长期、反复地观察、实验和总结出来的不需要再证明的一些关于静力学的客观规律。静力学基本公理是静力学中很多理论分析的基础。

1. 力的平行四边形法则

作用于物体上同一点的两个力可以合成为作用于该点的一个合力，合力的大小和方向由于这两个力为邻边所构成的平行四边形的对角线确定，如图 5-8 (a) 所示，即 $F_R = F_1 + F_2$。另一个简单的求合力方法，力的三角形法则，直接将一个力平移到另一个力的尾部，然后将两个力的首尾相连即得到合力，组成的三角形称为力三角形，如图 5-8 (b) 所示。

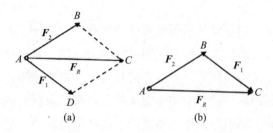

图 5-8

平行四边形法则也适用于力的分解，可以将一个力分解为作用于同一点的两个分力，但是只有另外附加足够的条件才能得到确定的两个分力，因为一个对角线可以组成很多不同的平行四边形。

2. 二力平衡公理

作用在同一刚体上的两个力，使刚体保持平衡的必要充分条件是：这两个力大小相等、方向相反、作用线沿同一直线（如图 5-9 所示）。此公理又称为二力平衡条件，仅受两力并平衡的这个构件称为二力构件，简称为二力体（如图 5-9 中的杆件 AB 所示）。

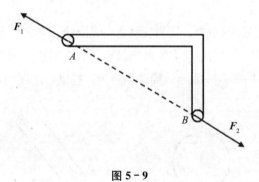

图 5-9

3. 加、减平衡力系公理

在作用于刚体的任意力系上，增加或减去一个平衡力系，而不改变原力系对刚体的作用效应。

（1）力在刚体上的可传性。

作用于刚体上的力，可以沿其作用线移至刚体内任意一点，而不改变该力对刚体的作用效应。

（2）三力平衡汇交定理。

刚体在不平行的三个力作用下平衡时，此三力的作用线必共面且汇交于一点。

4. 作用与反作用定律

两物体间相互作用的力总是大小相等、方向相反、沿同一直线，分别且同时作用在这两个物体上。

五、约束与约束反力

对物体的运动施加限制条件的周围的其他物体称为约束体，简称约束。如用绳子悬挂的重物，绳子就是重物的约束。约束限制了物体的运动，其中必然有力的作用，这种力称为约束反力，简称反力。约束反力的方向总是与约束所能阻止的物体的运动趋势的方向相反，作用点就是约束与被约束物体的接触点，而约束反力的大小与物体所受的主动力有关。主动力即能主动引起物体运动或产生运动趋势的力。前述绳子悬挂重物保持平衡，重物的向下的重力即主动力，绳子施加给重物向上的约束反力与重力大小相等，作用点在绳子与重物接触的地方。常见的几种约束类型：

（1）柔体约束。

由绳索、链条等柔软而不计自重的物体构成的约束称为柔体约束，简称柔索。由于柔索只能限制物体沿柔体中心线伸长方向的运动，所以柔索的约束反力必定作用在接触点，沿着柔索的中心线且背离被约束的物体，表现为拉力，用符号 F_T 表示。简单描述为：提供一个拉力，如图 5-10 所示。

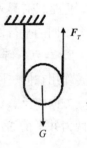

（2）光滑接触面约束。

忽略两物体直接接触时的摩擦，认为接触面是光滑的，那么就属于

图 5-10　柔体约束

光滑接触面约束。此种约束的约束反力通过接触点，方向沿接触面的公法线并指向被约束的物体，表现为压力，用符号 F_N 表示。简单描述为：提供一个压力，如图 5-11 所示。

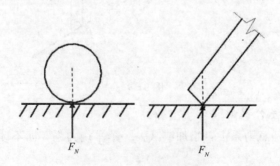

图 5-11　光滑接触面约束

（3）光滑圆柱形铰链约束。

用销钉将两个有相同直径圆孔的物体连接起来，忽略销钉与销钉孔壁间的摩擦，这种约束称为光滑圆柱形铰链约束。铰链约束可以限制两个物体在垂直于销钉轴线平面内任意方向的相对移动，但是却不能约束转动和在沿着销钉轴线方向的移动。故铰链的约

束反力作用在与销钉轴线垂直的平面内，并通过销钉中心，而方向待定，因此常用两个通过铰链中心相互垂直的分力 F_{Ax}，F_{Ay} 表示。简单描述为：提供两个方向未知的约束反力，如图 5-12 所示。

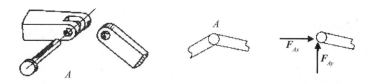

图 5-12 光滑圆柱形铰链约束

光滑圆柱铰链约束与固定面连接形成支座，常见的支座有以下几种。

（1）固定铰支座。

把结构或构件通过光滑圆柱形铰链约束与支撑物连接起来构成的支座，称为固定铰支座，如图 5-13（a）所示。此种支座的实质就是光滑圆柱形铰链约束，因此其约束反力作用在与铰链轴线垂直的平面内，并通过铰链中心，而方向待定，因此常用两个通过铰链中心相互垂直的分力 F_{Ax}，F_{Ay} 表示。力学简图及支座反力如图 5-13（b）所示。

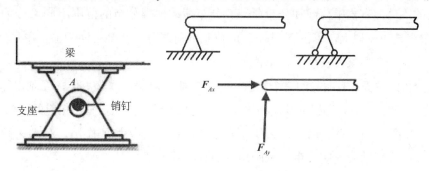

图 5-13 固定铰支座

（2）可动铰支座。

支撑物与光滑圆柱形铰链约束间安装几个滚轴，便形成了可动铰支座，力学简图如图 5-14 所示，很明显可动铰支座不能限制物体绕铰链轴转动和沿支承面运动，故可动铰支座的约束反力通过铰链中心并垂直于支承面，常用符号 F_A 表示。

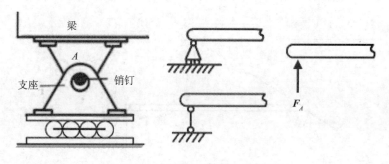

图 5-14 可动铰支座力学简图

（3）固定端支座。

嵌入墙内的雨篷板，墙对于雨篷板来说就是个固定端支座。墙既限制了雨篷板沿任意方向的相对移动，也限制了板的转动。因此，约束反力用相互垂直的分力 F_{Ax}，F_{Ay} 和大小为 M_A 的力偶矩表示，力学简图如图 5-15 所示。

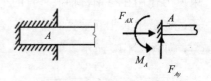

图 5-15　固定端支座力学简图

六、物体的受力图

为了解决静力学问题，要选定进行研究的物体，即研究对象。根据前面四个公理、三个约束、三个支座，我们就可以解决一般物体的受力分析，画出受力图。为了方便对研究对象的受力情况进行分析，常常需要把该研究对象从周围物体中分离出来，画出其力学简图，即取分离体。将此分离体所受的所有力（主动力和约束反力）都表示出来，这样便形成了研究对象的受力图。这个过程称为物体的受力分析。

常见的主动力有集中荷载和分布荷载。分布荷载根据分布的范围不同又分为体荷载（荷载分布在某一体积上，单位 N/m^3）、面荷载（荷载分布在某一面积上，单位 N/m^2）、线荷载（荷载分布在某一长度上，单位 N/m）。

受力分析的过程，有明确的三个步骤：①确定研究对象，取分离体；②画出作用于研究对象上的全部主动力；③根据其他物体对研究对象的约束类型，画出相应的约束反力。

例 3：如图 5-16（a）所示杆 AB，杆上 C 处受一集中力 F 作用，A 端为固定铰支座约束，B 端为可动铰支座约束。试画出杆 AB 的受力图。

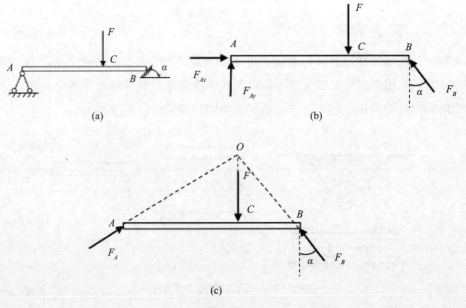

图 5-16

解：①取杆 AB 为研究对象，解除 A，B 两处的约束，并画出其简图。

②在杆的 C 点画出主动力 $\boldsymbol{F}$。

③在受约束的 A、B 处，根据约束类型画出约束反力。B 处为光滑接触面约束，其反力 $\boldsymbol{F}_B$ 过铰链中心且垂直于支承面，假定指向如图 5 - 16（b）所示；A 处为固定铰支座，其反力可用通过铰链中心 A 的互相垂直的分力 $\boldsymbol{F}_{Ax}$，$\boldsymbol{F}_{Ay}$ 表示，受力图如图 5 - 16（b）所示。

杆 AB 仅在 A，B，C 三点受到三个互不平行的力的作用而平衡，根据三力平衡汇交定理，已知 $\boldsymbol{F}$ 与 $\boldsymbol{F}_B$ 的作用线相交于点 O，那么 A 处的反力 $\boldsymbol{F}_A$ 的作用线也应相交于点 O，因此可以确定出 $\boldsymbol{F}_A$ 的作用线为沿 A，O 两点的连线，如图 5 - 16（c）所示。

七、平面力系的平衡方程及应用

平面力系中的各个力可以向建立的直角平面坐标系的两个轴（x 轴和 y 轴）进行投影。投影的方向与轴走向一致，则投影取正号，反之，投影取负号。因而力在轴上的投影是一个代数量。

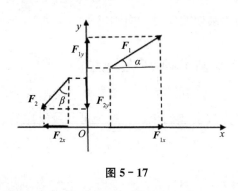

图 5 - 17

如图 5 - 17 所示，$\boldsymbol{F}_{1x} = \boldsymbol{F}_1 \cos\alpha$，$\boldsymbol{F}_{1y} = \boldsymbol{F}_1 \sin\alpha$，$\boldsymbol{F}_{2x} = -\boldsymbol{F}_2 \sin\beta$，$\boldsymbol{F}_{2y} = -\boldsymbol{F}_2 \cos\beta$。

一般写力在坐标轴上的投影，可以按照以下口诀：先写大小，再说方向。

平面汇交力系是一种特殊的平面力系，其平衡的充分必要条件就是合力为零，那么此合力在相互垂直的两个轴上的投影为零，要满足此条件，那原本组成合力的各个分力分别在两个轴上投影的代数和也应该为零。

$$\sum F_x = 0$$

$$\sum F_y = 0$$

一般力系平衡的充分必要条件是合力为零，合力偶也为零。

$$\sum F_x = 0$$

$$\sum F_y = 0$$

$$\sum M_i = 0$$

上面两组式子即为平面力系的平衡方程。

例 4：支架如图 5 - 18 所示，由杆 AB 与 AC 组成，A，B 与 C 均为铰链，在销钉 A 上悬挂重量为 G 的重物。试求，杆 AB 与 AC 所受的力。

解：取销钉 A 为研究对象，假设 AB 杆给销钉 A 施加的力为 $\boldsymbol{F}_{AB}$，AC 杆给销钉 A 施加的力为 $\boldsymbol{F}_{AC}$，重物给销钉 A 施加的力为 G，三力的方向如图 5-18（b）所示。这三力交于点 A，是平面汇交力系。

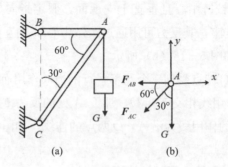

图 5-18

列平衡方程，求解未知力。建立如图 5-18 所示的坐标系。

$$\sum \boldsymbol{F}_x = 0 - \boldsymbol{F}_{AB} - \boldsymbol{F}_{AC}\cos 60° = 0 \qquad (\text{式 1})$$

$$\sum \boldsymbol{F}_y = 0 - \boldsymbol{F}_{AC}\sin 60° - G = 0 \qquad (\text{式 2})$$

由式（2）可得，$\boldsymbol{F}_{AC} = -\dfrac{G}{\sin 60°} = -\dfrac{2\sqrt{3}}{3}G$，负号表明和假设方向相反。

由式（1）可得，$\boldsymbol{F}_{AB} = -\boldsymbol{F}_{AC}\cos 60° = \dfrac{\sqrt{3}}{3}G$，方向为假设的方向。

例 5：如图 5-19（a）所示杆 AB，杆上 C 处受一集中力 $\boldsymbol{F} = 20\text{kN}$ 作用，力距 A 端距离为 $a = 3\text{m}$，距 B 端距离为 $b = 1\text{m}$，A 端为固定铰支座约束，B 端为可动铰支座约束。求 A，B 端的支座反力。

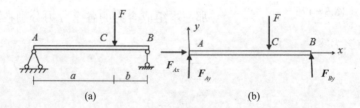

图 5-19

解：取 AB 杆为研究对象，解除支座，作出 AB 杆的受力分析，如图 5-19（b）所示。以杆轴方向为 x 坐标，垂直杆轴方向为 y 坐标，建立平衡方程，求解未知力。

$$\sum \boldsymbol{F}_x = 0 , \quad \boldsymbol{F}_{Ax} = 0$$

$$\sum \boldsymbol{F}_y = 0 , \quad \boldsymbol{F}_{Ay} - \boldsymbol{F} + \boldsymbol{F}_{By} = 0$$

$$\sum M_A = 0 , \quad -\boldsymbol{F} \cdot a + \boldsymbol{F}_{By}(a+b) = 0$$

得 $\boldsymbol{F}_{Ax} = 0$，$\boldsymbol{F}_{Ay} = 5\text{kN}$（↑），$\boldsymbol{F}_{By} = 15\text{ kN}$（↑）。

当不能确定约束反力（或支座反力）的方向时，可以假设方向，如果答案出现负值，代表实际方向和假设方向相反。

第二节　静定结构的杆件内力

工程中的建筑物可称为结构，而组成结构的元件称为工程构件。工程构件根据长、宽、高三个尺寸的关系大致分为三类：长、宽、高三个尺寸相近的构件称为块；三个方向尺寸中有一个远小于其他两个尺寸的构件，称为板或壳；长度远大于宽和高的构件称为杆。本书主要研究杆件，与杆长度垂直的截面为横截面，横截面形心的连线为轴线。

内力是指在外力作用下，引起构件内部相互作用的力。它包括杆件轴向拉伸或压缩时的轴力，平面桁架各杆的轴力，圆轴扭转时的扭矩，单跨静定梁弯曲时的弯矩和剪力。内力与构件的强度、刚度、稳定性密切相关，常用截面法来求内力，截面法是用假想的截面在需要求内力处将杆件截开，取脱离体，在脱离体上建立平衡力系，建立平衡方程，求解相应的内力。

一、杆件轴向拉伸或压缩时的轴力

杆件在受到外力作用线与杆轴线重合时会发生轴向拉伸和压缩变形。此时杆件就只有一个内力——轴力，一般用 F_N 表示。对于轴力符号的规定是，使脱离体轴向拉伸为正（轴力的方向背离截面），轴向压缩为负（轴力的方向指向截面），即拉正压负。一般在计算某个截面的内力时，先假定轴力为拉力，由平衡条件求出轴力，根据轴力的正负号判断该截面是受拉还是受压。

以图 5-20（a）为例（单位：kN），来用截面法研究轴向拉压杆件横截面上的内力。

由于脱离体上的外力与截面上的内力构成平衡体系，当脱离体上外力发生突变，会导致内力也发生变化，因此，需要分段计算。此例分为 AB 段（$0 \leqslant x \leqslant l$）、$BC$ 段（$l \leqslant x \leqslant 2l$）、$CD$ 段（$2l \leqslant x \leqslant 3l$）三段。每段之间的每个截面的内力是相同的，因此沿每段中某一个截面将杆件截开，一分为二，取左边的脱离体，画出脱离体受力图，如图 5-20（b）、（c）、（d）所示。每段的平衡方程：

$F_1 + F_{N1} = 0$　　$F_{N1} = -F_1 = -4\text{kN}$（压力）

$F_1 - F_2 + F_{N2} = 0$　　$F_{N2} = F_2 - F_1 = 5 - 4 = 1\text{kN}$（拉力）

$F_1 - F_2 - F_3 + F_{N3} = 0$　　$F_{N3} = F_3 + F_2 - F_1 = 2 + 5 - 4 = 3\text{kN}$（拉力）

其中，F_1 为负值，表明 F_1 的作用方向与所假设的方向相反，应为压力。CD 段也可以取右边的脱离体来研究，如图 5-20（e）所示，此时平衡方程为：

$-\boldsymbol{F}_{N3}+\boldsymbol{F}_4=0$　　$\boldsymbol{F}_{N3}=\boldsymbol{F}_4=3\mathrm{kN}$（拉力），所得结果与取左边脱离体一致。

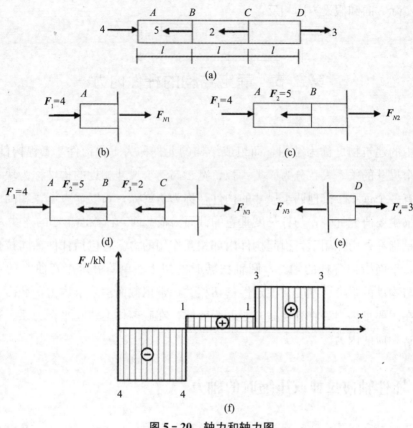

图 5-20　轴力和轴力图

为了更形象具体地表达出杆件每个截面的轴力，常常绘制出杆件的轴力图。所谓轴力图就是用平行杆件轴线的坐标表示横截面的位置，与其垂直的坐标表示轴力的大小，绘出表示轴力沿杆轴变化规律的图线。上例中的轴力图，如图 5-20（f）所示，需要注意的是纵坐标按一定的比例表示对应截面的轴力。

二、单跨静定梁弯曲时的剪力与弯矩

当杆件所受的外力或外力偶矩矢垂直于杆的轴线方向时，杆件会产生弯曲变形。以弯曲为主要变形的杆件称为梁，如建筑物中的梁等。我们主要研究平面弯曲问题，所谓平面弯曲是指所受荷载都是在梁的纵向对称平面内的情况。

梁根据约束情况的不同，分为静定梁和超静定梁。静定梁就是没有多余约束，可以用平衡条件求出未知约束反力的梁；超静定梁是指有多余约束，除了用平衡条件还需变形协调等其他条件来求未知约束反力的梁。本书主要研究静定梁。根据支承条件不同把简单的单跨静定梁分为三类：简支梁，梁的两端分别为固定铰支座和活动铰支座，如图 5-21（a）所示；悬臂梁，梁的一段是固定端，另一端是自由的，如图 5-21（b）所示；外伸梁，支座如同简支梁，只是铰支座不是在梁的端部而在中部，如图 5 - 21（c）所示。

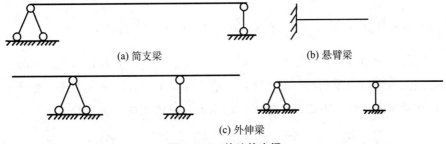

(a) 简支梁　　　　　　　　(b) 悬臂梁

(c) 外伸梁

图 5 - 21　单跨静定梁

我们用简单的例子来说明弯曲剪力的计算：如图 5 - 22（a）所示，简支梁 AB 跨中受集中力 F 作用，支座反力可以由平衡方程求得 $\boldsymbol{F}_{Ay}=\boldsymbol{F}_{By}=\dfrac{\boldsymbol{F}}{2}$。计算离支座 A 距离 x 处的 $m-m$ 截面上的内力。用截面法，在截面 $m-m$ 处将梁截开，取左段为脱离体，画受力图，如图 5 - 22（b）所示，截面上除了有内力 $\boldsymbol{F}_s$，还要添上力偶 M 才能平衡。

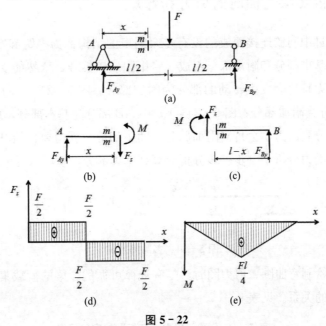

图 5 - 22

当 $0 \leqslant x \leqslant l/2$ 时 $\sum \boldsymbol{F}_y = 0, \boldsymbol{F}_{Ay} - \boldsymbol{F}_s = 0, \boldsymbol{F}_s = \boldsymbol{F}_{Ay} = \dfrac{\boldsymbol{F}}{2}$

$$\sum M = 0, -\boldsymbol{F}_{Ay} \cdot x + M = 0, M = \boldsymbol{F}_{Ay} \cdot x = \frac{\boldsymbol{F}}{2}x$$

因此，梁的内力有两项，剪力 $\boldsymbol{F}_s$ 与弯矩 M。剪力与弯矩的正负号规定，如图 5 - 23 所示：使脱离体发生顺时针转动的剪力为正，反之为负；使脱离体发生下侧受拉、上侧受压的弯矩为正，反之为负（如图 5 - 23 所示）。上面两式是当 $0 \leqslant x \leqslant l/2$ 时的剪力方程和弯矩方程，那么当 $l/2 \leqslant x \leqslant l$ 时，在 x 所在截面将梁截开，取右端为脱离体，如图 5 - 22（c）所示，画受力图，假设截面上有正向的剪力 $\boldsymbol{F}_s$ 与弯矩 M，列平衡方程：

当 $l/2 \leqslant x \leqslant l$ 时，$\sum F_y = 0, F_{By} + F_s = 0, F_s = -F_{By} = -\dfrac{F}{2}$

$$\sum M = 0, F_{By}(l-x) - M = 0, M = F_{By}(l-x) = \frac{F}{2}(l-x)$$

根据两段的剪力方程和弯矩方程，画出弯矩图和剪力图，如图 5-22（d）、（f）所示。需要注意的是剪力图和轴力图一样，正剪力在 x 轴上方，负剪力在 x 轴下方；而弯矩图是画在受拉的一侧，因此正弯矩在 x 轴下方，负弯矩在 x 轴上方。

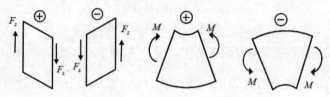

图 5-23　剪力弯矩正负的规定

三、多跨静定梁弯曲时的剪力和弯矩

由多根梁通过中间铰连接而成的没有多余约束的结构称为多跨静定梁，如图 5-24 所示。多跨梁由基本部分和附加部分组成，将中间的铰拆开，依然能受力的部位即为基本部分，不能受力且将会发生转动的部分为附加部分。图 5-24（a）中 ABC 部分为基本部分，CD 部分为附加部分；图 5-24（b）中 AB 部分为基本部分，BC 部分为附加部分。由于基本部分受的力不会传向附加部分，而附加部分受力要传给基本部分，所以先对附加部分进行受力分析，一步一步分析计算到基本部分，就可以解决此类问题。

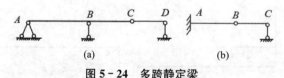

图 5-24　多跨静定梁

实际上，在绘制弯曲图、剪力图时，是有规律可循的。梁的荷载集度与剪力、弯矩之间存在着一定的关系。见表 5-1。

表 5-1　荷载、剪力、弯矩图的变化规律

荷载作用情况	剪力图	弯矩图
$q_{(x)}=0$ 无荷载	水平线	斜直线
$q_{(x)}-$ 常数 向下的均布荷载	斜直线、斜向下	凹向上的二次曲线
$q_{(x)}=$ 常数 向上的均布荷载	斜直线、斜向上	凹向下的二次曲线

（续表）

荷载作用情况	剪力图	弯矩图
F_P 集中力	集中力作用处发生突变，突变值等于集中力的大小	在集中力作用处发生转折
M 集中力偶	集中力偶作用处无变化	在集中力偶处发生突变，突变值等于集中力偶值

四、静定平面桁架各杆件的内力

全由直杆组成，但所有结点均为铰结点，当只受到作用于结点的集中荷载时，各杆只产生轴力的杆系结构称为桁架结构，如图 5-25 所示。各杆轴线及外力均在同一个平面内并且没有多余约束的桁架即为静定平面桁架。求桁架各杆件的内力有两种方法：结点法和截面法。截取桁架的一部分为隔离体，利用隔离体的平衡条件来计算所求内力，若隔离体只包含一个结点，就是结点法；若隔离体不止包含一个结点，即为截面法。结点法和截面法也可以联合起来一起用，更为简便。在桁架中常有一些特殊形状的结点，在实际解决桁架问题时，一般均从这类特殊点开始分析计算，如图 5-26 所示。

（1）L 形结点。结点上若无荷载，两杆的内力都为零，即零杆。

（2）T 形结点。三杆汇交的结点，其中两杆共线。若结点无荷载，第三杆为零杆。

（3）X 形结点。四杆结点且两两共线，结点无荷载时，共线两杆内力相等且符号相同。

（4）K 形结点。四杆结点，其中两杆共线，另外两杆在此直线同侧且交角相等。结点无荷载，则非共线两杆内力大小相等而符号相反。

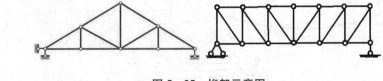

图 5-25 桁架示意图

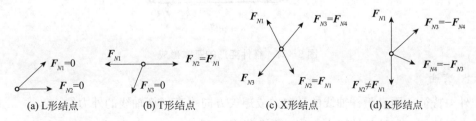

（a）L 形结点 　　（b）T 形结点 　　（c）X 形结点 　　（d）K 形结点

图 5-26 桁架各类结点

第三节　杆件强度、刚度和稳定性的概念

　　要使结构能正常地工作，就必须要求组成结构的每个构件在荷载作用下都能正常工作，因此，要求构件应满足强度、刚度、稳定性三方面的要求。强度是指构件抵抗塑性变形和破坏的能力，即要求构件在荷载作用下不发生塑性变形和破坏。刚度是指构件抵抗弹性变形的能力，即要求构件在荷载作用下产生的弹性变形不超过给定的范围。稳定性是指构件承受荷载作用时保持其原有平衡的能力，对于受压杆件要求它在压力作用下原有的直线形状应该是稳定的。

一、杆件变形的基本形式

　　杆件在不同形式的荷载作用下的有四种基本变形形式。实际杆件的变形都可以归结为四种基本变形形式中的一种或其中某几种变形的组合。

　　1. 轴向拉伸和压缩

　　外力特征：外力的作用线与杆件轴线重合；

　　变形特征：杆件的长度发生伸长或缩短，如图 5 - 27 （a）、（b）所示。

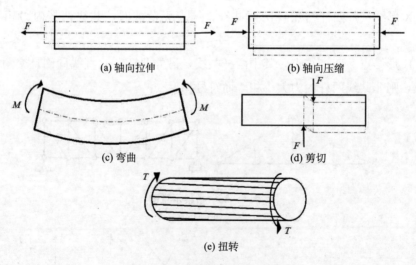

(a) 轴向拉伸　　　　　　　　　(b) 轴向压缩

(c) 弯曲　　　　　　　　　(d) 剪切

(e) 扭转

图 5 - 27　杆件变形的基本形成

　　2. 弯曲

　　外力特征：垂直于杆轴线的横向力或矩矢方向垂直于杆轴线的外力偶；

　　变形特征：杆件的轴线由直线变为曲线，如图 5 - 27 （c）所示。

3. 剪切

外力特征：一对大小相等、方向相反、作用线垂直于杆轴并相距很近的外力；

变形特征：受剪杆件的两部分沿外力作用方向发生相对错动，如图 5-27（d）所示。

4. 扭转

外力特征：一对大小相等、转向相反、作用面垂直于杆轴的力偶；

变形特征：杆件任意两个横截面发生绕杆件轴线的相对转动，如图 5-27（e）所示。

二、应力、应变的基本概念及胡克定律

受相同的拉力但粗细不同的杆件，细杆比粗杆更先断裂。也就是说只研究杆件的内力是不够的，还要研究杆的内力在截面上的集度——应力。一点上的应力的定义式：

$$P = \lim_{\Delta A \to 0} \frac{\Delta F}{\Delta A}$$

全应力 P 在截面法线上的投影，称为正应力，记为 σ；P 在截面上的投影称为切应力，记为 τ。应力的常用单位 Pa（N/m²）或 MPa（N/mm²）。

直杆受轴向拉力或压力作用时，杆件会产生轴线方向的伸长或缩短，等直杆原长为 l 变为 l_1，杆的轴向伸长为 $\Delta l = l_1 - l$，Δl 称为杆的轴向绝对线变形，定义线变形 Δl 与原长 l 的比值为轴向线应变 ε。即

$$\varepsilon = \frac{\Delta l}{l}$$

拉伸时 Δl 与 ε 均为正值，压缩时均为负值。实验表明，大多数材料，在正应力 σ 不超过某个限值时，与 σ 同向的线应变 ε 与 σ 成正比，即

$$\sigma = E\varepsilon$$

上式称为胡克定律，E 是与材料相关的常数——弹性模量。ε 的量纲为1，所以 E 的单位与 σ 一致，即 Pa（N/m²）或 MPa（N/mm²）。

三、轴向拉压杆件强度

根据观察到的轴向拉压杆变形现象，提出平面假设，即认为变形前原为平面的横截面，变形后仍然为平面且仍垂直于杆轴线。又因假设材料是连续均匀的，那么内力在截面上是均匀分布的，且垂直于横截面，那么截面上就只有正应力，且均匀分布。那么

$$\sigma = \frac{F_N}{A}$$

为了保证构件安全、正常地工作，构件中的应力不得超过材料的许用应力，即

$$\sigma = \frac{F_N}{A} \leqslant [\sigma]$$

上式称为拉伸或压缩的强度条件。关于强度条件有三种运用：

（1）强度校核，在已知构件尺寸、所用材料、载荷、许用应力 $[\sigma]$，计算构件的应力 σ 并与许用应力 $[\sigma]$ 比较，若 $\sigma \leqslant [\sigma]$，则构件是安全的，反之则不安全。

（2）设计截面，对给定荷载、许用应力的结构，根据 $A \geqslant \dfrac{F_N}{[\sigma]}$ 确定构件横截面积。

（3）确定许用载荷，对给定的构件尺寸、所用材料、许用应力 $[\sigma]$ 和加载方式，确定结构在安全前提下能承受的最大荷载 $[F]$。根据许用轴力 $[F_N] \leqslant A[\sigma]$，利用轴力与载荷的关系，得到构件允许的载荷值。结构中各构件允许的载荷值里最小者，即结构的许用载荷。

四、弯曲梁的强度

梁的内力有两项——剪力 F_s 与弯矩 M。在弯矩的作用下，横截面上会产生正应力。如图 5-28 所示的矩形横截面，z 轴为中性轴，即不会发生变形的中性层与横截面的交轴；y 轴向下为正。

$$\sigma = \frac{My}{I_z}$$

上式表明横截面内正应力 σ 随高度 y 呈线性分布；正应力正比于弯矩 M，反比于截面的形心主惯性矩 I_z；梁弯曲时中性轴两侧的正应力一拉一压，同时存在。常见截面的形心主惯性矩 I_z：

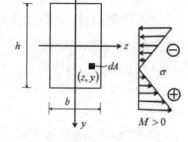

图 5-28

矩形截面： $$I_z = \frac{bh^3}{12}$$

圆形截面： $$I_z = \frac{\pi d^4}{64} \quad (d \text{ 为圆的直径})$$

梁横截面上最大正应力发生弯矩最大的截面，距中性轴最远的点：$\sigma_{max} = \dfrac{M_{max} y_{max}}{I_z}$，令 I_z / y_{max} 为 W_z，抗弯截面系数，故

$$\sigma_{max} = \frac{M_{max}}{W_z}$$

由于脆性材料的抗拉强度远远小于抗压强度，塑性材料的抗拉抗压强度一致，因此梁的弯曲正应力强度条件：

塑性材料： $$\sigma_{max} = \frac{M}{W_z} \leqslant [\sigma]$$

脆性材料： 最大拉应力 $\sigma_{tmax} \leqslant [\sigma_t]$；最大压应力 $\sigma_{cmax} \leqslant [\sigma_c]$

在剪力的作用下，横截面上会产生切应力 τ（具体的计算略）。最大切应力一般发生在剪力最大的横截面的中性轴上。

提高梁弯曲强度的措施：选择合理的截面，以提高截面的抗弯截面系数；合理安排载荷、改变梁的形式、增加支座约束以减小梁上的弯矩值；根据梁上的弯矩分布，使用变截面梁。

五、轴向拉压杆件的刚度

根据第五章第三节二中的公式得知，

$$\Delta l = \varepsilon l = \frac{\sigma}{E} l = \frac{F_N l}{EA}$$

上式是拉压杆件变形量的计算公式，EA 称为杆件抗拉（压）刚度。为了使结构既经济又安全，同时还要适用，就必须限制构件的变形，需满足变形条件，即刚度条件：

$$\Delta l = \frac{F_N l}{EA} \leqslant [\Delta l]$$

六、弯曲梁的刚度

梁的变形是通过梁的横截面位移来度量的。梁在弯曲变形的时候横截面会产生两项位移，一是横截面的形心沿垂直于轴线方向的线位移，称为挠度，记为 y；另一个是横截面绕中性轴的转动角度，称为转角，记为 θ。如图 5-29 所示，在图示的直角坐标系下，y 以向下为正，θ 以顺时针转向为正。

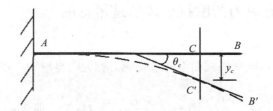

图 5-29　梁的弯曲变形示意图

梁的挠度是随截面位置 x 变化而变化的，因此可以记为关于 x 的方程，即挠曲线方程 $y = f(x)$。挠曲线的切线与 x 轴的夹角等于相应横截面的转角 θ。由于是小变形，那么转角 θ 可以用挠曲线的斜率来近似代替：$y'(x) = \dfrac{\mathrm{d}y}{\mathrm{d}x} = \tan\theta \approx \theta(x)$，即挠曲线方程的一阶导数就是转角方程。

根据变形几何关系与微分学知识可知：

$$y''(x) = -\frac{M(x)}{EI}$$

上式中 EI 为梁抗弯刚度。那么对上式积分，考虑边界条件和连续条件就可以确定其转角和挠度。

提高梁弯曲刚度的措施：合理选择截面形状、材料以提高梁的抗弯刚度 EI；调整跨长、合理安排梁的约束与加载方式以减小梁上的弯矩值大小，减小挠度和转角值。

七、压杆稳定性的概念

当杆件受压的时候，若是短粗的杆件，只要杆件的工作应力没有超过它的许用应力，杆件就可以安全工作。但是若是细长杆件，轴向压力还没有达到强度破坏值，压杆也可能会突然弯曲而失去原有的直线平衡状态，丧失承载能力，即压杆丧失稳定（简称失稳）引起的。细长压杆能否保持直线平衡状态的问题称为压杆的稳定问题。

实验表明，当轴向压力 F 小于某一界限值时，即使杆件受到一横向的干扰力，只要干扰力消除后，压杆将恢复其原来的直线平衡状态，此时处于稳定的平衡状态。但若轴向压力超过上述界限值时，一旦受到横向干扰力便会发生显著的弯曲变形甚至折断，此时处于不稳定的平衡状态。那么当轴向压力等于上述界限值时，横向干扰力消除后，压杆会在微弯的状态下平衡，此时处于临界平衡状态。上述的界限值称为临界荷载，用 F_{cr} 表示。

$$F_{cr} = \frac{\pi^2 EI}{(\mu l)^2}$$

上式称为长细压杆临界荷载的欧拉公式。l 是杆件的长度；μ 是杆件的长度系数，与杆件的支端情况有关，一端固定，一端自由：$\mu = 2.0$；两端铰支：$\mu = 1.0$；一端固定，一端铰支：$\mu = 0.7$；两端固定 $\mu = 0.5$。

八、压杆的临界应力与欧拉公式的适用范围

在临界荷载作用下，压杆横截面上的平均应力称为临界应力，用 σ_{cr} 表示。$\sigma_{cr} = \frac{F_{cr}}{A} = \frac{\pi^2 EI}{A (\mu l)^2}$，其中惯性半径 $i = \sqrt{\frac{I}{A}}$，则 $\sigma_{cr} = \frac{\pi^2 E}{(\frac{\mu l}{i})^2}$，令 $\lambda = \frac{\mu l}{i}$，那么：

$$\sigma_{cr} = \frac{\pi^2 E}{\lambda^2}$$

上式即为欧拉临界应力公式，式中 λ 称为压杆的柔度或长细比，量纲为 1。可以看出 λ 越大，杆越细长，临界应力越小，越容易失稳。

只有当压杆的临界应力 σ_{cr} 未超过材料的比例极限 σ_p 时，欧拉公式才适用。因此，应用欧拉公式的条件为 $\sigma_{cr} = \frac{\pi^2 E}{\lambda^2} \leqslant \sigma_p$ 或者 $\lambda \geqslant \pi \sqrt{\frac{E}{\sigma_p}}$，令 $\lambda_p = \pi \sqrt{\frac{E}{\sigma_p}}$，则欧拉公式的使用条件为 $\lambda \geqslant \lambda_p$。工程上把 $\lambda \geqslant \lambda_p$ 的压杆称为细长压杆，即只有细长压杆才能应用欧拉公式来计算临界荷载和临界应力。

第六章 建筑结构

第一节 建筑结构概述

一、建筑结构的概念和分类

建筑是供人们生产、生活和进行其他活动的房屋或场所。各类建筑都是由梁、板、墙、柱、基础等基础构件组成的。这些构件按照一定组成规则，通过正确的连接方式所组成的能够承受并传递荷载和其他间接作用的骨架称为建筑结构。

建筑结构按承重结构所用的材料不同可分为混凝土结构、砌体结构、钢结构、木结构等。

1. 混凝土结构

混凝土结构是素混凝土结构、钢筋混凝土结构和预应力混凝土结构的总称，其中钢筋混凝土结构应用最为广泛。钢筋混凝土结构是由配置受力的普通钢筋、钢筋网或钢筋骨架的混凝土制成的结构。广泛应用于多层与高层住宅、宾馆、写字楼等建筑中。主要优点有易于就地取材、耐久性耐火性好、整体性好、可模性好、强度高等，缺点是自重大、抗裂性能差、模板用量大、工期长等。

2. 砌体结构

砌体结构是由块体（砖、石材、砌块）和砂浆砌筑而成的墙、柱作为建筑物主要受力构件的结构。包括砖砌体结构、石砌体结构和砌块砌体结构，广泛应用于多层民用建筑。具有取材方便、造价低廉、耐火性耐久性良好、保温隔热隔声性能良好、施工简单等优点，但自重大、强度低、整体性差、砌筑劳动强度大等缺点也限制了砌体结构的发展与使用。

3. 钢结构

钢结构是由钢材为主制作的结构。具有材料强度高、自重轻、施工简单、抗震性能优越、塑性韧性良好、无污染可再生等优点，缺点是易腐蚀、维护成本高、耐火性差等。广泛应用于高层、超高层建筑及大跨结构中。

4. 木结构

木结构是全部或大部分用木材制作的结构。木结构虽取材容易、制作简单，但易腐蚀、易燃、结构变形大，国家也严格限制了木材的使用，所以目前已经很少采用。

建筑结构还可以按照承重结构类型分为砖混结构、框架结构、框架—剪力墙结构、剪力墙结构、筒体结构、排架结构等。

跨度较大的结构（如跨度大于 24m）又分为桁架结构、拱式结构、薄壳结构、折板结构、网架结构、悬索结构、薄膜结构等。

按照施工方法可以分为现浇结构、装配式结构、装配整体式结构、预应力混凝土结构等。

二、结构设计的基本要求

对于建筑结构根据其用途不同，发生破坏后生命财产损失、造成的社会影响的严重性不同，在设计的时候就要考虑采用不同的安全等级。安全等级分为一级、二级、三级，分别对应重要的工业与民用建筑，如体育馆、高层建筑等；一般工业与民用建筑；次要建筑。结构需考虑设计使用年限，即房屋建筑在正常设计、正常施工、正常使用和维护下所应达到的持久年限。设计使用年限有 5 年、25 年、50 年、100 年四类，分别对应临时性结构、易于替换结构构件的建筑、普通房屋和构筑物、纪念性建筑和特别重要的建筑。

建筑结构应该在预定的设计使用年限内满足安全性、适用性和耐久性三项基本的功能要求。

安全性是指建筑结构应能承受正常施工、正常使用时可能出现的各种荷载和变形，以及在偶然事件（地震、爆炸等）发生时和发生后，仍能保持必需的整体稳定性，不致发生倒塌。

适用性是指结构在正常使用时具有良好的工作性能，不会出现影响正常使用的过宽裂缝、过大变形或振动。例如吊车梁不会出现变形过大而会使吊车无法正常运行等。

耐久性是指结构在正常使用和维护条件下，能够正常使用到预定的设计使用年限。例如钢筋混凝土构件的钢筋不致因保护层过薄或裂缝过宽而锈蚀等。

结构在设计使用年限内，正常设计、正常施工、正常使用能够达到安全性、适用性、耐久性的功能要求，那么结构就是可靠的。结构能够达到可靠的概率称为可靠度。若结构不能满足在规定的时间、规定的条件下达到预定的功能，那么结构就是失效的。在可靠与失效之间的临界状态，称为极限状态。极限状态分为两类：承载能力极限状态和正常使用极限状态。

　　承载能力极限状态对应于对安全性的功能要求，即结构或构件达到最大承载能力或不适于继续承载的变形。当结构或结构构件出现下列状态之一时，即认为超过了承载力极限状态：整个结构或结构构件作为刚体失去平衡，如倾覆等；结构构件或连接材料强度不够而破坏，或因过度变形而不适于继续承载；结构转变为机动体系；结构或结构构件丧失稳定，如压屈。

　　对于承载能力极限状态，结构构件的承载力设计表达式：

$$\gamma_0 S_d \leqslant R_d$$

式中，γ_0——结构重要性系数，对安全等级为一级或设计使用年限为 100 年及以上的结构构件，不应小于 1.1；对安全等级为二级或设计使用年限为 50 年的结构构件，不应小于 1.0；对安全等级为三级或设计使用年限为 5 年及以下的结构构件，不应小于 0.9；在抗震设计中，不考虑结构构件的重要性系数；

　　　　S_d——荷载基本组合或偶然组合的效应设计值；

　　　　R_d——结构的承载力设计值。

　　正常使用极限状态对应于对适用性和耐久性的功能要求，即结构或构件达到正常使用或耐久性能的某项规定限值。当结构或结构构件出现下列状态之一时，即认为超过了正常使用极限状态：影响正常使用或外观的变形；影响正常使用或耐久性能的局部损坏（包括裂缝）；影响正常使用的振动；影响正常使用的其他特定状态。

　　对于正常使用极限状态，设计表达式：

$$S_d \leqslant C$$

式中，S_d——荷载标准组、频遇组合或准永久组合的效应设计值；

　　　　C——结构或构件达到正常使用要求的规定限值，如变形、裂缝、振幅、加速度、应力等的限值。

三、结构上的荷载与荷载效应

　　结构产生内力或变形的原因称为作用，可分为直接作用和间接作用。直接作用就是指施加在结构上的集中力或分布力等荷载，如结构的自重、土压力等荷载。间接作用指能够引起结构外加变形或约束的各种原因，地震作用就是常见的间接作用。

　　荷载按作用时间的长短和性质，分为永久荷载、可变荷载、偶然荷载三类。

　　永久荷载又称为恒荷载，指在结构设计使用期间，其值不随时间变化，或者其变化与平均值相比可忽略不计的荷载，如结构自重、预应力等。

　　可变荷载又称为活荷载，指在结构设计使用期间，其值随时间变化，且其变化与平均值相比不可忽略的荷载，如楼面活荷载、风荷载、雪荷载等。

　　偶然荷载指在结构设计使用期间，不一定出现，但一旦出现，其值很大、持续时间很短的荷载，如爆炸力等。

在进行结构设计时不同的荷载与设计情况，应赋予荷载不同的量值，即荷载的代表值。对永久荷载采用标准值为代表值；可变荷载应根据设计要求采用标准值、组合值、频遇值或准永久值作为代表值，并采用 50 年设计基准期；对偶然荷载应按建筑结构使用的特点确定其代表值。

荷载标准值：指结构在设计基准期内（为确定可变荷载代表值选定的时间参数，一般取为 50 年）具有一定概率的最大荷载值，是荷载的基本代表值。永久荷载标准值一般用 G_k 表示，可变荷载标准值用 Q_k 表示。

可变荷载组合值：两种或两种以上可变荷载同时作用于结构上时，所有可变荷载同时达到的最大值的概率极小，因此除产生最大效应的荷载仍可以其标准值为代表值外，其他荷载均应小于标准值的荷载值为代表值，即可变荷载组合值。用 $\psi_c Q_k$ 表示，其中 ψ_c 为组合值系数。

可变荷载频遇值：在设计基准期内，其超越的总时间为规定的较小比率的荷载值。用 $\psi_f Q_k$ 表示，其中 ψ_f 为频遇值系数。

可变荷载准永久值：在设计基准期内，其超越的总时间约为设计基准期一半的荷载值。它对结构的影响类似于永久荷载。用 $\psi_q Q_k$ 表示，其中 ψ_q 为准永久值系数。

承载能力极限状态中荷载基本组合的效应设计值 S_d，应从下列荷载组合值中取用最不利的效应设计值确定：

（1）由可变荷载控制的效应设计值。

$$S_d = \sum_{j=1}^{m} \gamma_{G_j} S_{G_j k} + \gamma_{Q_1} \gamma_{L_1} S_{Q_1 k} + \sum_{i=2}^{n} \gamma_{Q_i} \gamma_{L_i} \psi_{c_i} S_{Q_i k}$$

式中，γ_{G_j}——第 j 个永久荷载的分项系数，当永久荷载对结构不利时，对由可变荷载效应控制的组合取 1.2，对由永久荷载效应控制的组合取 1.35；当永久荷载对结构有利时，不应大于 1.0；

γ_{Q_i}——第 i 个可变荷载的分项系数，其中 γ_{Q_1} 为主导可变荷载 Q_1 的分项系数。对标准值大于 $4kN/m^2$ 的工业房屋楼面结构的活荷载，应取 1.3；其他情况应取 1.4；

γ_{L_i}——第 i 个可变荷载考虑设计使用年限的调整系数，其中 γ_{L_1} 为主导可变荷载 Q_1 考虑设计使用年限的调整系数。5 年、50 年、100 年的设计使用年限对应的 γ_L 为 0.9、1.0、1.1；

$S_{G_j k}$——按第 j 个永久荷载标准值 $G_j k$ 计算的荷载效应值；

$S_{Q_i k}$——按第 i 个可变荷载标准值 $Q_i k$ 计算的荷载效应值，其中 $S_{Q_1 k}$ 为各个可变荷载效应中起控制作用的荷载效应值；

ψ_{c_i}——第 i 个可变荷载 Q_i 的组合值系数，除风荷载取 0.6 之外，其余荷载取 0.7；

m——参与组合的永久荷载数；

n——参与组合的可变荷载数。

对 S_{Q_1k} 无法明显判断时，应轮次以各可变荷载效应作为 S_{Q_1k}，并选取其中最不利的荷载组合的效应设计值。

（2）由永久荷载控制的效应设计值。

$$S_d = \sum_{j=1}^{m} \gamma_{G_j} S_{G_j k} + \sum_{i=1}^{n} \gamma_{Q_i} \gamma_{L_i} \psi_{c_i} S_{Q_i k}$$

正常使用极限状态中应根据不同的设计要求，采用荷载的标准组合、频遇组合或准永久组合。

（1）荷载标准组合的效应设计值。

$$S_d = \sum_{j=1}^{m} S_{G_j k} + S_{Q_1 k} + \sum_{i=2}^{n} \psi_{c_i} S_{Q_i k}$$

（2）荷载频遇组合的效应设计值。

$$S_d = \sum_{j=1}^{m} S_{G_j k} + \psi_{f_1} S_{Q_1 k} + \sum_{i=2}^{n} \psi_{q_i} S_{Q_i k}$$

式中：ψ_{f_1}——主导可变荷载 Q_1 的频遇值系数。

ψ_{q_i}——第 i 个可变荷载 Q_i 的准永久值系数。

（3）荷载准永久组合的效应设计值。

$$S_d = \sum_{j=1}^{m} S_{G_j k} + \sum_{i=1}^{n} \psi_{q_i} S_{Q_i k}$$

第二节　钢筋混凝土结构基本知识

一、材料强度和锚固连接

钢筋混凝土结构是由钢筋和混凝土两种不同材料组成的。这两种材料能够组合在一起是因为钢筋与混凝土之间有良好的粘结力，两种材料的温度线膨胀系数十分接近，混凝土保护了钢筋不至于生锈腐蚀。在结构中利用混凝土的抗压能力较强、抗拉能力较弱，钢筋的抗拉能力很强的特点，用混凝土主要承受压力，钢筋主要承受拉力，共同工作，以达到对结构的功能要求。

1. 混凝土的强度

混凝土是典型的脆性材料，其抗压强度远大于抗拉强度。随着受力的增加，无明显变形就突然断裂，属于脆性破坏。混凝土强度等级是按立方体抗压强度标准值（$f_{cu,k}$）的大小确定的，按照现行《混凝土结构设计规范》（GB 50010—2010）分为 C15、C20、C25、C30、C35、C40、C45、C50、C55、C60、C65、C70、C75、C80，共 14 个等级。C 表示混凝土，C 后面的数字表示混凝土立方体抗压强度标准值，单位为 N/mm²。实际结构大多是棱柱形的，因此设计时用棱柱的轴心抗压强度标准值（f_{ck}）、轴心抗拉强度标准值（f_{tk}）以及标准值除以混凝土材料分项系数（值为 1.4）得到的轴心抗压强度设计值（f_c）、轴心抗拉强度设计值（f_t），具体值见表 6-1。

表 6-1　混凝土强度标准值、强度设计值　　　　单位：N/mm²

强度种类		混凝土强度等级													
		C15	C20	C25	C30	C35	C40	C45	C50	C55	C60	C65	C70	C75	C80
强度标准值	f_{ck}	10.0	13.4	16.7	20.1	23.4	26.8	29.6	32.4	35.5	38.5	41.5	44.5	47.4	50.2
	f_{tk}	1.27	1.54	1.78	2.01	2.20	2.39	2.51	2.64	2.74	2.85	2.93	2.99	3.05	3.11
强度设计值	f_c	7.2	9.6	11.9	14.3	16.7	19.1	21.1	23.1	25.3	27.5	29.7	31.8	33.8	35.9
	f_t	0.91	1.10	1.27	1.43	1.57	1.71	1.80	1.89	1.96	2.04	2.09	2.14	2.18	2.22

2. 钢筋的强度

钢筋是典型的塑性材料，在受拉或者受压时变形经历了四个阶段：弹性阶段、屈服阶段、强化阶段、局部变形阶段（颈缩阶段）。破坏时有明显变形，属于延性破坏。工程上一般不允许构件出现明显的塑性变形，所以要求钢筋不能进入屈服，因此屈服阶段的应力最低点即屈服极限是衡量钢筋强度的一个重要指标。钢筋混凝土结构主要采用热轧钢筋，钢筋的分级及相应的强度标准值 f_{yk}、极限强度标准值 f_{stk} 抗拉强度设计值 f_y、抗压强度设计值 f'_y、强度弹性模量 E_s，见表 6-2。其中 HPB 指热轧光圆钢筋，HRB 指热轧带肋钢筋，HRBF 指细晶粒带肋钢筋，RRB 指余热处理钢筋。

表 6-2　普通钢筋强度标准值、设计值和弹性模量　　　　单位：N/mm²

牌号	符号	公称直径 d/mm	屈服强度标准值 f_{yk}	极限强度标准值 f_{stk}	抗拉强度设计值 f_y	抗压强度设计值 f'_y	弹性模量 E_s
HPB300	Φ	6～22	300	420	270	270	2.1×10^5
HRB335	Φ	6～50	335	455	300	300	2.0×10^5
HRB335F	Φ F						
HRB400	Φ	6～50	400	540	360	360	2.0×10^5
HRBF400	Φ F						
RRB400	Φ R						
HRB500	Φ	6～50	500	630	435	410	2.0×10^5
HRB500F	Φ F						

3. 钢筋的锚固

为了保证钢筋受力后与混凝土有可靠的粘结，发挥钢筋在某个截面的强度，必须让钢筋伸过该截面在混凝土中有足够的埋入长度。此埋入长度称为锚固长度。

当计算中充分利用钢筋的抗拉强度时，受拉钢筋基本锚固长度 l_{ab} 按下式计算：

$$l_{ab}=\alpha\frac{f_y}{f_t}d$$

式中，f_y——钢筋的抗拉强度设计值；

f_t——混凝土轴心抗拉强度设计值，当混凝土强度等级大于 C60 时，按 C60 取用；

d——锚固钢筋的直径；

α——钢筋的外形系数，光滑钢筋（HPB300 级钢筋）$\alpha=0.16$，带肋钢筋（HRB335、HRB400 和 HRB500 级钢筋）$\alpha=0.14$。

受拉钢筋的锚固长度按 l_a 下式计算，并且不小于 200mm：

$$l_a = \zeta_a l_{ab}$$

式中，ζ_a——锚固长度修正系数，按下列规定取值，当多于一项时，可按连乘计算，但不应小于 0.6：

（1）当带肋钢筋的公称直径大于 25mm 时取 1.10；

（2）环氧树脂涂层带肋钢筋取 1.25；

（3）施工过程中易受扰动的钢筋取 1.10；

（4）当纵向受力钢筋的实际配筋面积大于其设计计算面积时，修正系数取设计计算面积与实际配筋面积的比值，但对有抗震设防要求及直接承受动力荷载的结构构件，不应考虑从此项修正；

（5）锚固钢筋的保护层厚度为 $3d$ 时修正系数可取 0.80，保护层厚度为 $5d$ 时修正系数可取 0.70，中间按内插取值，此处 d 为锚固钢筋的直径。

抗震情况下，

$$l_{aE} = \zeta_{aE} l_a$$

式中，ζ_{aE}——抗震锚固长度修正系数，对于一、二级抗震等级取 1.15，对三级抗震等级取 1.05，四级抗震等级取 1.0。

混凝土结构中的受压钢筋，当计算中充分利用其抗压强度时，锚固长度不应小于相应受拉锚固长度的 70%。

在实际施工中，受拉和受压钢筋的锚固长度可参考国家标准图集《混凝土结构施工图平面整体表示方法制图规则和构造详图》（G101 系列图集）。

4. 钢筋的连接

在工程实际中，钢筋往往由于供货长度不足需要进行连接。钢筋的连接有三种形式：绑扎搭接连接、机械连接和焊接连接。结构中受力钢筋的连接接头宜设置在受力较小处。轴心受拉及小偏心受拉杆件的纵向受力钢筋不得采用绑扎搭接；受拉钢筋直径大于 25mm，受压钢筋直径大于 28mm 时，不宜采用绑扎搭接。

纵向受拉钢筋的搭接长度 l_l 按下列公式计算，且不小于 300mm：

$$l_l = \zeta_l l_a$$

式中，ζ_l——纵向受拉钢筋搭接长度修正系数。根据纵向搭接钢筋接头面积百分率取值，当此百分率≤25% 时，取 $\zeta_l=1.2$；此百分率为 50% 时，取 $\zeta_l=1.4$；此百分率为 100% 时，取 $\zeta_l=1.6$；此百分率为中间值时，修正系数内插取值。

纵向搭接钢筋接头面积百分率是指同一连接区段（绑扎搭接为 $1.3l_l$ 长，机械连接为 $35d$，焊接为 $35d$ 且不小于 500mm，d 为互相连接两根钢筋中较小直径）有搭接接头的纵向受力钢筋与全部纵向受力钢筋截面面积的比值。对于梁类、板类及墙类构件，不宜大于 25%；柱类构件，不宜大于 50%。

抗震情况下，

$$l_{lE} = \zeta_l l_{aE}$$

构件中的纵向受压钢筋当采用搭接连接时，其受压搭接长度不应小于受拉钢筋搭接长度的 70%，且不应小于 200mm。

二、受弯构件

梁、板、楼梯等构件是工程结构中常见的受弯构件。

1. 受弯构件的一般构造

梁的截面形式主要有矩形、T 形、I 形、花篮形、倒 L 形等，板主要有矩形板、空心板、槽形板等。

矩形截面梁的高宽比 h/b 一般取 $2.0 \sim 3.5$，T 形截面梁的 h/b 一般取 $2.5 \sim 4.0$。按模数要求，梁的截面高度 h 一般可取 250mm、300mm…800mm、900mm、1 000mm 等，小于等于 800mm 时以 50mm 为模数、大于 800mm 时以 100mm 为模数。矩形梁的截面宽度和 T 形截面的肋宽 b 宜采用 100mm、120mm、150mm、180mm、200mm、220mm、250mm，大于 250mm 时以 50mm 为模数。现浇板的厚度一般取 10mm 的倍数，常用厚度为 60mm、70mm、80mm、100mm、120mm。

梁、板常用的混凝土强度等级是 C20、C30、C40。

梁中通常配有纵向受力钢筋、箍筋、架立钢筋。当梁的高度较大时，还应配置侧面纵向构造钢筋及相应的拉筋。

纵向受力钢筋一般布置于梁的受拉区，承受由弯矩产生的拉应力，其直径和根数应通过计算来确定。梁内的纵筋直径一般为 $12 \sim 25$mm，根数不应少于 2 根，应采用 HRB400、HRB500、HRBF400、HRBF500 级钢筋。当梁有两种直径钢筋时，直径相差不应小于 2mm，方便施工时分辨。为了保证混凝土与钢筋之间的粘结和便于浇筑混凝土，梁上部纵筋水平方向的净距 $\geqslant 1.5d$（d 为钢筋的最大直径）且 $\geqslant 30$mm；下部纵筋水平方向的净距 $\geqslant d$ 且 $\geqslant 25$mm。当梁下部钢筋配置多于两层时，各层钢筋之间的净距 $\geqslant d$ 且 $\geqslant 25$mm。当钢筋配置太多，可以采用并筋施工，如图 6-1 所示。

采用并筋施工时，钢筋间距、保护层厚度、钢筋锚固长度等按照等效直径计算。梁并筋等效直径、最小净距见表 6-3。

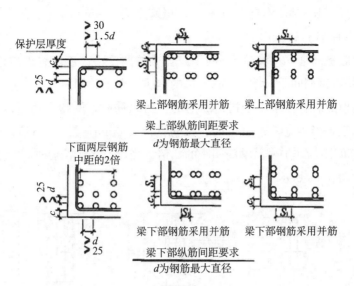

图 6-1 梁纵筋间距要求

表 6-3 梁并筋等效直径、最小净距表 单位：mm

单筋直径 d	25	28	32
并筋根数	2	2	2
等效直径 d_{eq}	35	39	45
层净距 S_1	35	39	45
上部钢筋净距 S_2	53	59	68
下部钢筋净距 S_3	35	39	45

箍筋主要用来承受由剪力和弯矩在梁内引起的主拉应力，固定受力钢筋的位置，并和其他钢筋一起形成钢筋骨架。箍筋常用直径为 6mm、8mm、10mm，与梁高有关，当 $h \leqslant 800$mm 时，不小于 6mm，当 $h > 800$mm 时，不宜小于 8mm。箍筋宜采用 HPB300、HRB400、HRBF400、HRB500、HRBF500 级的钢筋。箍筋形式分为开口式和封闭式两种。

封闭箍筋构造如图 6-2 所示。

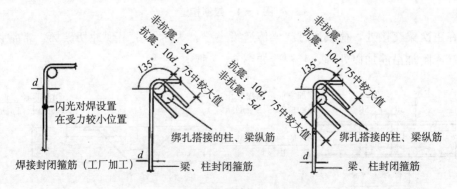

图 6-2 封闭箍筋构造

架立筋主要用于固定箍筋的位置，与梁底纵筋形成钢筋骨架，承受由于混凝土收缩及温度变化而产生的拉力。一般需配置 2 根，受压区配有纵筋时，可不再配置架力钢筋。当梁的跨度＜4m时，不宜小于8mm；当跨度为4～6m时，不宜小于10mm；当跨度＞6m时，不宜小于12mm。

当梁截面腹板高度h_w≥450mm时，应在梁的两侧沿高度配置纵向构造钢筋（又称腰筋），纵向构造钢筋间距a≤200mm，目的是防止在梁的侧面产生垂直于梁轴线的收缩裂缝，如梁侧面配有直径不小于构造纵筋的受扭纵筋时，受扭钢筋可以代替构造钢筋。腰筋用拉筋固定，当梁宽≤350mm时，拉筋直径为6mm；梁宽＞350mm时，拉筋直径为8mm。拉筋间距为非加密区箍筋间距的2倍。当设有多排拉筋时，上下两排拉筋竖向错开设置，如图6-3所示。

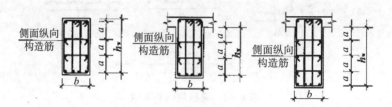

图6-3　梁侧面纵向钢筋和拉筋

拉筋弯钩构造如图6-4所示。在实际工程中，设计应该注明采用哪种形式，如果未说明，施工时可以任意选用。

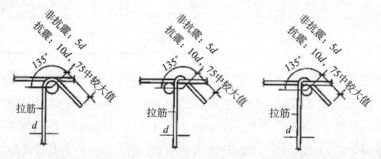

图6-4　拉筋构造

在主次梁交接处，荷载通过次梁传递给主梁，为了防止出现冲切破坏，常常设置附加箍筋或附加吊筋加以处理，其构造如图6-5所示。

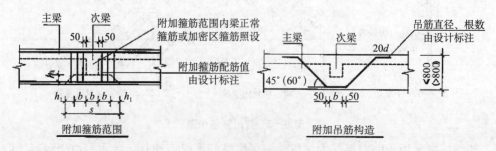

图6-5　附加钢筋构造

板内通常配置受力钢筋和分布钢筋。

板内的受力钢筋沿板跨度方向在受拉区设置，承担由弯矩产生的拉力。常用直径为6mm、8mm、10mm、12mm，常采用 HRB400 级、HRB335 级的钢筋。间距一般为 70～200mm。

板内的分布钢筋布置在受力钢筋的内侧，与受力钢筋垂直，起到固定受力钢筋的位置、形成钢筋网的作用；将荷载均匀地传递给受力钢筋；防止温度变化或混凝土收缩等原因使板沿跨度方向产生裂缝。直径不宜小于 6mm，间距不宜大于 250mm。

图 6-1 中混凝土保护层厚度 c 指最外层钢筋外边缘至混凝土表面距离。保护层的作用主要是保护钢筋不受锈蚀；使纵筋与混凝土有较好的粘结；火灾时避免钢筋过早软化失去承载力。保护层厚度也不能过大，会影响构件的承载力，且会增大裂缝宽度。

混凝土保护层的最小厚度见表 6-4。

表 6-4　混凝土保护层的最小厚度　　　　　　　　　　单位：mm

环境类别	板、墙	梁、柱
一	15	20
二 a	20	25
二 b	25	35
三 a	30	40
三 b	40	50

注：表中的数据适用于设计使用年限为 50 年的混凝土结构，如果设计使用年限为 100 年的混凝土结构，一类环境中，最外层钢筋的保护层厚度不应小于表中数值的 1.4 倍；二、三类环境中，应采取专门的有效措施。当混凝土强度等级不大于 C25 时，表中保护层厚度数值应增加 5mm。基础底面钢筋的保护层厚度，有混凝土垫层时应从垫层顶面开始计算，其不应小于 40mm。任何情况下，构件中受力钢筋的保护层厚度均不应小于钢筋的公称直径。

混凝土结构的环境类别见表 6-5。

表 6-5　混凝土结构的环境类别

环境类别	条　　件
一	室内干燥环境； 无侵蚀性静水浸没环境
二 a	室内潮湿环境； 非严寒和非寒冷地区的露天环境； 非严寒和非寒冷地区与无侵蚀性的水或土壤直接接触的环境； 严寒和寒冷地区的冰冻线以下与无侵蚀性的水或土壤直接接触的环境
二 b	干湿交替环境； 水位频繁变动环境； 严寒和寒冷地区的露天环境； 严寒和寒冷地区的冰冻线以上与无侵蚀性的水或土壤直接接触的环境
三 a	严寒和寒冷地区冬季水位变动区环境； 受除冰盐影响环境； 海风环境

（续表）

环境类别	条　件
三 b	盐渍土环境； 受除冰盐作用环境； 海岸环境
四	海水环境
五	受人为或自然的侵蚀性物质影响的海

2. 受弯构件正截面承载力计算

受弯构件在外力作用下，截面上有弯矩 M 和剪力 V 的作用。在弯矩较大的区段，弯矩作用容易引起构件的横截面即正截面发生受弯破坏；在剪力较大的区段，弯矩和剪力共同作用引起构件斜截面的受剪破坏。

在弯矩的作用下，正截面上拉应力与压应力共存，分为受拉区与受压区。一般将纵向受力钢筋配置在受拉区来承受拉应力，受压区的压应力由混凝土承受，这种截面称为单筋截面。也有受拉区和受压区都配置纵向受力钢筋的截面称为双筋截面。

根据钢筋混凝土梁的纵向受力钢筋的配筋率 ρ 不同，分为适筋梁、超筋梁和少筋梁三种不同的破坏形态。其中配筋率 ρ 的定义式为

$$\rho = \frac{A_s}{bh_0}$$

式中，A_s——纵向受拉钢筋截面面积；

　　　b——梁的截面宽度；

　　　h_0——截面有效高度，$h_0 = h - a_s$，其中 h 为梁的截面高度，a_s 为纵向受拉钢筋合力点至截面受拉边缘的距离。a_s 的大小与混凝土保护层厚度 c、纵筋的直径与排布、箍筋的直径有关。

适筋梁指配置适量纵向受力钢筋的梁。适筋梁的破坏特点是截面破坏开始于纵向受力钢筋的屈服，受压区的压应力随之增大，直到受压区混凝土被压碎。适筋梁从开始加载到完全破化，其应力变化经历了弹性工作、带裂缝工作、破坏三个阶段，经历较长的过程。破坏时钢筋屈服后产生很大的塑性变形，梁的挠度明显加大，有明显的破坏预兆，属于延性破坏。适筋梁的材料强度得到了充分发挥。

超筋梁指纵向受力钢筋配筋率大于最大配筋率的梁。由于配筋率过大，受拉区的纵筋还没达到屈服强度，受压区边缘的混凝土就被压碎。破坏时钢筋还没屈服，因此伸长不多，裂缝宽度较小，梁挠度不大，没有明显的破坏预兆，破坏得非常突然，属于脆性破坏。

少筋梁指配筋率小于最小配筋率的梁。由于配置纵筋过少，受拉区混凝土出现一条集中裂缝，开展宽度大，且沿梁高延伸。裂缝一旦出现，钢筋立马屈服进入强化阶段，使得梁被拉断，而受压区的混凝土还没被压碎。此种破坏发生得十分突然，属于脆性破坏。

设计时要求将梁的配筋率限定在适筋梁的范围，避免发生超筋梁或少筋梁这样的脆性破坏。

单筋矩形截面受弯构件正截面承载力计算的基本公式：

$$\alpha_1 f_c b x = f_y A_s$$

$$M \leqslant M_u = \alpha_1 f_c b x \left(h_0 - \frac{x}{2} \right)$$

或

$$M \leqslant M_u = f_y A_s \left(h_0 - \frac{x}{2} \right)$$

式中，x——混凝土受压区高度；

α_1——系数，当混凝土强度等级≤C50 时取 1.0，当混凝土强度等级为 C80 时取 0.94，其间按线性内插法取用；

M_u——截面破坏时的极限弯矩；

M——作用在截面上的弯矩设计值。

其中为了防止超筋要求：　　　　　　　　$x \leqslant \xi_b h_0$

为了防止少筋要求：　　　　　　$A_s \geqslant A_{s,\min} = \rho_{\min} b h$

式中，ξ_b——相对受压区高度，当混凝土强度等级≤C50 时，HPB300 级钢筋取 0.576；HRB335 级、HRBF335 级钢筋取 0.550；HRB400 级、HRBF400 级、RRB400 级钢筋取 0.518；HRB500 级、HRBF500 级取 0.482。

$\rho_{\min}$——受弯构件最小配筋率，$\rho_{\min} = 0.45 f_t / f_y$，且≥0.20%。

单筋矩形截面梁正截面承载力的基本公式有两种运用，截面设计与承载力复核。

截面设计是已知弯矩设计值 M，混凝土强度等级，钢筋级别，截面尺寸 bh，求所需纵向受拉钢筋截面面积 A_s。

承载力复核是已知混凝土强度等级，钢筋级别，截面尺寸 bh，纵向受拉钢筋截面面积 A_s 求截面所能承受的最大弯矩设计值 M_u，或已知弯矩设计值 M，复核截面是否安全。

3. 受弯构件斜截面承载力计算

受弯构件斜截面破坏形态主要与箍筋数量和剪跨比 λ 有关。剪跨比 $\lambda = a / h_0$，其中 a 称为剪跨，即集中荷载至支座的距离，h_0 为截面有效高度。根据箍筋数量和剪跨比 λ 的不同，可分为剪压破坏、斜压破坏和斜拉破坏三种不同的破坏形态。这三种破坏都属于脆性破坏。

剪压破坏：当梁内箍筋数量适当，且剪跨比适中（$\lambda = 1 \sim 3$），发生剪压破坏。随着荷载的增加，首先出现一批与截面下边缘垂直的裂缝，随后斜向延伸并形成一条临界斜裂缝。与临界裂缝相交的箍筋应力随着荷载的进一步增加达到屈服强度，使得裂缝继续向上发展延伸，直到受压区混凝土被压碎而破坏。破化的过程没有明显预兆，属于脆性破坏。

斜压破坏：当梁内箍筋数量配置过多或剪跨比较小（$\lambda < 1$）时，将发生斜压破坏。

随着荷载增加，梁腹部混凝土首先开裂，并产生若干条互相平行的斜裂缝，将腹部混凝土分成若干个斜向短柱而压碎，破坏时箍筋还未达到屈服强度。

斜拉破坏：当梁内箍筋数量配置过少且剪跨比较大（$\lambda > 3$）时，将发生斜拉破坏。斜裂缝一旦出现，箍筋应力立即达到屈服强度，斜裂缝迅速发展，将梁斜向劈成两部分而破坏。破坏突然，属于脆性破坏。

斜截面的三种破坏形式中，剪压破坏充分发挥了箍筋和混凝土的强度，因此设计时以剪压破坏作为计算依据，尽量避免斜压和斜拉破坏。

当仅配置箍筋时，斜截面受剪承载力计算公式为

$$V \leqslant 0.7 f_t b h_0 + f_{yv} \frac{A_{sv}}{s} h_0$$

式中，V——构件计算截面上的剪力设计值；

f_{yv}——箍筋的抗拉强度设计值，按 f_y 的值取用，数值大于 $360\text{N}/\text{mm}^2$ 时取 $360\text{N}/\text{mm}^2$。

s——箍筋间距；

A_{sv}——同一截面内箍筋的截面面积，$A_{sv} = nA_{sv1}$，其中 n 为同一截面内箍筋的肢数，A_{sv1} 为单肢箍筋的截面面积。

当 $V \leqslant 0.7 f_t b h_0$ 时，表明可不进行斜截面承载力计算，按构造配置箍筋。

为了防止斜压破坏，对截面的最小尺寸有要求。当 $h_w/b \leqslant 4.0$ 时，$V \leqslant 0.25 \beta_c f_c b h_0$；$h_w/b \geqslant 6.0$ 时，$V \leqslant 0.2 \beta_c f_c b h_0$；其间按线性内插法确定。其中 h_w 为腹板高度，矩形截面为 h_0，T 形截面取有效高度减去翼缘高度。β_c 为混凝土强度影响系数，当混凝土强度等级 $\leqslant$ C50 时，取 1.0；混凝土强度等级为 C80 时，取 0.8，其间线性内插法确定。

为了防止斜拉破坏，要求配箍率 ρ_{sv} 大于最小配箍率，即 $\rho_{sv} \geqslant \rho_{sv,\min}$，其中 $\rho_{sv} = A_{sv}/bs = nA_{sv1}/bs$，$\rho_{sv,\min} = 0.24 f_t/f_{yv}$。

另外，除了截面本身、箍筋抵抗剪力以外，还可以采用弯起钢筋抵抗剪力。弯起钢筋的弯起角度，当梁的截面高度不大于 800mm 时，采用 45°弯起，大于 800mm 时，采用 60°弯起。

三、受压构件

柱是工程结构中最常见的受压构件。按纵向力与构件截面形心轴线相互位置的不同，可分为轴心受压构件与偏心受压构件。

柱的承载力主要取决于混凝土强度，因此常采用高强度等级的混凝土，以减小构件截面尺寸、节省钢材，宜选用 C25、C30、C35、C40 等级的混凝土；不宜采用高强度的钢筋。

柱通常采用方形或矩形截面，以便制作模板，最小尺寸不宜小于 250mm×250mm。边长 $\leqslant$ 800mm 时，宜取 50mm 的模数；>800mm 时，宜取 100mm 的模数。

柱内主要配置纵向受力钢筋和箍筋。

柱内纵向受力钢筋的作用是：协助混凝土承受压力，以减小截面尺寸；承受可能的弯矩及混凝土收缩和温度变化引起的拉应力；防止构件发生脆性破坏；承受拉力，主要是偏心较大的偏心受压构件。纵筋的直径常用 12～32mm，方形和矩形柱不少于 4 根，圆柱不宜少于 8 根不应少于 6 根。纵筋的净距不应小于 50mm，偏心受压柱垂直于弯矩作用的平面纵筋及轴心受压柱中各边纵筋的中距不宜大于 300mm。偏心受压柱配筋方式有两种：对称配筋，两对边配置相同的纵筋；非对称配筋，两对边配置不同的纵筋。受压纵筋的配筋率一般为 0.6%～2%。

箍筋的作用：与纵筋形成骨架，保证纵筋的位置正确；减小受压钢筋支承长度，防止纵筋压屈；约束核芯混凝土，提高柱承载能力。箍筋直径不应小于 $d/4$（d 为纵筋最大直径），且不应小于 6mm。箍筋间距不宜大于 400mm 及短边尺寸 b，且不应大于 15d（d 为纵筋最小直径）。箍筋应做成封闭式，不可采用内折角形式，因内折角箍筋合力向外，会使该处混凝土保护层崩裂。

轴心受压构件的承载力由混凝土和钢筋两部分组成。计算公式为：

$$N \leqslant 0.9\varphi\,(f_c A + f'_y A'_s)$$

式中，N——轴向压力设计值；

A——构件截面面积，当纵筋配筋率大于 3% 时，应改为 $A-A'_s$；

A'_s——全部纵筋的截面面积；

φ——钢筋混凝土构件的稳定系数，对矩形截面按下式计算：

$$\varphi = \frac{1}{1+0.002\,(l_0/b-8)^2}$$

稳定系数 φ 反映了长柱承载力的降低程度，主要与构件的长细比 l_0/b 有关。$l_0/b>8$ 的柱称为长柱，$l_0/b \leqslant 8$ 的柱称为短柱。式中：l_0 为构件的计算长度，b 为矩形截面的短边尺寸。在实际施工中，常用柱的净高 H_n 和柱截面长边尺寸 h_c（圆柱为截面直径）的比值来衡量长细比，当 $H_n/h_c \leqslant 4$ 时，要求箍筋全截面加密。在设计和施工中，不允许出现细长柱。

四、受扭构件的概念

在构件截面中有扭矩作用的构件，都称为受扭构件。工程中常见的钢筋混凝土雨篷、框架边梁、吊车梁等都是受扭构件。实际结构中，纯扭构件较少，一般都是弯、剪、扭共同作用复合受扭情况。梁中配置受扭纵筋、受扭箍筋来抵抗梁受到的扭矩作用。

受扭构件的破坏形态与受扭纵筋、受扭箍筋的配筋率有关，分为适筋破坏、部分超筋破坏、超筋破坏和少筋破坏四类。

适筋破坏指配置适量的纵筋和箍筋，在扭矩作用下，纵筋和箍筋先达到屈服强度，然后混凝土被压碎而破坏，属于延性破坏。

部分超筋破坏指箍筋和纵筋的配筋率相差较大，破坏时，纵筋屈服，箍筋不屈服或者箍筋屈服，纵筋不屈服的破坏形态。具有一定延性，但较之适筋破坏延性更小。

超筋破坏指箍筋和纵筋配筋率都过高，破坏时纵筋、箍筋都没有屈服，而混凝土先行压坏的破坏形态，属于脆性破坏。

少筋破坏指纵筋和箍筋配置均过少，箍筋和纵筋都进入屈服阶段甚至可能进入强化阶段，一旦产生裂缝，构件立即破坏的破坏形态，属于脆性破坏。

受扭纵筋应沿构件截面周边均匀对称布置，截面的四角均必须设置受扭纵筋。间距不应大于 200mm，也不应大于梁截面短边长度。受扭箍筋必须做出封闭式，应沿截面周边布置，末端弯折 135°，平直段长度不应小于 $10d$（d 为箍筋直径）。其他要求同受弯构件中的纵筋和箍筋。

第三节　砌体结构基本知识

一、砌体结构概述

砌体分为无筋砌体和配筋砌体两大类。无筋砌体不配置钢筋，仅由块材和砂浆组成，包括砖砌体、砌块砌体和石砌体。无筋砌体抗震性能和抵抗不均匀沉降的能力较差。配筋砌体指配置适量钢筋或钢筋混凝土的砌体，能够提高砌体强度、减少截面尺寸、增加整体性。配筋砌体分为网状配筋砖砌体、组合砖砌体、砖砌体和钢筋混凝土构造柱组合墙及配筋砌块砌体。

多层砌体房屋现在常用的结构形式有两类：一是多层砌体房屋，全部竖向承重结构均为砌体，一般住宅、办公楼、医院等房屋多属于这类结构；二是底层框架—抗震墙多层砌体房屋，底层为钢筋混凝土框架承重、上部各层为砌体承重的房屋，下部可作为商店、车库，上部可作为住宅或办公楼。

二、砌体结构材料

块材是砌体结构的主要组成部分，包括砖、砌块和石材。

承重结构的块材，按下列规定烧结普通砖、烧结多孔砖的强度等级宜采用 MU10、MU15、MU20、MU25 和 MU30；蒸压灰砂普通砖、蒸压粉煤灰普通砖的强度等级宜采用 MU15、MU20 和 MU25；混凝土普通砖、混凝土多孔砖的强度等级宜采用 MU15、MU20、MU25 和 MU30；混凝土砌体、轻集料混凝土砌体的强度等级宜采用 MU5、MU7.5、MU10、MU15 和 MU20；石材的强度等级宜采用 MU20、MU30、MU40、MU50、MU60、MU80 和 MU100。自承重墙的空心砖、轻集料混凝土砌体强度等级宜采用 MU3.5、MU5、MU7.5 和 MU10。

砂浆在砌体中的作用是将块材连成整体并使应力均匀分布，保证砌体结构的整体性，并提高了砌体的隔热性及抗冻性。砂浆的强度等级应按下列规定采用：烧结普通砖、烧结多孔砖采用的普通砂浆强度等级：M2.5、M5、M7.5 和 M10；蒸压灰砂普通砖和蒸压粉煤灰普通砖采用的专用砌筑砂浆强度等级：Ms5.0、Ms7.5、Ms10 和 Ms15；混凝土普通砖、混凝土多孔砖、单排孔混凝土砌块和煤矸石砌块砌体采用的砂浆强度等级：Mb5、Mb7.5、Mb10、Mb15 和 Mb20；双排孔或多排孔轻集料混凝土砌块砌体采用的砂浆等级：Mb5、Mb7.5 和 Mb10；毛料石、毛石砌体采用的砂浆等级：M2.5、M5 和 M7.5。

三、砌体力学性能

砌体为脆性材料，受力特点是抗压强度较高而抗拉强度很低，主要用于轴心受压和小偏心受压构件。轴压试验中，砖砌体的破坏需要经历三个阶段：第一阶段荷载加至破坏荷载的 0.5～0.7，砌体内的个别砖出现竖向裂缝，该阶段属弹性阶段，此时卸载裂缝不会继续扩展或增加；第二阶段继续加载至破坏荷载的 0.8～0.9，个别砖块的裂缝陆续发展成少数平行于加载方向的小段裂缝，试件变形增加较快，此时荷载不再增加，裂缝仍将继续发展；第三阶段继续加载，裂缝迅速发展，宽度增加，试件被分割成若干个小的砖柱，最终被压碎或失稳而破坏。

试验表明，砌体的抗压强度远小于块材的抗压强度。这是由砌体中的砖表面不平整，砂浆铺砌不平；砂浆的横向变形比砖大；竖向灰缝不饱满等原因所致。

影响砌体抗压强度的主要因素包括砖和砂浆的强度等级；砂浆的流动性能和保水性能；块材的形状、尺寸及灰缝厚度；砌筑质量，包括饱满度、砌筑时砖的含水率、施工人员的技术水平、现场质量管理水平等。

龄期为 28d 的以毛截面计算的砌体抗压强度设计值，应根据块体和砂浆的强度等级采用。下面以混凝土普通砖和混凝土多孔砖砌体的抗压强度设计值为例说明，见表 6-6。

表 6-6　混凝土普通砖和混凝土多孔砖砌体的抗压强度设计值　单位：N/mm²

砖强度等级	砂浆强度等级					砂浆强度
	Mb20	Mb15	Mb10	Mb7.5	Mb5	0
MU30	4.61	3.94	3.27	2.93	2.59	1.15
MU25	4.21	3.60	2.98	2.68	2.37	1.05

（续表）

砖强度等级	砂浆强度等级					砂浆强度
	Mb20	Mb15	Mb10	Mb7.5	Mb5	0
MU20	3.77	3.22	2.67	2.39	2.12	0.94
MU15	—	2.79	2.31	2.07	1.83	0.82

四、房屋的空间工作和静力计算方案

房屋的静力计算根据房屋的空间工作性能分为刚性方案、刚弹性方案和弹性方案。房间的工作性能与屋盖或楼盖类别、横墙间距有关，见表6-7。表6-7中 s 为房屋横墙间距，单位为 m。

表6-7　房屋的静力计算方案　　　　　　　　　　　　　单位：mm

	屋盖或楼盖类别	刚性方案	刚弹性方案	弹性方案
1	整体式、装配整体和装配式无檩体系钢筋混凝土屋盖或钢筋混凝土楼盖	$s<32$	$32 \leqslant s \leqslant 72$	$s>72$
2	装配式有檩体系钢筋混凝土屋盖、轻钢屋盖和有密铺望板的木屋盖或木楼盖	$s<20$	$20 \leqslant s \leqslant 48$	$s>48$
3	瓦材屋面的木屋盖和轻钢屋盖	$s<16$	$16 \leqslant s \leqslant 36$	$s>36$

刚性、刚弹性、弹性方案的计算简图如图6-6所示。

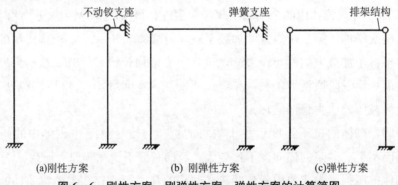

(a)刚性方案　　　　　　　　(b) 刚弹性方案　　　　　　　　(c)弹性方案
图6-6　刚性方案、刚弹性方案、弹性方案的计算简图

五、墙、柱高厚比的概念

高厚比 β 是指墙、柱的计算高度 H_0 与其相应厚度 h 的比值，$\beta=H_0/h$。柱的计算高度 H_0 与房屋的类别和构件支承条件有关。高厚比影响墙柱的稳定性，所以对于高厚比按下式进行验算：

$$\beta=\frac{H_0}{h} \leqslant \mu_1 \mu_2 \ [\beta]$$

式中，μ_1——自承重墙允许高厚比的修正系数；

μ_2——有门窗洞墙允许高厚比的修正系数；

$[\beta]$——墙、柱的允许高厚比，是总结大量工程实践经验并经理论校核和分析得出的。影响允许高厚比的主要因素有砂浆强度、构件类型、砌体种类、支承约束条件、截面形式、墙体开洞、承重和非承重。

六、受压构件及局部受压破坏

无筋砌体的受压构件的承载力按下式计算：

$$N \leqslant \varphi \cdot f \cdot A$$

式中，N——轴向力设计值；

　　　φ——高厚比 β 和轴向力的偏心距 e 对受压构件承载力的影响系数；

　　　f——砌体的抗压强度设计值；

　　　A——砌体的截面面积。

当砌体局部受压时，由于受周围非受荷砌体对其的约束作用，其局部抗压强度有所提高。当受到均匀的局部压力时，砌体截面的局部受压承载力按下式计算：

$$N_l \leqslant \gamma \cdot f \cdot A_l$$

式中，N_l——局部受压面积上的轴向力设计值；

　　　γ——砌体局部抗压强度提高系数；

　　　f——砌体的抗压强度设计值；

　　　A_l——局部受压面积。

砌体结构不仅要满足承载力要求，由于其整体性差、抗拉抗剪强度低，材料质脆，均质性差等弱点，因此必须采取必要的构造措施来加强房屋的整体性、提高变形能力和抗倒塌能力。墙体的构造措施主要包括四方面，即伸缩缝、沉降缝、构造柱和圈梁。

第四节　钢结构基本知识

一、钢结构概述

钢结构是由钢板、型钢通过必要的连接组成基本构件，再通过一定的安装连接装配成空间整体结构。连接的构造和计算是钢结构设计的重要组成部分。钢结构的结构形式有平面与空间桁架、悬索结构、普通框架结构、普通排架结构、塔桅结构等。钢结构的抗拉、抗压强度都很高，构件断面下，自重较轻，结构性能好，所以使用于多种结构形式，应用非常广泛。在高层建筑及桥梁中的应用越来越多。

二、建筑钢材的力学性能及其技术指标

用作钢结构的材料必须有较高的强度、塑性韧性较好、适宜于冷加工和热加工，同时，还必须具有很好的可焊性。常用的钢材主要有碳素结构钢和低合金高强度结构钢。对于钢材有以下的性能要求：

1. 强度性能

碳素钢在受拉时经历了弹性阶段（OA 段）、屈服阶段（AB 段）、强化阶段（BC 段）、局部变形（颈缩）阶段（CD 段），见本教材第二章图 2-6。在设计时，取屈服阶段的下屈服点，即屈服极限，记作 σ_s，作为钢材可以达到的最大应力。对于高强度钢没有明显的屈服点和屈服台阶，以卸载后试件中的残余应变为 0.2% 对应的应力作为条件屈服点，记作 $\sigma_{0.2}$。如图 6-7 所示。

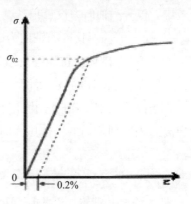

图 6-7 条件屈服强度

2. 塑性性能

延伸率 δ 和断面收缩率 ψ 作为钢材的塑性指标。延伸率指试件被拉断时的绝对变形值与试件原标矩的比值，断面收缩率指颈缩处最小截面面积与试件原截面面积的比值。

3. 冷弯性能

冷弯性能由冷弯试验来确定。按照规定的弯心直径在试验机上用冲头加压，使试件弯成 180°，如试件外表面不出现裂纹和分层即为合格。冷弯试验不仅能直接检验钢材的弯曲变形能力或塑性性能，还能暴露钢材内部的冶金缺陷。

4. 冲击韧性

韧性是钢材抵抗冲击荷载的能力，采用夏比 V 形缺口试件在夏比试验机上进行得到的单位面积上所消耗的冲击功表示。在寒冷地区不仅要求常温（20℃）还要求具有负温（0℃、-20℃或-40℃）冲击韧性指标，以保证结构的抗脆性破坏能力。

三、影响建筑钢材力学性能的因素

化学成分、冶金缺陷、钢材硬化、温度影响、应力集中、反复荷载作用等都对钢材的力学性能有影响。

化学成分及其含量对钢的性能有着重要影响。碳素结构钢中，碳是仅次于纯铁的主要元素，随着碳含量增加，强度增加，塑性、可焊性、韧性、抗腐蚀性都降低。硫、

磷、氧、氮都是钢中的有害成分，能降低钢材的塑性、韧性、可焊性和疲劳强度。硅、锰是钢中的有益元素。

偏析、非金属夹杂、气孔、裂纹及分层都是常见的冶金缺陷。在结构或构件受力工作时、加工制作的工程中冶金缺陷对钢材性能的影响都会表现出来。

钢材硬化是指冷作硬化、时效硬化两种硬化现象。冷拉、冷弯、冲孔、机械剪切等冷加工使钢材产生变形，提高钢材强度，但同时降低塑性韧性的现象称为冷作硬化。随着时间增长从纯铁中析出氮和碳形成氮化物和碳化物，使得钢材强度提高，塑性韧性下降的现象称为时效硬化。

钢材性能随温度变化而变化，温度升高，钢材强度降低，应变增大；温度降低，钢材强度略有增加，塑性和韧性降低，变脆。

钢结构构件中若有孔洞、槽口、凹角、截面突然改变以及内部缺陷时，构件中的应力分布不再均匀，局部应力增大，局部应力降低的现象即为应力集中现象。应力集中现象会导致钢材变脆，并且在负温和动载作用下，这种影响十分突出。

钢材在反复荷载作用下，钢材的强度会降低，这种现象称为钢的疲劳破坏。疲劳破坏是累积损伤的结果，表现为突然发生的脆性断裂。

四、钢结构的连接

钢结构的连接方法可分为焊缝连接、铆钉连接和螺栓连接三种。

焊缝连接：焊缝连接是目前钢结构的主要连接方法。其优点是构造简单、节约钢材、操作方便，易于采用自动化操作等，缺点是焊缝附近热影响区的材质变脆，对裂纹敏感，不宜采用于直接承受动力荷载的结构。

铆钉连接：铆钉连接由于构造复杂，用钢量大，现已很少采用，但其传力可靠，塑性、韧性均较好，在一些重型和直接承受动力荷载的结构中仍然采用。

螺栓连接：分为普通螺栓连接和高强度螺栓连接。普通螺栓施工简单，装拆方便，一般由 Q235 制成。高强度螺栓用合金钢制成，制作工艺精准，操作工序多，要求高，在我国桥梁、大跨度结构房屋及工业厂房中已广泛采用。

第五节　建筑抗震基本知识

一、抗震概述

地震是地球由于内部运动累积的能量突然释放或地壳中空穴顶板塌陷等原因，造成岩体剧烈振动，并以波的形式向地表传播而引起的地面颠簸和摇晃。地震分为火山地震、陷落地震、人工诱发地震以及构造地震。其中构造地震是地球内部构造活动的结果，破坏作用大，会造成惨重的人员伤亡和巨大的经济损失，是房屋建筑抗震设防研究的主要对象。

地震发生时，在地球内部发生断裂、错动的位置称为震源。震源在地表的垂直投影点称为震中。震源到震中的垂直距离称为震源深度。一般把震源深度小于 60km 的地震称为浅源地震；60～300km 的地震称为中源地震；大于 300km 的地震称为深源地震。在地震影响范围内，地表某处至震中的距离称为震中距。在同一地震中，具有相同的震烈度地点连线称为等震线，等震线图上烈度最高的区域称为极震区。

地震波包括在地球内部传播的体波和只限于在地球表面传播的面波。体波中包括纵波和横波。地震时一般先出现由纵波引起的上下颠簸，而后出现横波和面波造成的房屋左右摇晃和扭动。地震的震级是衡量一次地震大小的等级，与震源释放的能量大小有关，国际通用的里氏震级，用符号 M 表示。地震烈度是指地震对一定地点震动的强烈程度。对于一次地震，表示地震大小的震级只有一个，地震烈度却有不同。我国使用的是 12 度烈度表。抗震设防烈度是指国家规定的权限批准作为一个地区抗震设防依据的地震烈度。对于抗震设防烈度为 6 度及以上地区的建筑，必须进行抗震设计。

二、抗震设防

1. 建筑抗震设防分类

根据建筑遭受地震损坏对各方面影响后果的严重性，将建筑物分为特殊设防类、重点设防类、标准设防类、适度设防类四个抗震设防类别，简称甲类、乙类、丙类、丁类。甲类是指使用上有特殊设施，涉及国家公共安全的重大建筑工程和地震时可能发生严重次生灾害等特别重大灾害后果，需要进行特殊设防的建筑。乙类是地震时使用功能不能中断或需尽快恢复的生命线相关建筑，以及地震时可能导致大量人员伤亡等重大灾害后果，需要提高设防标准的建筑。丙类是指除了甲类、乙类、丁类以外的建筑。丁类是指使用人员稀少且震损不致产生次生灾害，允许在一定条件下适度降低要求的建筑。

2. 抗震设防标准

特殊设防类：甲类，按高于本地区抗震设防烈度一度的要求加强其抗震措施，按高于本地区抗震设防烈度确定其地震作用。

重点设防类：乙类，按高于本地区抗震设防烈度一度的要求加强其抗震措施，按本地区抗震设防烈度确定其地震作用。

标准设防类：丙类，按本地区抗震设防烈度确定其抗震措施和地震作用。

适度设防类：丁类，允许比本地区抗震设防烈度要求降低其抗震措施，但抗震设防烈度为 6 度时不应降低。仍应按本地区抗震设防烈度确定其地震作用。

3. 抗震设防目标

"三水准"抗震设防目标：

第一水准：当遭受低于本地区抗震设防烈度的多遇地震影响时，主体结构不受损失或不需要修理可继续使用。

第二水准：当遭受相当于本地区抗震设防烈度的多遇地震影响时，可能发生损坏，但经一般修理仍可继续使用。

第三水准：当遭受高于本地区抗震设防烈度的多遇地震影响时，不致倒塌或发生危及生命的严重破坏。

上述目标可概括为"小震不坏、中震可修、大震不倒"。在具体做法上，采用简化的两个阶段的设计方法。第一阶段设计是承载力验算，第二阶段设计是弹塑性变形验算。

4. 抗震等级

抗震等级是结构构件抗震设防的标准。钢筋混凝土房屋应根据设防类别、烈度、结构类型和房屋高度采用不同的抗震等级。抗震等级分为一级、二级、三级、四级，一级抗震要求最高。

三、砌体结构的抗震构造

多层砌体房屋抗震措施主要包括以下几个方面：房屋总高度和层数的限制、房屋高宽比的限制、建筑布置和结构体系的要求、房屋抗震横墙的间距限制、房屋局部尺寸限制。

多层砌体结构房屋的层高不应超过 3.6m。

构造柱和圈梁是多层砌体房屋抗震的主要构造措施。构造柱与圈梁把墙体分片包围，能限制开裂后砌体裂缝的延伸和砌体的错位，使砖墙能维持竖向承载能力，并能继续吸收地震的能量，避免墙体倒塌。

1. 一般构造要求

预制钢筋混凝土板在混凝土圈梁上的支承长度不应小于 80mm，板端伸出的钢筋应与圈梁可靠连接，并同时浇筑；预制钢筋混凝土板在墙上的支承长度不应小于 100mm，并应按下列方式进行连接：板支承于内墙时，板端钢筋伸出长度不应小于 70mm，且与支座处沿墙配置的纵筋绑扎，用强度等级不应低于 C25 的混凝土浇筑成板带；板支承于外墙时，板端钢筋伸出长度不应小于 100mm，且与支座处沿墙配置的纵筋绑扎，并用强度等级不应低于 C25 的混凝土浇筑成板带；预制钢筋混凝土板与现浇板对接时，预制板端钢筋应伸入现浇板中进行连接后，在浇筑现浇板。

墙体转角处和纵横墙交接处应沿竖向每隔 400~500mm 设拉结钢筋，其数量为每120mm 墙厚不少于 1 根直径 6mm 的钢筋；或采用焊接钢筋网片，埋入长度从墙的转角或交接处算起，对实心砖墙每边不小于 500mm，对多孔砖墙和砌块墙不小于 700mm。

在砌体中溜槽洞及埋设管道时：不应在截面长边小于 500mm 的承重墙体、独立柱内埋设管线；不宜在墙体中穿行暗线或预留、开凿沟槽；承重独立砖柱截面尺寸不应小于 240mm×370mm。毛石墙的厚度不宜小于 350mm，毛料石柱较小边长不宜小于 400mm。

支承在墙、柱上的吊车梁、屋架及跨度大于等于一定数值（对砖砌体为 9m，对砌块和料石砌体为 7.2m）的预制梁的端部，应采用锚固件与墙、柱上的垫块锚固。

跨度大于 6m 的屋架和跨度大于一定数值的梁（对砖砌体为 4.8m，对砌块和料石砌体为 4.2m，对毛石砌体为 3.9m），应在支承处砌体上设置混凝土或钢筋混凝土垫块，当墙中设有圈梁时，垫块与圈梁宜浇成整体。

混凝土砌块房屋，宜将纵横墙交接处，距墙中心线每边不小于 300mm 范围内的孔洞，采用不低于 Cb20 混凝土沿全墙高灌实。

2. 构造柱设置要求

构造柱的布置部位要符合抗震规范的要求，对外廊式和单面走廊式的房屋、横墙较少、横墙很少的房屋要求更为严格。

构造柱最小截面可采用 180mm×240mm（墙厚 190mm 时为 180mm×190mm），纵向钢筋宜采用 4 根直径不小于 12mm，箍筋间距不宜大于 250mm，且在柱上下端应适当加密；6、7 度时超过 6 层、8 度时超过 5 层和 9 度时，构造柱纵向钢筋宜采用 4φ14，箍筋间距不应大于 200mm；房屋四角的构造柱应适当加大截面及配筋。

构造柱与墙连接处应砌成马牙槎，沿墙高每隔 500mm 设 2φ6 水平钢筋和 φ4 分布短筋平面内点焊组成的拉结网片或 φ4 点焊钢筋网片，每边伸入墙内不宜小于 1m。6～7 度时底部 1/3 楼层，8 度时底部 1/2 楼层，9 度时全部楼层，上述拉结钢筋网片应沿墙体水平通长设置。

构造柱与圈梁连接处，构造柱的纵筋应在圈梁纵筋内侧穿过，保证构造柱纵筋上下贯通。构造柱可不单独设置基础，但应伸入室外地面下 500mm 或与埋深小于 500mm 的基础圈梁相连。

为了保证钢筋混凝土构造柱与墙体之间的整体性，施工时必须先砌墙，后浇柱。

3. 圈梁设置要求

厂房、仓库、食堂等空旷单层房屋应按下列规定设置圈梁：砖砌体结构房屋，檐口标高为 5～8m 时，应在檐口标高处设置圈梁一道；檐口标高大于 8m，应增加设置数量。砌块及料石砌体结构房屋，檐口标高为 4～5m 时，应在檐口标高处设置圈梁一道；檐口标高大于 5m 时，应增加设置数量。

住宅、办公楼等多层砌体结构民用房屋，且层数为 3～4 层时，应在底层和檐口标高处各设置一道圈梁。当层数超过 4 层时，还至少应在所有纵横墙上隔层设置。多层砌体工业房屋，应每层设置现浇混凝土圈梁。

圈梁宜连续地设在同一水平面上，并形成封闭状；当圈梁被门窗洞口截断时，应在洞口上部增设相同截面的附加圈梁。附加圈梁与圈梁的搭接长度不应小于其中到中垂直间距的 2 倍，且不得小于 1m。

混凝土圈梁的宽度与墙厚相同，当墙厚不小于 240mm 时，其宽度不宜小于墙厚的 2/3。圈梁高度不应小于 120mm。纵向钢筋数量不应少于 4 根，直径不应小于 10mm，绑扎接头的搭接长度按照受拉钢筋考虑，箍筋间距不应大于 300mm。

四、框架结构抗震构造

1. 框架梁的构造措施

梁的截面宽度不宜小于 200mm，高宽比不宜大于 4，净跨与截面高度之比不宜小于 4。

梁端纵向受拉钢筋的配筋率不应大于 2.5%，且计入受压钢筋的梁端混凝土受压区高度和有效高度之比，一级不应大于 0.25，二级、三级不应大于 0.35。梁端截面的底面和顶面纵向钢筋配筋量的比值，除按计算确定外，一级不应小于 0.5，二、三级不应小于 0.3。沿梁全长顶面和底面的配筋，一级、二级不应少于 $2\phi14$ 且分别不应少于梁两端顶面和底面纵向配筋中较大截面面积的 1/4，三、四级不应少于 $2\phi12$。一级、二级框架梁内贯通中柱的每根纵向钢筋直径，对矩形截面柱，不宜大于柱在该方向截面尺寸的 1/20；对圆形截面柱，不宜大于纵向钢筋所在位置柱截面弦长的 1/20。梁端加密区的箍筋肢距，一级不宜大于 200mm 和 20 倍箍筋直径的较大值，二级、三级不宜大于 250mm 和 20 倍箍筋直径的较大值，四级不宜大于 300mm。

2. 框架柱的构造措施

柱的截面的宽度和高度均不宜小于 300mm；圆柱直径不宜小于 350mm；剪跨比宜大于 2；截面长边与短边的边长比不宜大于 3。

柱的轴压比、柱截面纵筋的最小总配筋率、柱箍筋加密区间距和直径、体积配箍率应满足规范要求。

柱的纵向钢筋宜对称配置。截面尺寸大于 400mm 的柱，纵向钢筋间距不宜大于 200mm。柱总配筋率不应大于 5%。一级且剪跨比不大于 2 的柱，每侧纵向钢筋配筋率不宜大于 1.2%。边柱角柱及抗震墙端柱在地震作用组合产生小偏心受拉时同，柱内纵筋总截面面积应比计算值增加 25%。柱纵向钢筋的绑扎接头应避开柱端的箍筋加密区。

柱的箍筋加密范围：柱端取截面高度（圆柱直径），柱净高的 1/6 和 500mm 三者的最大值。底层柱柱根不小于柱净高的 1/3；当有刚性地面时，除柱端外尚应取刚性地面上下各 500mm。剪跨比不大于 2 的柱和因设置填充墙等形成的柱净高与柱截面高度之比不大于 4 的柱，取全高。框支柱，取全高。一级及二级框架的角柱，取全高。

柱箍筋加密区箍筋肢距，一级不宜大于 200mm，二级、三级不宜大于 250mm 和 20

倍箍筋直径的较大值，四级不宜大于300mm。至少每隔一根纵向钢筋宜在两个方向有箍筋或拉筋约束；采用拉筋复合箍时，拉筋宜紧靠纵向钢筋并钩住箍筋。

3. 框架填充墙构造措施

砂浆级别不宜低于M5（Mb5、Ms5），填充墙墙体厚度不应小于90mm，用于填充墙的夹心复合砌块，其两肢块体之间应有拉结。

填充墙与框架的连接，可根据设计要求采用脱开或不脱开的方法。

有抗震设防要求时宜采用填充墙与框架脱开的方法：填充墙两端与框架柱，填充墙顶面与框架梁之间留出不小于20mm的间隙；填充墙端部应设置构造柱，柱间距宜不大于20倍墙厚且不大于4000mm，柱宽度不小于100mm。柱竖向钢筋不宜小于$\phi10$，箍筋宜为ϕ^R5，竖向间距不宜大于400mm。竖向钢筋与框架梁或其挑出部分的预埋件或预留钢筋连接，绑扎接头时不小于30d，焊接时（单面焊）不小于10d（d为钢筋直径）。柱顶与框架梁（板）应预留不小于15mm的缝隙，用硅酮胶或其他弹性密封材料封缝。当填充墙有宽度大于2100mm的洞口时，洞口两侧应加设宽度不小于50mm的单筋混凝土柱；填充墙两端宜卡入设在梁、板底及柱侧的卡口铁件内，墙侧卡口板的竖向间距不宜大于500mm，墙顶卡口板的水平间距不宜大于1500mm；墙体高度超过4m时宜在墙高中部设置与柱连通的水平系梁，水平系梁的截面高度不小于60mm，填充墙高不宜大于6m；填充墙与框架柱、梁的缝隙可采用聚苯乙烯泡沫塑料板条或聚氨酯发泡材料充填，并用硅酮胶或其他弹性密封材料封缝。

当采用不脱开方法时：沿墙高每隔500mm配置2根6mm的拉结钢筋（墙厚大于240mm时配置3根直径6mm的钢筋），钢筋伸入填充墙长度不宜小于700mm，且拉结钢筋应错开截断，相距不宜小于200mm。填充墙墙顶应与框架梁紧密结合。顶面与上部结构接触处宜用一皮砖或配砖斜砌揳紧；当填充墙有洞口时，宜在窗洞口的上端或下端、门洞口的上端设置钢筋混凝土带，钢筋混凝土带应与过梁的混凝土同时浇筑，其过梁的断面及配筋由设计确定，但其混凝土强度等级不小于C20，当有洞口的填充墙尽端至门窗洞口边距离小于240mm时，宜采用钢筋混凝土门窗框；填充墙长度超过5m或墙长大于2倍层高时，墙顶与梁宜有拉接措施，墙体中部应加设构造柱；墙高度超过4m时宜在墙高中部设置与柱连接的水平系梁，墙高超过6m时，宜沿墙高每2m设置与柱连接的水平系梁，梁的截面高度不小于60mm。

第七章　结构施工图

第一节　识读结构施工图

结构施工图是用来表示房屋结构系统的结构类型、各承重构件的布置、形状、大小、数量、类型、材料做法、内部构造及构件间连接构造的图样，是施工、质检及编制预算的依据。简称"结施"。

一、结构施工图的内容

结构施工图包括结构设计说明、结构平面布置图、构件详图三个方面的内容。

结构设计说明，主要包括说明本工程结构设计的主要依据；建筑结构的安全等级和设计使用年限；建筑结构抗震设计要求；施工应遵循的施工规范和注意事项等内容。

结构平面布置图主要由基础平面图、楼层结构平面布置图、屋顶结构布置图组成，反映出结构各平面的位置、尺寸、各构件的空间关系等内容。

构件详图包括柱、剪力墙、梁、板及基础、楼梯、电梯等各构件的详图，反映各构件的定位、尺寸、配筋等内容。

二、结构施工图识读方法

结构施工图的识读方法：

（1）从下往上，从左往右的看图顺序是施工图识读的一般顺序。

（2）由前往后看，根据房屋的施工先后顺序，从基础、墙柱、楼面到屋面依次看。

（3）看图时要注意从粗到细，从大到小。

（4）结施应与建施结合起来看。

第二节　平法施工图

建筑结构施工图平面整体设计方法（简称平法）是将结构构件的尺寸和配筋，按照平面整体表示方法的制图规则，直接将各类构件表达在结构平面布置图上，再与标准构造详图配合，即构成一套新型完整的结构设计图纸。

一、柱平法施工图制图规则

柱平法施工图有列表注写和截面注写两种表达方式。两种表达方式中都需要列出结构层楼面标高、结构层高及相应结构层号竖表、标明嵌固部位以及柱的平面布置图。

1. 列表注写方式

列表注写方式是将柱的相关信息制表表示，如图 7 - 1 所示，柱表内容包含六部分：柱编号、各段柱的起止标高、柱截面尺寸 $b×h$ 及与轴线关系的几何参数、柱纵筋、箍筋种类型号及箍筋肢数、柱箍筋（见表 7 - 1）。

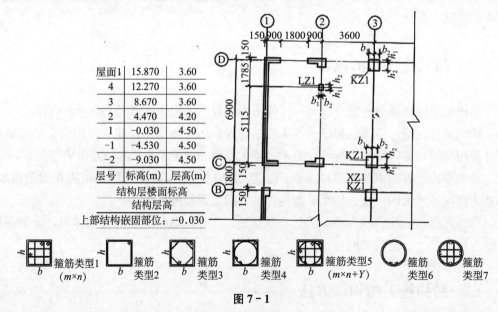

图 7 - 1

表 7 - 1　柱表

柱号	标高	$b×h$	b_1	b_2	h_1	h_2	全部纵筋	角筋	b边一侧中部筋	h边一侧中部筋	箍筋类型号	箍筋
KZ1	−0.030～4.470	750×700	375	375	150	550	24 Φ 25				1(5×4)	φ10@100/200
	4.470～12.270	650×600	325	325	150	450		4 Φ 22	5 Φ 22	4 Φ 20	1(4×4)	φ10@100/200

柱编号由类型代号和序号组成。对应代号：框架柱——KZ，框支柱——KZZ，芯柱——XZ，梁上柱——LZ，剪力墙上柱——QZ。

矩形柱用 $b \times h$ 来表示柱截面的长和宽，与轴线关系用 b_1、b_2 和 h_1、b_2 表示，对应各段柱分别注写。

当柱纵筋直径相同，各边根数也相同时，将纵筋注写在"全部纵筋"一栏中；除此之外，柱纵筋分角筋、截面 b 边中部筋和 h 边中部筋三项分别注写（对于采用对称配筋的矩形截面柱，可仅注写一侧中部筋，对称边省略不注）。

箍筋种类型号及箍筋肢数在箍筋类型栏内注写。柱箍筋的注写包括钢筋级别、直径与间距。当为抗震设计时，用斜线"/"区分柱端箍筋加密区与柱身非加密区长度范围内箍筋的不同间距。例如：$\phi8@100/200$，表示箍筋为 HPB300 级钢筋，直径 8mm，加密区间距为 100mm，非加密区间距为 200mm。

2. 截面注写方式

截面注写方式是在平面布置图相同编号的柱中选择一个截面，按另一种比例在原位放大绘制柱截面配筋图，标注柱截面与轴线关系，并在各配筋图上集中注写柱截面尺寸 $b \times h$、角筋（矩形截面四个角部配置的钢筋）或全部钢筋、箍筋的具体数值，如图 7-2 所示。

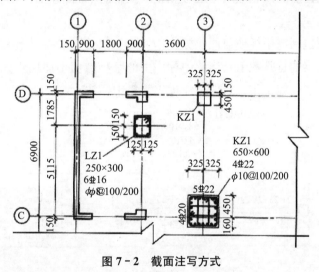

图 7-2　截面注写方式

二、柱标准构造详图简介

抗震和非抗震的情况柱的构造要求不一样，抗震的情况构造要求更为严格，此处简单介绍抗震柱的构造。

抗震 KZ 纵向钢筋的连接分为绑扎搭接、机械连接、焊接连接。三种连接方式从柱嵌固部位往上 $\geqslant H_n/3$（H_n 指所在楼层柱的净高）范围、梁柱节点区及梁上下 $\geqslant \max(H_n/6, 500, 柱长边尺寸)$ 的范围属于非连接区。柱相邻纵向钢筋连接接头应相互错开，同一截面内接头面积百分率不宜大于 50%。绑扎搭接接头间距 $\geqslant 0.3l_{lE}$、机械连接接头间距≥35d、焊接连接接头间距≥max（500，35d）。地下室抗震 KZ 的纵向钢筋连接从基础部位往上≥max（$H_n/6$，500，柱长边尺寸）、地下室楼面梁柱梁柱节点区及梁上下≥max（$H_n/6$，500，柱长边尺寸）的范围为非连接区。纵筋的非连接区是箍筋的加密区范围。

抗震 KZ 边柱和角柱柱顶纵向钢筋可作为伸入梁内作为梁上部钢筋使用、可伸入梁内锚固、可在柱内锚固。梁内的钢筋也可以伸入柱内锚固。当柱纵筋直径≥25mm 时，在柱宽范围的柱箍筋内侧设置间距＞150mm，但不少于 3ϕ10 的角部附加钢筋。中柱柱顶纵向钢筋可在柱内弯锚、可弯锚入不小于 100mm 厚的现浇板内、可在端部加锚头、梁够高时可直锚。柱变截面处的纵筋截面变化较大，纵筋在未变截面的柱内锚固；变化较小，直接弯折伸入变化了截面的柱内使用。

三、梁平法施工图制图规则

梁平法施工图有平面注写方式和截面注写方式两种。两种表达方式中都需要列出结构层楼面标高、结构层高及相应结构层号竖表以及梁的平面布置图。

1. 平面注写方式

梁的平面注写包括集中标注与原位标注，如图 7-3 所示。集中标注表达梁的通用数值，原位标注表达梁的特殊数值。当集中标注中的某项数值不适用于梁的某部位时，则将该项数值原位标注，施工中，原位标注优先于集中标注。

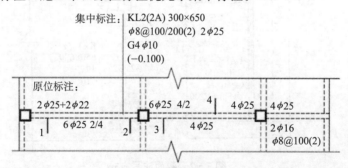

图 7-3 梁的平面注写方式

（1）集中标注。

梁的集中标注包括梁编号、梁截面尺寸、梁箍筋、梁上部通长筋或架立筋配置、梁侧面纵向构造钢筋或受扭钢筋配置这五项必注项，以及选注项梁顶面标高高差。梁的编号组成见表 7-2。

梁的截面标注：当为等截面梁时，用 $b \times h$ 表示；当为竖向加腋梁时，用 $b \times h$ GYC$_1$×C$_2$ 表示，其中 C$_1$ 为腋长，C$_2$ 为腋高；当为水平加腋梁时，用 5 PYC$_1$×C$_2$ 表示，其中 C$_1$ 为腋长，C$_2$ 为腋宽，加腋部分应在平面中绘制；当悬臂梁采用变截面高度时，用斜线分隔根部与端部的高度值，即 $b \times h_1/h_2$，h_1 为根部高度，h_2 为端部较小高度。

表7-2 梁编号

梁类型	代号	序号	跨数及是否带有悬挑
楼层框架梁	KL	××	(××)、(××A) 或 (××B)
屋面框架梁	WKL	××	(××)、(××A) 或 (××B)
框支梁	KZL	××	(××)、(××A) 或 (××B)
非框架梁	L	××	(××)、(××A) 或 (××B)
悬挑梁	XL	××	(××)、(××A) 或 (××B)
井字梁	JZL	××	(××)、(××A) 或 (××B)

注：(××A) 为一端有悬挑，(××B) 为两端有悬挑，悬挑不计入跨数。

梁箍筋包括钢筋种类、级别、直径、加密区与非加密区间距及肢数。箍筋加密区与非加密区的不同间距及肢数需用斜线分隔；当梁箍筋为同一种间距及肢数时，则不需用斜线；当加密区与非加密区的箍筋肢数相同时，则将肢数注写一次；箍筋肢数应写在括号内。例如 "$\phi 8@100$ (4) /150 (2)"，表示箍筋为 HPB300 级钢筋，直径 8mm，加密区间距为 100mm，四肢箍；非加密区间距为 150mm，双肢箍。

梁上部通长筋或架立筋配置应根据结构受力要求及箍筋肢数等构造要求而定。当同排纵筋中既有通长筋又有架立筋时，应采用加号 "+" 将通长筋和架立筋相连。注写时须将角部纵筋写在加号的前面，架立筋写在加号后面的括号内，以示不同直径及与通长筋的区别。当全部采用架立筋时，则将其写入括号内。例如："2$\underline{\Phi}$22"表示用于双肢箍；"2$\underline{\Phi}$22+ (4$\underline{\Phi}$12)"表示用于六肢箍，其中 2$\underline{\Phi}$22 为通长筋，括号内 4$\underline{\Phi}$12 为架立筋。当梁的上部纵筋和下部纵筋为全跨相同，且多数跨配筋相同时，此项可加注下部纵筋的配筋值，用分号 "；" 将上部与下部纵筋的配筋值分隔开来。

当梁腹板高度 $h_w \geq 450$ mm 时，需配置纵向构造钢筋。此项注写值以大写字母 G 打头，注写设置在梁两个侧面的总配筋值，且对称配置。当梁侧面需配置受扭纵向钢筋时，此项注写值以大写字母 N 打头，接续注写配置在梁两个侧面的总配筋值，且对称配置。受扭纵向钢筋应满足梁侧面纵向构造钢筋的间距要求，且不再重复配置纵向构造钢筋。例如：N6$\underline{\Phi}$22，表示梁的两个侧面共配置 6$\underline{\Phi}$22 的受扭纵向钢筋，每侧各配置 3$\underline{\Phi}$22。

梁顶面标高高差系指相对于该结构层楼面标高的高差值，有高差时，需将其写入括号内，无高差时不注。一般情况下，需要注写梁顶面高差的梁有：洗手间梁、楼梯平台梁、楼梯平台板边梁等。当某梁的顶面高于所在结构层的楼面标高时为正，反之为负。

（2）原位标注。

原位标注内容包括梁支座上部纵筋（该部位含通长筋在内所有纵筋）、梁下部纵筋、附加箍筋或吊筋、集中标注不适合于某跨时标注的数值。

梁支座上部纵筋，该部位含通长筋在内的所有纵筋：当上部纵筋多于一排时，用斜线 "/" 将各排纵筋自上而下分开。例如：梁支座上部纵筋注写为 6$\underline{\Phi}$25 4/2，则表示上一排纵筋为 4$\underline{\Phi}$25，下一排纵筋为 2$\underline{\Phi}$25。当同排纵筋有两种直径时，用加号 "+" 将两种直径的纵筋相连，注写时将角部纵筋写在前面。例如：梁支座上部有四根纵筋，2$\underline{\Phi}$25 放在角部，2$\underline{\Phi}$22 放在中部，在梁支座上部应注写为 2$\underline{\Phi}$25+2$\underline{\Phi}$22。当梁中间支座两边的上部纵筋不同时，需在支座两边分别标注；当梁中间支座两边的上部纵筋相同时，可仅在支座的一边标注配筋值，另一边省去不注。

梁下部纵筋：当下部纵筋多于一排时，用斜线"/"将各排纵筋自上而下分开。当同排纵筋有两种直径时，用加号"+"将两种直径的纵筋相连，注写时角筋写在前面。当梁下部纵筋不全部伸入支座时，将梁支座下部纵筋减少的数量写在括号内。例如梁下部纵筋注写为 2Φ25＋3Φ22（－3）/5Φ25，则表示上一排纵筋为 2Φ25 和 3Φ22，其中 3Φ22 不伸入支座；下一排纵筋为 5Φ25，全部伸入支座。当梁的集中标注中已注写了梁上部和下部均为通长筋的纵筋值时，则不需要在梁的下部重复做原位标注。

附加箍筋和吊筋用在主次梁相交处，钢筋画在主梁上，一般直接画在平面图中的主梁上，用引线标注总配筋值。当多数附加箍筋或吊筋相同时，可在梁平法施工图上统一注明，少数与统一注明值不同时，再原位引注。

当在梁上集中标注的内容不适用于某跨或某悬挑部分时，则将其不同数值原位标注在该跨或该悬挑部位，施工时应按原位标注数值取用。

2. 截面注写方式

截面注写方式是从相同编号的梁中选择一根梁，先将单边截面剖切符号及编号画在该梁上，再将截面配筋详图画在本图或其他图上。截面配筋详图上注写截面尺寸 $b \times h$、上部筋、下部筋、侧面构造筋或受扭筋以及箍筋的具体数值时。截面注写方式既可以单独使用，也可与平面注写相结合使用。当梁平面整体配筋图中局部区域的梁布置过密时或表达异形截面梁的尺寸、配筋时，用截面注写比较方便。在图 7-3 中的剖切符号对应的配筋详图，如图 7-4 所示。

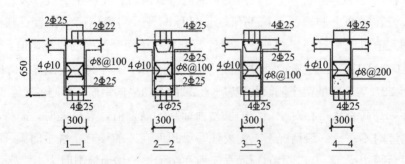

图 7-4　配筋详图

四、梁标准构造详图简介

抗震楼层框架梁 KL 的端支座上部纵向钢筋伸至柱外侧纵筋内侧且伸入长度≥$0.4l_{abE}$，向下弯折 $15d$ 进行锚固。上部非贯通纵筋若分层布置，第一排的纵筋在伸入梁内 $l_n/3$（中间支座时 l_n 是左右跨梁净跨较大值，边支座为边跨净跨）长时截断，第二排在伸入梁内 $l_n/4$ 时截断。上部贯通纵筋是由不同直径搭接时搭接长度为 l_{lE}，架立筋与非贯通纵筋搭接时搭接长度150mm。端支座的下部通长纵筋伸至梁上部纵筋弯钩段内侧或柱外侧纵筋内侧,且伸入长度$\geqslant 0.4l_{abE}$,向上弯折$15d$进行锚固,也可以加锚头,若柱尺寸足够也可以直锚。中间支座的纵筋伸入支座$\geqslant \max (l_{aE},0.5h_c+5d)$进行锚固。抗震屋面框架梁WKL纵筋的构造顶层端节点处梁上部纵筋与附加角部钢筋构造如同顶层边、角柱的构造,其他构造要求同楼面框架梁KL。抗震KL与WKL箍筋从矩柱边50mm处开始配置,加密区范围:抗震等级为一级时取$\geqslant 2.0h_b$且$\geqslant 500mm$;抗震等级为二~四级时取$\geqslant 1.5h_b$且$\geqslant 500mm$(h_b指梁截面高度)。非抗震情况下的KL与WKL的纵筋锚固搭接长度对应非抗震的长度。

非框架梁L的端支座上部纵筋伸入柱内长度:设计按铰接时取$\geqslant 0.35l_{ab}$,充分利用钢筋的抗拉强度时取$\geqslant 0.6l_{ab}$。向下弯折$15d$进行锚固。上部非贯通纵筋伸入梁内的截断位置:设计按铰接时取$l_n/5$,充分利用钢筋的抗拉强度时取$l_n/3$。下部纵筋锚入支座$12d$,若采用光面钢筋,锚入支座$15d$。

五、剪力墙平法施工图制图规则

剪力墙平法施工图有列表注写和截面注写两种表达方式。两种表达方式中都需要列出结构层楼面标高、结构层高及相应结构层号竖表、标明嵌固部位以及剪力墙的平面布置图。

1. 列表注写方式

列表注写方式包含剪力墙柱表、剪力墙身表和剪力墙梁表。

(1)剪力墙柱表。

剪力墙柱表中表达的内容:注写墙柱编号,绘制截面配筋图,标注墙柱几何尺寸。注写各段墙柱的起止标高。注写各段墙柱的纵向钢筋和箍筋,见表7-3。

表7-3 剪力墙柱表

截面	(YBZ1截面配筋图:1 050,300,300,300)	(YBZ2截面配筋图:1 200,300,600,600)
编号	YBZ1	YBZ2
标高	−0.030~12.270	−0.030~12.270
纵筋	24 Φ 20	22 Φ 20
箍筋	$\phi 10@100$	$\phi 10@100$

墙柱编号由类型代号和序号组成。对应代号:约束边缘构件——YBZ,构造边缘构件——GBZ,非边缘暗柱——AZ,扶壁柱——FBZ。约束边缘构件和构造边缘构件包括暗柱、端柱、翼墙、转角柱四种。

（2）剪力墙身表。

剪力墙身表中表达的内容：注写墙身编号，注写各段墙身的起止标高，注写水平分布钢筋、竖向分布钢筋和拉筋的具体数值，见表7-4。

表7-4 剪力墙墙身表

编号	标高	墙厚	水平分布筋	垂直分布筋	拉筋（双向）
Q1	−0.030～30.270	300	⊈12@200	⊈12@200	φ6@600@600
	30.270～59.070	250	⊈10@200	⊈10@200	φ6@600@600
Q2	−0.030～30.270	250	⊈10@200	⊈10@200	φ6@600@600
	30.270～59.070	200	⊈10@200	⊈10@200	φ6@600@600

墙身编号由代号、序号以及墙身所配置的水平与竖向分布钢筋的排数组成，其中，排数注写在括号内。表达形式为Q××（×排）。当墙身所设置的水平与竖向分布钢筋的排数为2时可不注。对于分布钢筋网的排数规定：

非抗震：当其厚度≤160时，宜配置双排；当剪力墙厚度b>160时，应配置双排。

抗震：当剪力墙厚度b≤400时，应配置双排；当剪力墙厚度400<b≤700时，宜配置三排；当剪力墙厚度b>700时，宜配置四排。

（3）剪力墙梁表。

剪力墙梁表中表达的内容：注写墙梁编号，注写墙梁所在楼层号，注写墙梁顶面标高高差，注写墙梁截面尺寸$b×h$，上部纵筋，下部纵筋和箍筋的具体数值，见表7-5。

墙梁编号由墙梁类型代号和序号组成。对应代号：连梁——LL，连梁（对角暗撑配筋）——LL（JC），连梁（交叉斜筋配筋）——LL（JX），连梁（集中对角斜筋配筋）——LL（DX），暗梁——AL，边框梁——BKL。

表7-5 剪力墙梁表

编号	所在楼层号	梁顶相对标高高差	梁截面$b×h$	上部纵筋	下部纵筋	箍筋
LL1	2～9	0.800	300×2000	4⊈22	4⊈22	φ10@100（2）
	10～16	0.800	250×2000	4⊈20	4⊈20	φ10@100（2）
	层面1		250×1200	4⊈20	4⊈20	φ10@100（2）
LL2	3	−1.200	300×2520	4⊈22	4⊈22	φ10@150（2）
	4	−0.900	300×2520	4⊈22	4⊈22	φ10@150（2）
	5～9	−0.900	300×1770	4⊈22	4⊈22	φ10@150（2）
	10～层面1	−0.900	250×1770	3⊈22	3⊈22	φ10@150（2）

2. 截面注写方式

截面注写方式是选用适当比例原位放大绘制剪力墙平面布置图，对于墙柱，绘制配筋截面图；对于所有墙柱、墙身、墙梁分别按照列表注写方式中的规则进行编号，然后在相同编号的墙柱、墙身、墙梁中选择一根墙柱、一根墙身、一根墙梁进行注写，标注的内容同列表注写方式中的要求，如图7-5所示。

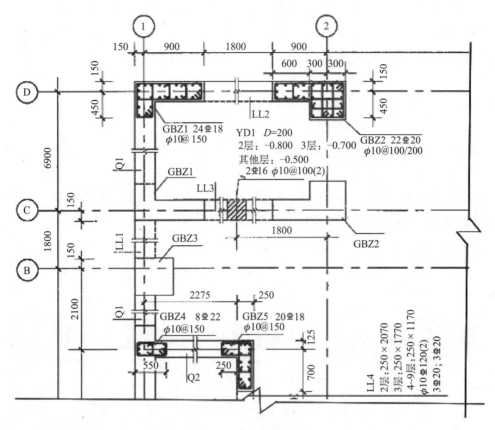

图 7-5　截面注写方式

六、剪力墙标准构造详图简介

剪力墙的标准构造包括剪力墙身、墙柱、墙梁三方面对应的配筋构造做法。

剪力墙身水平钢筋布置在竖向钢筋外侧。剪力墙水平钢筋交错搭接，搭接长度$\geq 1.2l_{aE}$，两排钢筋接头间距至少为 500mm，沿高度方向每隔一个错开搭接。墙身竖向分布筋绑扎搭接时可从基础顶面、楼板顶面开始搭接，一级、二级抗震等级剪力墙底部加强部位搭接长度$\geq 1.2l_{aE}$，不能在同一部位搭接，其他情况可在同一部位搭接。机械连接和焊接时从基础顶面、楼板顶面往上至少 500mm 开始布置接头，机械连接时接头间距为 $35d$。焊接接头间距为 $35d$ 且大于等于 500mm。

剪力墙柱中约束边缘构件非阴影区可设置拉筋也可设置封闭箍筋。约束边缘构件阴影部分和构造边缘构件的纵向钢筋三种连接方式都需从基础顶面、楼板顶面往上至少 500mm 开始布置接头，绑扎搭接长度$\geq l_{lE}$，间距大于等于 $0.3l_{lE}$；机械连接时接头间距为 $35d$。焊接接头间距为 $35d$ 且≥ 500mm。搭接长度范围内，约束边缘构件阴影部分、构造边缘构件、扶壁柱及非边缘暗柱的箍筋直径不小于纵向搭接钢筋最大直径的 0.25 倍。箍筋间距不大于纵向搭接钢筋最小直径的 5 倍，且不大于 100mm。

剪力墙连梁的配筋有以下三种情况：端部墙肢较短的洞口连梁、单跨单洞口连梁、双跨双洞口连梁。端部墙肢较短时连梁的上下纵筋伸至墙外侧纵筋内侧后弯折 15d。其余情况墙肢足够长时，纵筋伸入墙内长度为 l_{aE}且≥600mm。

七、楼盖平法施工图制图规则

楼盖分为有梁楼盖和无梁楼盖。

1. 有梁楼盖

有梁楼盖板平法施工图采用在板布置图上平面注写的方式进行表达，如图 7-6 所示。板平面注写主要包括板块集中标注和板支座原位标注。

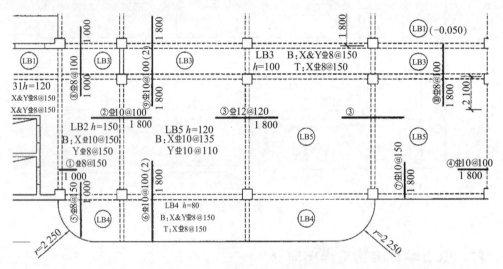

图 7-6　有梁楼盖板平法施工图

（1）板块集中标注。

板块集中标注的内容为板块的编号，板厚，贯通纵筋，标高高差。

板块的编号由类型代号和序号组成，对应代号：楼面板——LB，屋面板——WB，悬挑板——XB。

板厚注写为 $h=××$；悬挑板厚度不一致时，$h=$根部高度/端部高度；设计已统一注明时，此项可以不注。

贯通纵筋按板块的下部和上部分别注写（当板块上部不设贯通纵筋时则不注），并以 B 代表下部，以 T 代表上部，B&T 代表下部与上部；X 向贯通纵筋以 X 打头，Y 向贯通纵筋以 Y 打头，两向贯通纵筋配置相同时则以 X&Y 打头。

（2）板支座原位标注。

板支座原位标注的内容为板支座上部非贯通纵筋和悬挑板上部受力钢筋。板支座原位标注的钢筋在配置相同跨的第一跨表达。支座上部非贯通纵筋用垂直于板支座（梁或墙）绘制的一段适宜长度的中粗实线来表示，并在线段上方注写钢筋编号、配筋值、连续布置的跨数；在线段下方标注从支座中线向跨内伸出的长度。

2. 无梁楼盖

无梁楼盖分为 x 向板带和 y 向板带。板平面注写主要有板带集中标注、板带支座原位标注两部分。

（1）板带集中标注。

板带集中标注在贯通纵筋配置相同跨的第一跨注写（x 向为左端跨，y 向为下端跨）。注写内容：板带编号、板带厚度、板带宽度、贯通纵筋。

板带编号组成见表 7-6。

表 7-6　板带编号

板带类型	代号	序号	跨数及有无悬挑
柱上板带	ZSB	××	（××）、（××A）或（××B）
跨中板带	KZB	××	（××）、（××A）或（××B）

注：1. 跨数按柱网轴线计算（两相邻柱轴线之间为一跨）；
　　2.（××A）为一端有悬挑，（××B）为两端有悬挑，悬挑不计入跨数。

板带厚注写为 $h=×××$，板带宽注写为 $b=×××$。当已在图中注明整体厚度和板带宽度时，此项可不注。

贯通纵筋按板带下部和上部分别注写，同样以 B 代表下部，T 代表上部，B&T 代表下部和上部。

（2）板带支座原位标注。

板带支座原位标注的具体内容为板带支座上部非贯通纵筋。以一段与板带同向的中粗实线段代表板带支座上部非贯通纵筋。柱上板带实线段贯穿柱上区域绘制；跨中板带实线段横贯柱网绘制。在线段上方注写钢筋编号、配筋值；下方注写自支座中线向两侧跨内的伸出长度。

八、楼盖标准构造详图简介

有梁楼盖楼（屋）面板的等跨上部贯通纵筋在跨中进行连接，连接区 $\leqslant l_n/2$（l_n 为净跨值），搭接长度为 l_l，接头间距 $\geqslant 0.3l_l$，接头面积百分率不宜大于 50%。下部纵筋在支座处锚固，伸入支座 $\geqslant 5d$ 且至少到梁中线。板在端部支座的锚固构造分成端部支座为梁、端部支座为剪力墙、端部支座为砌体墙的圈梁、端部支座为砌体墙四种情况分别进行考虑。有梁楼盖不等跨板上部贯通纵筋接头中点距离支座边缘 $\geqslant l'_{nx}/3$（l'_{nx} 是指支座相邻左右跨的较大净跨度值）。不同纵筋接头间距 $\geqslant 0.3l_l$，接头中心间距 $\geqslant 1.3l_l$。短跨处的钢筋能贯通就贯通。

分布钢筋布置在受力钢筋的内侧。抗裂构造钢筋自身及其与受力主筋搭接长度为 150mm，抗温度筋自身及其与受力主筋搭接长度为 l_l。板上下贯通筋可兼作抗裂构造筋和抗温度筋。

第八章 建筑测量

第一节 施工测量仪器与工具

一、常见的施工测量仪器简介

建筑工程中常见的施工测量仪器主要有两种：

1. 水准仪

（1）水准仪的构造。

水准仪主要用于水准测量中，按其高程测量的精度可以分为 $DS_{0.5}$、DS_1、DS_2、DS_3、DS_{10} 等型号。其中"D""S"分别是指"大地测量"和"水准仪"；0.5、1、2、3、10 代表仪器的精度，即每公里往返测高差中数的中误差分别是 0.5mm、1mm、3mm、10mm。我们以 DS_3 型水准仪为例说明水准仪的基本工作原理（如图 8-1 所示）。实际施工中利用的水准仪有自动安平水准仪，激光水准仪，从仪器本身来说更加先进，但从操作的角度来说更加简单，故通过 DS_3 型水准仪为例仍有必要。

水准仪主要由望远镜、水准器和基座组成。

望远镜：望远镜主要由物镜、目镜、调焦螺旋、十字丝板等组成，如图 8-2 所示。

1）物镜：提供视线、瞄准目标、读数用；

2）目镜：放大物象；

3）调焦螺旋：使不同距离的目标成像清晰；

4）十字丝：提供水平视线。

其中，十字丝与物镜光心的连线称为视准轴（如图 8-2 中 C-C 所示）。

水准器：用来判断视准轴是否水平的装置，有圆水准器和管水准器两种。

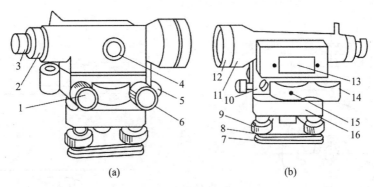

(a)　　　　　　　　　　　　　(b)

图 8 - 1　DS₃ 型微倾式水准仪

1. 微倾螺旋；2. 分划板护罩；3. 目镜；4. 物镜调焦螺旋；5. 制动螺旋；6. 微动螺旋；

7. 底板；8. 三角压板；9. 脚螺旋；10. 弹簧帽；11. 望远镜；12. 物镜；13. 管水准器；

14. 圆水准器；15. 连接小螺钉；16. 轴座

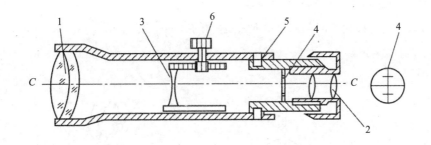

图 8 - 2　望远镜

1. 物镜；2. 目镜；3. 调焦透镜；4. 十字丝分划板；5. 连接螺钉；6. 调焦螺旋

1) 圆水准器（如图 8 - 3 所示）是一个密闭的玻璃圆盒，盒内装着易流动的液体，密封后留有一个气泡。球面中心刻有小圆圈，圆圈中心为零点，过零点作球面的法线为圆水准轴。当气泡居中时，轴线处于铅垂位置；当气泡偏离原点时，轴线呈倾斜状态。圆水准器用于仪器的粗略整平。

2) 管水准器（如图 8 - 4 所示）是一个管状玻璃管，其内壁呈一定半径的圆弧形，管内装有易流动的液体，密封后留有一个气泡，水准管内壁圆弧的中心点为水准管的零点，过零点与圆弧相切的直线称为水准管轴（如图 8 - 4 中 L - L 所示）。当气泡中心位于零点位置时，水准管轴处于水平位置；否则水准管轴处于倾斜。管水准器用于仪器的精确整平。

基座：基座的作用是支撑仪器的上部以及连接仪器和三脚架，主要由轴座、底板、三角压板和脚螺旋组成。其中，脚螺旋用来调整圆水准器，整个仪器通过连接板、中心螺旋与三脚架相连接。

（2）水准仪的使用。

水准仪的操作程序：粗平—瞄准—精平—读数。

粗平：调节脚螺旋，使圆水准器气泡居中。

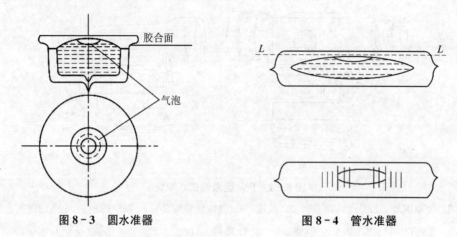

图8-3 圆水准器　　　　　　　　图8-4 管水准器

1）方法：对向转动脚螺旋1和2［如图8-5（a）所示］，使气泡移至1、2方向的中间，再转动脚螺旋3，使气泡居中。

2）规律：气泡移动方向与左手大拇指运动的方向一致。

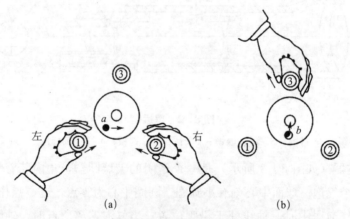

图8-5 圆水准器整平

瞄准：

1）方法：目镜调焦，使十字丝成像清晰→通过望远镜上部准星初步瞄准→物镜调焦，使水准尺成像清晰→转动微动螺旋精瞄；

2）视差：当眼睛在目镜端上下移动时，十字丝与尺像有相对运动，这种现象叫视差。视差产生的原因是尺像平面与十字丝平面不重合。消除视差的方法是仔细反复交替调节目镜和物镜的对光螺旋，直至尺像与十字丝平面重合。

精平：粗平完成后，调节脚螺旋，使圆水准器气泡居中，再旋动微倾螺旋，使长水准管的两个半气泡对齐，称为读数精平，如图8-6所示。

读数：精平后，用十字丝的中丝在水准尺上读数。

1）方法：从小数向大数读，读四位。米、分米看尺面上的注记，厘米数看尺面上的格数，毫米估读。

2）规律：读数在尺面上由小到大的方向读。故对于望远镜成倒像的仪器，即从上往下读，望远镜成正像的仪器，即从下往上读。如图8-7所示，从小向大读四位数为1.306m。

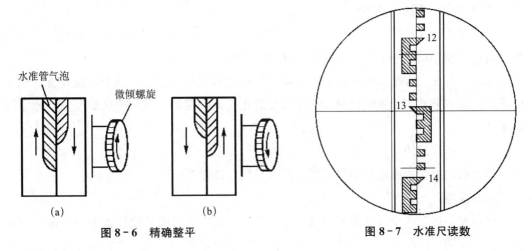

图8-6　精确整平　　　　　　　图8-7　水准尺读数

2. 经纬仪

（1）经纬仪的构造。

经纬仪是角度测量的主要仪器，按照测角精度可以分为 $DJ_{0.7}$、DJ_1、DJ_2、DJ_6 和 DJ_{15} 等型号。其中"D""J"分别是指"大地测量"和"经纬仪"；0.7、1、2、6和15代表仪器的精度，即一测回观测中误差，单位为秒（"）。目前，在建筑测量中使用最多的是 DJ_6 型光学经纬仪（如图8-8所示）。

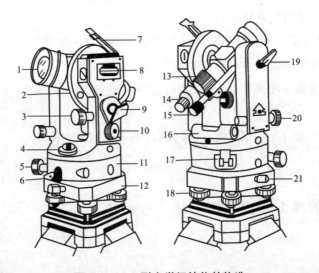

图8-8　DJ_6型光学经纬仪的构造

1. 物镜；2. 竖直度盘；3. 竖盘指标水准管微动螺旋；4. 圆水准器；5. 照准部微动螺旋；6. 照准部制动螺旋；7. 水准管反光镜；8. 竖盘指标水准管；9. 度盘照明反光镜；10. 测微轮；11. 水平度盘；12. 基座；13. 望远镜调焦筒；14. 目镜；15. 读数显微镜目镜；16. 照准部水准管；17. 复测扳手；18. 脚螺旋；19. 望远镜制动螺旋；20. 望远镜微动螺旋；21. 轴座固定螺旋

DJ₆型光学经纬仪主要由照准部、水平度盘和基座三部分组成。

照准部：照准部是指经纬仪上部能绕其转动的部分。照准部主要由望远镜、管水准器、竖直度盘、读数设备等组成。

水平度盘：水平度盘主要用于水平角的测量。它是由光学玻璃制成的圆环，圆环上按顺时针刻划注记 0°～360°的分画线，分划值为 1°。

基座：基座主要是由轴座、圆水准器、脚螺旋和连接板组成。其中，座是支承仪器的底座；圆水准器用于粗略整平；三个脚螺旋用于整平仪器，从而使竖轴竖直，水平度盘水平。

（2）经纬仪的使用。

经纬仪的操作程序包括安置仪器、照准目标、读数等。

安置仪器：

仪器安装包括两个部分即对中和整平。其中，对中的目的是使仪器中心与测站点的标志中心在同一铅垂线上；整平的目的是使仪器的竖轴处于铅垂位置，水平度盘和处于水平的位置。对中整平可以使用垂球和光学器两种方法。

1）垂球对中整平法的步骤：移动或伸缩三脚架（粗略对中）→脚架头上移动仪器（精确对中）→旋转脚螺旋使水准管气泡居中（整平）→反复进行上两步；

2）光学对中整平法的步骤：水平大致对中（眼睛看着对中器，拖动三脚架 2 个脚，使仪器大致对中，并保持"架头"大致水平）→伸缩脚架粗平（根据气泡位置，伸缩三脚架 2 个脚，使圆水准气泡居中）→旋转三个脚螺旋精平（按"左手大拇指法则"旋转三个脚螺旋，使水准管气泡居中）；

3）对中和整平，一般都要经过几次"整平—对中—整平"的循环过程，直到整平和对中均符合要求为止。

照准：目镜调焦→瞄准目标→物镜调焦→消除视差→精确瞄准。

读数：打开反光镜（调节亮度）→转动目镜对光螺旋（使读数清晰）→读数。

二、常见的施工测量工具简介

1. 水准尺

水准尺是水准测量的重要工具，其质量好坏直接影响水准测量的精度。因此，水准尺需用不易变形、干燥的优质木材制成，并且要求尺长稳定，分画准确。常用的水准尺有塔尺和双面尺两种。

塔尺（如图 8 - 9 左第一根所示）仅用于等外水准测量，其长度有 2m 和 5m 两种，用两节或三节套接在一起。塔尺可以伸

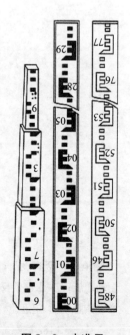

图 8 - 9　水准尺

缩，尺的底部为零点，尺上黑白格相间，每格宽度为 1cm，有的为 0.5cm，每米和每分米处均有注记。

双面水准尺（如图 8-9 所示）多用于三、四等水准测量。其长度有 2m 和 3m 两种，且两根尺为一对。尺的两面均有刻画，一面为红白相间称为红面尺；另一面黑白相间，称为黑面尺（也称主尺），两面的刻画均为 1cm，并在分米处注字。

图 8-10　尺垫

两根尺的黑面均由零开始；而红面，一根尺由 4.687m 开始至 6.687m 或 7.687m，另一根由 4.787m 开始至 6.787m 或 7.787m。

2. 尺垫

尺垫是在转点处放置水准尺用的。如图 8-10 所示，它用生铁铸成，一般为三角形，中央有一突起的半球体，下方有三个支脚。用时将支脚牢固地插入土中，以防下沉，上方突起的半球形顶点用作竖立水准尺和标志转点之用。

第二节　建筑场地施工控制测量

为了减小误差的累积和传播，保证施工和测图的精度及速度，测量工作必须遵循"从整体到局部，先控制后碎部"的原则。即先进行整个测区的控制测量，再进行碎部测量。控制测量的实质是测定控制点的平面位置和高程。测定控制点的平面位置工作称为平面控制测量；测定控制点的高程工作称为高程控制测量。

一、施工场地的平面控制测量

平面控制测量主要包括导线控制测量和小三角测量，下面主要介绍导线控制测量的相关知识。

（1）导线测量常用的导线布设形式有闭合导线、附和导线、支导线三种；

（2）导线测量的外业工作共四个步骤：踏勘选点→边长测量→角度测量→导线定向；

（3）导线测量的内业计算。

1）坐标正算与坐标反算；

2）闭合导线计算：

角度闭合差的计算与调整 $f_\beta = \sum \beta_测 - \sum \beta_理 = \sum \beta_测 - (n-2) \times 180$，角度容许

闭合差 $f_{h容}=60\sqrt{n}$，若 $f_k<f_{h容}$，则角度测量符合要求，否则角度测量不合格。若测量不合格时，首先对计算进行全面检查，若计算没有问题，则应对角度进行重测。

推算各边的坐标方位角：根据已知边坐标方位角和改正后的角值推算，其中：α 前、α 后表示导线前进方向的前一条边的坐标方位角和与之相连的后一条边的坐标方位角。若 β 为左角，则取正值；若 β 为右角，则取负值。

$$\alpha_{前}=\alpha_{后}+180°\pm\beta$$

3）坐标增量闭合差的调整。

4）计算各导线点的坐标值。

二、施工场地的高程控制测量

高程控制测量包括有水准测量和三角高程测量。

1. 水准测量

（1）基本原理：水准测量的原理是利用水准仪提供的水平视线，测出地面两点的高差，然后，根据已知点的高程，推算出未知点的高程。

如图 8-11 所示，已知控制点 A 的高程为 H_A，待测设点 B 的设计高程为 H_B，在 A 点和 B 点之间安装水准仪，测得 A 点水准尺上的读数为 a，则 B 点处水准尺的测设读数应为：

$$H_A+a=H_B+b\Rightarrow b=(H_A+a)-H_B$$

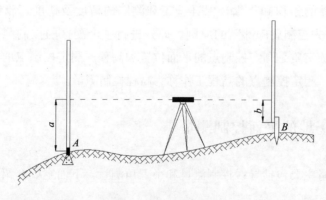

图 8-11 已知高程测设

（2）测设步骤：先在 A、B 之间安装水准仪，于 A 点立水准尺，读得后视读数为 a，再按上述公式计算测设读数 b；然后将水准尺紧靠 B 点的木桩上下移动尺子，使读数变为前视读数 b（注意符号），在水准尺底端的位置画线即为点 B 的高程位置，做出标注。

2. 三角高程测量

（1）基本原理：根据两点间的水平距离和竖直角计算两点间高差的方法。如图 8-12 所示，已知 A 点的高程 H_A 和 A、B 两点的水平距离 D_{AB}，要求 B 点的高程 H_B，在 A 点安置经纬仪，瞄准 B 点标杆的顶点 M，测出竖直角 α，再量出标杆的高度 V 和仪器的高度 i，根据公式即可算出 AB 的高差。

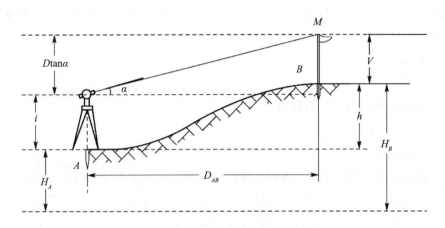

图 8 - 12　三角高程测量

$$h = D\tan\alpha + i - V$$

B 点的高程：

$$H_B = H_A + D\tan\alpha + i - V$$

（2）三角高程测量的外业工作：安置仪器（测量仪器高度和标杆高度）→测竖直角→距离测量（三角高程测量一般采用对向观测，即由 A 点向 B 点观测，再由 B 点向 A 点观测，也称为往返测量，取其平均值作为 A、B 点间的高差）。

（3）三角高程测量的内业工作：计算两点间的高差→计算高差闭合差→计算高差改正数、改正后高差和各点的高程。

第三节　民用建筑的施工测量

一、施工测量前的准备工作

1. 熟悉设计图纸

设计图纸是施工测量的主要依据，测设前应该熟悉建筑物的设计图纸，了解施工建筑物与相邻建筑物的相互关系，以及建筑物的尺寸和施工的要求等，测设时必须具备总平面图、建筑平面图、基础平面图、基础详图等。

2. 现场踏勘

现场踏勘主要是要全面了解施工现场的情况，对施工场地上的平面控制点和水准点进行检核，以便于根据实际情况考虑测设方案。

3. 制订测设方案

在熟悉图纸，掌握施工进度计划的基础上，结合施工现场的实际情况，根据设计要求等因素，制订测设方案。包括测设方法、测设步骤、采用的仪器和工具以及精度要求和时间安排等。

二、建筑物的定位和放线

1. 建筑物的定位

建筑物的定位是指根据设计条件，将建筑物四周外轮廓主要轴线的交点测设到地面上，作为建筑物基础放线和细部轴线放线的依据。由于设计条件和现场条件的不同，建筑物的定位方法也有所不同。常见的定位方法有以下三种：

（1）根据控制点定位：当待定位的建筑物定位点设计坐标已知，并且附近有高级控制点可供利用时，可以根据实际情况选用极坐标法、角度交会法或距离交会法来测设定位点，在这三种方法中，极坐标法是用得最多的一种定位方法；

（2）根据建筑方格网和建筑基线定位：当待定位的建筑物定位点设计坐标已知，并且建筑场地已设有建筑方格网或建筑基线时，可以利用直角坐标法测设定位点；

（3）根据与原有建筑物和道路的关系定位：当设计图上只给出新建筑物与附近原有建筑物或道路的相互关系，而没有提供建筑物定位点的坐标，周围也没有测量控制点、建筑方格网和建筑基线可供利用时，可以根据原有建筑物的边线或道路中心线将新建筑物的定位点测设出来。

2. 建筑物的放线

建筑物的放线是指根据已设好的建筑物定位点测设其他各轴线交点位置，并延长至合适位置做好标志。然后以此为依据用白灰撒出基础开挖边线。放样的方法如下：

（1）测设细部轴线的交点；

（2）引测轴线：在基槽或基坑开挖时，定位桩和细部轴线桩均会被挖掉，为了使开挖后各阶段的施工能准确地恢复各轴线位置，应把各轴线延长到开挖范围以外的地方并做好标志，这个工作就称为引测轴线，具体有设置轴线控制桩和龙门板两种形式。

1）设置轴线控制桩。轴线控制桩设置在基槽外，基础轴线的延长线上，作为开槽之后各施工阶段恢复轴线的依据，如图 8-13 所示。在基槽外 2~4m 处，打下木桩（即轴线控制桩），桩顶钉上小钉，准确标出轴线的位置，并用混凝土包裹木桩。如果附近有建筑物，亦可把轴线投测到建筑物上，用红漆作出标志，以代替轴线控制桩。

2）设置龙门板。在小型民用建筑施工中，常将各轴线引测到基槽外的水平木板上。水平木板就称为龙门板，而固定龙门板的木桩就称为龙门桩，如图 8-14 所示。

设置龙门板的步骤如下：

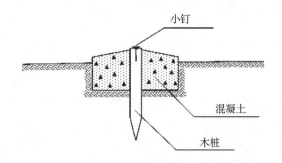

图 8-13　轴线控制桩

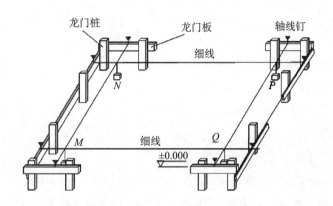

图 8-14　龙门桩和龙门板

第一步：设置龙门桩。在建筑物的四角与隔墙两端，基槽开挖边界线以外的 1.5～2m 处，设置龙门桩。龙门桩要钉得竖直、牢固，其外侧面应与基槽平行。

第二步：测设标高线。根据施工场地的水准点，用水准仪在每个龙门桩上测设出±0.000 0 标高线，并做出标志。

第三步：沿龙门桩上±0.000 标高线钉设龙门板，然后用水准仪校核龙门板的高程，如有差错应及时纠正，其允许误差为±5mm。

第四步：将墙、柱的轴线引测到龙门板上，钉上小钉，所钉之小钉就称为轴线钉。轴线钉定位误差应小于±5mm。

第五步：用钢尺沿龙门板的顶面，检查轴线钉的间距，检查合格后，以轴线钉为准，将墙边线、基础边线、基础开挖边线等标定在龙门板上。

三、基础工程施工测量

1. 基槽抄平

（1）设置水平桩。水平桩的设置是为了控制基槽的开挖深度，当快挖到槽底的设计标高时，在槽壁上测设一些水平小木桩（即为水平桩），一般在槽壁各拐角处、深度变化处和基槽壁上每隔 3～4m 测设一根，如图 8-15 所示。

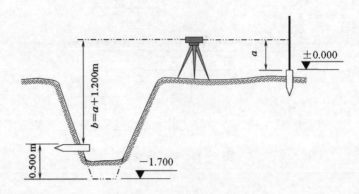

图 8-15　水平桩的设置

水平桩可作为挖槽深度、修平槽底和打基础垫层的依据。

（2）水平桩的测设。

1）在地面适当位置安置水准仪，在 ±0.000 标高线处上立水准尺，读取后视读数为 1.318m；

2）计算测设水平桩应读的前视读数 b 为：

$$b_{应} = a - h = 1.318 - （-1.700 + 0.500）= 2.518m$$

3）在槽内一侧立水准尺，并上下移动，直至水准仪的读数为 2.518m 时，沿尺底在槽壁内打入一小木桩。

2. 垫层中线的投测

基础垫层打好后，根据轴线控制桩或轴线钉，用经纬仪或拉绳挂锤球的方法，把轴线投测到垫层上，如图 8-16 所示，然后在垫层上用墨线弹出墙体的中心线和基础边线，以便砌筑基础。

3. 基础墙标高的控制

基础墙的高度是用基础皮数杆来控制的。

立基础皮数杆时，可先在立杆处打一木桩，用水准仪在木桩侧面抄出一条高于垫层某一数值（如 100mm）的水平线，然后将皮数杆上标高相同的一条线对齐木桩上的水平线，并用大钉把皮数杆和木桩钉在一起，作为砌筑基础墙的标高依据。

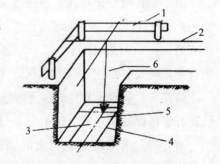

图 8-16　垫层中线的投测

1. 龙门板；2. 细线；3. 垫层；
4. 基础边线；5. 墙中线

4. 基础面标高的检查

基础施工结束后，应当检查基础面的标高是否符合设计的要求（也可检查防潮层）。其方法是用水准仪测出基础面上若干点的高程和设计高程相比较，允许误差为 ±10mm。

四、墙体施工测量

墙体施工测量的主要工作是墙体定位，其过程如下：

利用轴线控制桩、龙门板上的轴线和墙边线标志，将轴线投测到基础面或防潮层上并弹线标志，再把墙轴线延伸并画在外墙基础上作为向上投测轴线的依据。

在墙体施工中，墙身各部位的标高通常都是用皮数杆进行控制。

五、建筑物轴线的传递

在多层建筑墙身砌筑过程中，轴线的投测常采用吊锤球法或经纬仪投测法这两种方法。

1. 吊锤球法

将较重的锤球悬吊在楼板或柱顶的边缘，当锤球尖对准基础墙面上的轴线标志时，线在楼板或柱顶边缘的位置时（即楼层轴线端点位置），画出标志线。各端点投测完成之后，用钢尺检核各轴线的间距，符合要求后继续施工，并把轴线逐层自下向上传递。

吊锤球法简便易行，不受施工场地的限制，但当有风或建筑物较高时，投测误差较大，应采用经纬仪投测法。

2. 经纬仪投测法

在轴线控制桩上安置经纬仪，严格整平后，瞄准基础墙面上的轴线标志，用盘左、盘右分中投点法，将轴线投测到楼层边缘或柱顶上。将所有端点投测到楼板上之后，用钢尺检核其间距，相对误差不得大于 1/2 000。检查合格后，才能在楼板分间弹线，继续施工。

六、建筑物的高程传递

在多层建筑施工中，高程要由下层向上层传递。高程传递的方法有以下几种：

（1）利用皮数杆传递高程：对于一般建筑物，可用墙体皮数杆传递高程。

（2）利用钢尺直接丈量：对于高程传递精度要求较高的建筑物，通常用钢尺直接丈量来传递高程。

（3）吊钢尺法：用悬挂钢尺代替水准尺，用水准仪读数，从下向上传递高程。

施工层标高的传递，宜采用悬挂钢尺代替水准尺的水准测量方法进行，并应对钢尺读数进行温度、尺长和拉力改正。

传递点的数目，应根据建筑物的大小和高度确定。规模较小的工业建筑或多层民用建筑，宜从两处分别向上传递，规模较大的工业建筑或高层民用建筑，宜从三处分别向上传递。传递的标高较差小于 3mm 时，可取其平均值作为施工层的标高基准，否则，应重新传递。

七、高层建筑施工测量的内控法和外控法

高层建筑物轴线的竖向投测，主要有外控法和内控法两种。

1. 内控法

内控法是在建筑物±0.000 平面设置轴线控制点，并预埋标志，以后在各层楼板相应位置上预留 200mm×200mm 的传递孔，为了便于校核，此类传递孔在一个测设分区中不少于三个。在轴线控制点上直接采用吊线坠法、激光铅垂仪法、经纬仪天顶法、经纬仪天底法等，通过预留孔将其点位垂直投测到任一楼层，如图 8-17 所示。

2. 外控法

外控法是在建筑物外部，根据建筑物轴线控制桩，利用经纬仪来进行轴线的竖向投测，也称作"经纬仪引桩投测法"。其操作步骤为：

（1）在建筑物底部投测中心轴线位置；

（2）逐层向上投测中心线；

（3）增设轴线引桩。

施下层的轴线投测，宜使用 2″级激光经纬仪或激光铅直仪进行。控制轴线投测至施工层后，应在结构平面上按闭合图形对投测轴线进行校核。合格后，才能进行本施工层上的其他测设工作；否则，应重新进行投测。

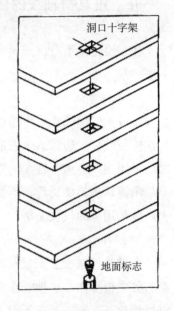

图 8-17 吊线坠法投测轴线

第四节 建筑物的变形观测

为了保证变形观测数字的真实有效，在进行变形观测时，各期的变形监测，应满足下列要求：

（1）在较短的时间内完成。

（2）采用相同的图形（观测路线）和观测方法。

（3）使用同一仪器和设备。

（4）观测人员相对固定。

（5）记录相关的环境因素，包括荷载、温度、降水、水位等。

（6）采用统一基准处理数据。

每期观测前，应对所使用的仪器和设备进行检查、校正，并做好记录。每期观测结束后，应及时处理观测数据。当数据处理结果出现下列情况之一时，必须即刻通知建设单位和施工单位采取相应措施：

（1）变形量达到预警值或接近允许值；

（2）变形量出现异常变化；

（3）建（构）筑物的裂缝或地表的裂缝快速扩大。

一般工业与民用建筑的变形观测项目可以参考下表制订。

表　工业与民用建筑变形观测项目

项目			主要监测内容		备注
场地			垂直位移		建筑施工前
基坑	支护边坡	不降水	垂直位移		回填前
			水平位移		
		降水	垂直位移		降水期
			水平位移		
			地下水位		
	地基		基坑回弹		基坑开挖期
			分层地基土沉降		主体施工期、竣工初期
			地下水位		降水期
建筑物	基础变形		基础沉降		主体施工期、竣工初期
			基础倾斜		
	主体变形		水平位移		竣工初期
			主体倾斜		
			建筑裂缝		发现裂缝初期
			日照变形		竣工后

一、建筑物的沉降观测

沉降观测是测定建筑物或其基础的高程随时间变化的工作。其方法是用水准仪周期性地观测建筑物上的沉降观测点和水准基点之间的高差变化值。

工业与民用建（构）筑物的沉降观测，应符合下列规定：

（1）水准点尽量与观测点接近，其距离应在100m以内，以保证观测的精度，水准点的布设数目应不少于三个。沉降观测点，应布设在建（构）筑物的下列部位：建（构）筑物的主要墙角及沿外墙每10～15m处或每隔2～3根柱基上。沉降缝、伸缩缝、新旧建（构）筑物或高低建（构）筑物接壤处的两侧。人工地基和天然地基接壤处、建（构）筑物不同结构分界处的两侧。烟囱、水塔和大型储藏罐等高耸构筑物基础轴线的对称部位，且每一构筑物不得少于四个点。基础底板的四角和中部。当建（构）筑物出现裂缝时，布设在裂缝两侧。

（2）沉降观测标志应稳固埋设，高度以高于室内地坪（±0.000）0.2~0.5m 为宜。对于建筑立面后期有贴面装饰的建（构）筑物，宜预埋螺栓式活动标志。

（3）高层建筑施工期间的沉降观测周期，应每增加 1~2 层观测 1 次；建筑物封顶后，应每三个月观测一次，观测一年。如果最后两个观测周期的平均沉降速率小于 0.02mm/d，可以认为整体趋于稳定，如果各点的沉降速率均小于 0.02mm/d，即可终止观测。否则，应继续每三个月观测一次，直至建筑物稳定为止。

工业厂房或多层民用建筑的沉降观测总次数，不应少于五次。竣工后的观测周期，可根据建（构）筑物的稳定情况确定。

（4）沉降观测多采用水准测量的方法，多层建筑物的沉降观测用普通水准测量的方法进行，高层建筑物的沉降观测用二等水准测量的方法进行。沉降观测的水准路线应为闭合水准路线。

二、建筑物的倾斜观测

用测量仪器来测量建筑物主体结构和基础倾斜变化的工作，称为倾斜观测。倾斜观测一般是用水准仪、经纬仪、垂球或其他专用仪器来测量。

（1）水准仪观测法：其原理是通过测量建筑物基础的沉降量来确定建筑物的倾斜度。

（2）经纬仪观测法：其原理是用经纬仪测出建筑物顶部的倾斜位移值，据此计算出建筑物的倾斜度。

（3）悬挂垂球法：其原理是从建筑物的上部悬挂垂球，根据上下同一位置上的点，直接量出建筑物的倾斜位移值，再计算出倾斜度。该方法是直接测量建筑物倾斜的最简单的方法，适合于内部有垂直通道的建筑物。

建（构）筑物的主体倾斜观测，应符合下列规定：

（1）整体倾斜观测点，宜布设在建（构）筑物竖轴线或其平行线的顶部和底部，分层倾斜观测点宜分层布设高低点。

（2）观测标志，可采用固定标志、反射片或建（构）筑物的特征点。

（3）观测精度，宜采用三等水平位移观测精度。

三、建筑物的裂缝观测

建筑物基础的不均匀沉降，温度的变化和外界各种荷载的作用，使得建筑物内部的应力超过了允许的限度，导致建筑物的结构产生裂缝。测定建筑物裂缝发展情况的工作即为裂缝观测。

当监测体出现裂缝时，应根据需要进行裂缝观测并满足下列要求：

（1）裂缝观测点，应根据裂缝的走向和长度，分别布设在裂缝的最宽处和裂缝的末端。

（2）裂缝观测标志，应跨裂缝牢固安装。标志可选用镶嵌式金属标志、粘贴式金属片标志、钢尺条、坐标格网板或专用量测标志等。

（3）标志安装完成后，应拍摄裂缝观测初期的照片。

（4）裂缝的量测，可采用比例尺、小钢尺、游标卡尺或坐标格网板等工具进行；量测应精确至 0.1mm。

四、建筑物的位移观测

根据平面控制点测定建筑物的平面位置随时间移动的大小及方向的工作，称为位移观测。位移观测首先要在建筑物附近埋设测量控制点，再在建筑物上设置位移观测点。其方法主要有角度前方交会法和基准线法两种。

工业与民用建（构）筑物的水平位移测量，应符合下列规定：

（1）水平位移变形观测点，应布设在建（构）筑物的下列部位：

1）建筑物的主要墙角和柱基上以及建筑沉降缝的顶部和底部。

2）当有建筑裂缝时，还应布设在裂缝的两边。

3）大型构筑物的顶部、中部和下部。

（2）观测标志宜采用反射棱镜、反射片、照准觇牌或变径垂直照准杆。

（3）水平位移观测周期，应根据工程需要和场地的工程地质条件综合确定。

习题集

第一章　工程建设相关法律法规

一、单项选择题

1. 根据法律的效力等级，《建设工程质量管理条例》属于(　　)。

A. 条例　　　　　B. 行政法规　　　　C. 部门规章　　　D. 法律

2. 《建筑业企业资质管理规定》属于(　　)。

A. 司法解释　　　B. 行政法规　　　　C. 部门规章　　　D. 法律

3. 下列与工程建设有关的规范性文件中，由国务院制定的是(　　)。

A. 安全生产法　　　　　　　　　　B. 建筑业企业资质管理规定

C. 建设工程质量管理条例　　　　　D. 工程建设项目施工招标投标办法

4. 《安全生产许可证条例》的直接上位法立法的依据是(　　)。

A. 《宪法》　　　　　　　　　　　B. 《安全生产法》

C. 《建筑法》　　　　　　　　　　D. 《建设工程安全生产管理条例》

5. 《工程建设项目招标范围和规模标准规定》所属法的形式是(　　)。

A. 部门规章　　　B. 行政法规　　　　C. 地方性法规　　D. 法律

6. 有权制定地方性法规的主体是(　　)。

A. 省级人民政府　　　　　　　　　B. 省级人大常委会

C. 省级建设行政主管部门　　　　　D. 省级人民法院

7. 《勘察设计管理条例》属于(　　)。

A. 部门规章　　　B. 行政规定　　　　C. 地方性法规　　D. 行政法规

8. 行政法规制定的主体是( )。

A. 全国人民代表大会　　　　　　　　B. 全国人民代表大会常委会

C. 最高人民法院　　　　　　　　　　D. 国务院

9. 关于建筑工程施工许可管理的说法，错误的是( )。

A. 申请施工许可证是取得建设用地规划许可证的前提条件

B. 保证工程质量和安全的施工措施须在申请施工许可证前编制完成

C. 消防设计审核不合格的，不予颁发施工许可证

D. 只有法律和行政法规才有权设定施工许可证的申领条件

10. 根据《建筑工程施工许可管理办法》，下列不属于建设单位申领施工许可证的前提条件是( )。

A. 已经取得安全生产许可证　　　　　B. 已经办理工程质量监督手续

C. 有满足施工需要的施工图纸　　　　D. 已经取得规划许可证

11. 某建设工程施工合同约定，合同工期为 15 个月，合同价款为 5 000 万元。建设单位在申请领取施工许可证时，应当到位的建设资金原则上不得少于( )万元。

A. 250　　　　　　B. 2 500　　　　　　C. 150　　　　　　D. 1 500

12. 建设单位申领施工许可证时，建设资金应当已经落实。按照规定，建设工期不足一年的，到位资金原则上不少于工程合同价款的( )。

A. 10%　　　　　　B. 30%　　　　　　C. 50%　　　　　　D. 80%

13. 建设单位申领施工许可证时，建设资金应当已经落实。按照规定，建设工期超过一年的，到位资金原则上不少于工程合同价款的( )。

A. 10%　　　　　　B. 30%　　　　　　C. 50%　　　　　　D. 80%

14. 某建设单位 2015 年 2 月 1 日领取了施工许可证。由于某种原因，工程不能按期开工，故向发证机关申请延期。根据《建筑法》的规定，申请延期应在( )前进行。

A. 2015 年 3 月 1 日　　　　　　　　B. 2015 年 5 月 1 日

C. 2015 年 6 月 1 日　　　　　　　　D. 2015 年 8 月 1 日

15. 根据施工许可制度的要求，建设项目因故停工，( )应当自中止之日起 1 个月内向发证机关报告。

A. 建设单位　　　　B. 施工单位　　　　C. 监理单位　　　　D. 总包单位

16. 根据《建筑法》，领取施工许可证后因故不能按期开工的，应当向发证机关申请延期，关于申请延期的说法，正确的是( )。

A. 延期每次不超过 6 个月　　　　　　B. 延期每次不超过 4 个月

C. 延期每次不超过 3 个月　　　　　　D. 延期每次不超过 2 个月

17. 按照国务院有关规定批准开工报告的建筑工程，因故不能按期开工超过 6 个月的，建设单位应当( )手续。

A. 申请办理开工延期　　　　　　　　B. 核验开工报告批准

C. 核验开工报告批准　　　　　　　D. 重新办理开工报告的批准

18. 某建筑工程因故中止施工已经满一年，在恢复施工前，建设单位已经领取的施工许可证应当（　　）。

A. 申请延期　　　　　　　　　　　B. 报发证机关核验

C. 重新更换　　　　　　　　　　　D. 自行废止

19. 根据《建筑业企业资质管理规定》，关于我国建筑业企业资质的说法，错误的是（　　）。

A. 建筑业企业资质分为施工总承包、专业承包、劳务分包三个序列

B. 建筑业企业按照各自工程性质的技术特点，分别划分为若干资质类别

C. 各资质类别按照各自规定的条件划分为若干等级

D. 房屋建筑工程施工总承包企业资质分为特级、一级、二级三个等级

20. 根据《建筑业企业资质管理规定》，属于建筑业企业资质序列的是（　　）。

A. 工程总承包　　B. 劳务承包　　　C. 施工总承包　　D. 专业分包

21. 从事建筑活动的经济组织应当具备的条件是符合国家规定的（　　）。

A. 注册资本、专业技术人员和技术装备　B. 流动资金、专业技术人员和突出业绩

C. 注册资本、专业管理人员并依法设立　D. 注册资本、专业管理人员和资格证书

22. 我国建筑业企业资质分为（　　）三个序列。

A. 工程总承包、施工总承包、专业承包

B. 工程总承包、专业分包、劳务承包

C. 施工总承包、专业分包、劳务分包

D. 施工总承包、专业承包、劳务分包

23. 某施工企业承揽拆除旧体育馆工程，作业过程中，体育馆屋顶突然坍塌，压死2人，重伤11人，根据《生产安全事故报告和调查处理条例》，该事故属于（　　）。

A. 特别重大事故　　　　　　　　　B. 重大事故

C. 一般事故　　　　　　　　　　　D. 较大事故

24. 根据《建设工程安全生产管理条例》，出租单位在签订机械设备租赁合同时，应当出具（　　）。

A. 购货发票　　　　　　　　　　　B. 检测合格证明

C. 产品使用说明书　　　　　　　　D. 相应的图片

25. 根据《安全生产事故报告和调查处理条例》，建筑工地事故发生后，事故现场有关人员应当立即向（　　）报告。

A. 业主单位负责人

B. 事故发生地县级以上人民政府安全生产监督管理部门

C. 事故发生地省级以上人民政府安全生产监督管理部门

D. 本单位负责人

26. 某建设单位于 2014 年 2 月 1 日领取施工许可证，由于某种原因工程未能按期开工，该建设单位按照《建筑法》规定向发证机关申请延期，该工程最迟应当在（　　）开工。

A. 2014 年 3 月 1 日　　　　　　　　B. 2014 年 5 月 1 日

C. 2014 年 8 月 1 日　　　　　　　　D. 2014 年 11 月 1 日

27. 根据《建设工程质量管理条例》，建设工程竣工验收应由（　　）组织。

A. 施工单位　　　B. 监理单位　　　C. 设计单位　　　D. 建设单位

28. 根据《建设工程安全生产管理条例》，国家对严重危及施工安全的工艺、设备、材料实行淘汰制度，具体目录由（　　）制定并公布。

A. 国务院建设行政主管部门

B. 国务院建设行政主管部门会同国务院其他有关部门

C. 省级以上人民政府建设行政主管部门

D. 国家发展和改革委员会会同国务院其他有关部门

29. 根据《建设工程质量管理条例》，建设工程承包单位应当向建设单位出具质量保修书的时间是（　　）。

A. 竣工验收时　　　　　　　　B. 竣工验收合格后

C. 提交竣工验收报告时　　　　D. 交付使用时

30. 关于禁止无资质或超资质承揽工程的说法，正确的是（　　）。

A. 施工总承包单位可以将房屋建筑工程的钢结构工程分包给其他单位

B. 总承包单位可以将建设工程分包给包工头

C. 联合体承包中，可以以高资质等级的承包方为联合体承包方的业务许可范围

D. 劳务分包单位可以将其承包的劳务再分包

31. 特种设备使用单位应当按照安全技术规范要求，在检验合格有效期届满（　　）前向特种设备检测机构提出定期检验要求。

A. 5d　　　　　　B. 15d　　　　　　C. 20d　　　　　　D. 30d

32. 对于超过一定规模的危险性较大的分部分项工程专项方案，应由（　　）组织召开专家论证会。

A. 安全监督管理机构　　　　　　B. 施工单位

C. 建设单位　　　　　　　　　　D. 监理单位

33. 下列某建筑公司的工作人员中，有权要求公司签订无固定期限劳动合同的是（　　）。

A. 在公司连续工作满 8 年的张某

B. 到公司工作 2 年，并被董事会任命为总经理的王某

C. 在公司累计工作了 10 年，但期间曾离开过公司的王某

D. 在公司已经连续订立两次固定期限劳动合同，但因公负伤不能从事原工作的李某

34. 施工过程中，建设单位违反规定提出降低工程质量要求时，施工企业应当（　　）。

A. 予以拒绝　　　　　　　　　　B. 征得设计单位同意

C. 征得监理单位同意　　　　　　D. 与相关各方协商一致

35. 关于工程建设项目是否必须招标的说法，正确的是（　　）。

A. 使用国有企业事业单位自有资金的工程建设项目必须进行招标

B. 施工单项合同估算价为人民币 100 万元，但项目总投资额为人民币 2 000 万元的工程建设项目必须进行招标

C. 利用扶贫资金实行以工代赈、需要使用农民工的建设工程项目可以不进行招标

D. 需要采用专利或者专有技术的建设工程项目可以不进行招标

36. 下列安全生产条件中，属于建筑施工企业取得安全生产许可证应当具备的条件是（　　）。

A. 有职业危害应急救援预案，并配备必要的应急救援器材和设备

B. 管理人员和作业人员每年至少进行 2 次安全生产教育培训并考核合格

C. 特种作业人员经有关业务主管部门考核合格，取得特种作业操作资格证书

D. 设置安全生产管理机构，按照国家有关规定配备兼职安全生产管理人员

37. 根据《劳动合同法》，劳动者不能胜任工作，经过培训或者调整工作岗位，仍不能胜任工作，用人单位决定解除劳动合同的，需要提前（　　）以书面形式通知劳动者本人。

A. 10d　　　　　　B. 15d　　　　　　C. 20d　　　　　　D. 30d

38. 根据《建设工程质量管理条例》，施工单位在隐蔽工程实施隐蔽前，应通知参加的单位和机构有（　　）。

A. 监理单位和检测机构

B. 建设单位和检测机构

C. 建设单位和建设工程质量监督机构

D. 监理单位和建设工程质量鉴定机构

39. 乙施工企业和丙施工企业联合共同承包甲公司的建筑工程项目，由于联合体管理不善，造成该建筑项目损失。关于共同承包责任的说法，正确的是（　　）。

A. 甲公司有权请求乙施工企业与丙施工企业承担连带责任

B. 乙施工企业和丙施工企业对甲公司各承担一半责任

C. 甲公司应该向过错较大的一方请求赔偿

D. 对于超过自己应赔偿的那部分份额，乙施工企业和丙施工企业都不能进行追偿

40. 甲总承包单位与乙分包单位依法签订了专业工程分包合同，在建设单位组织竣工验收时，发现该专业工程质量不合格。关于该专业工程质量责任的说法，正确的是（　　）。

A. 乙单位就分包工程对建设单位承担全部法律责任

B. 甲单位就分包工程对建设单位承担全部法律责任

C. 甲单位和乙单位就分包工程对建设单位承担连带责任

D. 甲单位对建设单位承担主要责任，乙单位承担补充责任

41. 安全生产许可证的有效期为( )年。

A. 1　　　　　　B. 2　　　　　　C. 3　　　　　　D. 5

42. 工程监理单位应当审查施工组织设计中的安全技术措施或专项施工方案是否符合工程建设的( )标准。

A. 推荐性　　　　B. 国家　　　　C. 强制性　　　　D. 行业

43. 某建设工程项目分包工程发生生产安全事故，负责向安全生产监督管理部门、建设行政主管部门或其他有关部门上报的是( )。

A. 现场施工人员　　B. 分包单位　　C. 建设单位　　D. 总承包单位

44. 对于土方开挖工程，施工企业编制专项施工方案后，经( )签字后实施。

A. 施工企业项目经理、现场监理工程师

B. 施工企业技术负责人、建设单位负责人

C. 施工企业技术负责人、总监理工程师

D. 建设单位负责人、总监理工程师

45. 关于建设工程分包的说法，正确的是( )。

A. 劳务作业的分包可以不经建设单位认可

B. 承包单位可将其承包的全部工程进行分包

C. 建设工程主体结构的施工可以分包

D. 建设单位有权直接指定分包工程的承包人

46. 下列情形中，属于施工作业人员的安全生产义务是( )。

A. 对本单位的安全生产工作提出建议

B. 接受安全生产教育和培训

C. 发现直接危及人身安全的紧急情况时停止作业

D. 拒绝违章指挥和强令冒险作业

47. 根据相关法律规定，建设工程总承包单位工程完工后向建设单位出具质量保修书的时间为( )。

A. 竣工验收合格后　　　　　　　　B. 提交竣工验收报告时

C. 竣工验收时　　　　　　　　　　D. 交付使用时

48. 某场馆工程的质量保修书的保修期限中，符合行政法规强制性规定的是( )。

A. 主体结构工程为 10 年　　　　　B. 供热与供冷系统为 3 年

C. 屋面防水工程为 3 年　　　　　　D. 有防渗漏要求的房间和内外墙为 2 年

49. 根据《建设工程质量管理条例》，建设单位最迟应当在( )之前办理工程质量监督手续。

A. 竣工验收　　　　　　　　　　　B. 签订施工合同

C. 进场开工   D. 领取施工许可证

50. 建筑施工企业的管理人员和作业人员每（ ）应至少进行一次安全生产教育培训并考核合格。

  A. 半年   B. 二年   C. 一年   D. 三年

51. 关于建设工程施工承包联合体的说法，正确的是（ ）。

  A. 联合体的资质等级按照联合体中资质等级较高的单位确定

  B. 联合体属于非法人组织

  C. 联合体各方独立承担相应的责任

  D. 联合体的成员可以对同一工程单独投标

52. 当分包工程发生安全事故给建设单位造成损失时，关于责任承担的说法，正确的是（ ）。

  A. 建设单位可以要求分包单位和总承包单位承担无限连带责任

  B. 建设单位与分包单位无合同关系，无权向分包单位主张权利

  C. 总承包单位承担责任超过其应承担份额的，有权向有责任的分包单位追偿

  D. 分包单位只对总承包单位承担责任

53. 某建设工程施工合同约定，合同工期为 18 个月，合同价款为 2 000 万元。建设单位在申请领取施工许可证时，应当到位的建设资金原则上不得少于（ ）万元。

  A. 100   B. 200   C. 1 000   D. 600

54. 根据《建设工程安全生产管理条例》，建设工程施工前，应当对有关安全施工的技术要求向施工作业班组、作业人员做出详细说明的是施工企业的（ ）。

  A. 负责项目管理的技术人员   B. 项目负责人

  C. 技术负责人   D. 安全员

55. 某人挂靠某建筑施工企业并以该企业的名义承揽工程，因工程质量不合格给建设单位造成较大损失，关于责任承担的说法，正确的是（ ）。

  A. 建筑施工企业与挂靠个人承担连带赔偿责任

  B. 挂靠的个人承担全部责任

  C. 建筑施工企业承担全部责任

  D. 建筑施工企业与挂靠个人按比例承担责任

56. 2011 年 2 月，下列人员向所在单位提出订立无固定期限劳动合同，所在单位不同意，其中不满足订立无固定期限劳动合同法定条件的是（ ）。

  A. 赵先生 2010 年 1 月入职丁企业后，该企业在 2010 年 11 月才与之签订书面劳动合同

  B. 张女士于 1991 年 1 月到甲企业后一直在该企业工作

  C. 王先生于 1989 年进入乙国有企业工作，2008 年 3 月，该企业改制，王先生已年满 50 岁

D. 李女士已经连续与丙企业签订两次固定期限劳动合同，再次续订劳动合同时，该企业将李女士提升为市场部部长

57. 根据《建设工程安全生产管理条例》，建设单位不得压缩（　　）工期。

A. 定额　　　　　　B. 标准　　　　　　C. 法定　　　　　　D. 合同

58. 根据《建设工程质量管理条例》，建设单位应当自建设工程竣工验收合格之日起（　　）日内，将建设工程验收报告和规划、公安消防、环保等部门出具的认可文件或者准许使用文件报建设行政主管部门或者其他有关部门备案。

A. 5　　　　　　　　B. 15　　　　　　　C. 10　　　　　　　D. 30

59. 根据《建设工程质量管理条例》，建设工程竣工验收应当具备的条件不包括（　　）。

A. 完成建设工程设计和合同约定的各项内容

B. 有完整的技术档案和施工管理资料

C. 建设单位和施工企业已签署工程结算文件

D. 勘察、设计、施工、工程监理等单位已分别签署质量合格文件

60. 施工人员对涉及结构安全的试块、试件以及有关材料，应当在（　　）的监督下现场取样，并送具有相应资质等级的质量检测单位进行检测。

A. 建设单位或工程监理单位　　　　　B. 施工项目技术负责人

C. 施工企业质量管理人员　　　　　　D. 质量监督部门

61. 根据《建筑法》，建筑工程分包企业应当接受（　　）的质量管理。

A. 咨询单位　　　B. 总承包单位　　　C. 监理单位　　　D. 建设单位

62. 根据《建设工程质量管理条例》，建设工程保修期自（　　）之日起计算。

A. 竣工验收合格　　　　　　　　　　B. 交付使用

C. 发包方支付全部价款　　　　　　　D. 竣工验收备案

63. 施工现场所使用的安全警示标志（　　）。

A. 可根据建筑行业特点自行制作

B. 应依据设置的便利性选择设置地点和位置

C. 必须符合国家标准

D. 必须以图形表示

64. 涉及建筑主体和承重结构变动的装修工程，应当在施工前委托原设计单位或者（　　）提出设计方案。

A. 其他设计单位　　　　　　　　　　B. 具有相应资质等级的设计单位

C. 监理单位　　　　　　　　　　　　D. 装修施工单位

65. 依法批准开工报告的建设工程，建设单位应当自开工报告批准之日起（　　）日内，将保证安全施工的措施报送建设工程所在地的县级以上人民政府建设行政主管部门或者其他有关部门备案。

A. 20　　　　　　　B. 30　　　　　　　C. 60　　　　　　　D. 15

66. 根据《建设工程质量管理条例》，下列不属于施工企业进行施工的依据为（　　）。

    A. 施工合同中约定采用的推荐性标准　　B. 建筑法律

    C. 施工图设计文件　　　　　　　　　　D. 工程监理合同

67. 关于施工企业强令施工人员冒险作业的说法，正确的是（　　）。

    A. 施工人员有权拒绝该指令

    B. 施工企业有权对不服从指令的施工人员进行处罚

    C. 施工企业可以解除不服从管理的施工人员的劳动合同

    D. 施工人员必须无条件服从施工企业发出的命令，确保施工生产进度的顺利开展

68. 对于达到一定规模的危险性较大的分部分项工程的专项施工方案，应由（　　）组织专家论证、审查。

    A. 安全监督管理机构　　　　　　　　　B. 建设单位

    C. 监理单位　　　　　　　　　　　　　D. 施工企业

69. 建设单位办理工程竣工验收备案应提交的材料不包括（　　）。

    A. 规划、招投标、公安消防、环保部门的完整备案文件

    B. 工程竣工验收报告

    C. 施工企业签署的工程质量保修书

    D. 住宅工程的《住宅质量保证书》《住宅使用说明书》

70. 某总承包单位将工程主体结构施工分包给具有相应资质的分包单位。该工程施工过程中，分包单位发生了安全生产事故。关于双方责任的说法，错误的是（　　）。

    A. 分包单位只承担民事赔偿责任

    B. 总承包单位应对本工程施工现场的安全生产负总责

    C. 总承包与分包单位就该安全事故承担连带责任

    D. 如果发生的安全事故情节特别严重，构成犯罪的，应当追究总承包单位主要责任人责任

71. 建筑施工企业的特种作业人员不包括（　　）。

    A. 架子工　　　B. 钢筋工　　　C. 起重信号工　　　D. 起重机械司机

72. 下列合同条款中，属于劳动合同必备条款的是（　　）。

    A. 劳动报酬　　　B. 试用期　　　C. 保守商业秘密　　　D. 福利待遇

73. 甲施工企业与乙施工企业合并，则原来甲企业的员工与甲企业签订的劳动合同（　　）。

    A. 效力待定　　　B. 自动解除　　　C. 失效　　　D. 继续有效

74. 施工企业承建的办公大楼没有经过验收，建设单位就提前使用，两年后该办公大楼主体结构出现质量问题。关于该大楼质量问题的说法，正确的是（　　）。

    A. 主体结构的最低保修期限是设计的合理使用年限，施工企业应当承担保修责任

    B. 由于建设单位提前使用，施工企业不需要承担保修责任

C. 施工企业是否承担保修责任，取决于建设单位是否已经全额支付工程款

D. 超过两年保修期后，施工企业不承担保修责任

75. 关于建设工程见证取样的说法，正确的是（　　）。

A. 施工人员对工程涉及结构安全的试块、试件和材料，应当在建设单位或工程监理单位监督下现场取样

B. 涉及结构安全的试块、试件和材料见证取样和送检比例不得低于有关技术标准中规定应取样的 50%

C. 墙体保温材料必须实施见证取样和送检

D. 见证人员应由施工企业中具备施工试验知识的专业技术人员担当

76. 下列不属于发包人义务的情形是（　　）。

A. 提供必要施工条件

B. 及时组织工程竣工验收

C. 向有关部门移交建设项目档案

D. 就审查合格的施工图设计文件向施工企业进行详细说明

77. 建设单位申请施工许可证时，向发证机关提供的施工图纸及技术资料应当满足（　　）。

A. 施工需要并通过监理单位审查　　　　B. 施工需要并按规定通过了审查

C. 编制招标文件的要求　　　　　　　　D. 工程竣工验收备案的要求

78. 若施工过程中发现设计文件和图纸差错，施工企业的正确做法是（　　）。

A. 有权进行修改　　　　　　　　　　　B. 可以按照规范施工

C. 有权拒绝施工　　　　　　　　　　　D. 应当及时提出意见和建议

79. 借用其他施工企业的（　　）投标的行为，属于以其他企业名义承揽工程。

A. 营业执照　　　B. 技术方案　　　C. 施工设备　　　D. 施工业绩

80. 工程建设国家标准、行业标准均可分为（　　）和推荐性标准。

A. 一般性标准　　　B. 特殊性标准　　　C. 建议性标准　　　D. 强制性标准

81. 根据《建设工程质量管理条例》，组织有关单位参加建设工程竣工验收的义务主体是（　　）。

A. 施工企业　　　　　　　　　　　　　B. 建设单位

C. 建设行政主管部门　　　　　　　　　D. 建设工程质量监督机构

82. 在施工现场使用的装配式临时活动房屋，应当具有（　　）。

A. 安全许可证　　　B. 销售许可证　　　C. 产品合格证　　　D. 安装许可证

83. 关于联合体共同承包的说法，错误的是（　　）。

A. 联合体各方对承包合同履行各自相应的责任

B. 不同资质等级的单位组成联合体，按照资质等级高的单位的业务许可范围承揽工程

C. 联合体各方对承包合同履行承担连带责任

D. 不同资质等级的单位组成联合体，按照资质等级低的单位的业务许可范围承揽工程

84. 总承包单位甲公司经建设单位同意，将幕墙工程分包给乙公司施工。后该分包工程出现了施工质量问题，建设单位要求乙赔偿，下列责任赔偿的说法中，能够成立的是（　　）。

A. 乙公司与建设单位无直接合同关系，建设单位应要求甲公司赔偿

B. 若甲公司已全部赔偿建设单位损失，则建设单位无权再向乙公司要求赔偿

C. 该质量问题是乙公司造成的，与甲公司无关

D. 对该质量问题乙公司与甲公司负有同等责任，乙公司仅承担赔偿的50%

85. 施工企业与劳动者签订了一份期限为两年半的劳动合同，施工企业和劳动者的试用期依法最长不得超过（　　）个月。

A. 1　　　　　　　　B. 2　　　　　　　　C. 3　　　　　　　　D. 6

86. 关于建设单位质量责任和义务的说法，错误的是（　　）。

A. 不得明示或暗示设计单位或者施工企业违反工程建设强制性标准，降低建设工程质量

B. 应当依法报审施工图设计文件

C. 不得将建设工程肢解发包

D. 在领取施工许可证或开工报告后，按照国家有关规定的办理工程质量监督手续

87. 在正常使用条件下，工程的地基基础、主体结构的最低保修期限为（　　）。

A. 设计文件规定的该工程的合理使用年限

B. 不需要进行大修即可继续使用的年限

C. 安全使用不低于50年

D. 工程竣工验收合格之日起5年

88. 关于工程质量检测的说法，正确的是（　　）。

A. 由施工企业委托具有相应资质的检测机构进行检测

B. 检测机构有义务监制材料、构配件和设备

C. 质量检测报告经建设单位或工程监理单位确认后，由建设单位负责归档

D. 检测机构应建立档案管理制度，并单独建立检测不合格项目台账

89. 根据《建设工程安全生产管理条例》，安装、拆卸施工起重机械作业前，安装单位应当编制（　　）。

A. 技术规范　　　　　　　　　　　　B. 拆装方案

C. 设备运至现场的运输方案　　　　　D. 进度控制横道图

90. 根据《安全生产法》，不属于生产经营单位主要负责人的主要安全生产职责的是（　　）。

A. 保证本单位安全生产投入的有效实施

B. 及时、如实报告生产安全事故

C. 为从业人员缴纳意外伤害保险费

D. 建立、健全本单位安全生产责任制

91. 建设单位将工程发包给不具有相应资质条件的施工企业，或者违反规定将建筑工程肢解发包的，责令改正，处以（　　）行政处罚。

A. 吊销资质证书　　　　　　　　　B. 罚款

C. 停业整顿　　　　　　　　　　　D. 降低资质等级

92. 根据《建筑法》，在建工程因故中止施工的，建设单位应当自中止施工之日起（　　）内，向施工许可证颁发机关报告，并按照规定做好建筑工程的维护管理工作。

A. 15d　　　　　B. 1个月　　　　　C. 2个月　　　　　D. 3个月

93. 关于建筑工程施工许可管理的说法，错误的是（　　）。

A. 申请施工许可证是取得建设用地规划许可证的前置条件

B. 保证工程质量和安全的施工措施须在申请施工许可证前编制完成

C. 只有法律和行政法规才有权设定施工许可证的申领条件

D. 消防设计审核不合格的，不予颁发施工许可证

94. 某工程事故造成3人死亡，20人重伤，直接经济损失达2 000万元，根据《生产安全事故报告和调查处罚案例》，该事故等级为（　　）。

A. 特别重大事故　　　　　　　　　B. 较大事故

C. 重大事故　　　　　　　　　　　D. 一般事故

95. 分包工程发生质量、安全、进度等问题给建设单位造成损失的额，关于承担的说法，正确的是（　　）。

A. 分包单位只对总承包单位负责

B. 建设单位只能向给其造成损失的分包单位主张权利

C. 总承包单位赔偿金额超过其应承担份额的，有权向有责任的分包单位追偿

D. 建设单位与分包单位无合同关系，无权向分包单位主张权利

96. 在施工现场安装、拆卸施工起重机械和整体提升脚手架、模板等自升式架设设备，必须由（　　）承担。

A. 设备使用单位　　　　　　　　　B. 具有相应资质的单位

C. 设备出租单位　　　　　　　　　D. 检验检测机构

97. 下列人员中，不属于建筑施工企业特种作业人员的是（　　）。

A. 电工　　　　　B. 架子工　　　　　C. 钢筋工　　　　　D. 起重信号工

98. 根据《建设工程质量管理条例》，下列分包情形中，不属于违法分包的是（　　）。

A. 施工总承包合同中未有约定，承包单位又未经建设单位认可，就将其全部劳务作业交由劳务单位完成

B. 总承包单位将工程分包给不具备相应资质条件的单位

C. 施工总承包单位将工程主体结构的施工分包给其他单位

D. 分包单位将其承包的专业工程进行专业分包

99. 下列从事生产活动的企业中，不属于必须取得安全生产许可证的是（　　）。

A. 食品加工生产企业

B. 建筑施工企业

C. 烟花爆竹生产企业

D. 矿业企业

100. 施工人员对设计结构安全的试块、试件以及有关材料，应当在（　　）监督下现场取样，并送具有相应资质等级的质量检测单位进行检测。

A. 施工企业质量管理部门

B. 设计单位或监理单位

C. 工程质量监督机构

D. 建设单位或监理单位

101. 关于工程质量检测机构的说法，错误的是（　　）。

A. 可以转包检测业务

B. 具有独立的法人资格

C. 是中介机构

D. 分为专项检测机构资质和见证取样检测机构资质

102. 根据《建设工程质量管理条例》，工程质量必须实行（　　）监督管理。

A. 企业　　　　　　B. 政府　　　　　　C. 社会　　　　　　D. 行业

103. 项目负责人的安全生产责任不包括（　　）。

A. 对建设工程项目的安全施工负责

B. 确保安全生产费用的有效使用

C. 落实安全生产责任制度、安全生产规章和操作规程

D. 签署危险性较大的工程安全专项施工方案

104. 根据《建设工程质量管理条例》，关于工程监理职责和权限的说法，错误的是（　　）。

A. 未经监理工程师签字，建筑材料不得在工程上使用

B. 未经监理工程师签字，建设单位不得拨付工程款

C. 隐蔽工程验收未经监理工程师签字，不得进入下道工序

D. 未经总监理工程师签字，建设单位不得进行竣工验收

105. 根据《劳动合同法》，劳动者的下列情形中，用人单位不得解除劳动合同的是（　　）。

A. 在试用期间被证明不符合录用条件的

B. 严重违反用人单位规定的

C. 患病或非因工负伤，在规定的医疗期内的

D. 被依法追究刑事责任的

106. 安装、拆卸施工起重机械，应当编制拆装方案、制定安全施工措施，并由（　　）现场实施全过程监督。

A. 施工单位负责项目管理的技术负责人

B. 装、拆卸单位的专业技术人员

C. 监理单位负责安全的工程师

D. 出租单位生产管理人员

107. 某施工总承包单位与分包单位在分包合同中约定：分包施工中出现任何安全事故，均由分包单位承担，该约定（   ）。

A. 因显失公平而无效

B. 由于分包单位自愿签署而有效

C. 仅对总承包单位和分包单位有效

D. 因违反法律、法规强制性规定而无效

108. 对于达到一定规模的危险性较大的分部分项工程的专项施工方案，应由（   ）组织专家对专项方案进行论证。

A. 安全监督管理机构　　　　　　　B. 建设单位

C. 施工单位　　　　　　　　　　　D. 监理单位

109. 根据《建设工程质量管理条例》，建设工程竣工验收应当具备的条件不包括（   ）。

A. 完成建设工程设计和合同约定的各项内容

B. 已签署的工程结算文件

C. 完整的技术档案和施工管理资料

D. 勘察、设计、施工、工程监理等单位已分别签署质量合格文件

110. 关于工程监理的说法，正确的（   ）。

A. 监理单位与建设单位之间是法定代理关系

B. 工程监理单位可以分包监理业务

C. 监理单位经建设单位同意可以转让监理业务

D. 监理单位不得与被监理工程的设备供应商有隶属关系

111. 依法实施强制监理的工程项目，对施工组织设计中的安全技术措施或者专项施工方案是否符合工程建设强制性标准负有审查责任的是（   ）。

A. 发包人驻工地代表　　　　　　　B. 工程监理单位

C. 设计单位　　　　　　　　　　　D. 项目技术负责人

112. 根据《建设工程质量管理条例》，关于勘察设计单位质量责任和义务的说法，错误的是（   ）。

A. 从事勘察、设计业务的单位应当依法取得相应等级的资质证书

B. 勘察单位提供的地质、测量、水文等勘察成果必须真实、准确

C. 设计单位应当根据勘察成果文件进行建设工程设计

D. 勘察、设计单位不得分包所承揽的工程

113. 特种设备使用单位应当按照安全技术规范的定期检验要求，最迟应在安全检验合格有效届满前（   ）内向特种设备检验检测机构提出定期检验要求。

A. 30d   B. 10d   C. 15d   D. 60d

114. 关于投标联合体资格条件的说法，正确的是（   ）。

A. 联合体牵头单位具备招标文件规定的相应资格条件即可

B. 联合体一方具备招标文件规定的相应资格条件即可

C. 联合体各方均应具备招标文件规定的相应资格条件

D. 由不同专业的单位组成联合体，按照资质登记较低的单位确定其资质等级

115. 根据《生产安全事故报告和调查处理条例》的有关规定，除道路交通事故、火灾事故外，自事故发生之日起（   ）日内，事故造成的伤亡人数发生变化的，应当及时补报。

A. 15   B. 20   C. 30   D. 40

116. 甲公司与乙公司组成联合体共同承包了某大型建筑工程的施工。关于该联合体承包行为的说法，正确的是（   ）。

A. 乙公司按照承担施工内容及工程量的比例对建设单位负责

B. 建设单位应当与甲、乙公司分别签订承包合同

C. 甲公司与乙公司就工程质量和安全对建设单位承担连带责任

D. 该行为属于肢解工程发包的违法行为

117. 监理单位的主要安全责任之一是（   ）。

A. 组织专家论证、审查深基坑专项施工方案

B. 申领施工许可证时，提供建设工程有关安全施工措施

C. 在设计方案中提出保障施工作业人员安全和预防生产事故的措施建议

D. 存在严重安全事故隐患时，要求施工单位暂时停止施工，并及时报告建设单位

118. 劳动者可以立即解除劳动合同且无须事先告知用人单位的情形是（   ）。

A. 用人单位未按照劳动合同约定提供劳动包含或者劳动条件

B. 用人单位以暴力、威胁或者非法限制人身自由的手段强迫劳动者劳动

C. 用人单位未及时、足额支付劳动报酬

D. 用人单位和制定的规章制度违反法律、法规的规定，损害劳动者的权益

119. 《工程建设项目招标范围和规模标准规定》所属法的形式是（   ）。

A. 法律   B. 行政法规   C. 部门规章   D. 地方性法规

120. 建设工程合理使用年限是指从（   ）之日起，工程的地基基础、主体结构能保证在正常使用情况下安全使用的年限。

A. 施工许可证办理   B. 预验收合格

C. 工程竣工验收合格   D. 质保期结束

121. 关于建设工程分包的说法，正确的是（   ）。

A. 总承包单位可以按照合同约定将建设工程部分非主体、非关键性工作分包给其他施工企业

B. 总承包单位可以将全部建设工程拆分成若干部分后，全部分包给其他施工企业

C. 总承包单位可以将建设工程主体结构中技术较为复杂的部分分包给其他施工企业

D. 总承包单位经建设单位同意后，可以将建设工程的关键性工作分包给其他施工企业

122. 某承包单位与分包单位在分包合同中约定，由分包单位自行负责分包工程的安全生产，工程施工中，分包工程发生了事故，则该事故(　　)。

A. 按约定由分包单位自行承担全部责任

B. 分包单位承担主要责任，总承包单位承担次要责任

C. 总承包单位承担全部责任

D. 总承包单位与分包单位承担连带责任

123. 下列安全生产条件中，属于取得建筑施工企业安全生产许可证条件的是(　　)。

A. 配置完备的安全生产规章制度和操作规程

B. 配备兼职安全生产管理人员

C. 各分部分项工程应有应急预案

D. 管理人员每年至少进行两次安全生产教育培训

124. 根据《安全生产许可条例》，必须持特种作业操作证书上岗的人员是(　　)。

A. 项目经理　　　　　B. 兼职安全员　　　　　C. 建筑架子工　　　　　D. BIM 系统操作员

125. 关于建设工程质量保修违法行为应承担的法律责任的说法，正确的是(　　)。

A. 施工单位不履行保修义务或者是拖延履行保修义务的，责令改正，处 10 万元以上 30 万元以下的罚款

B. 缺陷责任期内，由承包人原因造成的缺陷，承包人负责维修并承担相应费用后，可免除对工程的一般损失赔偿责任

C. 缺陷责任期内，由承包人原因造成的缺陷，承包人负责维修并承担鉴定及维修费用

D. 建筑企业申请资质升级、资质增项，在申请之日起前半年内，未依法履行保修义务或者拖延履行的并造成严重后果的，资质许可机关不予批准申请

126. 关于办理施工许可证违法行为法律责任的说法，正确的是(　　)。

A. 对于为规避办理施工许可证将工程项目分解后擅自施工的，由有管辖权的发证机关责令改正，对于不符合开工条件的，责令停止施工，并对建设单位和施工单位分别处以罚款

B. 对于未取得施工许可证擅自施工的，由发证机关责令停止施工，并对建设单位和施工单位分别处以罚款

C. 对于采用虚假证明骗取施工许可证的，施工许可证自行废止，并由发证机关对责任单位处以罚款

D. 对于采用虚假证明文件骗取施工许可证的，由原发证机关收回施工许可证，责

令改正，并对责任单位处以罚款

127. 关于地方性法规、自治条例、单行条例制定的说法，正确的是（   ）。

A. 省、自治区、直辖市的人民代表大会制定的地方性法规由其常务委员会发布公告予以公布

B. 省、自治区、直辖市的人民代表大会常务委员会制定的地方性法规由人大主席团批准后予以公告

C. 较大市的人民代表大会及其常务委员会制定的地方性法规由其常务委员会直接公布

D. 自治条例和单行条例经批准后，分别由自治区、自治州、自治县的人大常委会予以公布

128. 关于建设工程分包的说法，正确的是（   ）。

A. 分包单位没有资质要求　　　　　　B. 分包单位不得再次分包

C. 分包单位由总包单位自己确定　　　D. 分包的工作内容没有限制

129. 签署并公布由全国人大常委会通过的法律的是（   ）。

A. 人大主席团　　　　　　　　　　　B. 国务院总理

C. 最高人民法院院长　　　　　　　　D. 国家主席

130. 关于施工企业承揽工程的说法，正确的是（   ）。

A. 施工企业可以允许其他企业使用自己的资质证书和营业执照

B. 施工企业应当拒绝其他企业转让资质证书

C. 施工企业在施工现场所设项目管理机构的项目负责人可以不是本单位人员

D. 施工企业由于不具备相应资质等级只能以其他企业名义承揽工程

131. 对于非施工单位原因造成的质量问题，施工单位也应负责返修，造成的损失及返修费用最终由（   ）负责。

A. 监理单位　　　B. 责任方　　　C. 建设单位　　　D. 施工单位

132. 根据《劳动合同法》，用人单位与劳动者已建立劳动关系，未同时订立书面劳动合同的，应当自用工之日起（   ）内订立书面劳动合同。

A.1 个月　　　　　　B.2 个月　　　　　　C.3 个月　　　　　　D. 半年

133. 关于建设工程质量保修的说法，正确的是（   ）。

A. 全部或者部分使用政府投资的建设项目，按工程价款结算总额 3% 的比例预留保证金

B. 由他人原因造成的缺陷，发包人负责组织维修，并从保证金中扣除维修费用

C. 建设工程在超过合理使用年限后需要继续使用的，产权所有人应当委托鉴定，并根据鉴定结果采取加固、维修等措施，重新界定使用期

D. 发包人在接到承包人返还保证金申请后，应于 7 日内会同承包人按合同约定的内容进行核实

134. 根据《建设工程安全生产条例》，出租的机械设备应当有产品合格证、自检合格证明和（　　）。

A. 生产企业资质证明

B. 生产企业营业执照

C. 生产许可证

D. 第三方检测合格证明

135. 工程建设单位组织验收合格后投入使用，2年后外墙出现裂缝，经查是由于设计缺陷造成的，则下列说法正确的是（　　）。

A. 施工单位维修，建设单位直接承担费用

B. 建设单位维修并承担费用

C. 施工单位维修并承担费用

D. 施工单位维修，设计单位直接承担费用

136. 关于建设工程共同承包的说法，正确的是（　　）。

A. 中小型工程但技术复杂的，可以采取联合共同承包

B. 两个不同资质等级的单位实施联合共同承包的，应当按照资质等级高的单位的业务许可范围承揽工程

C. 联合体各方应当与建设单位分别签订合同，就承包工程中各自负责的部分承担责任

D. 共同承包的各方就承包合同的履行对建设单位承担连带责任

137. 关于施工企业资质序列的说法，正确的是（　　）。

A. 专业承包企业可以将所承包的专业工程再次分包给其他专业承包企业

B. 专业承包企业可以将所承包的劳务作业依法分包给劳务分包企业

C. 劳务分包企业只能承接施工总承包企业分包的劳务作业

D. 劳务分包企业可以承接施工总承包企业或专业承包企业或其他劳务分包企业分包的劳务作业

138. 根据《建设工程安全生产管理条例》工程监理单位在实施监理工程中，发现存在安全事故隐患且情况严重的，应当（　　）。

A. 要求施工单位整改，并及时报告有关主管部门

B. 要求施工单位整改，并及时报告建设单位

C. 要求施工单位暂时停止施工，并及时报告有关主管部门

D. 要求施工单位暂时停止施工，并及时报告建设单位

139. 在正常使用条件下，基础设施工程、房屋建筑的地基基础工程和主体结构工程的最低保修期限为（　　）。

A. 设计文件规定的该工程的合理使用年限

B. 5年

C. 2年

D. 2个采暖期、供冷期

二、多项选择题

1. 下列国家机关中，有权制定地方性法规的有（　　　）。

A. 省、自治区、直辖市的人民政府

B. 省、自治区、直辖市的人民代表大会及其常委会

C. 省级人民政府所在地的市级人民代表大会及其常委会

D. 国务院各部委

E. 省级人民政府所在地的市级人民政府

2. 根据《建筑工程施工许可管理办法》，不需要办理施工许可证的建筑工程有（　　　）。

A. 建筑面积 260 m² 的房屋　　　　　　B. 城市大型立交桥

C. 城市居住小区　　　　　　　　　　　D. 实行开工报告审批制度的建筑工程

E. 建筑面积 5 000 m² 的房屋

3. 《建筑法》规定，在城市规划区内的建筑工程，建设单位申领建筑工程施工许可证的条件是（　　　）。

A. 取得建设工程规划许可证　　　　　　B. 确定建筑施工企业

C. 确定监理企业　　　　　　　　　　　D. 审查通过施工图设计文件

E. 取得建设工程安全生产许可证

4. 根据《建筑法》，申请领取施工许可证应当具备的条件包括（　　　）。

A. 建设资金已经落实　　　　　　　　　B. 已经确定建筑施工企业

C. 建筑工程按照规定的权限和程序已批准开工报告

D. 已经取得规划许可证　　　　　　　　E. 已经办理该建筑工程用地批准手续

5. 根据《建设工程质量管理条例》，下列分包的情形中，属于违法分包的有（　　　）。

A. 总承包单位将部分工程分包给不具有相应资质的单位

B. 未经建设单位认可，施工总承包单位将劳务作业分包给有相应资质的劳务分包企业

C. 未经建设单位认可，承包单位将部分工程交由他人完成

D. 分包单位将其承包的工程再分包

E. 施工总承包单位将承包工程的主体结构分包给具有先进技术的其他单位

6. 根据《建设工程质量管理条例》，下列行为中属于建设单位应当被责令改正，处20 万元以上 50 万元以下罚款的有（　　　）。

A. 迫使承包方以低于成本价格竞标的

B. 任意压缩合理工期的

C. 未按照国家规定办理工程质量监督手续的

D. 施工图设计文件未经审查或者审查不合格，擅自施工的

E. 欠付工程款数额较大的

7. 施工作业人员应当享有的安全生产权利有( )。

A. 获得防护用品权   B. 获得保险赔偿权

C. 拒绝违章指挥权   D. 安全生产决策权

E. 紧急避险权

8. 根据《建设工程质量管理条例》，必须实行监理的建设工程有( )。

A. 国家重点建设工程   B. 大中型公用事业工程

C. 成片开发建设的住宅小区工程   D. 限额以下的小型住宅工程

E. 利用国际组织贷款的工程

9. 根据《建设工程安全生产管理条例》，施工单位应在施工现场( )设置明显的安全警示标志。

A. 楼梯口   B. 配电箱   C. 塔吊

D. 基坑底部   E. 施工现场出口处

10. 工程监理单位和被监理工程的( )有隶属关系或其他利害关系的，不得承担该项建设工程的监理业务。

A. 建设单位   B. 造价咨询单位   C. 施工企业

D. 建筑材料、构配件供应单位   E. 设备供应单位

11. 根据《建设工程安全生产管理规定》，施工企业对作业人员进行安全生产教育培训，应在( )之前。

A. 作业人员进入新的岗位   B. 作业人员进入新的施工现场

C. 企业采用新技术   D. 企业采用新工艺

E. 企业申请办理资质延续手续

12. 根据《建筑施工企业安全生产许可证管理规定》，企业取得安全生产许可证，应当具备的安全生产条件有( )。

A. 管理人员和作业人员每年至少进行1次安全生产教育培训并考核合格

B. 依法为施工现场从事危险作业人员办理意外伤害保险，为从业人员缴纳保险费

C. 保证本单位安全生产条件所需资金的投入

D. 有职业危害防治措施，并为作业人员配备符合国家标准或行业标准的安全防护用具和安全防护服装

E. 依法办理建筑工程一切险及第三者责任险

13. 下列义务中，属于建设工程监理企业安全生产管理主要义务的有( )。

A. 安全技术措施审查   B. 安全设备合格审查

C. 专项施工方案审查   D. 施工招标审查

E. 安全生产事故隐患报告

14. 施工企业采购、租赁的安全防护用具、机械设备、施工机具及配件，应当具有

（　　），并在进入施工现场前进行检查。

 A. 生产（制造）许可证　　　　　　B. 施工资质证书

 C. 产品销售许可证　　　　　　　　D. 施工许可证　　　　E. 产品合格证

15. 下列情形中，发包人应当承担过错责任的有（　　）。

 A. 发包人提供的设计图纸有缺陷，造成工程质量缺陷

 B. 发包人提供的设备不符合强制标准，引发工程质量缺陷

 C. 发包人直接指定分包人分包专业工程，分包工程发生质量缺陷

 D. 发包人未组织竣工验收擅自使用工程，主体结构出现质量缺陷

 E. 发包人指定购买的材料、建筑构配件不符合强制性标准，造成工程质量缺陷

16. 根据《建设工程质量管理条例》，具有法定最低保修期限的有（　　）。

 A. 基础设施工程　　　　　　　　　B. 设备安装、装修工程

 C. 门禁监控系统　　　　　　　　　D. 电气管线、给排水管道工程

 E. 供热与供冷系统

17. 施工企业对建筑材料、建筑构配件和设备进行检验，通常应当按照（　　）进行，不合格的不得使用。

 A. 工程设计要求　　　B. 企业施工标准　　　C. 施工技术标准

 D. 通行惯例　　　　　E. 合同约定

18. 根据《生产安全事故报告和调查处理条例》，下列生产安全事故中，属于较大生产安全事故的有（　　）。

 A. 2 人死亡事故　　　B. 10 人死亡事故　　　C. 3 人死亡事故

 D. 20 人重伤事故　　　E. 1 000 万元经济损失事故

19. 根据《建设工程质量管理条例》，属于违法分包的情形有（　　）。

 A. 总承包单位将建设工程分包给不具备相应资质条件的单位

 B. 主体结构的劳务作业分包给具有相应资质的劳务分包企业

 C. 建设工程总承包合同中未有约定，又未经建设单位认可，承包单位将其承包的部分工程交由其他单位完成

 D. 施工总承包单位将建设工程的主体结构的施工分包给其他单位

 E. 分包单位将承包的建设工程再分包

20. 根据《劳动合同法》，用人单位在招用劳动者以及订立劳动合同时，不得（　　）。

 A. 订立无终止时间的劳动合同　　　B. 要求劳动者提供担保

 C. 向劳动者收取财物　　　　　　　D. 约定竞业限制条款

 E. 扣押劳动者的证件

21. 根据《建设工程质量管理条例》，关于总承包单位依法将建设工程分包给其他单位的法律责任的说法，正确的有（　　）。

A. 分包单位应当按照分包合同约定对其分包工程的质量向总承包单位负责

B. 总承包单位有权按照合同约定要求分包单位对分包工程质量承担全部责任

C. 总承包单位与分包单位对分包工程的质量承担连带责任

D. 分包单位对全部工程的质量向总承包单位负责

E. 总承包单位与分包单位对全部工程质量承担连带责任

22. 施工企业保证工程质量的最基本要求包括（　　）。

A. 不得压缩合同工期　　　　　　　B. 按设计图纸施工

C. 与监理单位建立友好的沟通关系　D. 严格履行企业质量管理认证体系

E. 不擅自修改设计文件

23. 房屋建筑工程质量保修书中的内容一般包括（　　）。

A. 工程概况、房屋使用管理要求　　B. 保修范围和内容

C. 超过合理使用年限继续使用的条件

D. 保修期限和责任　　　　　　　　E. 保修单位名称、详细地址

24. 下列情形中，用人单位可以随时解除劳动合同的有（　　）。

A. 在试用期间被证明不符合录用条件的

B. 严重违反劳动纪律或者用人单位规章制度的

C. 被依法追究民事责任的

D. 不能胜任工作，经过培训或者调整工作岗位，仍不能胜任工作的

E. 严重失职，营私舞弊，对用人单位利益造成重大损害的

25. 根据《生产安全事故报告和调查处理条例》，事故分级要素包括（　　）。

A. 事故发生地点　　B. 人员伤亡数量　　C. 直接经济损失数额

D. 事故发生时间　　E. 社会影响程度

26. 根据《建筑工程施工许可管理办法》，不需要办理施工许可证的建筑工程有（　　）。

A. 建筑面积 200 m² 的房屋　　　　B. 城市大型立交桥

C. 抢险救灾工程　　　　　　　　　D. 实行开工报告审批制度的建筑工程

E. 城市居住小区

27. 申领施工许可证时，建设单位应当提供的有关安全施工措施的资料包括（　　）。

A. 安全防护设施搭设计划　　　　　B. 专项安全施工组织设计方案

C. 书面委托监理合同　　　　　　　D. 安全施工组织计划

E. 安全措施费用计划

28. 根据《建设工程质量管理条例》，工程监理单位与被监理工程的（　　）有隶属关系或者其他利害关系，不得承担该工程的监理业务。

A. 建筑材料供应商　　　　　　　　B. 勘察设计单位

C. 施工企业　　D. 建设单位　　E. 设备供应商

29. 关于承包单位将承包的工程转包或违法分包的，正确的行政处罚有（　　）。

A. 责令改正，没收违法所得

B. 对施工企业处工程合同价款 0.5％以上 1％以下的罚款

C. 追究刑事责任

D. 责令停业整顿，降低资质等级

E. 情节严重的，吊销资质证书

30. 施工企业的主要责任人，对于本单位生产安全工作的主要职责包括（　　）。

A. 建立、健全本单位安全生产责任制

B. 组织制定本单位安全生产规章制度和操作规程

C. 保证本单位安全生产投入的有效实施

D. 督促、检查本单位的安全生产工作，及时消除生产安全事故隐患

E. 编制专项工程施工方案

31. 建设工程竣工前，当事人对工程质量发生争议，经鉴定工程质量合格，关于竣工日期的说法，正确的有（　　）。

A. 应当以合同约定的竣工日期为竣工日期

B. 应当以鉴定合格日期为竣工日期

C. 鉴定日期为顺延工期的期间

D. 应当以申请鉴定日期为竣工日期

E. 应当以提交竣工验收报告的日期为竣工日期

32. 施工单位项目责任人的安全生产责任主要包括（　　）。

A. 组织制定安全施工措施　　　　　B. 消除安全事故隐患

C. 及时、如实上报安全事故　　　　D. 编制安全生产规章制度和操作规程

E. 确保安全生产费用的投入

33. 根据事故具体情况，事故调查组成员由人民政府、安全生产监督管理部门和负有安全生产监督管理职责的有关部门以及（　　）派人参加。

A. 监察机关　　　　B. 人民法院　　　　C. 公安机关

D. 人民检察院　　　E. 工会

34. 根据《建设工程质量管理条例》，关于勘察、设计单位质量责任和义务的说法，正确的有（　　）。

A. 勘察、设计单位应当在其资质等级许可的范围内承揽工程

B. 勘察文件应注明工程使用年限

C. 勘察、设计单位必须按照工程建设强制性标准进行勘察、设计

D. 注册建筑师、注册结构工程师等注册执业人员应当在设计文件上签字并对设计文件负责

E. 有特殊要求的建筑材料、专用设备、工艺生产线等可由设计单位指定

35. 根据《建筑法》，关于建筑工程分包的说法，正确的有(   )。

A. 建筑工程的分包单位必须在其资质等级许可的业务范围内承担工程

B. 资质等级较低的分包单位可以超越一个等级承接分包工程

C. 建设单位制定的分包单位，总承包单位必须采用

D. 严禁个人承揽分包工程业务

E. 劳务作业分包可不经建设单位认可

36. 根据《劳动合同法》，用人单位有权实施经济性裁员的情形有(   )。

A. 依照企业破产法规定进行重整的

B. 生产经营发生严重困难的

C. 股东大会意见严重分歧导致董事会主要成员交换的

D. 企业转产、重大技术革新或者经营方式调整，经变更劳动合同后，仍需裁减人员的

E. 因劳动合同订立时所依据的客观经济情况发生重大变化，致使劳动合同无法履行的

37. 建设单位办理大型公共建筑工程竣工验收备案应提交的材料有(   )。

A. 工程竣工验收备案表   B. 住宅使用说明书

C. 工程竣工验收报告   D. 施工单位签署的工程质量保修书

E. 公安机关消防机构出具的消防验收合格证明文件

38. 必须实施见证取样和送检的试块、试件和材料有(   )。

A. 用于承重结构的混凝土试块   B. 用于承重墙体的砌筑砂浆试块

C. 用于承重机构的钢筋及连接头试件   D. 所有的水泥材料

E. 地下、屋面、厨浴间使用的防水材料

39. 施工作业人员享有的安全生产权有(   )。

A. 纠正和处理违章作业   B. 拒绝连续加班作业

C. 拒绝冒险作业   D. 紧急避险   E. 对施工安全生产提出建议

40. 在施工过程中施工技术人员发现设计图纸不符合技术标准，施工技术人员应(   )。

A. 继续按照工程图纸施工   B. 按照技术标准修改图纸

C. 按照标准图集施工   D. 及时提出意见和建议

E. 通过建设单位要求设计单位予以修改

41. 根据《安全生产许可证条例》，国家对(   )实行安全生产许可制度。

A. 矿山企业   B. 建筑施工企业   C. 日用化学品生产、经营、储存单位

D. 危险化学品生产、经营、储存单位   E. 烟花爆竹、民用爆破器材生产企业

42. 根据《建设工程质量管理条例》，关于施工单位质量责任和义务的说法，正确的有(   )。

A. 对施工质量负责

B. 按照工程设计图纸和施工技术标准施工

C. 对建筑材料、设备等进行检验检测

D. 建立健全施工质量检验制度

E. 审查批准高大模板工程的专项施工方案

43. 根据《建设工程安全生产管理条例》，在施工合同中，不属于建设单位安全责任的有（　　）。

A. 编制施工安全生产规章制度和操作资料

B. 向施工单位提供准确的地下管线资料

C. 对拆除工程进行备案

D. 保证设计文件符合工程建设强制性标准

E. 为从事特种作业的施工人员办理意外伤害保险

44. 某工程已具备竣工条件，承包人在提交工程竣工验收和质量责任等相关的说法，正确的有（　　）。

A. 工程质量保证金应在保修期满后返还

B. 发包人要求承包人完成合同以外零星项目，承包人未在规定时间内向发包人提出施工签证的，施工后可向发包人申请费用索赔

C. 建设工程竣工时发现的质量问题或者质量缺陷，无论是建设单位的责任还是施工单位的责任，施工单位都有义务进行修复或返修

D. 当事人对工程造价发生合同纠纷时，应当向仲裁机构申请仲裁或向人民法院起诉

E. 承包人应当在建设工程的合理使用寿命内对地基基础工程和主体结构质量承担民事责任

45. 关于申请领取施工许可证的说法，正确的有（　　）。

A. 应当委托监理的工程已委托监理后才能申请领取施工许可证

B. 领取施工许可证是确定建筑施工企业的前提条件

C. 法律、行政法规和省、自治区、直辖市人民政府规章可以规定申领施工许可证的其他条件

D. 在申请领取施工许可证之前需要落实建设资金

E. 在城市、镇规划区的建筑工程，需要同时取得建设用地规划许可证和建设工程规划许可证后，才能申请办理施工许可

46. 关于总承包单位与分包单位对建设工程承担质量责任的说法，正确的有（　　）。

A. 分包单位按照分包合同的约定对其分包工程的质量向总承包单位及建设单位负责

B. 分包单位对分包工程的质量负责，总承包单位未尽到相应监管义务的，承担相应

的补充责任

C. 建设工程实行总承包的，总承包单位应当对全部建设工程质量负责

D. 当分包工程发生质量责任或违约责任，建设单位可以向总承包单位或分包单位请求赔偿；总承包单位或分包单位赔偿后，有权就不属于自己责任的赔偿向另一方追偿

E. 当分包工程发生质量责任或者违约责任，建设单位应当向总承包单位请求赔偿，总承包单位赔偿后，有权要求分包单位赔偿

47. 根据《建筑法》，实施建设工程监理前，建设单位应当将委托的(   )，书面通知被监理的建筑施工企业。

A. 工程监理单位　　　B. 工程监理人员的名单

C. 工程监理权限　　　D. 工程监理的内容　　　E. 工程监理入场时间

48. 下列劳动合同条款中，属于选择条款的有(   )。

A. 社会保险　　　B. 试用期　　　C. 保守商业秘密

D. 补充保险　　　E. 休息休假

49. 安全生产许可证颁发管理机关或者其上级行政机关可以撤销已经颁发的安全生产许可证的情形有(   )。

A. 取得安全生产许可证的建筑施工企业发生较大安全事故的

B. 安全生产许可证颁发管理机关工作人员滥用职权颁发安全生产许可证的

C. 超越法定职权颁发安全生产许可证的

D. 违反法定程序颁发安全生产许可证的

E. 对不具备安全生产条件的建筑施工企业颁发安全生产许可证的

50. 设计单位的安全责任包括(   )。

A. 按照法律、法规和工程建设强制性标准进行设计

B. 提出防范安全生产事故的指导意见和措施建议

C. 对安全生产技术措施或专项施工方案进行审查

D. 依法对施工安全事故隐患进行处理

E. 对设计成果的实施承担责任

51. 关于工程质量检测机构职责的说法，正确的有(   )。

A. 检测机构出具的检测报告应由检测机构法定代表人或其授权的签字人签署

B. 检测机构对涉及结构安全的所有检测结果应及时报告建设主管部门

C. 检测机构对发现的违反强制性标准的情况应及时报告建设主管部门

D. 检测机构应当对检测结果不合格的项目建立单独的项目台账

E. 检测机构对发现的项目参与方的违规行为应及时报告建设单位

52. 关于勘察、设计单位的质量责任和义务的说法，正确的有(   )。

A. 依法对设计文件进行技术交底

B. 依法保证使用的建筑材料等符合要求

C. 依法审查施工图纸设计文件

D. 依法办理工程质量监督手续

E. 依法承揽工程的勘察、设计业务

三、案例分析

【案例一】

甲房地产开发公司将一住宅小区工程施工总承包方式发包给乙建筑公司，乙建筑公司又将其中场地平整及土方分包给丙土方公司。

1. 在工程开工前，应当由（　　）按照有关规定申请领取施工许可证。

A. 乙建筑公司　　　　　　　　　　B. 丙土方公司

C. 甲房地产开发公司和乙建筑公司　D. 甲房地产开发公司

2. 根据《建筑工程施工许可管理办法》，下列不属于申请领取施工许可证的前提条件的是（　　）。

A. 已经取得安全生产许可证　　　　B. 办理工程质量监督手续

C. 有满足施工需要的施工图纸　　　D. 已经取得规划许可证

3. 按照国家工程建筑消防技术标准需要进行消防设计的建筑工程，应当将建筑工程的消防设计图纸及有关资料报送（　　）审核。

A. 建设行政主管部门　　　　　　　B. 公安消防机构

C. 消防检测机构　　　　　　　　　D. 质量监督机构

4. 关于施工许可证的法定批准条件，正确的有（　　）。

A. 已经确定施工企业

B. 有满足施工需要的施工图纸及技术资料，施工图设计文件已按规定进行审查

C. 建设资金已经落实

D. 按照规定需要委托监理的工程已经委托监理

E. 按照国务院规定的权限和程序已批准开工报告

【案例二】

甲设计单位自行研发的异型特征结构设计技术获得国家专利，乙建设单位投资700万元建设必须使用该专利技术的某一旅游项目。

1. 对该项目设计任务的发包方式表述正确的是（　　）。

A. 因施工合同估算价格超过200万元，故必须公开招标

B. 采用特定的专利技术，经有关主管部门批准后可以直接发包

C. 关系社会公共利益的项目，即使采用特定的专利技术也不能直接发包

D. 若其设计费超过 50 万元必须公开招标

2. 根据《工程建设项目招标范围和规模标准规定》，下列关于必须招标的规模标准表述正确的是（ ）。

A. 重要设备、材料采购单项合同的估算价为 5 万元

B. 重要设备、材料采购单项合同的估算价为 100 万元

C. 设计单项合同的估算价为 100 万元

D. 施工单项合同的估算价为 100 万元

3. 按照《招标投标法》及相关规定，必须进行施工招标的工程项目是（ ）。

A. 施工企业在其施工资质许可范围内自建自用的工程

B. 属于利用扶贫资金实行以工代赈、需要使用农民工的工程

C. 施工主要技术采用特定的专利或专有技术工程

D. 经济适用房工程

4. 根据《招标投标法》和相关法律法规，下列评标委员会的做法中，正确的有（ ）。

A. 以所有投标都不符合招标文件的要求为由，否决所有投标

B. 拒绝招标人在评标时提出新的评标要求

C. 按照招标人的要求倾向特定投标人

D. 在评标报告中注明评标委员会成员对评标结果的不同意见

E. 以投标报价超过标底上下浮动范围为由否决投标

【案例三】

甲、乙两个同一专业的施工单位分别具有该专业二、三级企业资质，甲、乙两个单位的项目经理数量合计符合一级企业资质要求。甲、乙两单位以联合体方式承揽建设工程。

1. 该联合体资质等级应该为（ ）。

A. 一级　　　　　B. 二级　　　　　C. 三级　　　　　D. 暂定级

2. 关于此联合体说法正确的是（ ）。

A. 联合体内部的共同投标协议与招标人无关，不必交予投标人

B. 联合体各方就中标项目向招标人承担连带责任

C. 联合体任何成员均有权以对债务分担比例约定为由拒绝履行全部债务

D. 联合体成员之一清偿全部债务后，联合体不能免除履行义务

3. 以下不符合有关规定的是（ ）。

A. 双方应签订联合承包的协议

B. 按照资质等级低的单位的业务范围承揽建设工程

C. 甲单位与乙单位就承揽工程向建设单位承担连带责任

D. 联合体造成违约，甲单位、乙单位以联合承包协议为依据对建设单位只承担约定的责任

4. 若双方约定，如因施工质量问题导致建设单位索赔，各自承担索赔额的50%。施工过程中建设单位确因质量原因索赔12万元，下列关于此索赔和赔偿责任承担的说法中，正确的是（　　　）。

A. 如甲单位无过错，则其有权拒绝承担12万元

B. 建设单位可直接要求甲单位承担12万元

C. 建设单位可直接要求乙单位承担12万元

D. 现行赔付的乙单位，有权就超出50%的部分向另一方追偿

E. 建设单位应当要求质量缺陷的过错方承担主要费用

【案例四】

乙施工企业经甲建设单位同意，将部分非主体工程分包给丙施工企业，丙施工企业又将其中部分工程违法分包给丁施工企业。

1. 下列关于乙施工企业和丙施工企业承担责任的表述，正确的是（　　　）。

A. 丙施工企业按照分包合同的约定仅对乙施工企业负责

B. 丙施工企业按照分包合同的约定仅对甲建设单位负责

C. 乙施工企业和丙施工企业就分包工程对甲建设单位承担连带责任

D. 乙施工企业和丙施工企业对甲建设单位各自承担责任

2. 若乙施工企业和丙施工企业的分包合同中约定：分包施工中出现任何安全事故，均由丙施工企业承担，该约定（　　　）。

A. 因显示公平而无效　　　　　　　B. 由于丙施工企业自愿签署而生效

C. 仅对乙施工企业和丙施工企业有效　　D. 因违反法律、法规强制性规定而无效

3. 若分包工程发生质量、安全、进度等问题给甲建设单位造成损失的责任承担的说法，正确的是（　　　）。

A. 丙施工企业只对乙施工企业负责

B. 甲建设单位与丙施工企业无合同关系，无权向丙施工企业主张权利

C. 甲建设单位只能向给其造成损失的乙施工企业主张权利

D. 乙施工企业承担的责任超过其应承担份额的，有权向丙施工企业追偿

4. 若丁施工企业因工作失误致使工程不合格，甲建设单位欲索赔，则关于责任承担的说法，正确的有（　　　）。

A. 甲建设单位有权要求乙施工企业承担民事责任

B. 乙施工企业向甲建设单位承担民事责任后，有权向丙施工企业追偿

C. 甲建设单位有权要求丙施工企业承担民事责任

D. 丙施工企业向乙施工企业承担民事责任后，有权向丁施工企业追偿

E. 甲建设单位有权要求丁施工企业承担民事责任

【案例五】

甲总承包单位将工程主体结构施工分包给具有相应资质的乙分包单位。该工程施工过程中，乙发生了安全生产事故。

1. 关于施工现场的安全生产由(　　)负总责。

A. 建设单位　　　　　B. 甲总承包单位　　　C. 乙分包单位　　　　D. 监理单位

2. 项目负责人的安全生产责任不包括(　　)。

A. 对建设工程安全生产费用的有效使用

B. 确保安全生产费用的有效使用

C. 落实安全生产责任制度、安全生产规章和操作规程

D. 签署危险性较大的工程安全专项施工方案

3. 关于安全生产责任的说法，正确的是(　　)。

A. 分包合同中就应当明确甲总承包单位、乙分包单位各自的安全生产方面的权利和义务

B. 乙分包单位的安全生产责任由乙分包单位独立承担

C. 甲总承包单位对乙分包单位的安全生产承担全部责任

D. 甲总承包单位和乙分包单位对施工现场安全生产承担同等责任

4. 关于双方责任的说法，正确的是(　　)。

A. 乙分包单位只承担民事赔偿责任

B. 甲总承包单位应对本工程施工现场的安全生产负总责

C. 甲总承包单位与乙分包单位就该安全事故承担连带责任

D. 若发生安全事故情节特别严重，构成犯罪的，应当追究甲总承包单位主要责任人责任

【案例六】

总承包建设单位签订了工程施工合同，并经同意将部分专业工程分包给具有资质的专业分包商，该专业分包商在现场设有专职的安全管理人员，配备了木工、钢筋工、混凝土工三个班组及电焊工、架子工、塔吊司机等专业工人，其中：电焊工1名、架子工2名、普通工5名共8名工人从劳务市场选聘，丙专业分包商直接进入现场施工，丙专业分包商与他们签订了劳动合同，约定事故均由自己承担，且没有为工人购买任何保险；由于现场地点较偏僻，工人全部住在现场，加上场地有限，后来进场的部分工人临时集体居住在未竣工但已通过中间验收的建筑物内；在施工过程中，1名从劳务市场选聘的架子工，在高空作业时坠落身亡。

1. 根据安全生产许可证的取得条件，必须持操作证上岗的人员是(　　)。

A. 脚手架作业人员　　　　　　　　　B. 项目经理

    C. 专职安全员　　　　　　　　　　D. BIM 系统操作员

2. 根据法律、行政法规的规定，不需要经有关主管部门对其安全生产知识和管理能力考核合格就可以任职的岗位是（　　　）。

    A. 施工企业的总经理　　　　　　　B. 施工项目的负责人

    C. 施工企业的技术负责人　　　　　D. 施工企业的董事

3. 该施工现场配备的作业工人中，不需要取得特种作业操作资格证书才能上岗作业的人员有（　　　）。

    A. 钢筋工　　　　　B. 电焊工　　　　　C. 架子工　　　　　D. 塔吊司机

4. 在该项目实施过程中，该专业分包商错误的做法有（　　　）。

    A. 从劳务市场选聘的工人直接进入现场施工

    B. 没有为 8 名工人购买任何保险

    C. 部分工人被安排在未竣工但已通过中间验收的建筑物内居住

    D. 与 8 名工人签订了劳动合同，双方约定事故由工人自己承担

    E. 在现场设有专职的安全生产管理人员

【案例七】

某施工单位按照《建设工程安全生产管理条例》规定，对单位主要负责人、项目负责人、专职安全生产管理人员进行安全生产教育培训。

1. 单位应当对管理人员和作业人员每年至少进行（　　　）安全生产教育培训，其教育培训情况记入个人工作档案。

    A. 1 次　　　　　B. 2 次　　　　　C. 3 次　　　　　D. 4 次

2. 下列情形中，属于施工作业人员的安全生产义务的是（　　　）。

    A. 对本单位的安全生产工作提出建议

    B. 接受安全生产教育和培训

    C. 发现直接危及人身安全的紧急情况时停止作业

    D. 拒绝违章指挥和强令冒险作业

3. 下列不属于安全生产从业人员权利的有（　　　）。

    A. 知情权　　　　　B. 紧急避险权　　　　　C. 请求赔偿权　　　　　D. 危险报告权

4. 根据《建设工程安全生产管理条例》，施工企业对作业人员进行安全生产教育培训，应在（　　　）之前。

    A. 作业人员进入新的岗位　　　　　B. 作业人员进入新的施工现场

    C. 企业采用新技术　　　　　　　　D. 企业采用新工艺

    E. 企业申请办理资质延续手续

【案例八】

总承包单位甲公司经建设单位同意，将幕墙工程分包给乙公司施工。后该分包工程

出现了施工质量问题,建设单位要求乙公司赔偿。

1. 下列责任赔偿的说法中,能够成立的是(   )。

A. 乙公司与建设单位无直接合同关系,建设单位应要求甲公司赔偿

B. 若甲公司已全部赔偿建设单位损失,则建设单位无权再向乙公司要求赔偿

C. 该质量问题是乙公司造成的,与甲公司无关

D. 对该质量问题乙公司与甲公司负有同等责任,乙公司仅承担赔偿的50%

2. 就分包工程的施工而言,下列说法正确的是(   )。

A. 应由分包单位与总承包单位对建设单位承担连带责任

B. 应由总承包单位对建设单位承担责任

C. 应由分包单位对建设单位承担责任

D. 由建设单位自行承担责任

3. 根据《建筑法》,建筑工程分包企业应当接受(   )的质量管理。

A. 咨询单位　　　　B. 总承包单位　　　　C. 监理单位　　　　D. 建设单位

4. 根据《建设工程质量管理条例》,关于施工单位质量责任和义务的说法,正确的有(   )。

A. 对施工质量负责

B. 按照工程设计图纸和施工技术标准施工

C. 对建筑材料、设备等进行检验检测

D. 建立健全施工质量检验制度

E. 审查批准高大模板工程的专项施工方案

【案例九】

某施工单位于2012年5月20日签订施工合同,承办工程为六层砖混结构,七度抗震设防,施工图纸通过审批。工程于2012年10月10日开工建设。

1. 施工中技术人员发现图纸中有一处抗震设计错误,此时施工企业应(   )。

A. 按原图纸继续施工

B. 及时提出意见和建议

C. 自行修改正确后施工,向建设单位提出增加费用

D. 和监理工程师协商一致后,继续施工

2. 根据《建设工程质量管理条例》,(   )应当保证钢筋混凝土预制桩符合设计文件和合同要求。

A. 建设单位　　　　B. 监理单位　　　　C. 施工单位　　　　D. 设计单位

3. 根据《建设工程质量管理条例》,下列不属于施工企业进行施工的依据为(   )

A. 施工合同中约定采用的推荐性标准　　　B. 建筑法律

C. 施工图设计文件　　　　　　　　　　　D. 工程监理合同

4. 施工企业保证工程质量的最基本要求包括（　　　）。

A. 不得压缩合同工期　　　　　　　B. 按设计图纸施工

C. 与监理单位建立友好的沟通关系　D. 不擅自修改设计文件

E. 严格履行企业质量管理认证体系

【案例十】

李某今年 51 岁，自 1995 年起就一直在某企业做临时工，担任厂区门卫。现企业首次与所有员工签订劳动合同。李某提出自己愿意长久在本单位工作，也应与单位签订合同，但被拒绝并责令其结算工资走人。

1. 根据《劳动合同法》规定，企业（　　　）。

A. 应当与其签订固定期限的劳动合同

B. 应当与其签订无固定期限的劳动合同

C. 应当与其签订以完成一定工作任务为期限的劳动合同

D. 可以不与其签订劳动合同，因其是临时工

2. 下列劳动合同条款，属于必备条款的是（　　　）。

A. 福利待遇　　　B. 试用期　　　　C. 劳动条件　　　　D. 补充保险

3. 根据《劳动合同法》，劳动者的下列情形中，用人单位不得解除劳动合同的是（　　　）。

A. 在试用期间被证明不符合录用条件的

B. 严重违反用人单位规定的

C. 患病或非因工负伤，在规定的医疗期内的

D. 被依法追究刑事责任的

4. 根据《劳动合同法》，用人单位在招用劳动者以及订立劳动合同时，不得（　　　）。

A. 订立无终止时间的劳动合同　　　B. 要求劳动者提供担保

C. 向劳动者收取财务　　　　　　　D. 扣押劳动者的证件

E. 约定竞业限制条款

【参考答案】

一、单项选择题

1. B	2. C	3. C	4. B	5. A	6. B	7. D	8. D	9. A	10. A
11. D	12. C	13. B	14. B	15. A	16. C	17. D	18. B	19. D	20. C
21. A	22. D	23. D	24. B	25. D	26. D	27. D	28. B	29. C	30. A
31. A	32. B	33. D	34. A	35. C	36. C	37. D	38. C	39. A	40. C
41. C	42. C	43. D	44. C	45. A	46. B	47. B	48. B	49. D	50. C

51. B 52. C 53. D 54. A 55. A 56. A 57. D 58. B 59. C 60. A

61. B 62. A 63. C 64. B 65. D 66. D 67. A 68. D 69. A 70. A

71. B 72. A 73. D 74. A 75. A 76. D 77. B 78. D 79. A 80. D

81. B 82. C 83. B 84. B 85. B 86. D 87. A 88. D 89. B 90. C

91. B 92. B 93. A 94. B 95. C 96. B 97. C 98. A 99. A 100. D

101. A 102. B 103. D 104. B 105. C 106. B 107. D 108. C 109. B 110. D

111. B 112. D 113. A 114. C 115. C 116. C 117. D 118. B 119. C 120. C

121. A 122. D 123. A 124. C 125. C 126. A 127. D 128. B 129. D 130. B

131. B 132. A 133. C 134. C 135. A 136. D 137. B 138. D 139. A

二、多项选择题

1. BC   2. AD   3. ABD   4. ABDE   5. ACDE

6. ABCD   7. ABCE   8. ABCE   9. ABCE   10. CDE

11. ABCD   12. ABCD   13. ACE   14. AE   15. ABCE

16. ABDE   17. ACE   18. CDE   19. ACDE   20. BCE

21. AC   22. BE   23. BD   24. ABE   25. BCE

26. ACD   27. ABE   28. ACE   29. ABDE   30. ABCD

31. BC   32. ABC   33. ACDE   34. ACDE   35. ADE

36. ABDE   37. ACDE   38. ABCE   39. CDE   40. DE

41. ABE   42. ABCD   43. AE   44. CE   45. ADE

46. CD   47. ACD   48. BCD   49. BCDE   50. AB

51. ACD   52. AE

三、案例分析题

案例一 1. D 2. A 3. B 4. ABCD

案例二 1. B 2. B 3. D 4. ABD

案例三 1. C 2. B 3. D 4. BCD

案例四 1. C 2. D 3. D 4. ABCD

案例五 1. B 2. D 3. A 4. BCD

案例六 1. A 2. D 3. A 4. ABCD

案例七 1. A 2. B 3. D 4. ABCD

案例八 1. B 2. A 3. B 4. ABCD

案例九 1. B 2. C 3. D 4. BD

案例十 1. B 2. C 3. C 4. BCD

第二章　建筑材料

一、单项选择题

1. 散装材料颗粒之间相互填充的致密程度用（　　）表示。

A. 孔隙率　　　　　B. 密度　　　　　C. 空隙率　　　　　D. 密实度

2. 密度是指材料在（　　）单位体积的质量。

A. 自然状态下　　　　　　　　　B. 绝对密实状态下

C. 饱和状态下　　　　　　　　　D. 堆积状态下

3. 孔隙率增大，材料的（　　）降低。

A. 密度　　　　　B. 表观密度　　　　　C. 吸水性　　　　　D. 抗冻性

4. 一般情况下，材料的密度（ρ）、体积密度（ρ_0）、堆积密度（ρ_0'）之间的关系为（　　）。

A. $\rho > \rho_0 > \rho_0'$　　　B. $\rho_0 > \rho > \rho_0'$　　　C. $\rho > \rho_0' > \rho_0$　　　D. $\rho_0' > \rho_0 > \rho$

5. 某材料吸水饱和后的质量为 20kg，烘干至恒重时，质量为 16kg，则材料的质量吸水率为（　　）。

A. 25%　　　　　B. 20%　　　　　C. 30%　　　　　D. 15%

6. 材料在水中能够吸收水分的性质称为（　　）。

A. 憎水性　　　　　B. 吸水性　　　　　C. 亲水性　　　　　D. 吸湿性

7. 材料的吸水性用（　　）来表示。

A. 含水率　　　　　B. 保水率　　　　　C. 吸水率　　　　　D. 吸湿性

8. 材料内部体积被固体物质充满的程度是指（　　）。

A. 孔隙率　　　　　B. 密度　　　　　C. 空隙率　　　　　D. 密实度

9. （　　）是指散粒材料在其堆积体积中，被颗粒实体体积填充的程度。

A. 孔隙率　　　　　B. 填充率　　　　　C. 空隙率　　　　　D. 填充度

10. 对于外形不规则的散粒材料，其自然体积的测量方法为（　　）。

A. 排水法　　　　　B. 密度瓶法　　　　　C. 容积桶法　　　　　D. 沉降法

11. 下列材料中，属于亲水性材料的是（　　）。

A. 沥青　　　　　B. 油漆　　　　　C. 黏土砖　　　　　D. 石蜡

12. 下列材料中，属于憎水性材料的是（　　）。

A. 沥青　　　　　B. 混凝土　　　　　C. 黏土砖　　　　　D. 木材

13. 材料在浸水饱和状态下所吸收的水分的质量与材料在绝对干燥状态下的质量之比为（   ）。

A. 体积吸水率　　　B. 质量吸水率　　　C. 密度吸水率　　　D. 材料吸水率

14. 材料在潮湿空气中能吸收空气中水分的性质称为（   ）。

A. 憎水性　　　　　B. 吸水性　　　　　C. 亲水性　　　　　D. 吸湿性

15. 长期受水浸泡或处于潮湿环境的重要结构物的软化系数应大于（   ）。

A. 0.75　　　　　　B. 0.80　　　　　　C. 0.85　　　　　　D. 0.90

16. 我们一般用（   ）来衡量材料的轻质高强。

A. 强度　　　　　　B. 比强度　　　　　C. 刚度　　　　　　D. 比刚度

17. 在冲击荷载作用下，材料能够产生较大的变形而不致破坏的性能称为（   ）。

A. 脆性　　　　　　B. 塑性　　　　　　C. 弹性　　　　　　D. 韧性

18. 以下选项中，不属于材料耐久性的是（   ）。

A. 抗渗性　　　　　B. 抗冻性　　　　　C. 抗震性　　　　　D. 耐火性

19. 下列关于水硬性胶凝材料说法正确的是（   ）。

A. 水硬性胶凝材料是指不仅能在空气中，而且能更好地在水中硬化，保持并继续发展其强度的材料

B. 水硬性胶凝材料是指只能在水中硬化，也只能在水中保持和发展其强度的材料

C. 水硬性胶凝材料是指不仅能在空气中，而且能更好地在水中硬化，但只能在空气中保持和发展其强度的材料

D. 水硬性胶凝材料是指只能在空气中硬化，也只能在空气中保持和发展其强度的材料

20. 浆体的初凝时间是指从加水拌和起至浆体（   ）所需的时间。

A. 开始失去可塑性　　　　　　　　B. 完全失去可塑性并开始产生强度

C. 开始失去可塑性并达到 12MPa 强度　　D. 完全失去可塑性

21. 石灰熟化过程中的陈伏是为了（   ）。

A. 利于结晶　　　　　　　　　　　B. 蒸发多余水分

C. 消除过火石灰的危害　　　　　　D. 降低发热量

22. 下列选项中，（   ）不属于气硬性凝胶材料。

A. 石灰　　　　　　B. 石膏　　　　　　C. 水泥　　　　　　D. 石灰膏

23. 石灰的主要成分是（   ）。

A. CaO　　　　　　B. MgO　　　　　　C. $CaCO_3$　　　　　D. $CaSO_4$

24. 当煅烧温度过低或者煅烧时间不足时，石灰中残留未分解的碳酸钙，称为（   ）。

A. 生石灰　　　　　B. 欠火石灰　　　　C. 熟石灰　　　　　D. 过火石灰

25. 石膏长期存放强度会降低，一般贮存期不超过（   ）个月。

A. 3   B. 4   C. 5   D. 6

26. 为了消除过火石灰在使用中造成的危害，石灰膏（乳）应在储灰坑中存放（　　）天以上。

A. 10   B. 15   C. 20   D. 28

27. 硅酸盐水泥加水之后，其矿物与水发生作用生成一系列新的化合物的过程称为（　　）。

A. 强化   B. 硬化   C. 水化   D. 软化

28. 对于水泥的凝结硬化，下列说法错误的是（　　）。

A. 掺入石膏可延缓水泥石凝结硬化的速度

B. 随着养护时间的增长，水泥石强度不断增加

C. 水灰比越小，水泥石凝结硬化速度越慢，强度越小

D. 水泥的凝结硬化必须在水分充足的条件下进行，因此要有一定的环境湿度

29. 硅酸盐水泥初凝不得早于（　　），终凝不得迟于（　　）。

A. 45min；6.5h   B. 45min；6h

C. 30min；6.5h   D. 30min；6h

30. 对于硅酸盐水泥，其初凝时间不符合规定的产品为（　　）。

A. 不合格品   B. 合格品   C. 废品   D. 回收品

31. 根据国家标准规定，若使用活性骨料，用户要求提供低碱水泥时，水泥中的碱含量不得大于（　　）。

A. 0.5%   B. 0.6%   C. 5%   D. 6%

32. 硅酸盐水泥适用于（　　）工程。

A. 有早强要求的混凝土   B. 大体积混凝土

C. 耐热的混凝土   D. 有抗渗要求的混凝土

33. 有抗渗性要求的水泥，宜选用（　　）水泥。

A. 矿渣硅酸盐水泥   B. 粉煤灰硅酸盐水泥

C. 火山灰质硅酸盐水泥   D. 普通硅酸盐水泥

34. 水泥的体积安定性采用（　　）来检验。

A. 筛析法   B. 比表面积法   C. 沸煮法   D. 溶剂法

35. 下列选项中，不属于特种水泥的是（　　）。

A. 高铝水泥   B. 快硬硅酸盐水泥

C. 白色硅酸盐水泥   D. 复合硅酸盐水泥

36. 砂的粗细程度和颗粒级配是由（　　）进行测定。

A. 筛分试验   B. 比表面积法   C. 沸煮法   D. 溶剂法

37. 在筛分试验中，（　　）作为计算砂平均粗细程度的指标细度模数和检验砂的颗粒级配是否合理的依据。

A. 分计筛余百分率　　　　　　　　B. 累计筛余百分率

C. 平均筛余百分率　　　　　　　　D. 合计筛余百分率

38. 混凝土在长期荷载作用下，应力不变而应变不断增加的现象是指（　　）。

A. 干湿变形　　　　B. 化学收缩　　　　C. 徐变　　　　D. 温度变形

39. 砂的粗细程度用（　　）表示。

A. 平均粒径　　　　B. 细度模数　　　　C. 最大粒径　　　　D. 空隙率

40. 拌制混凝土时采用缓凝剂，主要是为了（　　）。

A. 提高强度　　　　　　　　　　　　B. 提高耐久性

C. 减小密实度　　　　　　　　　　　D. 延缓凝结时间

41. 测试混凝土立方体抗压强度的标准试件是边长为（　　）的立方体。

A. 100mm　　　　B. 150mm　　　　C. 180mm　　　　D. 200mm

42. 混凝土的强度有受压强度、受拉强度、受剪强度、疲劳强度等，但最重要的是（　　）。

A. 受压强度　　　　B. 受拉强度　　　　C. 受剪强度　　　　D. 疲劳强度

43. 关于混凝土的徐变，下列说法错误的是（　　）。

A. 水灰比大时，徐变就大　　　　　　B. 养护条件好，徐变就小

C. 骨料质量及级配好，徐变就小　　　D. 徐变对任何混凝土结构都是有利的

44. 下列关于混凝土耐久性的说法，错误的是（　　）。

A. 耐久性是一项综合技术指标，包括有抗渗性、抗冻性、抗侵蚀性、抗碳化性等

B. 适当掺加减水剂和缓凝剂，能够提高混凝土的抗冻性和抗渗性

C. 合理选择水泥品种能够提高混凝土的耐久性

D. 提高混凝土耐久性措施包括有选用较好的砂石骨料

45. 建筑砂浆和混凝土的区别主要在于不含（　　）。

A. 粗骨料　　　　B. 细骨料　　　　C. 胶凝材料　　　　D. 水

46. 砂浆的保水性是用（　　）表示。

A. 坍落度　　　　B. 维勃稠度　　　　C. 沉入度　　　　D. 分层度

47. 砂浆的流动性是用（　　）表示。

A. 坍落度　　　　B. 维勃稠度　　　　C. 沉入度　　　　D. 分层度

48. 建筑生石灰熟化为石灰膏，其熟化时间不得少于（　　）。

A. 2d　　　　B. 4d　　　　C. 7d　　　　D. 9d

49. 建筑生石灰粉熟化为石灰膏，其熟化时间不得少于（　　）。

A. 2d　　　　B. 4d　　　　C. 7d　　　　D. 9d

50. 砌筑砂浆用砂宜采用（　　）。

A. 过筛细砂　　　　B. 过筛中砂　　　　C. 过筛粗砂　　　　D. 过筛特粗砂

51. 砂浆的强度等级是用边长为（　　）mm的立方体试块进行测定的。

A. 60. 6　　　　　　B. 70. 7　　　　　　C. 80. 8　　　　　　D. 90. 9

52. 下列关于砂浆的立方体抗压强度试验说法错误的是（　　）。

A. 试验结果应以三个试件测值的算术平均值作为该组试件的砂浆立方体抗压强度
平均值

B. 同一验收批砂浆试块强度平均值应大于或等于设计强度等级值的 1. 10 倍

C. 砂浆试块应在现场取样制作，砌筑砂浆的验收批，同一类型、强度等级的砂浆试
块不应少于 3 组

D. 对于建筑结构的安全等级为一级或设计使用年限为 50 年及以上的房屋，同一验
收批砂浆试块的数量不得少于 2 组

53. 普通抹面砂浆底层抹灰的作用是（　　）。

A. 使砂浆与基底能牢固地粘结

B. 找平

C. 获得平整、光洁的表面效果

D. 抵抗风、雨、雪等自然环境对建筑物的侵蚀

54. 普通抹面砂浆中层抹灰的作用是（　　）。

A. 使砂浆与基底能牢固地粘结

B. 找平

C. 获得平整、光洁的表面效果

D. 抵抗风、雨、雪等自然环境对建筑物的侵蚀

55. 普通抹面砂浆面层抹灰的作用是（　　）。

A. 使砂浆与基底能牢固地粘结

B. 找平

C. 获得平整、光洁的表面效果

D. 抵抗风、雨、雪等自然环境对建筑物的侵蚀

56. 防水砂浆是属于（　　）。

A. 普通抹面砂浆　　　　　　　　　　B. 特制砂浆

C. 装饰砂浆　　　　　　　　　　　　D. 特种砂浆

57. 烧结普通砖的标准尺寸为（　　）。

A. 240mm×120mm×60mm　　　　　　B. 240mm×115mm×53mm

C. 240mm×120mm×53mm　　　　　　D. 240mm×115mm×60mm

58. 砖和砌块在与砂浆的接合面上应设有增加结合力的粉刷槽和（　　）。

A. 基础槽　　　　B. 凹槽　　　　C. 砌筑砂浆槽　　　　D. 砌块槽

59. 钢材抵抗冲击荷载的能力称为（　　）。

A. 塑性　　　　　　B. 弹性　　　　　　C. 脆性　　　　　　D. 冲击韧性

60. 钢材承受交变荷载反复作用时，可能在最大应力远低于屈服强度的情况下突然

破坏，称为（　　）。

　　A. 塑性　　　　　　B. 弹性　　　　　　C. 脆性　　　　　　D. 疲劳破坏

61. 牌号 Q235 - B. F 中的 F 表示（　　）。

　　A. 沸腾钢　　　　　B. 镇静钢　　　　　C. 半沸腾钢　　　　D. 半镇静钢

62. 钢材承受交变荷载反复作用时，可能在最大应力远低于屈服强度的情况下突然破坏，称为（　　）。

　　A. 冲击韧性　　　　B. 疲劳破坏　　　　C. 硬度　　　　　　D. 冷弯性能

63. （　　）是反映沥青温度敏感性的重要指标。

　　A. 黏度　　　　　　B. 针入度　　　　　C. 软化点　　　　　D. 稳定度

二、多项选择题

1. 下列材料中属于气硬性胶凝材料的有（　　）。

　　A. 石灰　　　　　　B. 石膏　　　　　　C. 水泥

　　D. 水玻璃　　　　　E. 沥青

2. 无机胶凝材料按照硬化条件可以分为（　　）。

　　A. 无机材料　　　　B. 气硬性材料　　　C. 水硬性材料

　　D. 有机材料　　　　E. 预应力材料

3. 下列选项中，属于建筑石膏特性的有（　　）。

　　A. 凝结硬化快　　　B. 孔隙率大　　　　C. 防火性好

　　D. 干燥收缩大　　　E. 耐水性和抗冻性好

4. 石灰浆的硬化一般包括（　　）。

　　A. 干燥硬化　　　　B. 碳酸化硬化　　　C. 水化硬化

　　D. 强度硬化　　　　E. 结晶硬化

5. 生石灰熟化的方法主要有（　　）。

　　A. 淋灰法　　　　　B. 水灰法　　　　　C. 硬化法

　　D. 化灰法　　　　　E. 结晶法

6. 水泥按照其用途和性能的不同可以分为（　　）。

　　A. 通用水泥　　　　B. 特制水泥　　　　C. 专业水泥

　　D. 专用水泥　　　　E. 特性水泥

7. 在硅酸盐水泥中掺混合材料的目的是（　　）。

　　A. 减少水泥用量　　B. 减少养护时间　　C. 改善水泥性能

　　D. 调节水泥强度　　E. 提高水泥产量

8. 常见的水泥石腐蚀有（　　）。

　　A. 软水侵蚀　　　　B. 酸类侵蚀　　　　C. 盐类侵蚀

D. 强碱腐蚀　　　　E. 硬水侵蚀

9. 防止水泥石腐蚀的方法有（　　）。

A. 合理选用水泥的品种　　　　　　B. 掺入活性混合材料

C. 提高水泥石密实度　　　　　　　D. 添加外加剂

E. 表面加设保护层

10. 混凝土按照表观密度大小可分为（　　）。

A. 重混凝土　　　B. 轻质混凝土　　　C. 密混凝土

D. 疏混凝土　　　E. 普通混凝土

11. 用于混凝土中的细骨料，其主要质量控制项目应包括（　　）。

A. 颗粒级配　　　B. 细度模数　　　C. 孔隙率

D. 有害物质含量　　E. 空隙率

12. 人工砂的质量控制项目可不包括（　　）。

A. 氯离子含量　　B. 细度模数　　　C. 含泥量

D. 有害物质含量　　E. 泥块含量

13. 砂按照细度模数可以分为（　　）。

A. 粗砂　　　　　B. 细砂　　　　　C. 特粗砂

D. 中砂　　　　　E. 特细砂

14. 混凝土外加剂的质量主要控制项目应包括（　　）。

A. 外加剂混凝土性能　　　　　　　B. 外加剂的细度

C. 外加剂的活性系数　　　　　　　D. 外加剂匀质性

E. 外加剂的流动度比

15. 混凝土的工作性又称和易性，一般包括（　　）。

A. 流动性　　　　B. 黏聚性　　　　C. 保水性

D. 耐久性　　　　E. 抗冻性

16. 影响砂浆保水性的主要因素有（　　）。

A. 胶凝材料的种类和用量　　　　　B. 砂的品种

C. 细度　　　　　D. 用水量　　　　E. 施工人员的技术水平

17. 以下属于混凝土的耐久性的是（　　）。

A. 抗冻性　　　　B. 抗渗性　　　　C. 保水性

D. 抗腐蚀性　　　E. 抗碳化能力

18. 混凝土按配筋方式可以分为（　　）。

A. 素混凝土　　　B. 钢筋混凝土　　　C. 预应力混凝土

D. 结构混凝土　　E. 重混凝土

19. 根据抹面砂浆的功能不同可将抹面砂浆分为（　　）。

A. 普通抹面砂浆　　B. 装饰砂浆　　　C. 特殊砂浆

D. 特种砂浆　　　　E. 高级砂浆

20. 天然花岗岩石板材按其表面加工程度可分为（　　　）。

A. 细面板　　　　　B. 中面板　　　　　C. 粗面板

D. 特粗面板　　　　E. 镜面板

21. 热轧钢筋按其表面特征可分为（　　　）。

A. 预应力钢筋　　　B. 热轧光圆钢筋　　C. 热轧带肋钢筋

D. 普通热轧钢筋　　E. 细晶粒热轧钢筋

22. 建筑钢材的力学性能包括（　　　）。

A. 拉伸性能　　　　B. 冷弯性能　　　　C. 冲击韧性

D. 强度　　　　　　E. 疲劳破坏

23. 下列选项中属于建筑钢材的工艺性能的有（　　　）。

A. 拉伸性能　　　　B. 冷弯性能　　　　C. 时效处理

D. 焊接性能　　　　E. 疲劳破坏

24. 防水卷材是建筑工程防水材料的重要品种之一，目前主要包括（　　　）。

A. 沥青防水卷材　　　　　　　　B. 改性沥青防水卷材

C. 合成高分子防水卷材　　　　　D. 合成低分子防水卷材

E. 合成沥青防水卷材

25. 普通碳素结构钢的牌号由（　　　）组成。

A. 屈服点字母　　　B. 屈服点数值　　　C. 材料模量

D. 质量等级　　　　E. 脱氧程度

26. 下列材料属于柔性防水材料的是（　　　）。

A. 沥青防水材料　　B. 防水混凝土　　　C. 合成高分子防水材料

D. 高聚物改性沥青防水材料　　　E. 防水涂料

27. 防水涂料按液态类型可以分为（　　　）。

A. 沥青类防水涂料　　　　　　　B. 溶剂型防水涂料

C. 合成高分子防水涂料　　　　　D. 水乳型防水涂料

E. 反应型防水涂料

三、判断题

1. 在空气中吸收水分的性质称为材料的吸水性。　　　　　　　　（　　　）

2. 材料的渗透系数越大，其抗渗性能越好。　　　　　　　　　　（　　　）

3. 当材料在不变的持续荷载作用下，金属材料的变形随时间不断增长，叫徐变或应力松弛。　　　　　　　　　　　　　　　　　　　　　　　　　　　　（　　　）

4. 建筑石膏最突出的技术性质是凝结硬化快，且在硬化时体积略有膨胀。　　（　　　）

5. 石灰陈伏是为了降低熟化时的放热量。 （ ）

6. 硅酸盐水泥中含有 CaO、MgO 和过多的石膏都会造成水泥的体积安定性不良。

（ ）

7. 体积安定性不好的水泥，可降低强度等级使用。 （ ）

8. 水泥不仅能在空气中硬化，并且能在水中和地下硬化。 （ ）

9. 石膏浆体的水化、凝结和硬化实际上是碳化作用。 （ ）

10. 屈强比越小，钢材受力超过屈服点工作时的可靠性越大，结构的安全性越高。

（ ）

11. 混凝土中掺入引气剂后，会引起强度降低。 （ ）

12. 钢材防锈的根本方法是防止潮湿和隔绝空气。 （ ）

13. 木材的持久强度等于其极限强度。 （ ）

14. 木材的自由水处于细胞腔和细胞之间的间隙中。 （ ）

15. 表观密度是指材料在绝对密实状态下，单位体积的质量。 （ ）

16. 材料的渗透系数越大，表明材料渗透的水量越多，抗渗性则越差。 （ ）

17. 沥青的黏性有延度表示。 （ ）

18. 普通黏土砖的标号是根据抗压强度和抗折强度的平均值确定的。 （ ）

19. 炻质制品介于陶和瓷之间，建筑用的外墙面砖和地面砖属粗炻器，而日用炻器
（如紫砂壶等）属细炻器。 （ ）

20. 增加石油沥青中的油分含量，或者提高石油沥青的温度，都可以降低其黏性，
这两种方法在施工中都有应用。 （ ）

【参考答案】

一、单项选择题

1. C	2. B	3. B	4. A	5. A	6. B	7. C	8. D	9. B	10. A
11. C	12. A	13. B	14. D	15. C	16. B	17. D	18. C	19. A	20. A
21. C	22. C	23. A	24. B	25. A	26. B	27. C	28. C	29. A	30. C
31. B	32. A	33. C	34. C	35. D	36. A	37. B	38. C	39. B	40. D
41. B	42. A	43. D	44. A	45. A	46. D	47. C	48. C	49. A	50. B
51. B	52. D	53. A	54. C	55. C	56. D	57. B	58. C	59. D	60. D
61. A	62. B	63. C							

二、多项选择题

1. AB	2. BC	3. ABC	4. ABE	5. AD
6. ADE	7. CDE	8. ABCD	9. ABCE	10. ABE
11. ABD	12. AD	13. ABD	14. AD	15. ABC

16. ABCD   17. ABDE   18. ABC   19. ABD   20. ACE

21. BC   22. ACDE   23. BCD   24. ABC   25. ABDE

26. ACDE   27. BDE

三、判断题

1. ✕ 2. ✕ 3. ✕ 4. ✓ 5. ✕ 6. ✓ 7. ✕ 8. ✓ 9. ✕ 10. ✓

11. ✓ 12. ✓ 13. ✕ 14. ✓ 15. ✕ 16. ✓ 17. ✕ 18. ✕ 19. ✓ 20. ✓

第三章　建筑构造

一、单项选择题

1. 按使用性质不同分类，住宅属于（　　）建筑。

A. 民用   B. 工业   C. 农场   D. 农业

2. 按使用性质不同分类，供人们进行农牧业种植养殖储存等用途的建筑物称为

（　　）建筑。

A. 民用   B. 工业   C. 农场   D. 农业

3. 按使用性质不同分类，供人们生活起居用的建筑物称为（　　）建筑。

A. 民用   B. 工业   C. 矿业   D. 农业

4. 按使用性质不同分类，供人们进行生产活动用的建筑物称为（　　）建筑。

A. 民用   B. 工业   C. 矿业   D. 产业

5. 纪念性建筑的设计使用年限是（　　）。

A. 5 年   B. 50 年   C. 100 年   D. 150 年

6. 建筑物的耐久等级为一级时其耐久年限为（　　）年以上，适用于重要高层建筑。

A. 50～100   B. 100   C. 25～50   D. 15～25

7. 中高层住宅的层数范围是（　　）层。

A. 5～7   B. 6～8   C. 7～9   D. 8～10

8. 多层住宅的层数范围是（　　）层。

A. 3～5   B. 4～6   C. 5～7   D. 6～8

9. 某综合大楼共 29 层，建筑高度为 92.7m，则其为（　　）。

A. 多层建筑   B. 中高层建筑   C. 高层建筑   D. 超高层建筑

10. 某 2 层民用建筑，按高度和层数分类属于（　　）。

A. 低层建筑   B. 多层建筑   C. 高层建筑   D. 中高层建筑

11. 某 4 层民用建筑，按高度和层数分类属于（　　）。

A. 低层建筑　　　　B. 多层建筑　　　　C. 高层建筑　　　　D. 中高层建筑

12. 某 6 层民用建筑，按高度和层数分类属于（　　）。

A. 低层建筑　　　　B. 多层建筑　　　　C. 高层建筑　　　　D. 中高层建筑

13. 某 8 层民用建筑，按高度和层数分类属于（　　）。

A. 低层建筑　　　　B. 多层建筑　　　　C. 高层建筑　　　　D. 中高层建筑

14. 某 10 层住宅建筑，按高度和层数分类属于（　　）。

A. 低层建筑　　　　B. 多层建筑　　　　C. 高层建筑　　　　D. 中高层建筑

15. 某 25m 的公共建筑（非单层），按高度和层数分类属于（　　）。

A. 低层建筑　　　　B. 多层建筑　　　　C. 高层建筑　　　　D. 中高层建筑

16. 按高度和层数分类，超高层建筑是指高度超过（　　）的民用建筑。

A. 10m　　　　　　B. 50m　　　　　　C. 100m　　　　　D. 150m

17. 结构的承重部分为梁柱体系，墙体只起围护和分隔作用，此种建筑结构称
为（　　）。

A. 砌体结构　　　　B. 框架结构　　　　C. 板墙结构　　　　D. 空间结构

18. 墙用砖砌筑，梁楼板和屋面都是钢筋混凝土构件，这种结构称为（　　）。

A. 钢筋混凝土结构　　　　　　　　　B. 砖混结构

C. 砖木结构　　　　　　　　　　　　D. 框架结构

19. 建筑物按设计使用年限分为（　　）。

A. 六类　　　　　　B. 五类　　　　　　C. 四类　　　　　D. 三类

20. 普通建筑物和构筑物的设计使用年限是（　　）。

A. 15 年以下　　　　B. 20～50 年　　　C. 25～50 年　　　D. 50～100 年

21. 根据建筑物的主体结构，考虑建筑物的重要性和规模大小，建筑物按耐久年限
分为（　　）。

A. 一级　　　　　　B. 二级　　　　　　C. 三级　　　　　D. 四级

22. 纪念性建筑的设计使用年限是（　　）以上。

A. 25 年　　　　　　B. 50 年　　　　　　C. 100 年　　　　D. 150 年

23. 建筑物按耐久年限分类，耐久性能最好的等级是（　　）级。

A. 一　　　　　　　B. 四　　　　　　　C. 甲　　　　　　D. 丙

24. 建筑物按耐久年限分类，耐久性能最差的等级是（　　）级。

A. 一　　　　　　　B. 四　　　　　　　C. 甲　　　　　　D. 丙

25. 建筑物的耐火等级分为（　　）。

A. 3 级　　　　　　B. 4 级　　　　　　C. 5 级　　　　　D. 6 级

26. 判断建筑构件是否达到耐火极限的具体条件包括（　　）三个方面。

①构件是否失去支持能力　　　②构件是否被破坏

③构件是否失去完整性　　　④构件是否失去隔火作用　　　⑤构件是否燃烧

A. ①②③　　　　　　B. ④⑤⑥　　　　　　C. ①③④　　　　　　D. ②③④

27. 我国现行《建筑设计防火规范》将建筑物的耐火等级分为四级，其划分的依据是房屋主体结构的(　　　)。

A. 燃烧性能和阻燃时间　　　　　　　B. 阻燃性能和耐火极限

C. 燃烧性能和耐火极限　　　　　　　D. 燃烧极限和耐火性能

28. 建筑物按耐火等级分类，耐火性能最差的等级是(　　　)级。

A. 一　　　　　　B. 四　　　　　　C. 甲　　　　　　D. 丙

29. 建筑物按耐火等级分类，耐火性能最好的等级是(　　　)级。

A. 一　　　　　　B. 四　　　　　　C. 甲　　　　　　D. 丙

30. 建筑物的耐火等级，适用于重要建筑和高层建筑的是(　　　)级。

A. 一　　　　　　B. 二　　　　　　C. 三　　　　　　D. 四

31. 建筑物的耐火等级，适用于次要建筑的是(　　　)级。

A. 一　　　　　　B. 二　　　　　　C. 三　　　　　　D. 四

32. 建筑构件在明火或高温作用下是否燃烧，以及燃烧的难易程度称为(　　　)。

A. 阻燃性能　　　B. 燃烧性能　　　C. 耐火极限　　　D. 高温流淌

33. 建筑构件在耐火试验时，从受到火的作用到失去支持能力或完整性被破坏，或失去隔火作用时的这段时间称为(　　　)。

A. 阻燃性能　　　B. 燃烧性能　　　C. 耐火极限　　　D. 高温流淌

34. 建筑构件的耐火极限用(　　　)表示。

A. 能量（J）　　　B. 小时（h）　　　C. 温度（℃）　　　D. 明火高度（m）

35. 基本模数的数值是(　　　)。

A. 60mm　　　　B. 100mm　　　　C. 125mm　　　　D. 300mm

36. 下面关于建筑模数的叙述有误的是(　　　)。

A. 建筑模数是选定的尺寸单位，作为尺度协调中的增值单位

B. 建筑模数是建筑设计施工设备材料与制品等各部门进行尺度协调的基础

C. 基本模数的符号为 W

D. 导出模数分为扩大模数和分模数

37. 建筑物六个基本组成部分中，不承重的是(　　　)。

A. 基础　　　　　B. 楼梯　　　　　C. 屋顶　　　　　D. 门窗

38. 屋顶上部高出屋面的墙称为(　　　)。

A. 山墙　　　　　B. 槛墙　　　　　C. 防火墙　　　　D. 女儿墙

39. 外墙接近室外地面处的表面部分称为(　　　)。

A. 勒脚　　　　　B. 踢脚　　　　　C. 墙脚　　　　　D. 散水

40. 建筑物六个基本组成部分中，不承重的是(　　　)。

A. 基础　　　　　　　B. 楼梯　　　　　　C. 屋顶　　　　　　D. 门窗

41. 房屋建筑工程的基本组成中，承担建筑物全部荷载的组成部分是（　　）。

A. 基础　　　　　　　B. 梁柱　　　　　　C. 墙柱　　　　　　D. 地基

42. 建筑物对地基的基本要求是（　　）。

A. 天然地基应保证其有足够的强度和稳定性，人工地基没有这项要求

B. 人工地基应保证其有足够的强度和稳定性，天然地基没有这项要求

C. 天然地基和人工地基都应保证其有足够的强度和稳定性

D. 天然地基和人工地基可以没有足够的强度和稳定性

43. 关于扩展基础的说法正确的是（　　）。

A. 扩展基础是指柱下钢筋混凝土条形基础和墙下钢筋混凝土独立基础

B. 柱下独立基础常为方形和矩形

C. 基础底板常为阶梯形或锥形

D. 扩展基础是指柱下钢筋混凝土独立基础和墙下钢筋混凝土条形基础

44. 由室外设计地面到基础底面的垂直距离称为基础的（　　）。

A. 持力层　　　　　　B. 埋置深度　　　　C. 高度　　　　　　D. 宽度

45. 基础的埋置深度不应小于（　　）。

A. 0.5m　　　　　　B. 1.0m　　　　　　C. 1.5m　　　　　　D. 2.0m

46. 基础埋深是指（　　）的深度。

A. 从室外设计地坪到基础顶面　　　　　B. 从室外设计地坪到基础底面

C. 从室内设计地坪到基础顶面　　　　　D. 从室内设计地坪到基础底面

47. 从室外设计地坪至基础底面的垂直距离称为（　　）。

A. 基底标高　　　　　B. 地基深度　　　　C. 基础埋深　　　　D. 基础高差

48. 基础的埋置深度不应小于（　　）。

A. 0.5m　　　　　　B. 1.0m　　　　　　C. 1.5m　　　　　　D. 2.0m

49. 砖基础采用等高台阶式逐级向下放大的做法，一般为每 2 皮砖挑出（　　）的砌筑方法。

A. 1/2 砖　　　　　　B. 1/4 砖　　　　　C. 3/4 砖　　　　　D. 1 皮砖

50. 下列属于建筑物的基础按材料分类的是（　　）。

A. 砖基础灰土基础独立基础　　　　　　B. 砼基础灰土基础桩基础

C. 砖基础灰土基础砼基础　　　　　　　D. 砖基础毛石基础桩基础

51. 钢筋混凝土基础中，一般在基础的（　　）配置钢筋来承受拉力。

A. 上部　　　　　　　B. 中部　　　　　　C. 下部　　　　　　D. 四周

52. 钢筋混凝土基础中，一般在基础中配置钢筋来承受（　　）。

A. 拉力　　　　　　　B. 压力　　　　　　C. 剪力　　　　　　D. 扭矩

53. 砖基础宽出墙的成台阶形状的部分称为（　　）。

A. 勒脚　　　　　　B. 散水　　　　　　C. 大放脚　　　　　D. 踢脚线

54. 由未加工的块石用水泥砂浆砌筑而成的基础是（　　　）。

A. 水泥基础　　　　B. 黏土基础　　　　C. 天然基础　　　　D. 毛石基础

55. 砌筑毛石基础应用（　　　）砂浆。

A. 石灰　　　　　　B. 水泥　　　　　　C. 混合　　　　　　D. 特种

56. 如图所示基础构造示意图，最有可能是（　　　）基础。

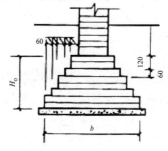

A. 砖　　　　　　　B. 毛石　　　　　　C. 灰土　　　　　　D. 混凝土

57. 如图所示基础构造示意图，最有可能是（　　　）基础。

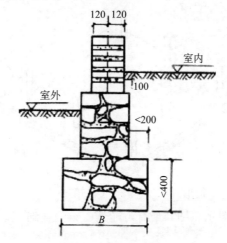

A. 砖　　　　　　　B. 毛石　　　　　　C. 灰土　　　　　　D. 混凝土

58. 如图所示基础构造示意图，最有可能是（　　　）基础。

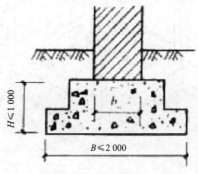

A. 砖　　　　　　　B. 毛石　　　　　　C. 灰土　　　　　　D. 混凝土

59. 如图所示基础构造示意图，最有可能是(　　)基础。

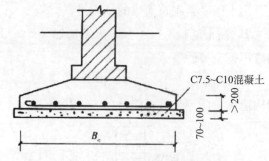

C7.5~C10混凝土

A. 砖 　　　　　　　　　　　　B. 毛石

C. 混凝土 　　　　　　　　　　D. 钢筋混凝土

60. 如图所示基础构造示意图，最有可能是(　　)基础。

A. 独立 　　　　　　　　　　　B. 条形

C. 箱形 　　　　　　　　　　　D. 井格

61. 如图所示基础构造示意图，最有可能是(　　)基础。

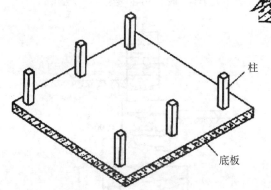

柱

底板

A. 独立 　　　　B. 条形 　　　　C. 箱形 　　　　D. 板式

62. 如图所示基础构造示意图，最有可能是(　　)基础。

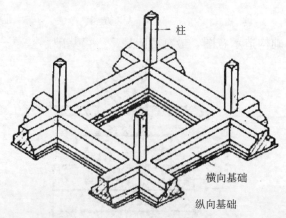

柱

横向基础

纵向基础

A. 独立 　　　　B. 井格 　　　　C. 箱形 　　　　D. 板式

63. 如图所示基础构造示意图，最有可能是(　　)基础。

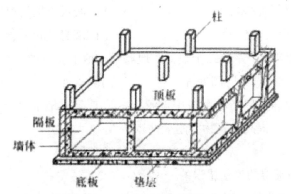

A. 独立   B. 井格   C. 箱形   D. 板式

64. 如图所示基础构造示意图，最有可能是（   ）基础。

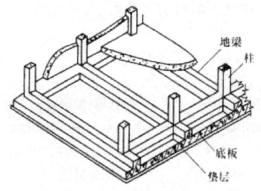

A. 独立   B. 条形   C. 箱形   D. 梁板式

65. 下列属于建筑物的基础按构造分类的是（   ）。

A. 砖基础灰土基础独立基础   B. 混凝土基础独立基础桩基础

C. 灰土基础独立基础桩基础   D. 箱形基础独立基础桩基础

66. 如图所示基础构造示意图，最有可能是（   ）基础。

A. 桩   B. 独立

C. 条形   D. 箱形

67. 为了提高建筑物的整体刚度，避免不均匀沉降，将柱下独立基础沿横向和纵向连接起来，形成（   ）基础。

A. 箱形   B. 条形

C. 井格   D. 桩

68. 为了提高建筑物的整体刚度和稳定性，将钢筋混凝土顶板底板外墙和一定数量的内墙组成刚度很大的盒状基础，称为（   ）基础。

A. 箱形   B. 条形   C. 井格   D. 桩

69. 在桩基础中，用来连接上部结构和桩身的构造称为（   ）。

A. 钢筋笼   B. 顶板   C. 底板   D. 承台

70. 地下室一般由（   ）等部分组成。

A. 基础墙身顶板门窗楼梯 　　　　　B. 基础底板顶板门窗楼梯

C. 墙身底板顶板门窗楼梯 　　　　　D. 基础墙身底板屋顶楼梯

71. 当地下室最高地下水位低于地下室地坪时，地下室应做（　　　）。

A. 防水处理 　　　B. 防潮处理 　　　C. 内防水处理 　　　D. 外防水处理

72. 在室内地坪标高以下的墙身中设置（　　　）是阻止地下水沿基础墙上升至墙身，以保持室内干燥卫生，提高建筑物的耐久性。

A. 勒脚 　　　　　　B. 基础垫层 　　　　C. 防潮层 　　　　　D. 块料面层

73. 关于垂直防潮层的说法错误的一项是（　　　）。

A. 在墙体外表面先抹一层 20mm 厚的 1∶2.5 水泥砂浆找平

B. 墙体外表面涂一道冷底子油

C. 在外侧回填低渗透性土壤，并逐层夯实

D. 土层宽度为 500mm 左右

74. 当地下水的最高水位低于地下室地坪 300～500mm 时，下列说法正确的是（　　　）。

A. 只需做防潮处理 　　　　　　　　B. 只需做防水处理

C. 必须做防潮和防水处理 　　　　　D. 不需防潮和防水

75. 当地下水的最高水位高于地下室底板时，地下室的外墙和底板必须采取（　　　）。

A. 防潮 　　　　　　B. 防水 　　　　　C. 防洪 　　　　　　D. 防雨

76. 建筑中起到承重分隔和围护作用的构件是（　　　）。

A. 基础 　　　　　　B. 墙体 　　　　　C. 柱 　　　　　　D. 门窗

77. 由单一材料砌成内部实体的墙称为（　　　）。

A. 空心墙 　　　　　B. 空体墙 　　　　C. 实心墙 　　　D. 实体墙

78. 由单一材料砌成内部空腔的墙称为（　　　）。

A. 空心墙 　　　　　B. 空体墙 　　　　C. 实心墙 　　　D. 实体墙

79. 民用建筑的墙体按受力状况分类可以分为（　　　）。

A. 剪力墙和非剪力墙 　　　　　　　B. 隔墙和隔断

C. 承重墙和非承重墙 　　　　　　　D. 横墙和纵墙

80. 墙体是房屋的一个重要组成部分，按墙的平面位置不同分为（　　　）。

A. 纵墙与横墙 　　　　　　　　　　B. 外墙和内墙

C. 承重墙与非承重墙 　　　　　　　D. 砖墙与钢筋混凝土墙

81. 下面关于墙体设计要求说法错误的是（　　　）。

A. 具有足够的强度、刚度和稳定性

B. 具有必要的保温、隔热、隔声、防水和防潮要求

C. 符合防火规范中对燃烧性能和耐火极限相应规定的要求

D. 墙体所处的位置不同作用不同，设计时应统一设计要求

82. 下面既属承重构件，又是围护构件的是（　　）。

A. 墙　　　　　　　B. 基础　　　　　　　C. 楼梯　　　　　　　D. 门窗

83. 砌筑潮湿环境的墙体，砌筑砂浆应选用（　　）

A. 石灰砂浆　　　　B. 水泥砂浆　　　　　C. 混合砂浆　　　　　D. 黏土砂浆

84. 普通黏土砖标准等级 MU10 是指（　　）。

A. 5 块砖的平均抗压强度小于 10kPa

B. 10 块砖的平均抗压强度小于 10kPa

C. 5 块砖的平均抗压强度不小于 10MPa

D. 10 块砖的平均抗压强度不小于 10MPa

85. 烧结普通砖的标准尺寸为（　　）。

A. 240mm×115mm×90mm　　　　　　　B. 240mm×115mm×53mm

C. 240mm×90mm×90mm　　　　　　　 D. 390mm×240mm×115mm

86. 砌筑基础应选用（　　）。

A. 石灰砂浆　　　　B. 混合砂浆　　　　　C. 水泥砂浆　　　　　D. 纸筋砂浆

87. 砖墙的水平灰缝和竖向灰缝厚度，一般应为（　　）左右。

A. 8mm　　　　　　B. 10mm　　　　　　C. 12mm　　　　　　D. 15mm

88. 烧结普通砖按（　　）和抗折强度分为 MU30、MU25、MU20、MUl5、MU10 五个强度等级。

A. 抗拉强度　　　　B. 抗剪强度　　　　　C. 抗压强度　　　　　D. 抗弯强度

89. 下面（　　）不属于按照材料分类的砖。

A. 黏土砖　　　　　B. 灰砂砖　　　　　　C. 煤矸石砖　　　　　D. 实心砖

90. 下面（　　）不属于按照形状分类的砖。

A. 实心砖　　　　　B. 多孔砖　　　　　　C. 中空砖　　　　　　D. 实心砖

91. 砖砌体的组砌说法错误的是（　　）。

A. 要求：上下错缝内外搭接

B. 组砌没有规律

C. 组砌形式最常见的有以下几种：一顺一丁、三顺一丁、梅花丁、全丁式等

D. 实心砖墙常用的厚度有半砖、一砖、一砖半、两砖等

92. 半砖砖墙厚度的构造尺寸为（　　）。

A. 115mm　　　　　B. 120mm　　　　　C. 150mm　　　　　　D. 178mm

93. 24 砖墙厚度的构造尺寸为（　　）。

A. 115mm　　　　　B. 120mm　　　　　C. 240mm　　　　　　D. 178mm

94. 49 砖墙厚度的构造尺寸为（　　）。

A. 120mm　　　　　B. 2 400mm　　　　 C. 365mm　　　　　　D. 490mm

95. 砌块墙的组砌方式说法错误的是（　　）。

A. 上下皮砌块应错缝搭接，尽量减少通缝

B. 内外墙和转角处砌块应彼此搭接，以加强其整体性

C. 优先采用大规模砌块，使主砌块的总数量在50%以上，以加快施工进度

D. 尽量减少砌块规格，在砌块体中允许用极少量的普通砖来镶砌填缝，以方便施工

96. 墙体的稳定性要求，除采取必要的加固措施外，必须控制墙体的（　　）。

A. 总高度　　　　　B. 厚度　　　　　　C. 高厚比　　　　　D. 长度

97. 砌块建筑的每层楼应设（　　），用以加强砌块墙的整体性。

A. 过梁　　　　　　B. 圈梁　　　　　　C. 构造柱　　　　　D. 附加圈梁

98. 砌块墙的拼缝做法没有（　　）。

A. 平缝　　　　　　B. 凹槽缝　　　　　C. 高低缝　　　　　D. 垂直缝

99. 砌块墙的通缝处理中，当上下皮砌块出现通缝或错缝距离不足（　　）时，应在水平缝通缝处加钢筋网片，使之拉结成整体。

A. 50mm　　　　　B. 100mm　　　　　C. 150mm　　　　　D. 200mm

100. 钢筋混凝土预制过梁两端支承在墙上的长度不少于（　　）。

A. 120mm　　　　　B. 80mm　　　　　C. 240mm　　　　　D. 360mm

101. 下列不符合过梁高度设置要求的是（　　）。

A. 120mm　　　　　B. 160mm　　　　　C. 180mm　　　　　D. 40mm

102. 墙体中构造柱的最小断面尺寸为（　　）。

A. 120mm×180mm　　　　　　　　　B. 180mm×240mm

C. 200mm×300mm　　　　　　　　　D. 240mm×370mm

103. 建筑构造柱施工时应做到（　　）。

A. 后砌墙　　　　　　　　　　　　　B. 先砌墙

C. 墙柱同时施工　　　　　　　　　　D. 墙柱施工顺序由材料供应的可能决定

104. 砌体房屋必须设置圈梁，圈梁设置的位置是（　　）。

A. 外墙四周　　　　　　　　　　　　B. 所有内墙

C. 所有外墙和内墙　　　　　　　　　D. 外墙和部分内墙

105. 圈梁遇洞口断开时需在洞口上方加附加圈梁，附加圈梁与原圈梁的搭接长度 L 应满足（其中，H 为附加圈梁与原圈梁的中到中垂直距离）（　　）。

A. $L \geqslant 2H$，且 $L \geqslant 1.0$m　　　　　B. $L \geqslant 2H$，且 $L \geqslant 1.5$m

C. $L \geqslant H$，且 $L \geqslant 1.0$m　　　　　D. $L \geqslant H$，且 $L \geqslant 1.5$m

106. 下列关于圈梁，说法错误的是（　　）。

A. 一般情况下圈梁必须封闭　　　　　B. 过梁可以兼做圈梁

C. 圈梁可以兼做过梁　　　　　　　　D. 当遇有门窗洞口时，需增设附加圈梁

107. 下列关于构造柱，说法错误的是（　　）。

A. 构造柱的作用是增强建筑物的整体刚度和稳定性

B. 构造柱可以不与圈梁连接

C. 构造柱的最小截面尺寸是 240mm×180mm

D. 构造柱处的墙体宜砌成马牙槎

108. 在墙体中设置构造柱时，构造柱中的拉结钢筋每边伸入墙内应不小于(　　)m。

A. 0.5　　　　　　　B. 1　　　　　　　C. 1.2　　　　　　　D. 1.5

109. 在砖混结构中，既有抗震作用又能抵抗不均匀沉降的构造是(　　)。

A. 钢筋混凝土过梁　　　　　　　　B. 钢筋混凝土圈梁

C. 钢筋混凝土构造柱　　　　　　　D. 沉降缝

110. 砌体房屋设置构造柱的主要作用是与圈梁共同形成空间骨架，以增加房屋的整体刚度，提高墙体(　　)的能力。

A. 承载能力　　　B. 抵抗弯矩　　　C. 轴心抗压　　　D. 抵抗变形

111. 下列说法错误的是(　　)。

A. 标准砖的规格为 240mm×115mm×53mm，可以组砌成不同墙厚砖墙

B. 水泥砂浆强度高、防潮性好，主要用于受力和防潮要求高的墙体中

C. 构造柱是防止房屋倒塌的一种有效措施，施工时必须先浇筑混凝土柱，后砌墙

D. 隔墙是分隔室内空间的非承重构件，普通砖隔墙有半砖和 1/4 砖两种

112. 下列构件，(　　)是房屋水平方向的承重构件。

A. 门　　　　　　　B. 窗　　　　　　　C. 墙　　　　　　　D. 楼板

113. 为了使楼层上活动不影响下一层正常的工作和生活，对楼板提出(　　)要求。

A. 防火　　　　　　B. 防水　　　　　　C. 隔声　　　　　　D. 抗震

114. 下列民用建筑楼梯不属于按材料分类的是(　　)。

A. 木楼梯　　　　　　　　　　　　B. 钢楼梯

C. 钢筋混凝土楼梯　　　　　　　　D. 现浇钢筋混凝土楼梯

115. 预制钢筋混凝土楼板中预制板属于楼板组成部分的(　　)。

A. 架空层　　　B. 面层　　　C. 结构层　　　D. 顶棚层

116. 楼板层通常由(　　)组成。

A. 面层楼板地坪　　　　　　　　　B. 面层楼板顶棚

C. 支撑楼板顶棚　　　　　　　　　D. 垫层梁楼板

117. 位于楼板层的最上层，起着保护楼板层分布荷载和绝缘作用的是(　　)。

A. 面层　　　B. 楼板　　　C. 顶棚　　　D. 附加层

118. 位于楼板层的中部，承受楼面上的全部荷载并将这些荷载传给墙或柱的是(　　)。

A. 面层　　　B. 楼板　　　C. 顶棚　　　D. 附加层

119. 位于楼板层最下层，用于保护楼板安装灯具遮挡各种水平管线改善室内光照条

件和装饰美化室内空间的是（   ）。

A. 面层   B. 楼板   C. 顶棚   D. 附加层

120. 根据楼板层的具体要求而设置的具有找平隔声、隔热、保温、防水、防潮、防腐蚀、防静电功能的构造层次称为（   ）。

A. 面层   B. 楼板   C. 顶棚   D. 附加层

121. 下列（   ）不宜采用平板式楼板。

A. 厨房   B. 教室   C. 卫生间   D. 走廊

122. 下图所示楼板属于（   ）。

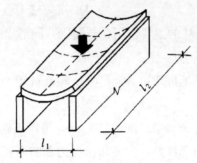

A. 单向板   B. 双向板   C. 槽形板   D. 空心板

123. 下图所示楼板属于（   ）。

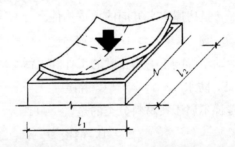

A. 单向板   B. 双向板   C. 槽形板   D. 空心板

124. 现浇肋梁式楼板由（   ）现浇而成。

A. 混凝土砂浆钢筋   B. 柱次梁主梁

C. 板次梁主梁   D. 砂浆次梁主梁

125. 单向肋梁楼板的荷载传递路线为（   ）。

A. 板→主梁→次梁→墙   B. 板→次梁→主梁→墙

C. 板→墙→次梁→主梁   D. 板→墙→主梁→次梁

126. 钢筋混凝土楼板按施工方法不同可以分为（   ）。

A. 现浇整体式、预制装配式

B. 现浇整体式、预制装配式和装配整体式

C. 预制装配式和装配整体式

D. 现浇装配式、现浇整体式、预制装配式和装配整体式

127. 钢筋混凝土楼板按受力和传力情况,主要可分为( )。

A. 板式、梁板式、压型钢板组合式和无梁式

B. 钢筋混凝土钢和钢筋混凝土组合

C. 预应力式、非预应力式和部分预应力式

D. 现浇式、装配式和装配整体式

128. 钢筋混凝土楼板按施工方式不同,主要可分为( )。

A. 现浇式、现浇组合式和组合装配式

B. 现浇式、预制装配式和装配整体式

C. 板式、梁板式和无梁式

D. 肋梁式、井式和无梁式

129. 钢筋混凝土构件分为现浇整体式和预制装配式,这种分类是按( )分的。

A. 受力特征　　　　B. 材料　　　　C. 施工方法　　　　D. 计算结果

130. 楼板层的构造说法正确的是( )。

A. 楼板应有足够的强度,可不考虑变形问题

B. 槽形板上不可打洞

C. 空心板保温隔热效果好,且可打洞,故常采用

D. 实心平板跨度小,常用于过道和小房间

131. 预制装配式钢筋混凝土楼板不包括( )。

A. 槽形板　　　　B. 实心平板　　　　C. 密肋板　　　　D. 空心板

132. 下列不属于装配整体式钢筋混凝土楼板的是( )。

A. 密肋楼板　　　　　　　　B. 空心板

C. 叠合楼板　　　　　　　　D. 压型钢板组合楼板

133. 下图表达空心板的是( )。

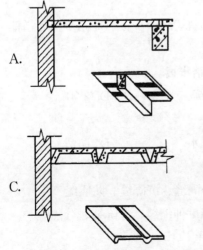

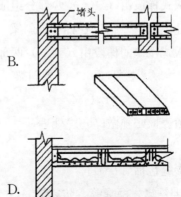
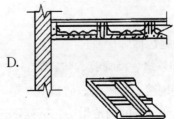

134. 下列不属于叠合楼板优点的是( )。

A. 整体性　　　　　B. 连续性　　　　　C. 施工方便　　　　D. 跨度大

135. 下面属于整体地面的是（　　）。

A. 釉面地砖地面、抛光砖地面　　　　　B. 抛光砖地面、水磨石地面

C. 水泥砂浆地面、抛光砖地面　　　　　D. 水泥砂浆地面、水磨石地面

136. 以下楼地面各种做法不属于现浇类的有（　　）。

A. 涂料地面　　　　　　　　　　　　　B. 水泥砂浆地面

C. 细石混凝土地面　　　　　　　　　　D. 水磨石地面

137. 属于块材地面的是（　　）。

A. 水磨石地面　　　　　　　　　　　　B. 水泥砂浆地面

C. 大理石地面　　　　　　　　　　　　D. 地毯

138. 民用建筑中，楼梯的组成不包括（　　）。

A. 承台　　　　　B. 平台　　　　　C. 楼梯段　　　　　D. 栏杆或栏板

139. 下列民用建筑楼梯属于按施工方法分类的是（　　）。

A. 木楼梯　　　　　　　　　　　　　　B. 双跑楼梯

C. 钢筋混凝土楼梯　　　　　　　　　　D. 现浇钢筋混凝土楼梯

140. 关于钢筋混凝土楼梯的说法错误的是（　　）

A. 现浇钢筋混凝土楼梯按其结构形式和受力特点可分为板式楼梯、梁式楼梯及一些特种楼梯

B. 板式楼梯常用于大跨度楼梯

C. 梁式楼梯由斜梁踏步板、平台板和平台梁组成

D. 装配式楼梯在一般民用建筑中，能起到加快施工进度和降低造价的作用

141. 下列叙述不属于现浇钢筋混凝土楼梯优势的是（　　）。

A. 整体性好　　　　B. 刚度大　　　　C. 抗震较为有利　　D. 施工速度快

142. 梁板式梯段由（　　）两部分组成。

A. 平台和栏杆　　　B. 栏杆和梯斜梁　　C. 梯斜梁和踏步板　D. 踏步板和栏杆

143. 梁板式楼梯的梯段由（　　）两部分组成。

①平台　　　　②栏杆　　　　③梯斜梁　　　　④踏步板

A. ①③　　　　　　B. ③④　　　　　　C. ①④　　　　　　D. ②④

144. 坡道表面必须做（　　）处理。

A. 装饰　　　　　B. 找平　　　　　C. 防水　　　　　D. 防滑

145. 变形缝包括（　　）。

A. 温度伸缩缝、沉降缝、防震缝　　　　B. 分隔缝、沉降缝、防震缝

C. 温度伸缩缝、分隔缝、防震缝　　　　D. 温度伸缩缝、沉降缝、分隔缝

146. 关于变形缝的构造做法，下列不正确的是（　　）。

A. 当建筑物的长度或宽度超过一定限度时，要设伸缩缝

B. 在防震缝处应将基础以上的墙体楼板全部分开，基础可不分开

C. 当建筑物竖向高度相差悬殊时，应设伸缩缝

D. 为了消除基础不均匀沉降，应按要求设置基础沉降缝

147. 建筑设置伸缩缝时，（   ）一般不需断开。

A. 墙体　　　　　　B. 楼板　　　　　　C. 屋盖　　　　　　D. 基础

148. 建筑物相邻部分荷载相差悬殊时，交界处应设置（   ）。

A. 施工缝　　　　　B. 伸缩缝　　　　　C. 防震缝　　　　　D. 沉降缝

149. 不同地基土壤交界处应设置（   ）。

A. 施工缝　　　　　B. 伸缩缝　　　　　C. 防震缝　　　　　D. 沉降缝

150. 在构造上，基础必须断开的是（   ）。

A. 施工缝　　　　　B. 伸缩缝　　　　　C. 沉降缝　　　　　D. 防震缝

151. 在民用建筑中，设置伸缩缝的主要目的是预防（   ）对建筑物的不利影响。

A. 地基不均匀沉降　　　　　　　　B. 温度变化

C. 地震破坏　　　　　　　　　　　D. 施工荷载

152. 框架结构民用建筑伸缩缝的结构处理，可以采用（   ）方案。

A. 单墙　　　　　　B. 双墙　　　　　　C. 单柱单梁　　　　D. 双柱双梁

153. 民用建筑中，为了预防建筑物各部分由于地基承载力不同或部分荷载差异较大等原因而设置的缝隙称为（   ）。

A. 伸缩缝　　　　　B. 沉降缝　　　　　C. 防震缝　　　　　D. 基础缝

154. 原有建筑物和新建扩建的建筑物之间应考虑设置（   ）。

A. 沉降缝　　　　　B. 伸缩缝　　　　　C. 防震缝　　　　　D. 温度缝

155. 民用建筑中为了防止建筑物由于地震，导致局部产生巨大的应力集中和破坏性变形而设置的缝隙称为（   ）。

A. 伸缩缝　　　　　B. 沉降缝　　　　　C. 防震缝　　　　　D. 震害缝

156. 沉降缝的构造做法中要求基础（   ）。

A. 断开　　　　　　　　　　　　　B. 不断开

C. 可断开也可不断开　　　　　　　D. 刚性连接

157. 伸缩缝是为了预防（   ）对建筑物的不利影响而设置的。

A. 温度变化　　　　　　　　　　　B. 地基不均匀沉降

C. 地震　　　　　　　　　　　　　D. 荷载过大

158. 在地震区设置伸缩缝时，必须满足（   ）的设置要求。

A. 沉降缝　　　　　B. 防震缝　　　　　C. 分格缝　　　　　D. 温度缝

159. 民用建筑中设置沉降缝的范围要求将建筑物（   ）断开。

A. 墙体以上　　　　B. 基础以上　　　　C. 基础以下　　　　D. 全部

160. 建筑物设变形缝的结构布置错误描述的是（   ）。

A. 变形缝的两侧设双墙或双柱

B. 变形缝两侧的垂直承重构件分别退开变形缝一定距离

C. 水平悬臂构件向变形缝反方向挑出

D. 用一段简支的水平构件做过渡处理

161. 对变形缝盖缝处理叙述错误的一项是（　　）。

A. 所选择的盖缝板的形式要满足通行防渗漏、美观等相应功能需要

B. 所选择的盖缝板的形式必须能够符合所属变形缝类别的变形需要

C. 所选择的盖缝板的材料及构造方式必须能够符合变形缝所在部位的其他功能需要

D. 在变形缝内部应当用具有自防水功能的刚性材料来塞缝

162. 下列房屋构件，主要起交通联系和安全疏散，同时兼有采光与通风作用的是（　　）。

A. 门　　　　　　　B. 窗　　　　　　　C. 墙体　　　　　　　D. 楼梯

163. 下列房屋构件，主要起采光通风和眺望作用的是（　　）。

A. 门　　　　　　　B. 窗　　　　　　　C. 墙体　　　　　　　D. 楼梯

164. 下列图示的门名称是（　　）。

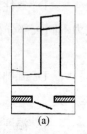 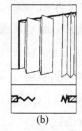 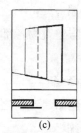 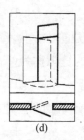

　　　(a)　　　　　　(b)　　　　　　(c)　　　　　　(d)

A. 折叠门、推拉门、弹簧门、平开门　　B. 平开门、折叠门、推拉门、弹簧门

C. 弹簧门、平开门、折叠门、推拉门　　D. 推拉门、弹簧门、平开门、折叠门

165. 对门窗开启线叙述错误的一项是（　　）。

A. 工程图中弧线或直线表示门的开启方向和门扇运动轨迹

B. 窗的开启线通常是在建筑平面图中表达

C. 细实线表示门窗扇外开，虚实线表示窗扇内开，线段交叉处是窗扇转轴位置

D. 推拉门窗开启线用箭头表示

166. 平屋面材料找坡的排水坡度宜为（　　）。

A.5%　　　　　　　B.2%　　　　　　　C.0.5%～1%　　　　D.4%

167. 民用建筑中一般将屋顶坡度小于或等于（　　）的称为平屋顶。

A.3%　　　　　　　B.5%　　　　　　　C.10%　　　　　　　D.15%

168. 屋面与山墙、女儿墙、烟囱等交接处，须做泛水处理，泛水高度不得小于（　　）。

A.150mm　　　　　B.200mm　　　　　C.250mm　　　　　D.300mm

169. 刚性防水屋面为了防止因温度变化产生无规则裂缝，通常在刚性防水屋面上设

置( )。

  A. 分仓缝   B. 伸缩缝   C. 温度缝   D. 保护层

170. 建筑外墙最容易发生渗漏的地方是( )，外墙防水构造主要是( )处理。

  A. 结构搭接处、填缝盖缝   B. 各种构件的接缝处、填缝盖缝

  C. 结构搭接处、加固   D. 各种构件的接缝处、加固

171. 卷材防水屋面的基本构造层次依次有( )、防水层和保护层。

  A. 找平层、结合层   B. 结构层、找平层

  C. 隔汽层、结合层   D. 保温层、隔汽层

172. 屋面与垂直墙面交接处的防水处理称为( )。

  A. 女儿墙 B. 勒脚 C. 泛水 D. 翻边

173. 卷材防水房面中，涂刷冷底子油的作用是( )。

  A. 防止油毡鼓泡   B. 防水

  C. 气密性、隔热性较好   D. 有利于粘接

174. 卷材防水屋面的基本构造层次按其作用可分别为( )。

  A. 结构层、隔热层、保温层、结合层、保护层、防水层

  B. 结构层、隔声层、保温层、结合层、防水层、保护层

  C. 结构层、隔离层、保温层、结合层、防水层、保护层

  D. 结构层、找坡层、保温层、结合层、防水层、保护层

175. 屋面刚性防水中，为减少结构变形对防水层的不利影响，常在防水层与结构层之间设置( )。

  A. 隔蒸汽层 B. 隔离层 C. 隔热层 D. 隔声层

176. 隔离层也称浮筑层，主要用于( )防水屋面中。

  A. 卷材 B. 涂膜 C. 细石混凝土 D. 金属压型板

177. 下面材料属于屋面柔性防水材料的是( )。

  A. 混凝土   B. 钢筋混凝土

  C. APP 改性沥青卷材   D. 建筑拒水粉

178. 屋面刚性防水保护层分格缝的间隔应控制在( )以内。

  A. 8m B. 6m C. 10m D. 9m

179. 屋面刚性防水保护层分格缝的宽度为( )左右。

  A. 10mm B. 20mm C. 15mm D. 50mm

180. 下列有关刚性防水保护层分格缝的叙述中，正确的是( )。

  A. 分格缝可以减少刚性防水保护层的伸缩变形，防止和限制裂缝的产生

  B. 分格缝的设置是为了把大块现浇混凝土分割成小块，简化施工

  C. 刚性防水保护层与女儿墙之间不应设分格缝，以利于防水

  D. 防水保护层内的钢筋在分格缝处也应连通，以保持防水层的整体性

181. 下列说法中正确的是（　　）。

A. 刚性防水保护层屋面的女儿墙泛水构造与卷材屋面构造是相同的

B. 刚性防水保护层屋面，女儿墙与防水层之间不应有缝，并加铺附加卷材形成泛水

C. 泛水应有足够的高度，一般不小于 250mm

D. 刚性防水保护层内的钢筋在分格缝处应连通，以保持防水层的整体性

182. 刚性屋面的隔离可用的材料为（　　）。

A. 水泥砂浆　　　　B. 石灰砂浆　　　　C. 细石混凝土　　　　D. 防水砂浆

183. 一般运用构造防水和材料防水结合处理单层钢筋混凝土外墙板（　　）的防水构造。

A. 水平缝　　　　　B. 垂直缝　　　　　C. 十字缝　　　　　D. 高低缝

184. 钢筋混凝土外墙面板缝填充塑料条起到（　　）作用。

A. 减振　　　　　　B. 挡水　　　　　　C. 防风　　　　　　D. 抗老化

185. 不属于地下室材料防水构造的是（　　）。

A. 卷材防水　　　　B. 防水混凝土防水　　C. 降排水防水　　　D. 涂料防水

186. 对于地下室卷材防水说法错误的是（　　）。

A. 地下室卷材防水分为外防水和内防水两类

B. 外防水是将防水卷材贴在地下室外墙的外表面，防水效果好，维修简单

C. 内防水是将防水卷材贴在地下室外墙的内表面，施工方便维修容易

D. 外防水的防水效果比内防水更好

187. 下面对防水混凝土防水说法错误的是（　　）。

A. 对于墙体和地坪均为钢筋混凝土结构的地下室

B. 在混凝土中添加防水剂、加气剂等增加混凝土的抗渗性能

C. 增加混凝土的用量

D. 增加混凝土的密度

188. 建筑室内防水，防水材料沿房间四周墙面向上翻起（　　）。

A. 50mm　　　　　B. 50～100mm　　　C. 100～150mm　　D. 150mm 以上

189. 建筑室内防水，遇到开门处，防水层应铺出门外至少（　　）。

A. 300mm　　　　　B. 400mm　　　　　C. 500mm　　　　　D. 600mm

190. 对于有立管穿越楼板层的位置，用（　　）将管道周围密实填充。

A. M10　　　　　　B. M15　　　　　　C. C15　　　　　　D. C20

191. 在建筑外围护结构中，存在某些局部易于传热，成为热流密集的通道，称为（　　）。

A. 热道　　　　　　B. 热导　　　　　　C. 热岛　　　　　　D. 热桥

192. 水汽对建筑热工性能的影响错误的是（　　）。

A. 构件之中出现结露的现象　　　　　B. 延长构建使用寿命

C. 受冻结冰，体积膨胀，破坏内部结构　D. 材料发生霉变

193. 建筑屋面保温层位置有误的一项是（　　）。

A. 保温层放置在屋面结构与防水层之间　B. 保温层放置在屋面防水层之上

C. 保温层放置在屋面结构层之下　　　　D. 保温层放置在顶棚之下

194. 对建筑外门窗保温构造说法错误的是（　　）。

A. 采用导入系数大的金属材料，中间用聚酰胺隔板做断热层

B. 采用导入系数小的金属材料，中间用聚酰胺隔板做断热层

C. 采用双层中空玻璃，中间充入惰性气体

D. 在门窗可开启部分和门窗框之间设施密封条

195. 平屋顶隔热的构造做法中没有（　　）。

A. 洒水隔热　　　　B. 蓄水隔热　　　　C. 反射降温隔热　　　D. 植被隔热

196. 对于排架结构厂房构造说法错误的是（　　）。

A. 由屋架（或屋面梁）柱基础等构件组成，柱与屋架铰接，与基础刚接

B. 排架结构可做成等高、不等高等多种形式

C. 根据结构的材料的不同可分为钢—钢筋混凝土排架、钢筋混凝土排架和钢筋混凝土—砖排架

D. 此类结构能承受较小的荷载作用，适用于吊车吨位不超过 10t，跨度不超过 10m 的轻型厂房或仓库

197. 排架结构厂房的结构组成有（　　）。

A. 墙承重结构和骨架承重结构　　　　B. 墙承重结构和框架承重结构

C. 骨架承重结构和框架承重结构　　　D. 框架承重结构和钢结构

198. 排架结构厂房中，墙承重结构特点没有（　　）。

A. 构造简单　　　　B. 造价经济　　　　C. 施工方便　　　　D. 承载能力强

199. 横向排架的组成不包括（　　）。

A. 屋架（或屋面梁）　　　　　　　　　B. 柱

C. 地面　　　　　　　　　　　　　　　D. 基础

200. 纵向连系构件不包括（　　）。

A. 抗风柱　　　　B. 吊车梁　　　　　C. 连系梁　　　　D. 基础梁

201. 下面对刚架结构厂房构造说法错误的是（　　）。

A. 梁与柱刚接，柱与基础通常为铰接

B. 刚架的转折处将产生较大的弯矩，容易开裂

C. 刚架结构可做成等高、不等高等多种形式

D. 适用于屋盖较轻的厂房或吊车吨位不超过 10t，跨度不超过 10m 的轻型厂房或仓库等

二、多项选择题

1. 建筑物按使用性质的不同分类，包括(   )。

A. 城市建筑   B. 民用建筑   C. 工业建筑

D. 农业建筑   E. 砖混建筑

2. 按承重结构的材料不同，常见建筑可分为(   )。

A. 木结构建筑   B. 钢筋混凝土结构建筑

C. 充气结构建筑   D. 钢结构建筑   E. 砌体结构建筑

3. 大量性建筑，指建造数量多、涉及面广的建筑，如(   )等。

A. 住宅   B. 医院   C. 机场候机楼

D. 学校   E. 工厂

4. 建筑耐久年限等级划分为(   )。

A. 25 年   B. 50 年   C. 75 年

D. 100 年   E. 120 年

5. 目前我国的住宅建筑层数分为(   )。

A. 低层   B. 多层   C. 中高层

D. 超高层   E. 单层建筑

6. 下列民用建筑中，按高度与层数分类属于高层建筑的有(   )。

A. 10 层的住宅   B. 12 层的住宅   C. 总高度为 20m 的公共建筑

D. 总高度为 24m 的公共建筑   E. 高度为 25m 的单层工业建筑

7. 建筑物按结构的承重方式分类有(   )。

A. 墙承重结构   B. 框架结构   C. 混合结构

D. 空间结构   E. 钢筋混凝土结构

8. 下列关于民用建筑按耐久年限分类的说法中，正确的有(   )。

A. 分为甲级、乙级、丙级   B. 分为一级、二级、三级、四级

C. 分为优级、良级、中级、差级   D. 耐久等级越高，耐久年限越少

E. 耐久等级越低，耐久年限越少

9. 构件的燃烧性能分为(   )。

A. 非燃烧体   B. 熔燃烧体   C. 难燃烧体

D. 燃烧体   E. 爆燃体

10. 判断建筑构件是否达到耐火极限的具体条件有(   )。

A. 构件是否失去支持能力   B. 构件是否被破坏

C. 构件是否失去完整性   D. 构件是否失去隔火作用

E. 构建是否燃烧

11. 建筑物的耐火等级是根据建筑物主要构件的( )确定。

A. 比表面积　　　　B. 燃烧性能　　　　C. 耐火极限

D. 耐久等级　　　　E. 阻燃性能

12. 一般建筑由( )、门窗等部分组成。

A. 基础　　　　　　B. 墙柱　　　　　　C. 楼屋盖

D. 通气道　　　　　E. 楼电梯

13. 地基可分为( )两种。

A. 砂浆地基　　　　B. 混凝土地基　　　C. 天然地基

D. 砖地基　　　　　E. 人工地基

14. 按材料不同,基础可分为( )。

A. 生土基础　　　　B. 砖基础　　　　　C. 毛石基础

D. 混凝土基础　　　E. 钢筋混凝土基础

15. 间隔式砖砌大放脚的台阶高度分别为( )。

A. 490mm　　　　　B. 370mm　　　　　C. 240mm

D. 120mm　　　　　E. 60mm

16. 下列建筑物的基础形式,属于按构造形式的不同分类的有( )。

A. 砖基础　　　　　B. 桩基础　　　　　C. 条形基础

D. 箱形基础　　　　E. 钢筋混凝土基础

17. 民用建筑中,砖基础大放脚的形式有( )。

A. 等高式　　　　　B. 间隔式　　　　　C. 锥形

D. 条形　　　　　　E. 阶梯形

18. 民用建筑中,混凝土基础断面的形式有( )。

A. 矩形　　　　　　B. 锥形　　　　　　C. 阶梯形

D. 圆弧形　　　　　E. 条形

19. 刚性基础按材料分有( )。

A. 砖基础　　　　　B. 灰土基础　　　　C. 毛石基础

D. 混凝土基础　　　E. 独立基础

20. 砖基础大放脚有以下形式( )。

A. 独立式　　　　　B. 间隔式　　　　　C. 等高式

D. 条式　　　　　　E. 筏式

21. 下列建筑物的基础形式,属于按材料不同分类的有( )。

A. 砖基础　　　　　B. 桩基础　　　　　C. 毛石基础

D. 灰土基础　　　　E. 独立基础

22. 砖砌条形基础一般由( )部分组成。

A. 垫层　　　　　　B. 防潮层　　　　　C. 大放脚

D. 基础墙　　　　　　E. 地基持力层

23. 按照承载方式的不同，桩可分为（　　）

A. 端承型桩　　　　B. 机械挖孔桩　　　　C. 摩擦型桩

D. 人工挖孔桩　　　　E. 泥浆护壁成孔灌注桩

24. 民用建筑中，独立基础的形状有（　　）。

A. 杯形　　　　　　B. 条形　　　　　　C. 锥形

D. 阶梯形　　　　　E. 条形

25. 民用建筑中，筏板基础的形式有（　　）。

A. 板式　　　　　　B. 梁式　　　　　　C. 承台式

D. 梁板式　　　　　E. 井格式

26. 民用建筑中，桩基础根据受力特点分类，包括（　　）。

A. 摩擦桩　　　　　B. 端承桩　　　　　C. 低承台桩

D. 高承台桩　　　　E. 无承台桩

27. 民用建筑中，箱形基础的构造组成包括（　　）。

A. 顶板　　　　　　B. 底板　　　　　　C. 外墙

D. 采光井　　　　　E. 门窗

28. 地下室设置防潮层的位置通常是（　　）。

A. 外墙外表面设垂直防潮层　　　　　B. 外墙内表面设垂直防潮层

C. 墙体上下设水平防潮层　　　　　　D. 底板上下设水平防潮层

E. 顶板上下设水平防潮层

29. 水平防潮层做法有（　　）。

A. 油毡防潮　　　　B. 砌砖防潮　　　　C. 防水砂浆防潮

D. 防水砂浆砌砖防潮　　　　　　　　E. 细石混凝土防潮

30. 建筑中墙体的作用为（　　）。

A. 承受和传递荷载　B. 指示方向　　　　C. 围护

D. 分隔　　　　　　E. 采光

31. 按构造形式不同，墙体可分为（　　）。

A. 空心墙　　　　　B. 实体墙　　　　　C. 空体（斗）墙

D. 组装墙　　　　　E. 组合墙

32. 民用建筑中用来分隔建筑物内部空间的非承重墙体有（　　）。

A. 幕墙　　　　　　B. 隔墙　　　　　　C. 隔断

D. 剪力墙　　　　　E. 砖墙

33. 按照砌块在组砌中的作用和位置分为（　　）。

A. 实心砌块　　　　B. 主砌块　　　　　C. 空心砌块

D. 辅砌块　　　　　E. 大型砌块

34. 民用建筑中，墙体按所在部位的不同分类，包括（   ）。

A. 内墙　　　　　B. 横墙　　　　　C. 纵墙

D. 外墙　　　　　E. 山墙

35. 民用建筑中，墙体按受力情况的不同分类，包括（   ）。

A. 纵墙　　　　　B. 横墙　　　　　C. 承重墙

D. 非承重墙　　　E. 山墙

36. 砂浆通常分为（   ）三类。

A. 水泥砂浆　　　B. 石灰砂浆　　　C. 石膏砂浆

D. 混凝土砂浆　　E. 混合砂浆

37. 根据用途不同建筑砂浆分为（   ）。

A. 砌筑砂浆　　　B. 抹面砂浆　　　C. 水泥砂浆　　　　D. 混合砂浆

38. 采用混凝土空心砌块墙时，应在（   ）设芯柱。

A. 房屋的四大角　B. 外墙转角　　　C. 内墙中部

D. 外墙中部　　　E. 楼梯间四角

39. 隔墙是对房屋起分隔作用的非承重墙，按构造方式可以分为（   ）。

A. 抹灰隔墙　　　B. 块材式隔墙　　C. 立筋式隔墙

D. 板材式隔墙　　E. 空心砖墙

40. 轻骨架隔墙（   ）组成。

A. 骨架　　　　　B. 钢架　　　　　C. 面板层

D. 垫层　　　　　E. 砌块

41. 构造柱一般设置在建筑（   ）位置。

A. 建筑物四角　　　　B. 外墙错层部位横墙与外纵墙交接处

C. 洞口两侧房间内外墙交接处

D. 楼梯间、电梯间　E. 较长墙体中部

42. 在砌体结构房屋中，建筑构造柱要与（   ）做有效的紧密连接。

A. 屋面　　　　　B. 楼面　　　　　C. 圈梁

D. 墙体　　　　　E. 楼梯

43. 提高墙体稳定性的措施是（   ）。

A. 设置圈梁及构造柱　　　　　　　B. 增设墙垛壁柱

C. 提高材料的强度等级　　　　　　D. 加大墙体高度

E. 增加墙体长度

44. 民用建筑钢筋混凝土楼板按施工方法不同分为（   ）。

A. 现浇装配式　B. 现浇整体式　　C. 预制装配式

D. 装配整体式　　E. 手工砌筑式

45. 楼板层一般由（   ）等组成。

A. 构造层　　　　B. 面层　　　　C. 结构层

D. 顶棚　　　　　E. 附加层

46. 现浇钢筋混凝土楼板可分为（　　　）等几种。

A. 板式楼板　　　B. 肋形楼板　　　C. 井字楼板

D. 拱式楼板　　　E. 无梁楼板

47. 下列对现浇钢筋混凝土楼板叙述正确的是（　　　）。

A. 现浇钢筋混凝土楼板是在施工现场支模绑轧钢筋浇筑混凝土，经养护成型的楼板

B. 现浇钢筋混凝土楼板整体性好，适用于抗震设防要求较高的建筑

C. 受到模板限制，对有管道穿过的房间平面形状不规整的房间、尺度不符合模数要求的房间和防水要求较高的房间，不宜采用现浇钢筋混凝土楼板

D. 肋梁式楼板分为单向板肋梁楼板和双向板肋梁楼板

E. 无梁楼板分为有柱帽和无柱帽两种。

48. 压型钢板组合楼板由（　　　）组成。

A. 楼面层　　　　B. 预制板　　　C. 组合楼板

D. 垫层　　　　　E. 钢梁

49. 室内地坪指的是建筑底层地面，可分为（　　　）。

A. 整体地面　　　B. 空铺地坪　　　C. 实铺地坪

D. 块材地面　　　E. 木地面

50. 实铺地坪主要由（　　　）组成。

A. 面层　　　　　B. 垫层　　　　C. 基层

D. 保温层　　　　E. 隔离层

51. 水磨石地面设置分格条的作用是（　　　）。

A. 坚固耐久　　　B. 便于维修　　　C. 防止产生裂缝

D. 防水　　　　　E. 固定

52. 下列中的（　　　）属于块料面层。

A. 地面砖面层　　　　　　　　　B. 花岗石面层

C. 彩色水磨石地面　　　　　　　D. 预制水磨石地面

53. 下列关于地坪和楼地面叙述正确的是（　　　）。

A. 空铺地坪有的弹性和防潮效果较好

B. 水泥砂浆地面是在混凝土垫层或结构层上抹水泥砂浆，通常有单层和双层两种做法

C. 水磨石地面属于块材类地面

D. 块材类地面是利用各种人造的和天然的预制块材板材镶铺在基层上面

E. 木地板按其用材规格分为普通木地板、硬木条地板和拼花木地板三种；按构造方式有空铺、实铺和粘贴三种

54. 民用建筑楼梯的组成包括（　　　）。

A. 梯段　　　　　　B. 平台　　　　　　C. 栏杆

D. 过梁　　　　　　E. 圈梁

55. 板式楼梯的结构组成构件有（　　　）。

A. 梯段板　　　　　B. 平台板　　　　　C. 平台梁

D. 斜梁　　　　　　E. 栏杆

56. 台阶构造与底层地面构造相似，由（　　　）构成。

A. 面层　　　　　　B. 结构层　　　　　C. 垫层

D. 防水层　　　　　E. 隔离层

57. 建筑变形缝包括（　　　）。

A. 伸缩缝（又称温度缝）　　　　　　B. 分仓缝

C. 沉降缝　　　　　D. 防震缝　　　　　E. 防变形缝

58. 温度缝又称伸缩缝，是将建筑物（　　　）断开。

A. 地基　　　　　　B. 墙体　　　　　　C. 楼板

D. 屋顶　　　　　　E. 基础

59. 门窗主要由（　　　）等部分组成。

A. 门窗框　　　　　B. 门窗扇　　　　　C. 门窗

D. 门垛　　　　　　E. 五金件

60. 下列窗的示意图与工程图匹配的是（　　　）。

A. 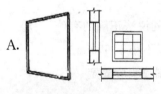　　　　　B.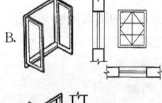

C. 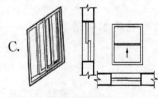　　　　　D.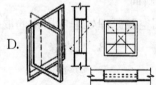

E.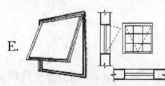

61. 按开启不同，门可分为（　　　）转门等几种。

A. 平开门　　　　　B. 固定门　　　　　C. 弹簧门

D. 推拉门　　　　　E. 折叠门

62. 按照窗的开启方式可分为（　　　）、推拉窗和百叶窗等。

A. 固定窗　　　　B. 平开窗　　　　C. 悬窗

D. 折叠窗　　　　E. 立式转窗

63. 建筑防水构造做法要注意（　　）的基本原则。

A. 完全依靠防水材料防水

B. 有效控制建筑物的变形

C. 采取疏导的措施即时排水

D. 采取构造措施，将水堵在外部，不使入侵

E. 不同位置采用相同的防水处理办法

64. 屋面排水方式通常可分为（　　）。

A. 檐沟外排水　　B. 内排水　　　　C. 有组织排水

D. 无组织排水　　E. 组合排水

65. 以下说法正确的是（　　）。

A. 泛水应有足够高度，不应小于 250mm

B. 女儿墙与刚性防水保护层间留分格缝，可有效地防止其开裂

C. 泛水应嵌入立墙上的凹槽内并用水泥钉固定

D. 女儿墙与刚性防水保护层间不留分格缝，可有效地防止其开裂

E. 屋面与垂直面交接处抹成直径不小于 120mm 的圆弧形或 45°斜面

66. 建筑防水沥青嵌缝油膏的主要特点有（　　）。

A. 黏结力较差　　B. 不易脆裂　　　C. 延伸性

D. 耐候性好　　　E. 塑性好

67. 柔性防水屋面的泛水做法应符合一定的规定，下列说法正确的有（　　）。

A. 泛水高度不小于 250mm　　　　　B. 泛水宽度不小于 600mm

C. 转角抹为圆弧形　　　　　　　　D. 卷材上端收头应固定

E. 转角抹为斜面

68. 一般运用空腔原理处理单层钢筋混凝土外墙板（　　）的防水构造。

A. 水平缝　　　　B. 垂直缝　　　　C. 十字缝

D. 高低缝　　　　E. 裂缝

69. 下面对人工降排水说法正确的是（　　）。

A. 人工降排水通常有外排和内排两种

B. 外排法是地下室地坪架空，或设隔水层

C. 外排法是在建筑物四周地下室地坪标高以下设盲沟，周围填充可以滤水的粗砂等材料

D. 内排水是在建筑物四周地下室地坪标高以下设盲沟，周围填充可以滤水的粗砂等材料

E. 内排水是将地下室地坪架空，或设隔水层

70. 地下室卷材外防水构造要点为(　　)。

A. 外墙外侧抹 20mm 厚的 1：2.5 水泥砂浆找平层

B. 刷冷底子油一道

C. 铺贴卷材防水层，防水层须高出最高地下水位 500～1000mm 为宜

D. 卷材防水层以上的地下室侧墙不做任何处理

E. 垂直防水层内侧砌半砖厚的保护墙一道

71. 热量从高温处向低温处转移的过程，存在(　　)等方式。

A. 热消耗　　　　　B. 热对流和　　　　　C. 热传导

D. 热辐射　　　　　E. 热流失

72. 下面对建筑外墙保温构造说法错误的是(　　)。

A. 外墙外保温对外墙保护效果好

B. 外墙外保温不影响外墙外装饰及防水构造的做法

C. 外墙内保温对外墙保护效果好

D. 外墙内保温不影响外墙外装饰及防水构造的做法

E. 外墙中保温是通过封闭夹层形成静止空气间层，阻挡热量外流

73. 平屋顶的隔热构造做法主要有(　　)。

A. 通风隔热　　　　B. 蓄水隔热　　　　　C. 植被隔热

D. 人工隔热　　　　E. 涂刷浅色涂料

74. 排架结构厂房中，骨架承重结构由(　　)构成。

A. 横向排架　　　　B. 纵向连系构件　　　C. 支承

D. 外墙　　　　　　E. 门窗

75. 排架结构厂房的围护结构由(　　)组成。

A. 柱　　　　　　　B. 屋顶　　　　　　　C. 外墙

D. 门窗　　　　　　E. 地面

76. 厂房的起重运输设备有(　　)。

A. 单轨悬挂吊车　　B. 悬挂式梁式吊车　C. 支承式梁式吊车

D. 桥式吊车　　　　E. 起重小车

【参考答案】

一、单项选择题

1. A	2. D	3. A	4. B	5. C	6. B	7. C	8. B	9. C	10. A
11. B	12. B	13. D	14. C	15. C	16. C	17. B	18. B	19. C	20. D
21. D	22. C	23. A	24. B	25. B	26. C	27. C	28. B	29. A	30. A
31. C	32. B	33. C	34. B	35. B	36. C	37. D	38. D	39. A	40. D

41. A　42. C　43. D　44. B　45. A　46. B　47. C　48. A　49. B　50. C

51. C　52. A　53. C　54. D　55. B　56. A　57. B　58. D　59. D　60. B

61. D　62. B　63. C　64. D　65. D　66. A　67. C　68. A　69. D　70. C

71. B　72. C　73. B　74. A　75. B　76. B　77. D　78. B　79. C　80. B

81. D　82. A　83. B　84. D　85. B　86. C　87. B　88. C　89. D　90. C

91. B　92. A　93. C　94. C　95. C　96. C　97. B　98. D　99. C　100. B

101. B　102. B　103. B　104. D　105. A　106. B　107. B　108. B　109. B　110. D

111. C　112. D　113. C　114. D　115. C　116. B　117. A　118. B　119. C　120. D

121. B　122. A　123. B　124. C　125. B　126. B　127. A　128. D　129. C　130. D

131. C　132. B　133. B　134. C　135. D　136. A　137. C　138. A　139. D　140. B

141. D　142. C　143. B　144. D　145. A　146. C　147. D　148. D　149. D　150. C

151. B　152. D　153. B　154. A　155. C　156. A　157. B　158. D　159. D　160. C

161. D　162. A　163. B　164. B　165. B　166. B　167. C　168. C　169. A　170. B

171. A　172. C　173. D　174. D　175. B　176. C　177. C　178. B　179. B　180. A

181. C　182. B　183. D　184. B　185. C　186. B　187. D　188. D　189. C　190. D

191. D　192. B　193. D　194. B　195. A　196. D　197. A　198. D　199. C　200. A

201. C

二、多项选择题

1. BCD　　　2. ABDE　　　3. ADE　　　4. ABD　　　5. ABCD

6. ABD　　　7. ABD　　　8. BD　　　9. ACD　　　10. ACD

11. BC　　　12. ABCE　　　13. CE　　　14. BCDE　　　15. DE

16. BCD　　　17. AB　　　18. ABC　　　19. ABCD　　　20. BC

21. ACD　　　22. ACD　　　23. AC　　　24. ACD　　　25. AD

26. AB　　　27. ABC　　　28. AC　　　29. ACDE　　　30. ACD

31. BCE　　　32. BC　　　33. BD　　　34. AD　　　35. CD

36. ABE　　　37. AB　　　38. ABE　　　39. BCD　　　40. AC

41. ABDE　　　42. CD　　　43. AB　　　44. BCD　　　45. BCD

46. ABCE　　　47. ABDE　　　48. ABE　　　49. BC　　　50. ABC

51. BC　　　52. ABD　　　53. ABDE　　　54. ABC　　　55. ABC

56. ABC　　　57. ACD　　　58. BCD　　　59. ABCE　　　60. ABD

61. ACDE　　　62. ABCE　　　63. BCD　　　64. CD　　　65. ABC

66. BCDE　　　67. ACDE　　　68. ABC　　　69. ACE　　　70. ABC

71. BCD　　　72. BC　　　73. ABCE　　　74. ABC　　　75. BCDE

76. ABCD

第四章　建筑制图及识图

一、单项选择题

1. A2 横式图纸幅面的尺寸规格是（　　）。

A. 594mm×841mm　　　　　　　　B. 420mm×630mm

C. 420mm×594mm　　　　　　　　D. 297mm×420mm

2. 一个工程设计中，每个专业所使用的图纸，不含目录及表格所使用的 A4 幅面，不宜多于（　　）幅面。

A. 一种　　　　　B. 两种　　　　　C. 三种　　　　　D. 无要求

3. 《房屋建筑制图统一标准》（GB/T 50001—2001）规定图标在图框内的位置是（　　）。

A. 左上角　　　　B. 左下角　　　　C. 右上角　　　　D. 右下角

4. 图纸会签栏内容不包括（　　）。

A. 专业　　　　　B. 日期　　　　　C. 实名　　　　　D. 单位

5. 假定某图样的基本线宽为 b，则图中采用粗线、中线、细线的线宽比例应为（　　）。

A. 1：0.5：0.25　　B. 2：1：0.5　　C. 1：0.7：0.5　　D. 2：1.5：1

6. 同一张图纸中，图线中的粗线宽度为 b，则细线的宽度为（　　）b。

A. 0.25　　　　　B. 0.5　　　　　C. 0.75　　　　　D. 0.15

7. 工程建设制图中的主要可见轮廓线应选用（　　）。

A. 粗实线　　　　B. 中实线　　　　C. 粗虚线　　　　D. 中虚线

8. 建筑平面图中的中心线对称线和定位轴线一般应用（　　）。

A. 细实线　　　　B. 细虚线　　　　C. 细单点画线　　D. 细双点画线

9. 在建筑专业制图中，下列图线的用法错误的是（　　）。

A. 剖面图中被剖切的主要建筑构造的轮廓线用粗实线

B. 建筑立面的外轮廓线用粗实线

C. 构造详图中被剖切到的主要内容部分的轮廓线用粗实线

D. 尺寸线、尺寸界线、图例线、索引符号等用粗实线

10. 假定某图样的基本线宽为 b，则图中采用粗线、中线、细线的线宽比例应为（　　）。

A. 1：0.5：0.25　　　　　　　　　　B. 2：1：0.5

C. 1：0.7：0.5　　　　　　　　　　　D. 2：1.5：1

11. 单点长画线或双点长画线，当在较小图形中绘制有困难时（　　）。

A. 可用实线或虚线代替　　　　　　　B. 可用虚线代替

C. 可用实线代替　　　　　　　　　　D. 可以不画

12. 基本制图标准中规定图样及说明中的汉字宜采用（　　）或黑体。

A. 宋体　　　　　B. 长仿宋体　　　　C. 隶书　　　　　D. 楷体

13. 图样的比例，应为（　　）相对应的线性尺寸之比。

A. 实物与图形　　　　　　　　　　　B. 图形与实物

C. 图形与建筑物　　　　　　　　　　D. 模型与实物

14. 比例宜注写在图名的（　　）。

A. 左侧　　　　　B. 中间　　　　　　C. 右侧　　　　　D. 下方

15. 绘制房屋建筑平面图通常采用的比例是（　　）。

A. 1：50　　　　　B. 1：100　　　　　C. 1：150　　　　　D. 1：200

16. 图线长度为 5cm，绘图比例是 1：100，其实际长度是（　　）。

A. 5m　　　　　　B. 50m　　　　　　C. 500m　　　　　D. 5 000m

17. 有一配件图其比例为 1：2，从图上量得高度 5mm，其实际高度是（　　）。

A. 1mm　　　　　B. 10mm　　　　　C. 5mm　　　　　D. 50mm

18. 图纸上标注的比例是 1：1000，则图纸上的 10mm 表示实际的（　　）。

A. 10mm　　　　　B. 100mm　　　　　C. 10m　　　　　D. 10km

19. 比例指的是图形与实物相对应的（　　）尺寸之比。

A. 线性　　　　　B. 面积　　　　　　C. 体积　　　　　D. 重量

20. 一面积为 16m^2 的正方形，按 1：2 的比例绘制而成的图形面积为（　　）m^2。

A. 1　　　　　　　B. 4　　　　　　　C. 8　　　　　　　D. 16

21. 建筑工程制图时，绘制尺寸起止符号采用（　　）。

A. 粗斜短线　　　　　　　　　　　　B. 中粗斜短线

C. 细斜短线　　　　　　　　　　　　D. 没有规定

22. 图样上的尺寸单位，除标高及总平面图以（　　）为单位外，其他必须以 mm 为单位。

A. mm　　　　　　B. cm　　　　　　C. m　　　　　　D. dm

23. 标注图样尺寸，有多道尺寸时，应注意（　　）。

A. 大尺寸在外、小尺寸在内　　　　　B. 小尺寸在外、大尺寸在内

C. 只标注大尺寸　　　　　　　　　　D. 只标注小尺寸

24. （　　）应用细实线绘制，一般应与被注线段垂直。

A. 尺寸线　　　　　　　　　　　　　B. 图线

C. 尺寸起止符号　　　　　　　　　D. 尺寸界线

25. 当尺寸线为竖直时，尺寸数字注写在尺寸线的（　　　）。

A. 右侧中部　　　　B. 左侧中部　　　　C. 两侧　　　　D. 右侧的上部

26. 下列叙述中错误的是（　　　）。

A. 坡度 3‰ 表示长度为 100 高度为 3 的倾斜度

B. 指北针一般画在总平面图和底层平面图上

C. 总平面图中的尺寸单位为毫米，标高尺寸单位为米

D. 总平面图的所有尺寸单位均为米，标注至小数点后两位

27. 按照制图标准，以下关于尺寸标注的说法正确的是（　　　）。

A. 图样轮廓线轴线和中心线不可以作为尺寸界线

B. 尺寸起止符号是尺寸的起点和止点。建筑工程图样中的起止符号一般用长度为 2～3mm 的中粗短线表示

C. 尺寸标注时，当尺寸线是水平线时，尺寸数字应写在尺寸线的上方中部，字头朝上；当尺寸线是竖线时，尺寸数字应写在尺寸线的左方中部，字头向右

D. 尺寸宜标注在图样轮廓线以外，可以与图线文字及符号等相交

28. 下列（　　　）所述的圆圈的直径或线型有误。

A. 定位轴线的编号圆圈为直径 8mm 的细线圆圈

B. 钢筋的编号圆圈为直径 6mm 的细线圆圈

C. 索引符号的编号圆圈为直径 10mm 的细线圆圈

D. 详图符号的编号圆圈为直径 14mm 的细线圆圈

29. 在建筑平面图上的两轴线间如有附加轴线，该附加轴线的编号用（　　　）表示。

A. 整数　　　　B. 分数　　　　C. 小数　　　　D. 复数

30. 建筑制图时，定位轴线的线型是（　　　）。

A. 细点画线　　　　B. 细实线　　　　C. 细虚线　　　　D. 中粗实线

31. 建筑施工图中定位轴线端部的圆用细实线绘制，直径为（　　　）。

A. 8～10mm　　　　B. 11～12mm　　　　C. 5～7mm　　　　D. 12～14mm

32. 横向定位轴线编号用阿拉伯数字，（　　　）依次编号。

A. 从右向左　　　　　　　　　　　　B. 从中间向两侧

C. 从左至右　　　　　　　　　　　　D. 从前向后

33. （　　　）是确定主要结构或构件的位置及标志尺寸的基线，是建筑施工中定位放线的重要依据。

A. 中心线　　　　B. 基本模数　　　　C. 定位尺寸　　　　D. 定位轴线

34. 定位轴线编号错误的是（　　　）。

A. 横向轴线编号用阿拉伯数字，从左至右顺序连续编号，中间不得插入其他号码

B. 拉丁字母的 IOZ 不得用作轴线编号

C. 组合较复杂的平面图的定位轴线，可采用分区编号注写形式进行编号

D. 一个详图适用于几根轴线时，应同时注明各有关轴线的编号

35. 平面图上定位轴线的编号，宜标注在图样的下方与左侧，编号顺序为（　　）。

A. 横向从左到右，竖向从上到下　　　　B. 横向从左到右，竖向从下到上

C. 横向从右到左，竖向从上到下　　　　D. 横向从右到左，竖向从下到上

36. 定位轴线应用（　　）绘制。

A. 中粗实线　　　　B. 细点画线　　　　C. 细实线　　　　D. 虚线

37. 以下关于定位轴线的有关规定，错误的是（　　）。

A. 应用单点长画线绘制

B. 轴线端部的圆应用细实线绘制

C. 轴线号可采用大写字母或小写字母

D. 通用详图中可不注写轴线编号

38. 下列关于建筑平面图中轴线编号的说法，错误的是（　　）。

A. 详图中不注写轴线编号

B. 横向轴线编号用阿拉伯数字按从左至右的顺序注写

C. 竖向轴线编号用大写拉丁字母按从下至上的顺序注写

D. 拉丁字母中 IOZ 不得用于轴线编号

39. 总平面图中标高为绝对标高，一般注写至小数点后（　　）位。

A. 一　　　　　　B. 二　　　　　　C. 三　　　　　　D. 四

40. 建筑施工图上一般注明的标高是（　　）。

A. 绝对标高　　　　　　　　　　B. 相对标高

C. 绝对标高和相对标高　　　　　D. 要看图纸上的说明

41. 相对标高是以建筑物的首层室内主要使用房间的（　　）为零点，用±0.000
表示。

A. 楼层顶面　　　　B. 基础顶面　　　　C. 基础底面　　　　D. 地面

42. 绝对标高是把我国青岛附近黄海的平均海平面定为标高的（　　）。

A. 最高点　　　　B. 最低点　　　　C. 零点　　　　D. 终点

43. 标高符号的三角形为等腰直角三角形，高约（　　）mm。

A. 3　　　　　　　B. 5　　　　　　　C. 6　　　　　　　D. 8

44. 下列关于标高注写的说明错误的是（　　）。

A. 标高注写以 m 为单位

B. 总平面图采用绝对标高

C. 负数标高应注写"—"号，正数标高不注写"＋"号

D. 总平面图的标高以室外地面为零点

45. 房屋建筑制图标准中规定，标高符号应以（　　）表示。

A. 直角等腰三角形   B. 等边三角形

C. 直角不等腰三角形   D. 任意三角形

46. 比例宜注写在图名的(　　)。

A. 左侧   B. 中间   C. 右侧   D. 下方

47. 在施工图上，一般将房屋室内底层主要房间的地面定为高度的起点，这样形成的标高叫(　　)。

A. 绝对标高   B. 建筑标高   C. 相对标高   D. 结构标高

48. 将建筑图中的各层地面和楼面标高值扣除建筑面层及垫层厚度后的标高称为(　　)。

A. 结构层楼面标高   B. 建筑层楼面标高

C. 装饰层楼面标高   D. 绝对标高

49. 详图符号 $\frac{6}{3}$ 代表的含义是(　　)。

A. 对应本张图纸内编号为 6 的详图   B. 对应本张图纸内编号为 3 的详图

C. 对应第 6 张图纸内编号为 3 的详图   D. 对应第 3 张图纸内编号为 6 的详图

50. 在施工图中索引符号是由(　　)的圆和水平直线组成，用细实线绘制。

A. 直径为 10mm   B. 半径为 12mm

C. 周长为 14cm   D. 周长为 6cm

51. 在施工图中详图符号是用直径 14mm 的(　　)圆来绘制，标注在详图的下方。

A. 点画线   B. 细实线   C. 虚线   D. 粗实线

52. 指北针尾部的宽度宜为圆直径的(　　)。

A. 1/2   B. 1/3   C. 1/8   D. 1/10

53. 指北针圆的直径宜为(　　)，用细实线绘制。

A. 14mm   B. 18mm   C. 20mm   D. 24mm

54. 建筑平面图是假想用一水平的剖切面沿(　　)位置将房屋剖切后，对剖切面以下部分所作的水平投影图。

A. 门、窗洞口   B. 楼板   C. 梁底   D. 结构层

55. 建筑剖面图的剖切位置应在(　　)中表示，剖面图的图名应与其剖切线编号对应。

A. 总平面图   B. 标准层平面图

C. 底层平面图   D. 屋顶平面图

56. 关于建筑平面图的图示内容，以下说法错误的是(　　)。

A. 内外门窗位置及编号

B. 画出室内设备位置形状

C. 注出室内外各项尺寸及室内楼地面的标高

D. 表示楼板与梁柱的位置及尺寸

57. 绘制房屋建筑平面图通常采用的比例是（　　）。

A. 1：50　　　　　　B. 1：100　　　　　　C. 1：150　　　　　　D. 1：200

58. （　　）表示该层的内部平面布置房间大小，以及室外台阶、阳台、散水雨水管的形状和位置等。

A. 底层平面图　　　　　　　　　　　B. 标准层平面图

C. 二层平面图　　　　　　　　　　　D. 屋顶平面图

59. 楼层建筑平面图表达的主要内容为（　　）。

A. 平面形状、内部布置等　　　　　　B. 梁柱等构件类型

C. 板的布置及配筋　　　　　　　　　D. 外部造型及材料

60. 主要用以表示房屋建筑的规划位置外部造型内部各房间布置的是（　　）。

A. 建筑施工图　　　　　　　　　　　B. 结构施工图

C. 设备施工图　　　　　　　　　　　D. 水暖施工图

61. 下列关于建筑剖面图和建筑详图基本规定的说法中，错误的是（　　）。

A. 剖面图一般表示房屋在高度方向的结构形式

B. 建筑剖面图中高度方向的尺寸包括总尺寸、内部尺寸和细部尺寸

C. 建筑剖面图中不能详细表示清楚的部位应引出索引符号，另用详图表示

D. 需要绘制详图或局部平面放大的位置一般包括内外墙节点、楼梯、电梯、厨房、卫生间、门窗、室内外装饰等

62. 下列立面图的图名中错误的是（　　）。

A. 房屋立面图　　　　　　　　　　　B. 东立面图

C. ⑦—①立面图　　　　　　　　　　D. Ⓐ—Ⓕ立面图

63. 用一假想的平面剖切某形体得到的投影图，称为（　　）。

A. 正面图　　　　　B. 剖面图　　　　　C. 局部投影图　　　　　D. 断面图

64. 剖面图是假想用剖切平面将物体剖开，移去介于（　　）的部分，对剩余部分向投影面所作的正投影图。

A. 观察者和剖切平面之间　　　　　　B. 剖切平面两侧可见

C. 所有右侧　　　　　　　　　　　　D. 剖切平面上方

65. 剖面图中，剖切到的轮廓线用（　　）来表示。

A. 粗实线　　　　　B. 细实线　　　　　C. 虚线　　　　　D. 点画线

66. 剖面图中，剖切到的轮廓线用（　　）来表示。

A. 粗实线　　　　　B. 细实线　　　　　C. 虚线　　　　　D. 点画线

67. 关于剖面图的标注方法，错误的是（　　）。

A. 用剖切位置线表示剖切平面的位置，用长 6～10mm 的粗实线表示

B. 剖切后的投射方向用垂直于剖切位置线的长 4～6mm 的短粗线表示

C. 剖面图与被剖切图样可以不在同一张图纸内

D. 剖切符号一般不用编号

68. 在进行剖面图的处理时，若用一个剖切面不能将形体上需要表达的内部构造一齐剖开，可用两个及以上相互平行的剖切平面，这样得到的剖面图称为（　　）。

A. 全剖图　　　　　　B. 阶梯剖面图　　　　C. 局部剖面图　　　　D. 半剖面图

69. 以下关于选择剖面位置的基本原则，不正确的是（　　）。

A. 剖切面平行于某一投影面　　　　　　B. 剖切面过形体的对称面

C. 剖切面过孔洞的轴线　　　　　　　　D. 剖切过程可能产生新线

70. 某构件形体是对称的，画图时把形体的一半画成剖面图，这样组合而成的投影图叫作（　　）。

A. 半剖面图　　　　　　　　　　　　B. 展开剖面图

C. 局部剖面图　　　　　　　　　　　D. 全剖面图

71. 下图中的 1—1 剖面图属于（　　）。

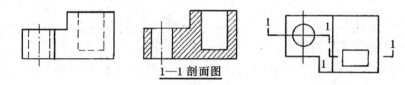

1—1 剖面图

A. 全剖面图　　　　　B. 半剖面图　　　　C. 展开剖面图　　　　D. 阶梯剖面图

72. 下图中水池的剖面图属于（　　）。

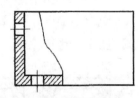 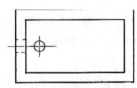

A. 展开剖面图　　　　B. 半剖面图　　　　C. 分层剖面图　　　　D. 局部剖面图

73. 分层剖面图一般是以（　　）为界，分别画出每层构造的。

A. 实线　　　　　　B. 虚线　　　　　　C. 波浪线　　　　　　D. 曲线

74. 以下关于局部剖面图的说法，正确的是（　　）。

A. 用曲线分界　　　　　　　　　　　B. 一般要标注剖切符号

C. 一般要画剖切编号　　　　　　　　D. 范围一般不应超过投影图图形的 1/2

75. 剖切位置线用（　　）来表示。

A. 长 6～10mm 的粗实线　　　　　　B. 长 6～10mm 的点画线

C. 长 4～6mm 的粗实线　　　　　　　D. 长 4～6mm 的点画线

76. 剖面图线型规定，被剖切面切到部分的轮廓线用（　　）绘制，剖切面后的可见部分用（　　）绘制。

A. 粗实线 粗实线　　　　　　　　　　B. 中实线 中实线

C. 粗实线 中实线   D. 中实线 粗实线

77. 剖面图与断面图的关系是（   ）。

A. 剖面图画细实线   B. 断面图画粗实线

C. 断面中包括剖面   D. 剖面图包含断面图

78. 某构件及剖切位置如下图所示，与之对应的剖面图应为（   ）。

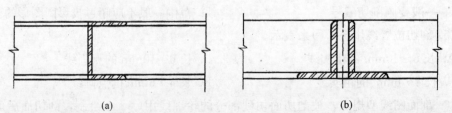

79. 能反映建筑物内部垂直方向的高度构造层次结构形式的是（   ）。

A. 总平面图   B. 建筑平面图   C. 建筑剖面图   D. 建筑立面图

80. 建筑剖面图是表示建筑物（   ）房屋各部分的组合关系。

A. 在水平方向上   B. 在垂直方向上

C. 在水平和垂直方向上   D. 在纵深方向上

81. 在杆件投影图的某一处用折断线断开，然后将断面图画于其中的画法称为（   ）。

A. 局部断面图   B. 移出断面图   C. 中断断面图   D. 重合断面图

82. 将形体某一部分剖切后所形成的断面图，画在原投影图以外的一侧称为（   ）。

A. 全断面图   B. 移出断面图   C. 重合断面图   D. 中断断面图

83. 某构件及剖切位置如下图所示，与之对应的断面图应为（   ）。

84. 下图型钢的断面图属于（   ）。

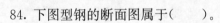

(a)   (b)

A. 移出断面图   B. 重合断面图   C. 中断断面图   D. 局部断面图

85. 若仅将剖切面切到的部分向投影面投射，则所得的图形称为（   ）。

A. 正面图　　　　B. 剖面图　　　　C. 局部投影图　　　D. 断面图

86. 截面图按剖切形式分类没有(　　　)。

A. 移出截面图

B. 移入截面图

C. 中断截面图

D. 重合截面图

87. 以下关于剖面图和断面图的区别，错误的是(　　　)。

A. 剖面图包含断面图，断面图是剖面图的部分

B. 剖切符号的表示不同，断面图的剖切符号只有剖切位置线

C. 剖面图只需绘出剖切到的断面轮廓投影

D. 形体被剖切到的断面轮廓内均要填充材料符号

88. 断面图与剖面图相比较相同的部分是(　　　)。

A. 剖切符号

B. 图名

C. 表达范围

D. 被剖切部分的表达

89. 重合断面应画在形体投影图形的(　　　)。

A. 附近

B. 剖切位置投影图上

C. 断开的图形中间

D. 任意位置

90. 下列关于建筑施工图作用的说法不正确的是(　　　)。

A. 建筑施工图是新建房屋及构筑物施工定位，规划设计水暖电等专业工程总平面图及施工总平面图设计的依据

B. 建筑平面图主要用来表达房屋平面布置的情况，是施工、备料、放线、砌墙、安装门窗及编辑概预算的依据

C. 建造房屋时，建筑施工图主要作为定位、放线、砌筑墙体、安装门窗、装修的依据

D. 建筑剖面图是施工编制概预算及备料的重要依据

91. 下列关于房屋建筑施工图图示特点和制图有关规定的说法错误的是(　　　)。

A. 由于房屋形体较大，施工图一般都用较小比例绘制，但对于其中需要表达清楚的节点剖面等部位，可以选择用原尺寸的详图来绘制

B. 平面图、立面图、剖面图是建筑施工图中最基本最重要的图样，在图纸幅面允许时，最好将其画在同一张图纸上，以便查阅

C. 房屋建筑的构配件和材料种类繁多，为作图简便，国家标准采用一系列图例来代表建筑构配件、卫生设备、建筑材料等

D. 普通砖使用的图例可以用来表示实心砖、多孔砖砌块等砌体

92. 建筑工程的施工图纸按工种分为三类，下列哪项应除外(　　　)。

A. 建筑施工图

B. 装修施工图

C. 结构施工图

D. 设备施工图

93. 以下不属于建筑施工图的是(　　　)。

A. 总平面图   B. 构件详图

C. 建筑剖面图   D. 建筑立面图

94. 一套房屋施工图的编排顺序是：图纸目录、设计总说明、总平面图、建筑施工图、（   ）、设备施工图。

A. 建筑平面图   B. 建筑立面图

C. 建筑剖面图   D. 结构施工图

95. 建筑施工图简称建施，包括的专业图纸为（   ）。

A. 施工首页图、总平面图、建筑平面图、立面图、剖面图和建筑详图等

B. 基础布置图、柱配筋图等

C. 电气施工图、给水排水施工图

D. 给水排水施工图、采暖通风施工图

96. 首页图不包括（   ）。

A. 图纸目录   B. 设计说明   C. 构件详图   D. 门、窗表

97. 能反映新建房屋拟建原有和拆除的房屋构筑物等的位置和朝向以及室外场地道路绿化等布置的是（   ）。

A. 建筑平面图   B. 建筑立面图   C. 建筑总平面图   D. 功能分区图

98. 主要用来确定新建房屋的位置朝向以及周边环境关系的是（   ）。

A. 建筑平面图   B. 建筑立面图   C. 总平面图   D. 功能分区图

99. 总平面图是采用（   ）方法绘制的。

A. 平行投影法   B. 正投影法   C. 斜投影法   D. 中心投影

100. 总平面图的主要用途不包括（   ）。

A. 新建房屋定位放线依据   B. 施工管理依据

C. 场地填挖方依据   D. 建筑形式

101. 下列（   ）必定属于总平面图表达的内容。

A. 相邻建筑的位置   B. 墙体轴线

C. 柱子轴线   D. 建筑物总高

102. 施工总平面图内容包括（   ）。

A. 总体布局规划形状、位置地形、地貌朝向、风速及其他

B. 总体布局规划形状、位置地形和地貌

C. 总体布局规划形状和位置

D. 形状、位置地形、地貌朝向和风速

103. 在绘制工程图时，总平面图中新建建筑物的可见轮廓线应采用（   ）。

A. 粗实线   B. 中粗实线   C. 细实线   D. 粗点画线

104. 下列关于建筑总平面图图示内容的说法正确的是（   ）。

A. 新建建筑物的定位一般采用两种方法：一是按原有建筑物或原有道路定位；二

是按坐标定位

B. 在总平面图中，标高以 m 为单位，并保留至小数点后三位

C. 新建房屋所在地区风向情况的示意图即为风玫瑰图，风玫瑰图不可用于表明房屋和地物的朝向情况

D. 临时建筑物在设计和施工中可以超过建筑红线

105. 建筑平面图中外部尺寸应标注（   ）。

A. 两道尺寸线   B. 三道尺寸线

C. 四道尺寸线   D. 没有规定

106. 建筑平面图的外部尺寸俗称外三道，其中最里面一道尺寸标注的是（   ）。

A. 房屋的开间、进深   B. 房屋内墙的厚度和内部门窗洞口尺寸

C. 房屋水平方向的总长、总宽   D. 房屋外墙的墙段及门窗洞口尺寸

107. 在建筑施工图中，M 代表（   ）。

A. 窗   B. 墙   C. 梁   D. 门

108. 下列叙述错误的是（   ）。

A. 楼梯平面图中 45°折断线可绘制在任一梯段上

B. 门带窗的代号为 MC

C. 房间的开间为横向轴线之间的距离

D. 结施图的定位轴线必须与建施图的一致

109. 在建筑施工图中，C 代表（   ）。

A. 门   B. 窗   C. 梁   D. 柱

110. 楼梯平面图中，梯段处绘制长箭线，并注写"上 17"，表示（   ）。

A. 从该楼层到顶层需上 17 级踏步

B. 从该楼层到上一层楼层需上 17 级踏步

C. 从该楼层到休息平台需上 17 级踏步

D. 该房屋各楼梯均为 17 级踏步

111. 屋顶平面图中，绘制的箭线，并注写 $i=2\%$，表示（   ）。

A. 排水方向及坡度，方向为箭头指向，坡度为 2%

B. 排水方向及坡度，方向为箭尾方向，坡度为 2%

C. 箭线表示屋脊，2% 表示排水坡度

D. 箭线表示屋脊线，2% 表示排水方向

112. 在建筑平面图中，对外墙标注的三道尺寸说法错误的是（   ）。

A. 最外一道是建筑物的总长、总宽，即从一端外墙皮量到另一端外墙皮的尺寸

B. 中间一道为房屋的轴线尺寸，即房间的开间与进深尺寸

C. 里面一道表示外墙门窗的大小、墙尺寸及与轴线的平面关系

D. 最外一道是建筑物的轴线尺寸，即从一端轴线到另一端轴线的尺寸

113. 在建筑剖面图中，（   ）标高是建筑标高。

A. 楼面   B. 窗台   C. 窗顶   D. 屋面

114. 如果需要了解建筑细部的构造尺寸材料施工要求等，可以查看（   ）。

A. 建筑平面图   B. 建筑立面图   C. 建筑剖面图   D. 建筑详图

115. 以下属于建筑施工详图的是（   ）。

A. 总平面图   B. 构件详图   C. 建筑剖面图   D. 建筑立面图

116. 如果需要了解预埋件的构造尺寸及做法，应查阅（   ）。

A. 结构平面布置图   B. 构件详图

C. 建筑立面图   D. 结构设计说明

二、多项选择题

1. 目前我国使用的图纸基本幅面有（   ）。

A. A1   B. A2   C. A3

D. A4   E. A5

2. 以下图纸幅面代号与图框尺寸对应正确的是（   ）。

A. A0－841×1189 B. A1－594×840 C. A2－420×297

D. A3－297×420   E. A4－297×420

3. 工程建设图的图线包括（   ）等。

A. 实线   B. 虚线   C. 曲线

D. 波浪线   E. 折线

4. 有关单点长画线的说法，正确的是（   ）。

A. 与其图线相交时应是线段相交

B. 线段长度和间隙宜各自相等

C. 当在较小图形中绘制有困难时，可用实线代替

D. 两端可以是点

E. 可以用来表示轴线

5. 下列比例属于放大比例的是（   ）。

A. 1∶50   B. 20∶1   C. 5∶1

D. 1∶100   E. 1∶1

6. 尺寸标注包括（   ）等部分组成。

A. 尺寸界线   B. 尺寸数字   C. 尺寸线

D. 尺寸起止符号   E. 尺寸间距线

7. 在标注尺寸数字中，规定有（   ）。

A. 标注尺寸单位

B. 尺寸数字注写的大小要一致

C. 尺寸数字的字号一般大于或等于 3.5 号

D. 尺寸以 m 为单位

E. 数字必须使用阿拉伯数字

8. 工程图的尺寸标注中，以下（　　）用细实线表示。

A. 尺寸界线　　　　B. 尺寸线　　　　　　C. 尺寸起止符号

D. 尺寸数字　　　　E. 尺寸间距线

9. 按照制图标准绘制的构件图形，其真实大小（　　）。

A. 与绘图的准确度无关

B. 与绘图的准确度有关

C. 应以图形上量取数值为准

D. 应以图形尺寸标注为准

E. 应以图形量取数值按比例换算

10. 下列尺寸标注形式的基本规定中，正确的是（　　）。

A. 半圆或小于半圆的圆弧应标注半径，圆及大于半圆的圆弧应标注直径

B. 在圆内标注的直径尺寸线可不通过圆心，只需两端画箭头指至圆弧，较小圆的直径尺寸，可标注在圆外

C. 标注坡度时，在坡度数字下应加注坡度符号，坡度符号为单面箭头，一般指向下坡方向

D. 我国把青岛市外的黄海海平面作为零点所测定的高度尺寸称为绝对标高

E. 在施工图中一般注写到小数点后两位即可

11. 在建筑平面图中，命名定位轴线时，竖向自下而上用大写的拉丁字母编写。但字母（　　）不用。

A. C　　　　　　　B. D　　　　　　　　C. I

D. O　　　　　　　E. Z

12. 按照标高零点的不同有（　　）两种形式。

A. 零点标高　　　　B. 结构标高　　　　　C. 绝对标高

D. 相对标高　　　　E. 原点标高

13. 平面图主要表示房屋（　　）。

A. 屋顶的形式　　　B. 外墙饰面　　　　　C. 房间大小

D. 内部分隔　　　　E. 细部构造

14. 立面图的命名方式有（　　）。

A. 用朝向命名　　　B. 用做法命名　　　　C. 用外貌特征命名

D. 用立面图上首尾轴线命名　　　　E. 用建筑物排列顺序命名

15. 立面图主要表明建筑物（　　）。

A. 屋顶的形式　　　B. 外墙饰面　　　C. 房间大小

D. 内部分隔　　　E. 门窗尺寸

16. 立面图的图示内容（　　　）。

A. 标注索引符号

B. 入口大门的高度、宽度

C. 外墙各主要部位的标高

D. 建筑物两端的定位轴线及其编号

E. 剖切符号位置

17. 《房屋建筑制图统一标准》中规定剖切符号应表达（　　　）。

A. 剖切位置　　　B. 剖视方向　　　C. 剖面图编号

D. 剖切名称　　　E. 剖切平面

18. 用波浪线做剖面图分界线的有（　　　）。

A. 全剖面图　　　B. 半剖面图　　　C. 局部剖面图

D. 分层剖面图　　　E. 阶梯剖面图

19. 以下关于剖面图的适用情况正确的是（　　　）。

A. 全剖面图一般用于对称形体的剖切

B. 半剖面图一般用于对称形体的剖切

C. 全剖面图一般用于不对称形体的剖切

D. 半剖面图一般用于不对称形体的剖切

E. 全剖面图比半剖面图适用范围更广

20. 剖面图可分为（　　　）。

A. 全剖面图　　　B. 阶梯剖面图　　　C. 移出剖面图

D. 半剖面图　　　E. 展开剖面图

21. 建筑图中的剖面图主要表明建筑物（　　　）。

A. 房间大小　　　B. 内部分隔　　　C. 屋顶坡度

D. 楼层高度　　　E. 平面布局

22. 建筑施工图（简称建施图），包括（　　　）。

A. 建筑平面图　　　B. 建筑立面图　　　C. 建筑剖面图

D. 建筑设备图　　　E. 建筑详图

23. 房屋建筑工程图按专业不同分为（　　　）。

A. 建筑施工图　　　B. 结构施工图　　　C. 设备施工图

D. 节点大样图　　　E. 构件详图

24. 建筑施工图包括（　　　）等图样。

A. 首页图和总平面图　　　　　　　　B. 建筑平面图

C. 构件详图　　　　　　　　　　　　D. 建筑剖面图

E. 建筑详图

25. 按图样内容的主从关系，图纸系统编排关系为（　　）。

A. 先施工的在前，后施工的在后

B. 总体图在前，局部图在后

C. 构件图在前，布置图在后

D. 局部图在前，总体图在后

E. 建筑图在前，结构图在后

26. 下列属于建筑工程施工图的有（　　）。

A. 建筑施工图　　　B. 规划施工图　　　C. 结构施工图

D. 设备施工图　　　E. 景观施工图

27. 建筑施工图的主要内容包括（　　）。

A. 暖通图　　　　　B. 立面图　　　　　C. 剖面图

D. 各层平面图　　　E. 施工总平面图

28. 下列关于建筑制图的线型及其应用的说法中，正确的是（　　）。

A. 平剖面图中被剖切的主要建筑构造（包括构配件）的轮廓线用粗实线绘制

B. 建筑平、立剖面图中的建筑构配件的轮廓线用中粗实线绘制

C. 建筑立面图或室内立面图的外轮廓线用中粗实线绘制

D. 拟建扩建建筑物轮廓用中粗虚线绘制

E. 预应力钢筋线在建筑结构中用粗单点长画线绘制

29. 建筑总平面图是了解新建房屋的（　　）等情况。

A. 房屋位置　　　　B. 房屋朝向　　　　C. 周围的环境

D. 道路布置　　　　E. 地下室布置情况

30. 一般总平面图的出图比例为（　　）。

A. 1∶500　　　　　B. 1∶1 000　　　　C. 1∶2 000

D. 1∶100　　　　　E. 1∶50

31. 在建筑剖面图中，对外墙标注的高度尺寸一般包括（　　）。

A. 最外一道是建筑物的总高

B. 中间一道尺寸注明建筑物的窗台标高

C. 里面一道尺寸是各构件的高度

D. 中间一道尺寸注明建筑物的层高

E. 楼梯间的层高

32. 下列关于建筑详图基本规定的说法中，正确的是（　　）。

A. 内外墙节点一般用平面图、立面图和剖面图表示

B. 楼梯平面图必须分层绘制，一般有底层平面图、标准层平面图和顶层平面图

C. 楼梯详图一般包括楼梯平面图、楼梯立面图、楼梯剖面图和节点详图

D. 楼梯间剖面图只需绘制出与楼梯相关的部分，相邻部分可用折断线断开

E. 楼梯节点详图一般采用较大的比例绘制，如 1：1、1：2、1：5、1：10、1：20 等

33. 楼梯建筑详图是由（   ）组成。

A. 平面图 B. 断面图 C. 剖面图

D. 细剖详图 E. 立面图

34. 建筑详图的主要特点是（   ）。

A. 绘图比例较大 B. 表达范围较广 C. 尺寸标注齐全

D. 文字说明详尽 E. 材料表达明确

35. 详图常用的比例有（   ）。

A. 1：10 B. 1：20 C. 1：100

D. 1：200 E. 1：500

【参考答案】

一、单项选择题

1. C	2. B	3. D	4. D	5. A	6. A	7. A	8. C	9. D	10. A
11. C	12. B	13. B	14. C	15. B	16. A	17. B	18. C	19. A	20. B
21. A	22. C	23. A	24. D	25. B	26. C	27. B	28. D	29. B	30. A
31. A	32. C	33. D	34. A	35. B	36. D	37. C	38. A	39. C	40. B
41. D	42. C	43. A	44. D	45. C	46. C	47. C	48. B	49. D	50. A
51. D	52. C	53. D	54. A	55. C	56. D	57. B	58. A	59. A	60. A
61. B	62. A	63. B	64. C	65. A	66. A	67. D	68. B	69. D	70. A
71. D	72. D	73. C	74. A	75. A	76. C	77. D	78. B	79. C	80. B
81. C	82. B	83. C	84. B	85. D	86. B	87. C	88. D	89. B	90. A
91. C	92. B	93. D	94. C	95. A	96. D	97. A	98. C	99. B	100. D
101. A	102. A	103. D	104. A	105. B	106. D	107. A	108. A	109. B	110. B
111. A	112. D	113. A	114. D	115. B	116. B				

二、多项选择题

1. ABCD	2. AD	3. ABDE	4. ABCE	5. BC
6. ABCD	7. BCE	8. AB	9. AD	10. ACD
11. CDE	12. CD	13. CD	14. ACD	15. ABE
16. ACD	17. ABC	18. CD	19. BCD	20. ABDE
21. CD	22. ABCE	23. ABC	24. ABD	25. AB
26. ACD	27. BCD	28. ABD	29. ABCD	30. ABC
31. ACD	32. BDE	33. ACD	34. ACDE	35. AB

第五章 工程力学概论

一、单项选择题

1. 下列不是力的三要素的是( )。

A. 作用点　　　　　B. 大小　　　　　C. 方向　　　　　D. 作用线

2. 作用线汇交于一点的力系称为( )。

A. 平面力系　　　　B. 等效力系　　　　C. 汇交力系　　　　D. 一般力系

3. 国际单位制中，力的单位是( )。

A. N　　　　　　　B. kg　　　　　　　C. m³　　　　　　　D. MPa

4. 在不同方向上具有不同受力性能的弹性体称为( )。

A. 弹性变形体　　B. 各向同性弹性体　C. 各向异性弹性体　D. 变形体

5. 当外力不超过某一极限时，随外力解除后而消除的变形称为( )。

A. 弹性体变形　　　B. 弹性变形　　　　C. 塑性变形　　　　D. 残余变形

6. 国际单位制中，力矩的单位是( )。

A. N　　　　　　　B. kN　　　　　　　C. MPa　　　　　　D. N·m

7. 下列说法正确的是( )。

A. 根据右手螺旋法则，力矩的方向规定是顺时针转动为正，逆时针转动为负

B. 在确定力臂时，应该从矩心向力的作用线作垂线，求其垂线段长

C. 当力 F 的大小等于零，且必须 $d=0$ 时，力矩才等于零

D. 当力沿其作用线移动时，会改变力对某点之矩

8. 如图所示，大小相等的四个力作用在同一平面上且力的作用线交于一点 A，试比较四个力对平面上点 O 的力矩，最大的力是( )。

A. F_1　　　　　　　　B. F_2

C. F_3　　　　　　　　D. F_4

9. 力偶( )。

A. 有合力

B. 能用一个力等效代替

C. 能与一个力平衡

D. 无合力，不能用一个力等效代替

10. 下列力偶与 $M=5$kN·m 等效的力偶是( )。

11. 图示的合力偶为（　　）。

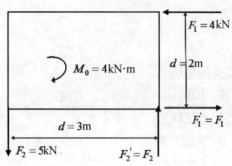

A. 15kN·m ↻   B. 15kN·m ↺   C. 19kN·m ↺   D. 19kN·m ↻

12. 已知力 R 是两个分力的合力，则 R 对某点的力矩（　　）两个分力对该点的力矩之和。

A. 大于　　　　　　B. 等于　　　　　　C. 小于　　　　　　D. 大于或等于

13. 作用在同一物体上的两个共点力，其合力数值的大小（　　）。

A. 必然等于两个分力的代数和　　　　　　B. 必然大于等于两个分力的代数和

C. 必然等于两个分力的代数差　　　　　　D. 必然大于等于两个分力的代数差

14. 作用于刚体上的力，可以平移到刚体上的任一点，但必须附加（　　）。

A. 一个力　　　　B. 一个力偶　　　　C. 一对力　　　　D. 一对力偶

15. 关于约束反力，下面说法不正确的是（　　）。

A. 柔索的约束反力沿着柔索的中心线，只能是拉力

B. 链杆的约束反力沿着链杆的中心线，可以是拉力，也可以是压力

C. 固定支座的约束反力有三个

D. 可动铰支座的约束反力通过铰链中心方向不定，用一对正交分力表示

16. 下列选项属于固定端约束反力示意图的是（　　）。

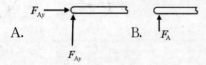 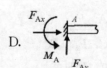

17. 只能限制物体在平面内的移动，不能限制物体绕支座转动的约束称为（　　）。

A. 固定铰支座　　B. 可动铰支座　　C. 固定端支座　　D. 定向铰链支座

18. 只能限制物体垂直于支承面方向的移动，不能限制物体其他方向的移动及转动的支座称为（　　）。

A. 固定铰支座　　　B. 可动铰支座　　　C. 固定端支座　　　D. 定向铰链支座

19. 能限制物体平面内任意方向的移动且能限制绕支座转动的支座称为(   )。

A. 固定铰支座　　　B. 可动铰支座　　　C. 固定端支座　　　D. 定向铰链支座

20. 当力垂直于轴时，力在轴上的投影(   )。

A. 等于零　　　　　B. 大于零　　　　　C. 等于力自身　　　D. 小于力自身

21. 当力平行于轴时，力在轴上的投影(   )。

A. 等于零　　　　　B. 大于零　　　　　C. 等于力自身　　　D. 小于力自身

22. 合力在任一轴上的投影，等于力系中各个分力在同一轴上投影的(   )。

A. 代数和　　　　　B. 矢量和　　　　　C. 和　　　　　　　D. 矢量差

23. 某力在直角坐标系的投影为 $F_x=3kN$，$F_y=4kN$，此力的大小为 (   )kN。

A. 1　　　　　　　B. 5　　　　　　　C. 7　　　　　　　　D. 12

24. 起吊一个重 10kN 的构件。钢丝绳与水平线夹角 α 为 45°，构件匀速上升时，绳的拉力是(   )kN。

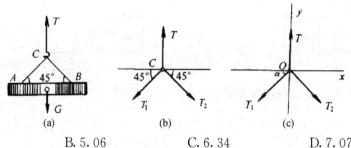

A. 4. 21　　　　　B. 5. 06　　　　　C. 6. 34　　　　　　D. 7. 07

25. 梁 AB 跨中作用有一力偶，力偶矩 m＝15kN·m，梁长 l＝3m，梁的自重不计，则 A、B 处支座反力为(   )kN。

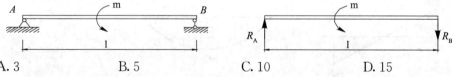

A. 3　　　　　　　B. 5　　　　　　　C. 10　　　　　　　D. 15

26. 简支梁受力如图所示，A 支座的支座反力为(   )。

A. $F_{Ax}=24kN$，$F_{Ay}=18kN$

B. $F_{Ax}=0kN$，$F_{Ay}=18kN$

C. $F_{Ax}=24kN$，$F_{Ay}=6kN$

D. $F_{Ax}=0kN$，$F_{Ay}=6kN$

27. 如图所示梁的支座反力 x_A 为(   )kN。

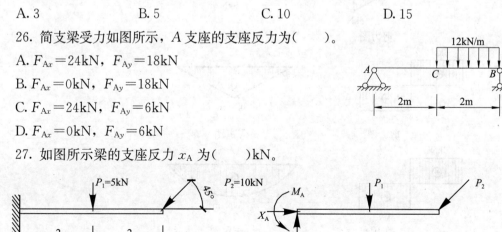

A. 15. 07　　　　　B. 0. 707　　　　　C. 7. 07　　　　　　D. 1. 507

28. 如图所示轴向受力杆 1-1 截面和 2-2 截面的内力为（　　）。

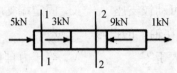

A. $F_{N1}=-5kN$，$F_{N2}=8kN$　　　　　　B. $F_{N1}=-5kN$，$F_{N2}=-8kN$

C. $F_{N1}=5kN$，$F_{N2}=8kN$　　　　　　D. $F_{N1}=5kN$，$F_{N2}=-8kN$

29. 如图所示轴向受力杆的轴力图为（　　）。

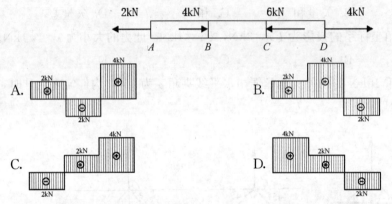

30. 如图所示简支梁在均布荷载 q 作用下，内力图正确的是（　　）。

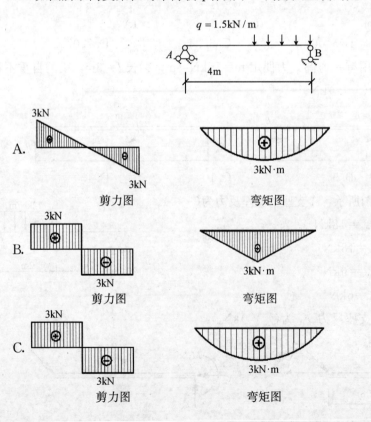

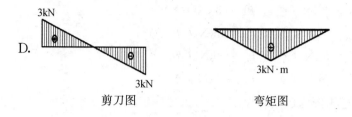

D.

剪刀图   弯矩图

31. 如图所示的梁，其内力图正确的是(　　　)。

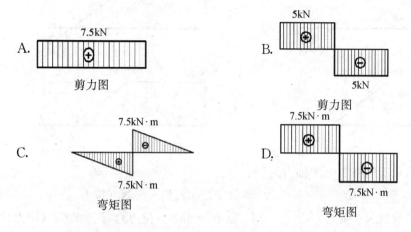

A.

剪力图

B.

剪力图

C.

弯矩图

D.

弯矩图

32. 如图所示悬臂梁，其内力图正确的是(　　　)。

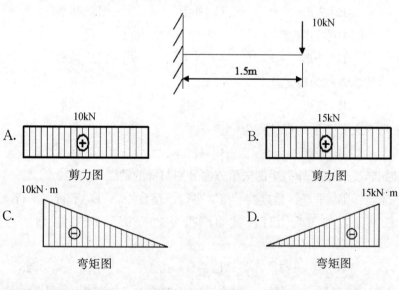

A. 剪力图

B. 剪力图

C. 弯矩图

D. 弯矩图

33. 如图所示连续梁，支座反力为(　　　)。

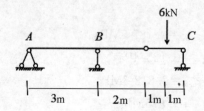

A. $F_{Ay}=5kN$（↑），$F_{By}=2kN$（↑），$F_{Cy}=3kN$（↑）

B. $F_{Ay}=2kN$（↑），$F_{By}=5kN$（↑），$F_{Cy}=3kN$（↑）

C. $F_{Ay}=2kN$（↓），$F_{By}=5kN$（↑），$F_{Cy}=3kN$（↑）

D. $F_{Ay}=2kN$（↓），$F_{By}=5kN$（↓），$F_{Cy}=3kN$（↑）

34. 如图所示连续梁其弯矩图为（   ）。

A.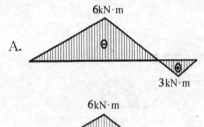

B.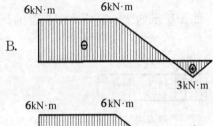

C.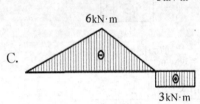

D.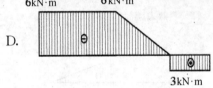

35. 如图所示桁架的杆 1.2 的轴力为（   ）。

A. $F_1=0$，$F_2=0$

B. $F_1=0$，$F_2=6kN$（拉力）

C. $F_1=0$，$F_2=6kN$（压力）

D. $F_1=6kN$（拉力），$F_2=6kN$（压力）

36. 抵抗（   ）的能力称为强度。

A. 破坏　　　　　B. 变形　　　　　C. 外力　　　　　D. 荷载

37. 抵抗（   ）的能力称为刚度。

A. 破坏　　　　　B. 变形　　　　　C. 外力　　　　　D. 荷载

38. 抵抗（   ）的能力称为稳定性。

A. 破坏　　　　　B. 变形　　　　　C. 失稳　　　　　D. 荷载

39. 以弯曲变形为主要变形的杆件称为（   ）。

A. 梁　　　　　　B. 桁架　　　　　C. 柱　　　　　　D. 板

40. 在弯曲和扭转变形中，外力矩的矢量方向分别与杆的轴线（   ）。

A. 垂直、平行　　　B. 垂直、垂直　　　C. 平行、垂直　　　D. 平行、平行

41. 如题 28 图所示，轴向受力杆件截面面积为 $200mm^2$，$1-1$ 截面的应力为（   ）MPa。

A. $\sigma_1=-2.5$　　　B. $\sigma_1=-25$　　　C. $\sigma_1=-0.025$　　　D. $\sigma_1=-0.25$

42. 如题 32 图所示，悬臂梁的截面面积为 $b\times h=200mm\times400mm$，其最大正应力与最大切应力的值为（   ）。

A. $\sigma_{max}=2.812\ 5MPa$，$\tau_{max}=0.187\ 5MPa$

B. $\sigma_{max}=1.875MPa$，$\tau_{max}=0.125MPa$

C. $\sigma_{max}=0.187\ 5MPa$，$\tau_{max}=2.812\ 5MPa$

D. $\sigma_{max}=0.125MPa$，$\tau_{max}=1.875MPa$

43. 矩形截面梁的正应力与切应力分别呈（   ）分布。

A. 线性、线性　　　　　　　　　　　B. 线性、抛物线

C. 抛物线、抛物线　　　　　　　　　D. 抛物线、线性

44. 矩形截面梁上中性轴上的正应力与切应力分别为（   ）。

A. 最大值，最大值　　　　　　　　　B. 零，最大值

C. 零，零　　　　　　　　　　　　　D. 最大值，零

45. 矩形截面对其形心轴的惯性矩、抗弯截面模量为（   ）。

A. $\dfrac{bh^3}{6}$，$\dfrac{bh^2}{6}$　　B. $\dfrac{bh^3}{12}$，$\dfrac{bh^2}{6}$　　C. $\dfrac{bh^3}{3}$，$\dfrac{bh^2}{6}$　　D. $\dfrac{bh^3}{12}$，$\dfrac{bh^2}{6}$

46. 圆形截面对其形心轴的惯性矩、抗弯截面模量为（   ）。

A. $\dfrac{\pi D^4}{32}$，$\dfrac{\pi D^4}{64}$　　B. $\dfrac{\pi D^4}{32}$，$\dfrac{\pi D^4}{16}$　　C. $\dfrac{\pi D^4}{32}$，$\dfrac{\pi D^3}{16}$　　D. $\dfrac{\pi D^3}{32}$，$\dfrac{\pi D^3}{16}$

47. 右图所示等截面直杆，材料的抗拉（压）刚度为 EA，杆中 D 处横截面的轴向位移是（   ）。

A. $\dfrac{4FL}{EA}$　　　　B. $\dfrac{3FL}{EA}$　　　　C. $\dfrac{2FL}{EA}$　　　　D. $\dfrac{FL}{EA}$

48. 求静定结构的构件内力的基本方法为（   ）。

A. 叠加法　　　B. 积分法　　　C. 截面法　　　D. 结点法

49. 欧拉公式中长度系数 μ 在两端铰支、两端固定时分别取（   ）。

A. 1.0，2.0　　　B. 0.5，1.0　　　C. 0.5，2.0　　　D. 1.0，0.5

50. 欧拉公式的适用范围是（   ）。

A. $\lambda \geqslant \lambda_p$　　　B. $\lambda \leqslant \lambda_p$　　　C. $\lambda > \lambda_p$　　　D. $\lambda < \lambda_p$

51. 压杆压力临界值大小的影响因素不包括（   ）。

A. 材料性质　　　B. 截面形状　　　C. 压杆长度　　　D. 外力大小

二、多项选择题

1. 力对物体的作用效果包括（   ）。

A. 运动效应　　　B. 伸长效应　　　C. 破裂效应

D. 变形效应　　　E. 挤压效应

2. 为了简化研究，对于变形体做的基本假设是指（   ）。

A. 弹性变形假设　　B. 塑性变形假设　　C. 连续性假设

D. 均匀性假设　　E. 各向同性假设

3. 关于力矩，下面说法正确的是（　　）。

A. 力矩的计算式为 $M(F) = Fd$

B. 若力的作用线通过矩心，则力矩等于零

C. 力沿其作用线移动时，力矩不变

D. 力矩的值与矩心位置无关

E. 力矩的单位是 N·m

4. 关于力偶，下面说法正确的是（　　）。

A. 力偶在任一轴上的投影均为零

B. 力偶可以被一个力平衡

C. 力偶对其作用面内任一点之矩恒等于力偶矩

D. 力偶无合力

E. 力偶的单位是 N

5. 作用在刚体上的两个力，使刚体处于平衡的充分与必要条件是，这两个力（　　）。

A. 大小相等　　　B. 方向相同　　　C. 方向相反

D. 作用在同一直线上　　　　　　E. 作用线平行

6. 两个物体之间的作用和反作用总是（　　）。

A. 大小相等　　　B. 方向相同　　　C. 方向相反

D. 作用线平行　　E. 分别作用在两个物体上

7. 静力学中常见的支座有（　　）。

A. 固定铰支座　　B. 可动铰支座　　C. 固定端支座

D. 定向铰链支座　E. 球支座

8. 下列约束不能限制物体绕支座转动的有（　　）。

A. 固定铰支座　　B. 可动铰支座　　C. 固定端支座

D. 定向铰链支座　E. 柔索约束

9. 下面（　　）都是平面一般力系的平衡方程。

A. $\sum M_A = 0 \quad \sum M_B = 0 \quad \sum M_C = 0$

B. $\sum M_A = 0 \quad \sum M_B = 0 \quad \sum F_x = 0$

C. $\sum M_A = 0 \quad \sum F_x = 0 \quad \sum F_y = 0$

D. $\sum M_A = 0 \quad \sum F_x = 0$

E. $\sum F_x = 0 \quad \sum F_y = 0$

10. 平面一般力系的平衡解析条件包括（　　）。

A. 力在各坐标轴上的投影为零

B. 力在各坐标轴的投影的代数和为零

C. 力对平面内任意点的力矩的代数和为零

D. 力汇交于一点

E. 力的作用线平行

11. 单跨静定梁有三种形式(   )。

A. 连续梁　　　　　B. 简支梁　　　　　C. 外伸梁

D. 悬臂梁　　　　　E. 过梁

12. 梁的横截面上具有(   )两种内力。

A. 轴力　　　　　　B. 剪力　　　　　　C. 弯矩

D. 扭矩　　　　　　E. 挤压力

13. 下列说法正确的是(   )。

A. 集中力作用点,梁的剪力图有突变,弯矩图有尖点

B. 集中力作用点,梁的剪力图有尖点,弯矩图有突变

C. 集中力偶作用点,梁的剪力图无影响,弯矩图有突变

D. 长为 L 的悬臂梁承受均布荷载 q 时,支座截面剪力最大,其值为 qL;支座截面弯矩最大,其值为 $1/2\ qL^2$

E. 长为 L 的简支梁承受均布荷载 q 时,支座截面剪力最大,其值为 $1/2\ qL$;跨中截面弯矩最大,其值为 $1/8\ qL^2$

14. 杆件的基本变形包括(   )。

A. 轴向拉伸或压缩　B. 弯曲　　　　　　C. 剪切

D. 扭转　　　　　　E. 失稳

15. 关于轴向拉压杆的强度条件的运用有(   )。

A. 强度校核　　　　B. 设计截面　　　　C. 选择材料

D. 确定许用载荷　　E. 校核刚度

16. 提高梁弯曲强度的措施(   )。

A. 选择合理的截面,以提高截面的抗弯截面系数

B. 合理安排载荷改变梁的形式,增加支座约束以减小梁上的弯矩值

C. 根据梁上的弯矩分布,使用变截面梁

D. 选择合理的截面,以降低截面的抗弯截面系数

E. 合理安排载荷改变梁的形式,增加支座约束以增大梁上的弯矩值

17. 关于梁的变形下列说法正确的是(   )。

A. 梁在弯曲变形时有挠度 y 和转角 θ 两种位移

B. 用积分法求梁的挠度方程时,跨度为 1 的简支梁求积分常数的约束条件是 $x=0$ 时 $y=0$; $x=1$ 时 $y=0$

C. 用积分法求梁的挠度方程时,跨度为 1 的悬臂梁求积分常数的约束条件是 $x=0$

时 $y=0$；$x=1$ 时 $y=0$

D. 用积分法求梁的挠度方程时，跨度为 1 的悬臂梁求积分常数的约束条件是 $x=0$ 时 $y=0$，$\theta=0$

E. 其他条件不变，增大梁的截面将减小梁的挠度

18. 下列关于压杆稳定说法正确的是（　　）。

A. 当压杆的轴向压力大于临界值时，压杆处于不稳定状态

B. 压杆的长度系数与约束方式有关

C. 相同材料、长度、截面的压杆在两端固定时的临界值最大

D. 相同材料、长度、截面的压杆在一端固定一端自由时的临界值最小

E. 临界荷载的值越大越不安全

【参考答案】

一、单项选择题

1. D	2. C	3. A	4. C	5. B	6. D	7. B	8. B	9. D	10. C
11. D	12. B	13. D	14. B	15. D	16. D	17. A	18. B	19. C	20. A
21. C	22. A	23. B	24. D	25. B	26. D	27. C	28. B	29. A	30. A
31. C	32. A	33. C	34. A	35. B	36. A	37. B	38. C	39. A	40. A
41. B	42. C	43. B	44. B	45. B	46. C	47. B	48. C	49. D	50. A
51. D									

二、多项选择题

1. AD	2. CDE	3. BCE	4. ACD	5. ACD
6. ACE	7. ABCD	8. ABE	9. ABC	10. BC
11. BCD	12. BC	13. ACDE	14. ABCD	15. ABD
16. ABC	17. ABDE	18. ABCD		

第六章　建筑结构

一、单项选择题

1. 下列不是按照材料分类的结构类型为（　　）。

A. 混凝土结构　　B. 钢结构　　　　C. 框架结构　　　D. 木结构

2. 下列不属于混凝土结构优点的是（   ）。

A. 易于就地取材 　　　　　　　　　　B. 耐久性、耐火性好

C. 整体性好 　　　　　　　　　　　　D. 自重轻

3. 下列建筑设计时采用安全等级为二级的是（   ）。

A. 重要的工业建筑 　　　　　　　　　B. 重要的民用建筑

C. 一般工业与民用建筑 　　　　　　　D. 次要建筑

4. 设计使用年限分为（   ）类。

A. 4 　　　　　　B. 3 　　　　　　C. 2 　　　　　　D. 1

5. 建筑结构能承受正常施工、正常使用时可能出现的各种荷载和变形是（   ）的功能要求。

A. 安全性 　　　　B. 耐久性 　　　　C. 适用性 　　　　D. 实用性

6. 下列极限状态不属于承载能力极限状态的是（   ）。

A. 整个结构或结构构件作为刚体失去平衡

B. 结构构件或连接材料强度不够而破坏

C. 结构或结构构件丧失稳定

D. 影响正常使用的振动

7. 下列极限状态不属于正常使用极限状态的是（   ）。

A. 影响正常使用或外观的变形

B. 结构构件或连接材料因过度变形而不适于继续承载

C. 影响正常使用的局部损坏

D. 影响耐久性能的局部损坏

8. 地震作用是常见的（   ）作用。

A. 直接 　　　　　B. 间接 　　　　　C. 荷载 　　　　　D. 外力

9. 风荷载是（   ）。

A. 恒荷载 　　　　B. 活荷载 　　　　C. 偶然荷载 　　　D. 永久荷载

10. 永久荷载采用（   ）为代表值。

A. 标准值 　　　　B. 组合值 　　　　C. 频遇值 　　　　D. 准永久值

11. 在设计基准期内，其超越的总时间约为设计基准期一半的荷载值称为（   ）。

A. 可变荷载标准值 　　　　　　　　　B. 可变荷载组合值

C. 可变荷载频遇值 　　　　　　　　　D. 可变荷载准永久值

12. 混凝土强度等级是按（   ）的大小确定。

A. $f_{cu,k}$ 　　　　　B. f_{ck} 　　　　　C. f_c 　　　　　D. f_{tk}

13. 关于混凝土下列说法不正确的是（   ）。

A. 混凝土是典型的脆性材料

B. 混凝土的抗压强度远大于抗拉强度

C. 混凝土分为 12 个等级

D. C30 表示混凝土立方体抗压强度标准值为 30MPa

14. 钢筋破坏时有明显变形，属于（　　）。

A. 脆性破坏　　　　B. 延性破坏　　　　C. 弹性破坏　　　　D. 塑性破坏

15. 符号Φ是指（　　）钢筋。

A. HPB300　　　　B. HRB335　　　　C. HRB400　　　　D. RRB400

16. 混凝土结构中的受压钢筋，当计算中充分利用其抗压强度时，锚固长度不应小于相应受拉锚固长度的（　　）。

A. 30%　　　　　　B. 50%　　　　　　C. 60%　　　　　　D. 70%

17. 任何情况下受拉钢筋的锚固长度不得小于（　　）。

A. 100mm　　　　B. 200mm　　　　C. 250mm　　　　D. 300mm

18. 轴心受拉及小偏心受拉杆件的纵向受力钢筋不得采用（　　）。

A. 合并连接　　　　B. 机械连接　　　　C. 焊接连接　　　　D. 绑扎搭接

19. 任何情况下受拉钢筋的搭接长度不得小于（　　）。

A. 100mm　　　　B. 200mm　　　　C. 250mm　　　　D. 300mm

20. 对于梁类、板类及墙类构件的纵向搭接钢筋接头面积百分率不宜大于（　　）。

A. 20%　　　　　　B. 25%　　　　　　C. 30%　　　　　　D. 50%

21. 梁上部纵筋水平方向的净距（　　）。

A. ≥1.5d 且≥30mm　　　　　　　　B. ≥d 且≥30mm

C. ≥1.5d 且≥25mm　　　　　　　　D. ≥d 且≥25mm

22. 保护层是指（　　）至混凝土表面的距离。

A. 受力筋外边缘　　　　　　　　　B. 纵向钢筋外边缘

C. 箍筋外边缘　　　　　　　　　　D. 最外层钢筋外边缘

23. 当梁截面腹板高度不小于（　　）时，应在梁的两侧沿高度配置纵向构造钢筋。

A. 300mm　　　　B. 350mm　　　　C. 400mm　　　　D. 450mm

24. 下列关于板内的分布钢筋说法错误的是（　　）。

A. 分布钢筋与受力钢筋垂直，起到固定受力钢筋的位置，形成钢筋网

B. 分布钢筋将荷载均匀地传递给受力钢筋

C. 分布钢筋防止温度变化或混凝土收缩等原因使板沿跨度方向产生裂缝

D. 分布钢筋直径不宜小于 8mm，间距不宜大于 250mm

25. 下列表述错误的是（　　）。

A. 适筋梁破坏前有明显征兆，属于延性破坏，经济性和安全性较好

B. 少筋梁受弯时，钢筋应力过早超过屈服点引起梁的脆性破坏

C. 超筋梁过于安全，属于延性破坏

D. 在截面受限制时，可采用双筋梁

26. 受弯构件斜截面破坏都属于( )。

A. 脆性破坏　　　　B. 延性破坏　　　　C. 弹性破坏　　　　D. 塑性破坏

27. 在轴心受压构件中,当 l_0/b ( )为短柱。

A. $\leqslant 8$　　　　B. >8　　　　C. >30　　　　D. $8<10/b<30$

28. 下列不属于砌体结构根据房屋的空间工作性能分类的方案是( )。

A. 刚性方案　　　　B. 刚弹性方案　　　　C. 弹性方案　　　　D. 塑性方案

29. 砌体结构的受力特点是( )。

A. 抗弯>抗压　　　　B. 抗压>抗拉　　　　C. 抗拉>抗压　　　　D. 抗压=抗拉

30. 对于没有明显的屈服点和屈服台阶的高强度钢以( )作为条件屈服点。

A. $\sigma_{0.2}$　　　　B. $\sigma_{0.3}$　　　　C. σ_s　　　　D. σ_b

31. 下列不属于钢结构连接方式的是( )。

A. 螺栓连接　　　　B. 焊缝连接　　　　C. 机械连接　　　　D. 铆钉连接

32. 延伸率 δ 和断面收缩率 ψ 作为钢材的( )指标。

A. 塑性性能　　　　B. 冷弯性能　　　　C. 冲击韧性　　　　D. 强度性能

33. Q235-B 是指( )。

A. 屈服强度为 235MPa 的 B 级镇静碳素结构钢

B. 屈服强度为 235MPa 的 B 级特殊镇静碳素结构钢

C. 屈服强度为 235MPa 的 B 级镇静低合金高强度结构钢

D. 屈服强度为 235MPa 的 B 级特殊镇静低合金高强度结构钢

34. ( )为钢中的有益元素。

A. 硫　　　　B. 氧　　　　C. 硅　　　　D. 磷

35. 在建筑结构抗震设计中,所指的地震为( )。

A. 火山地震　　　　B. 陷落地震　　　　C. 人工诱发地震　　　　D. 构造地震

36. 标准设防类( )。

A. 按本地区抗震设防烈度确定其抗震措施和地震作用

B. 按高于本地区抗震设防烈度一度的要求加强其抗震措施,按本地区抗震设防烈度
　确定其地震作用

C. 按高于本地区抗震设防烈度一度的要求加强其抗震措施,按高于本地区抗震设防
　烈度确定其地震作用

D. 允许比本地区抗震设防烈度要求降低其抗震措施,但抗震设防烈度为 6 度时不应
　降低,仍应按本地区抗震设防烈度确定其地震作用

37. 抗震设防烈度为( )时,除《建筑抗震设计规范》有具体规定外,对乙、丙、
丁类建筑可不进行抗震作用计算。

A. 6 度　　　　B. 7 度　　　　C. 8 度　　　　D. 9 度

38. 抗震等级是( )抗震设防的标准,抗震等级分为 ( ) 级。

A. 结构构件 三　　　B. 结构 四　　　　　C. 结构构件 四　　　D. 结构 三

39. 下列不属于抗震设防目标的是(　　　)。

A. 小震不坏　　　B. 大震不坏　　　　C. 中震可修　　　　D. 大震不倒

40. 为了保证钢筋混凝土构造柱与墙体之间的整体性，施工时必须(　　　)。

A. 先浇柱，后砌墙　　　　　　　　B. 先砌墙，后浇柱

C. 同时砌墙浇柱　　　　　　　　　D. 不确定

41. 圈梁的截面高度不应小于(　　　)。

A. 100mm　　　　B. 120mm　　　　C. 150mm　　　　D. 200mm

42. 关于构造柱和圈梁的说法错误的是(　　　)。

A. 构造柱最小截面可采用 180mm×240mm

B. 一般情况下构造柱纵向钢筋宜采用 4φ12，箍筋间距不宜大于 250mm

C. 构造柱与圈梁连接处，构造柱的纵筋应在圈梁纵筋外侧穿过，保证构造柱纵筋上下贯通

D. 圈梁应闭合，遇有洞口圈梁应上下搭接

43. 关于框架梁的说法错误的是(　　　)。

A. 梁的截面宽度不宜小于 200mm，高宽比不宜大于 4，净跨与截面高度之比不宜小于 4

B. 梁端纵向受拉钢筋的配筋率不应大于 2.5%

C. 梁端混凝土受压区高度和有效高度之比，一级抗震时不应大于 0.25，二、三级抗震时不应大于 0.45

D. 一、二级框架梁内贯通中柱的每根纵向钢筋直径，对矩形截面柱，不宜大于柱在该方向截面尺寸的 1/20

44. 底层柱根的箍筋加密范围是不小于柱净高的(　　　)。

A. 1/2　　　　　B. 1/3　　　　　C. 1/4　　　　　D. 1/5

45. 抗震设计时，一级和二级框架柱的箍筋沿全高加密的是(　　　)。

A. 中柱　　　　　B. 边柱　　　　　C. 角柱　　　　　D. 全部柱

46. 钢筋和混凝土两种材料能共同工作与下列选项无关的是(　　　)。

A. 二者之间的粘结力　　　　　　　B. 二者的线膨胀系数相近

C. 混凝土对钢筋的防锈作用　　　　D. 钢筋和混凝土的抗压强度大

47. 钢筋混凝土受力后会沿钢筋和混凝土接触面上产生剪应力，通常把这种剪应力称为(　　　)。

A. 剪切应力　　　　　　　　　　　B. 粘结应力

C. 握裹力　　　　　　　　　　　　D. 机械咬合作用力

48. (　　　)是导致钢筋锈蚀的必要条件。

A. 钢筋表面氧化膜的破坏　　　　　B. 混凝土构件裂缝的产生

C. 含氧水分侵入　　　　　　　　　　D. 混凝土的碳化进程

49. 混凝土的耐久性主要取决于它的（　　）。

A. 养护时间　　　　　　　　　　　　B. 密实性

C. 养护条件　　　　　　　　　　　　D. 材料本身的基本性能

50. 混凝土保护层最小厚度是以保证钢筋与混凝土共同工作，满足对受力钢筋的有效锚固以及（　　）的要求为依据的。

A. 保证受力性能　　　　　　　　　　B. 保证施工质量

C. 保证耐久性　　　　　　　　　　　D. 保证受力钢筋搭接的基本要求

51. （　　）是在结构使用期间不一定出现，而一旦出现，其值很大且持续时间很短的荷载。

A. 可变荷载　　　B. 准永久荷载　　　C. 偶然荷载　　　D. 永久荷载

52. 当结构同时承受两种或两种以上荷载时，由于各种荷载同时达到其最大值的可能性极小。因此，除主导荷载（产生最大效应的荷载）仍可以用其标准值为代表值外，其他伴随荷载均应以其标准值乘以组合系数予以折减，折减后的荷载代表值称为荷载的（　　）。

A. 偶然荷载值　　　B. 标准值　　　C. 准永久值　　　D. 组合值

53. 结构用材料的性能均具有变异性，例如按同一标准生产的钢材，不同时生产的各批钢筋的强度并不完全相同，即使是用同一炉钢轧成的钢筋，其强度也有差异，故结构设计时就需要确定一个材料强度的基本代表值，即材料的（　　）。

A. 强度组合值　　　B. 强度设计值　　　C. 强度代表值　　　D. 强度标准值

54. 《混凝土结构设计规范》中混凝土强度的基本代表值是（　　）。

A. 立方体抗压强度标准值　　　　　　B. 立方体抗压强度设计值

C. 轴心抗压强度标准值　　　　　　　D. 轴心抗压强度设计值

55. 混凝土在持续不变的压力的长期作用下，随时间延续而继续增长的变形称为（　　）。

A. 应力松弛　　　B. 收缩徐变　　　C. 干缩　　　D. 徐变

56. 钢筋混凝土轴心受压构件中混凝土的徐变将使（　　）。

A. 钢筋应力增大　　　　　　　　　　B. 混凝土应力增大

C. 钢筋应力减小　　　　　　　　　　D. 对应力影响很小

57. 下面关于混凝土徐变不正确的叙述是（　　）。

A. 徐变是在持续不变的压力长期作用下，随时间延续而继续增长的变形

B. 持续应力的大小对徐变有重要影响

C. 徐变对结构的影响，多数情况下是不利的

D. 水灰比和水泥用量越大，徐变越小

58. 适筋梁从加载到破坏经历了三个阶段，其中（　　）是进行受弯构件正截面抗弯

能力的依据。

  A. $Ⅰ_a$ 阶段   B. $Ⅱ_a$ 阶段   C. $Ⅲ_a$ 阶段   D. $Ⅱ$ 阶段

  59. 提高受弯构件正截面受弯承载力最有效的方法是（ ）。

  A. 提高混凝土强度   B. 提高钢筋强度

  C. 增加截面高度   D. 增加截面宽度

  60. 受压构件正截面界限相对受压区高度有关的因素是（ ）。

  A. 钢筋强度   B. 混凝土的强度

  C. 钢筋及混凝土的强度   D. 钢筋、混凝土强度及截面高度

  61. 钢筋混凝土受弯构件纵向受拉钢筋屈服与受压混凝土边缘达到极限压应变同时发生的破坏属于（ ）。

  A. 适筋破坏 B. 超筋破坏 C. 界限破坏 D. 少筋破坏

  62. 钢筋混凝土矩形截面梁截面受弯承载力复核时，混凝土相对受压区高度 $\xi > \xi b$，说明（ ）。

  A. 少筋梁 B. 适筋梁 C. 受压筋配得过多 D. 超筋梁

  63. 从受弯构件正截面受弯承载力的观点来看，确定是矩形截面还是 T 形截面的根据是（ ）。

  A. 截面的受压区形状   B. 截面的受拉区形状

  C. 整个截面的实际形状   D. 梁的受力位置

  64. 受弯构件 $\rho \geqslant \rho_{min}$ 是为了防止（ ）。

  A. 少筋梁 B. 适筋梁 C. 超筋梁 D. 剪压破坏

  65. 钢筋混凝土梁斜截面可能发生（ ）的破坏。

  A. 斜压破坏、剪压破坏和斜拉破坏 B. 斜截面受剪破坏、斜截面受弯破坏

  C. 少筋破坏、适筋破坏和超筋破坏 D. 受拉破坏、受压破坏

  66. 受弯构件斜截面受弯承载力计算公式，要求其截面限制条件 $V < 0.25\beta_c f_c bh_0$ 的目的是防止发生（ ）。

  A. 斜拉破坏 B. 剪切破坏 C. 斜压破坏 D. 剪压破坏

  67. 对于仅配箍筋的梁，在荷载形式及配筋率 ρ_{sv} 不变时，提高受剪承载力的最有效措施是（ ）。

  A. 增大截面高度   B. 增大箍筋强度

  C. 增大截面宽度   D. 增大混凝土强度的等级

  68. 有一单筋矩形截面梁，截面尺寸为 $b \times h = 200\text{mm} \times 500\text{mm}$，承受弯矩设计值为 $M = 114.93 \text{ kN·m}$，剪力设计值 $V = 280\text{kN}$，采用混凝土的强度等级为 C20，纵筋放置 1 排，采用 HRB335 级钢，则该梁截面尺寸（ ）。

  A. 条件不足，无法判断

  B. 不满足正截面抗弯要求

C. 能满足斜截面抗剪要求

D. 能满足正截面抗弯要求，不能满足斜截面抗剪要求

69. 当受弯构件剪力设计值 $V<0.7f_tbh_0$ 时（　　）。

A. 可直接按最小配筋率 $\rho_{sv,min}$ 配箍筋

B. 可直接按构造要求的箍筋最小直径及最大间距配箍筋

C. 按构造要求的箍筋最小直径及最大间距配筋，并验算最小配筋率

D. 按受剪承载力公式计算配箍筋

70. 梁支座处设置多排弯起筋抗剪时，若满足了正截面抗弯和斜截面抗弯，却不满足斜截面抗剪，此时应在该支座处设置（　　）。

A. 浮筋　　　　　　B. 鸭筋　　　　　　C. 吊筋　　　　　　D. 支座负弯矩筋

71. 钢筋混凝土板不需要进行抗剪计算的原因是（　　）。

A. 板上仅作用弯矩不作用剪力　　　　B. 板的截面高度太小无法配置箍筋

C. 板内的受弯纵筋足以抗剪　　　　　D. 板的计算截面剪力值较小，满足 $V \leqslant V_c$

72. 大小偏心受压破坏特征的根本区别在于构件破坏时，（　　）。

A. 受压混凝土是否破坏　　　　　　　B. 受压钢筋是否屈服

C. 混凝土是否全截面受压　　　　　　D. 远离作用力 N 一侧钢筋是否屈服

73. 小偏心受压破坏的特征是（　　）。

A. 靠近纵向力钢筋屈服而远离纵向力钢筋受拉

B. 靠近纵向力钢筋屈服而远离纵向力钢筋也屈服

C. 靠近纵向力钢筋屈服而远离纵向力钢筋受压

D. 靠近纵向力钢筋屈服而远离纵向力钢筋不屈服

74. 轴向压力对偏心受压构件的受剪承载力的影响是（　　）。

A. 轴向压力对受剪承载力没有影响

B. 轴向压力可使受剪承载力提高

C. 当压力在一定范围内时，可提高受剪承载力，但当轴力过大时，却反而降低受剪承载力

D. 无法确定

75. 当受压构件处于（　　）时，受拉区混凝土开裂，受拉钢筋达到屈服强度；受压区混凝土达到极限压应变被压碎，受压钢筋也达到其屈服强度。

A. 大偏心受压　　　B. 小偏心受压　　　C. 界限破坏　　　D. 轴心受压

76. 25～30 层的住宅、旅馆高层建筑常采用（　　）结构体系。

A. 框架结构体系　　　　　　　　　　B. 剪力墙结构体系

C. 框架-剪力墙结构体系　　　　　　　D. 筒体结构体系

77. 当建筑物的功能变化较多，开间布置比较灵活，如教学楼、办公楼、医院等建筑，若采用砌体结构，常采用（　　）。

A. 横墙承重体系   B. 纵墙承重体系

C. 横墙刚性承重体系   D. 纵横墙承重体系

78. 抗震设计时，高层框架结构的抗侧力结构布置，应符合下列（　　）的要求。

A. 应设计成双向梁柱抗侧力体系，主体结构不应采用铰接

B. 应设计成双向梁柱抗侧力体系，主体结构可采用部分铰接

C. 纵、横向均宜设计成刚接抗侧力体系

D. 横向应设计成刚接抗侧力体系，纵向可以采用铰接

79. 用于地面以下或防潮层以下的砌体砂浆最好采用（　　）。

A. 混合砂浆   B. 水泥砂浆   C. 石灰砂浆   D. 黏土砂浆

80. 梁端支承处砌体局部受压计算中，应考虑局部受压面积上由上部荷载产生的轴向力，由于支座下砌体被压缩，形成内拱作用，故计算时上部传下的荷载（　　）。

A. 适当增大   B. 适当折减   C. 可不需考虑   D. 可适当提高抗力

81. 为提高梁端下砌体的承载力，可在梁或屋架的支座下设置垫块，以保证支座下砌体的安全。刚性垫块的高度（　　）。

A. 不宜小于 180mm，自梁边算起的垫块挑出长度不宜小于垫块的高度 t_B

B. 不宜小于 240mm，自梁边算起的垫块挑出长度不宜小于垫块的高度 t_B

C. 不宜小于 180mm，自梁边算起的垫块挑出长度不宜大于垫块的高度 t_B

D. 不宜小于 240mm，自梁边算起的垫块挑出长度不宜大于垫块的高度 t_B

82. 对砌体结构为刚性方案、刚弹性方案以及弹性方案的判别因素是（　　）。

A. 砌体的材料和强度

B. 砌体的高厚比

C. 屋盖、楼盖的类别与横墙的刚度及间距

D. 屋盖、楼盖的类别与横墙的间距，和横墙本身条件无关

83. （　　）是门窗洞口上用以承受上部墙体和楼盖传来的荷载的常用构件。

A. 地梁   B. 圈梁   C. 拱梁   D. 过梁

84. 表示一次地震释放能量的多少应采用（　　）。

A. 地震烈度   B. 设防烈度   C. 震级   D. 抗震设防目标

85. 建筑物抗震设防的目标中的中震可修是指（　　）。

A. 当遭受低于本地区抗震设防烈度（基本烈度）的多遇地震影响时，建筑物一般不受损坏或不需修理仍可继续使用

B. 当遭受低于本地区抗震设防烈度（基本烈度）的多遇地震影响时，建筑物可能损坏，经一般修理或不需修理仍能继续使用

C. 当遭受本地区抗震设防烈度的地震影响时，建筑物可能损坏，经一般修理或不需修理仍能继续使用

D. 当遭受本地区抗震设防烈度的地震影响时，建筑物一般不受损坏或不需修理仍

可继续使用

86. 抗震概念设计和抗震构造措施主要是为了满足( )的要求。

A. 小震不坏　　　　B. 中震不坏　　　　C. 中震可修　　　　D. 大震不倒

87. 下列关于地基的说法正确的有( )。

A. 是房屋建筑的一部分

B. 不是房屋建筑的一部分

C. 有可能是房屋建筑的一部分，但也可能不是

D. 和基础一起成为下部结构

88. 一般将( )称为埋置深度，简称基础埋深。

A. 基础顶面到±0.000 的距离　　　　B. 基础顶面到室外设计地面的距离

C. 基础底面到±0.000 的距离　　　　D. 基础底面到室外设计地面的距离

89. 通常把埋置深度控制在 3～5m，只需经过挖槽、排水等普通施工程序就可以建造起来的基础称作( )。

A. 浅基础　　　　B. 砖基础　　　　C. 深基础　　　　D. 毛石基础

90. 三合土是用( )加水混合而成的。

A. 石灰和混凝土　　　　　　　　B. 石灰和土料

C. 石灰、砂和骨料　　　　　　　D. 石灰、糯米和骨料

91. 进行基础选型时，一般遵循( )的顺序来选择基础形式，尽量做到经济、合理。

A. 条形基础→独立基础→十字形基础→筏形基础→箱形基础

B. 独立基础→条形基础→十字形基础→筏形基础→箱形基础

C. 独立基础→条形基础→筏形基础→十字形基础→箱形基础

D. 独立基础→条形基础→十字形基础→箱形基础→筏形基础

92. ( )是基坑开挖时，防止地下水渗流入基坑，支挡侧壁土体坍塌的一种基坑支护形式或直接承受上部结构荷载的深基础形式。

A. 止水帷幕　　　　B. 地下连续墙　　　　C. 深基坑支护　　　　D. 排桩

93. 震级每差一级，地震释放的能量将差( )。

A. 2 倍　　　　B. 8 倍　　　　C. 16 倍　　　　D. 32 倍

94. 影响砌体强度的最主要因素是( )。

A. 块材的尺寸和形状　　　　　　B. 块材的强度

C. 砂浆铺砌时的流动性　　　　　D. 砂浆的强度

95. 砌体出现裂缝后，荷载如不增加，裂缝不会继续扩展或增加，这个阶段是( )。

A. 第Ⅰ阶段　　　　B. 第Ⅱ阶段　　　　C. 第Ⅲ阶段　　　　D. 第Ⅳ阶段

96. 屋架的拉杆应进行( )验算。

A. 正截面受弯   B. 斜截面受弯   C. 受压   D. 受拉

97. 受拉钢筋截断后，由于钢筋截面的突然变化，易引起过宽的裂缝，因此规范规定纵向钢筋（   ）。

A. 不宜在受压区截断   B. 不宜在受拉区截断

C. 不宜在同一截面截断   D. 应在距梁端 1/3 跨度范围内截断

98. 对跨度较大或有较大振动的房屋及可能产生不均匀沉降的房屋，过梁宜采用（   ）。

A. 钢筋砖过梁   B. 钢筋混凝土过梁   C. 砖砌平拱   D. 砖砌弧拱

99. 梁中受力纵筋的保护层厚度主要由（   ）决定。

A. 纵筋级别   B. 纵筋的直径大小

C. 周围环境和混凝土的强度等级   D. 箍筋的直径大小

100. 一般说结构的可靠性是指结构的（   ）。

A. 安全性   B. 适用性

C. 耐久性   D. 安全性、适用性、耐久性

101. （   ）属于超出承载能力极限状态。

A. 裂缝宽度超过规定限值

B. 挠度超过规范限值

C. 结构或构件视为刚体失去平衡

D. 预应力构件中混凝土的拉应力超过规范限值

102. 建筑工地和预制构件厂经常检验钢筋的力学性能指标，下列四个指标中，（   ）不能通过钢筋拉伸实验来检验。

A. 屈服强度   B. 极限强度   C. 冷弯特性   D. 伸长率

103. 以下关于混凝土收缩的论述不正确的是（   ）。

A. 混凝土水泥用量越多，水灰比越大，收缩越大

B. 骨料所占体积越大，级配越好，收缩越大

C. 在高温高湿条件下，养护越好，收缩越小

D. 在高温、干燥的使用环境下，收缩大

104. 地震时可能发生滑坡的场地属于（   ）。

A. 抗震有利地段   B. 抗震危险地段   C. 抗震不利地段   D. 抗震规避地段

二、多项选择题

1. 下列说法正确的是（   ）。

A. 建筑结构按照承重结构类型分为砖混结构、框架结构、框架-剪力墙结构、剪力墙结构等

B. 安全等级分为一级、二级、三级

C. 设计使用年限有 5 年、50 年、100 年三类

D. 临时性结构的设计使用年限是 50 年

E. 纪念性建筑的设计使用年限是 50 年

2. 建筑结构应该在预定的设计使用年限内满足的基本功能要求有( )。

A. 实用性　　　　　B. 适用性　　　　　C. 安全性

D. 耐久性　　　　　E. 经济性

3. 建筑结构功能的极限状态包括( )。

A. 经济能力极限状态　　　　　　　B. 适用能力极限状态

C. 承载能力极限状态　　　　　　　D. 正常使用极限状态

E. 耐久能力极限状态

4. 关于荷载的说法下列正确的是( )。

A. 荷载是指使结构产生内力或变形的直接作用

B. 荷载按作用时间的长短和性质，分为永久荷载、可变荷载、偶然荷载三类

C. 永久荷载是指在结构设计使用期间，其值不随时间变化的荷载

D. 可变荷载是指在结构设计使用期间，其值随时间变化且其变化与平均值相比不可忽略的荷载

E. 偶然荷载是指在结构设计使用期间，其变化与平均值相比可忽略不计的荷载

5. 可变荷载根据设计要求可采用( )作为代表值。

A. 标准值　　　　　B. 设计值　　　　　C. 组合值

D. 频遇值　　　　　E. 准永久值

6. 钢筋和混凝土能组合在一起使用的原因是( )。

A. 钢筋与混凝土之间有良好的粘结力

B. 两种材料的温度线膨胀系数十分接近

C. 混凝土保护了钢筋不至于生锈腐蚀

D. 钢筋和混凝土的抗拉抗压能力相近

E. 混凝土主要承受拉力，钢筋主要承受压力，共同工作

7. 钢筋在受拉或受压时变形经历了( )阶段。

A. 弹性　　　　　B. 屈服　　　　　C. 强化

D. 颈缩　　　　　E. 塑性

8. 钢筋的连接形式有( )。

A. 合并连接　　　　　B. 机械连接　　　　　C. 焊接连接

D. 绑扎搭接　　　　　E. 分批连接

9. 关于钢筋的锚固与连接说法正确的是( )。

A. 为了保证钢筋受力后与混凝土有可靠的粘结，发挥钢筋在某个截面的强度，必

须让钢筋伸过该截面在混凝土中有足够的锚固长度

B. 结构中受力钢筋的连接接头宜设置在受力较小处

C. 受拉钢筋直径大于 25mm、受压钢筋直径大于 28mm 时，不宜采用绑扎搭接

D. 锚固长度与钢筋的抗拉强度值、混凝土的抗拉强度值、钢筋的直径、钢筋的外形有关

E. 柱类构件的纵向搭接钢筋接头面积百分率不宜大于 75%

10. 下列关于保护层的说法错误的是（　　）。

A. 保护层的作用主要是保护钢筋不受锈蚀

B. 保护层使纵筋与混凝土有较好的粘结力

C. 火灾时保护层可以避免钢筋过早软化失去承载力

D. 保护层厚度也不能过小，会影响构件的承载力，且会增大裂缝宽度

E. 保护层是指纵筋外边缘到混凝土表面的距离

11. 关于梁的构造说法正确的是（　　）。

A. 架立筋主要用于固定箍筋的位置，与梁底纵筋形成钢筋骨架，承受由于混凝土收缩及温度变化而产生的拉力

B. 梁中通常配有纵向受力钢筋、箍筋、架立钢筋

C. 梁内的纵筋直径一般为 12～25mm，根数不应少于 2 根

D. 箍筋主要用来承受由剪力和弯矩在梁内引起的主拉应力，固定受力钢筋的位置，并和其他钢筋一起形成钢筋骨架

E. 腰筋的作用防止在梁的侧面产生垂直于梁轴线的收缩裂缝，增强梁的抗扭作用

12. 根据箍筋数量和剪跨比 λ 的不同，梁的斜截面破坏可分为（　　）不同的破坏形态。

A. 剪压破坏　　　　B. 斜压破坏　　　　C. 超筋破坏

D. 斜拉破坏　　　　E. 少筋破坏

13. 影响砌体抗压强度的主要因素包括（　　）。

A. 砖和砂浆的强度等级

B. 砂浆的流动性能和保水性能

C. 块材的形状、尺寸及灰缝厚度

D. 砌筑质量包括饱满度、砌筑时砖的含水率、施工人员的技术水平、现场质量管理水平等

E. 块材的重量

14. 砌体设计时需要验算（　　）。

A. 高宽比　　　　　B. 高厚比　　　　　C. 受压构件的承载力

D. 局部受压承载力　E. 局部受拉承载力

15.（　　）都对钢材的力学性能有影响。

A. 化学成分、温度影响　　　　　　　　B. 冶金缺陷

C. 钢材硬化　　　　　　　　　　　　　D. 应力集中、反复荷载作用

E. 钢材的长度

16. 根据建筑遭受地震损坏对各方面影响后果的严重性，将建筑物分为（　　　）。

A. 标准设防类　　　B. 特殊设防类　　　C. 重点设防类

D. 非常设防类　　　E. 适度设防类

17. 关于地震的说法错误的是（　　　）。

A. 震源在地表的垂直投影点称为震中

B. 地震时一般先出现由横波引起的上下颠簸后，再出现纵波和面波造成的房屋左右摇晃和扭动

C. 地震的震级是衡量一次地震大小的等级

D. 地震烈度是指地震对一定地点震动的强烈程度

E. 对于一次地震，地震烈度只有一个，震级有所不同

18. 柱的箍筋加密范围是（　　　）的最大值。

A. 柱净高的 1/5　　B. 柱净高的 1/6　　C. 柱端截面高度（圆柱直径）

D. 500mm　　　　　E. 600mm

19. 混凝土结构主要优点有（　　　）等。

A. 就地取材、用材合理　　　　　　　　B. 耐久性、耐火性好

C. 可模性好　　　　D. 整体性好　　　　E. 自重较大

20. 钢筋混凝土结构由很多受力构件组合而成，主要受力构件有（　　　）、柱、墙等。

A. 楼板　　　　　　B. 梁　　　　　　　C. 分隔墙

D. 基础　　　　　　E. 挡土墙

21. 光圆钢筋与混凝土的粘结作用主要由（　　　）所组成。

A. 钢筋与混凝土接触面上的化学吸附作用力

B. 混凝土收缩握裹钢筋而产生摩阻力

C. 钢筋表面凹凸不平与混凝土之间产生的机械咬合作用力

D. 钢筋的横肋与混凝土的机械咬合作用力

E. 钢筋的横肋与破碎混凝土之间的楔合力

22. 混凝土结构的耐久性设计主要依据有（　　　）。

A. 结构的环境类别　　　　　　　　　　B. 设计使用年限

C. 建筑物的使用用途　　　　　　　　　D. 混凝土材料的基本性能指标

E. 房屋的重要性类别

23. 影响混凝土碳化的因素很多，可归结为（　　　）两大类。

A. 环境因素　　　　B. 设计使用年限　　C. 材料本身的性质

D. 建筑物的功能用途　　　　　　　　　E. 房屋的重要性类别

24. 在确定保护层厚度时，不能一味增大厚度，因为增大厚度一方面不经济，另一方面使裂缝宽度较大，效果不好，因此，较好的方法是（　　）。

A. 减小钢筋直径　　B. 规定设计基准期　C. 采用防护覆盖层

D. 规定维修年限　　E. 合理设计混凝土配合比

25. 当结构或结构构件出现（　　）时，可认为超过了承载能力极限状态。

A. 整个结构或结构的一部分作为刚体失去平衡

B. 结构构件或连接部位因过度塑性变形而不适于继续承载

C. 影响正常使用的振动　　　　　　　　D. 结构转变为机动体系

E. 影响耐久性能的局部损坏

26. 下列（　　）属于建筑结构应满足的结构功能要求。

A. 安全性　　　　　　B. 适用性　　　　　　C. 美观性

D. 耐火性　　　　　　E. 耐久性

27. 结构重要性系数 γ_0 应根据（　　）考虑确定。

A. 建筑物的环境类别　　　　　　　　　B. 结构构件的安全等级

C. 设计使用年限　　　　　　　　　　　D. 结构的设计基准期

E. 工程经验

28. 钢筋和混凝土是两种性质不同的材料，两者能有效地共同工作是由于（　　）。

A. 钢筋和混凝土之间有着可靠的粘结力，受力后变形一致，不产生相对滑移

B. 混凝土提供足够的锚固力

C. 温度线膨胀系数大致相同

D. 钢筋和混凝土的互楔作用

E. 混凝土保护层防止钢筋锈蚀，保证耐久性

29. 预应力钢筋宜采用（　　）。

A. 碳素钢丝　　　　　　B. 刻痕钢丝　　　　　　C. 钢绞线

D. 热轧钢筋Ⅲ级钢　　　　　　　　　　E. 热处理钢筋

30. 关于减少混凝土徐变对结构的影响，以下说法错误的是（　　）

A. 提早对结构进行加载

B. 采用强度等级高的水泥，增加水泥的用量

C. 加大水灰比，并选用弹性模量小的骨料

D. 减少水泥用量，提高混凝土的密实度和养护温度

E. 养护时提高湿度并降低温度

31. 受弯构件正截面承载力计算采用等效矩形应力图形，其确定原则为（　　）。

A. 保证压应力合力的大小和作用点位置不变

B. 矩形面积等于曲线围成的面积

C. 由平截面假定确定 $x = 0.8x_0$

D. 两种应力图形的重心重合

E. 不考虑受拉区混凝土参加工作

32. 界限相对受压区高度，（　　）。

A. 当混凝土强度等级大于等于 C50 时，混凝土强度等级越高，ξ_b 越大

B. 当混凝土强度等级大于等于 C50 时，混凝土强度等级越高，ξ_b 越小

C. 钢筋等级越高，ξ_b 越大

D. 钢筋强度等级越低，ξ_b 越大

E. 仅与钢筋强度等级相关，与混凝土强度等级无关

33. 下列影响混凝土梁斜面截面受剪承载力的主要因素有（　　）。

A. 剪跨比　　　　　　B. 混凝土强度　　　　C. 箍筋配筋率

D. 箍筋抗拉强度　　　E. 纵筋配筋率和纵筋抗拉强度

34. 受弯构件中配置一定量的箍筋，其箍筋的作用为（　　）。

A. 提高斜截面抗剪承载力　　　　　　B. 形成稳定的钢筋骨架

C. 固定纵筋的位置　　　　　　　　　D. 防止发生斜截面抗弯不足

E. 抑制斜裂缝的发展

35. 受压构件中应配有纵向受力钢筋和箍筋，要求（　　）。

A. 纵向受力钢筋应由计算确定

B. 箍筋由抗剪计算确定，并满足构造要求

C. 箍筋不进行计算，其间距和直径按构造要求确定

D. 为了施工方便，不设弯起钢筋

E. 纵向钢筋直径不宜小于 12mm，全部纵向钢筋配筋率不宜超过 5%

36. 柱中纵向受力钢筋应符合下列规定的是（　　）。

A. 纵向受力钢筋直径不宜小于 12mm，全部纵向钢筋配筋率不宜超过 5%

B. 当偏心受压柱的截面高度≥600mm 时，在侧面应设置直径为 10～16mm 的纵向构造钢筋，并相应地设置复合箍筋或拉筋

C. 柱内纵向钢筋的净距不应小于 50mm

D. 在偏心受压柱中，垂直于弯矩作用平面的纵向受力钢筋及轴心受压柱中各边的纵向受力钢筋，其间距不应大于 400mm

E. 全部纵向钢筋配筋率不宜小于 2%

37. 按结构的承重体系和竖向传递荷载的路线不同，砌体结构房屋的布置方案有（　　）。

A. 横墙承重体系　　B. 纵墙承重体系　　　C. 横墙刚性承重体系

D. 纵横墙承重体系　E. 空间承重体系

38. 横墙承重体系的特点是（　　）。

A. 门、窗洞口的开设不太灵活

B. 大面积开窗，门窗布置灵活

C. 抗震性能与抵抗地基不均匀变形的能力较差

D. 墙体材料用量较大

E. 抗侧刚度大

39. 高层建筑可能采用的结构形式是（　　）。

A. 砌体结构　　　　　B. 剪力墙结构　　　　C. 框架-剪力墙结构

D. 筒体结构　　　　　E. 框支剪力墙

40. 砌体中采用的砂浆主要有（　　）。

A. 混合砂浆　　　　　B. 水泥砂浆　　　　　C. 石灰砂浆

D. 黏土砂浆　　　　　E. 石膏砂浆

41. 轴心受压砌体在总体上虽然是均匀受压状态，但砖在砌体内则不仅受压，同时还受弯、受剪和受拉，处于复杂的受力状态。产生这种现象的原因是（　　）。

A. 砂浆铺砌不匀，有薄有厚

B. 砂浆层本身不均匀，砂子较多的部位收缩小，凝固后的砂浆层就会出现凸起点

C. 砖表面不平整，砖与砂浆层不能全面接触

D. 因砂浆的横向变形比砖大，受粘结力和摩擦力的影响

E. 砖的弹性模量远大于砂浆的弹性模量

42. 砌体的局部抗压强度提高系数 γ 与（　　）有关。

A. 影响砌体局部抗压强度的计算面积　　B. 全受压面积 A_0

C. 墙厚　　　　　D. 局部受压面积　　　　E. 块体的强度等级

43. 刚性和刚弹性方案房屋的横墙应符合下列（　　）要求。

A. 墙的厚度不宜小于 180mm

B. 横墙中开有洞口时，洞口的水平截面面积不应超过横墙截面面积 25%

C. 单层房屋的横墙长度不宜小于其高度

D. 多层房屋的横墙长度不小于横墙总高度的 1/2

E. 横墙的最大水平位移不能超过横墙高度的 1/3 000

44. 经验算，砌体房屋墙体的高厚比不满足要求，可采用（　　）几项措施。

A. 提高块体的强度等级　　　　　　　　B. 提高砂浆的强度等级

C. 增加墙体的厚度　　　　　　　　　　D. 减小洞口的面积

E. 增大圈梁高度

45. "结构延性"这个术语有（　　）等含义。

A. 结构总体延性　　B. 结构楼层延性　　C. 构件延性

D. 杆件延性　　　　E. 等效延性

46. 构造柱的作用是（　　）。

A. 明显提高墙体的初裂荷载　　　　　　B. 对砌体起约束作用

C. 提高变形能力　　　　　　　　D. 增加砌体的受力均匀性

E. 减小地基不均匀沉降

47. 基础应具有(　　)的能力。

A. 承受荷载　　　　B. 抵抗变形　　　　C. 适应环境影响

D. 与地基受力协调　E. 提高抗震承载力

48. 天然地基上的浅基础按其构造分类有(　　)等。

A. 独立基础　　　　　B. 条形基础　　　　C. 片筏基础

D. 箱形基础　　　　　E. 桩基础

【参考答案】

一、单项选择题

1. C	2. D	3. C	4. B	5. C	6. D	7. B	8. B	9. B	10. A
11. D	12. A	13. C	14. B	15. C	16. D	17. B	18. D	19. D	20. B
21. A	22. D	23. D	24. D	25. C	26. A	27. A	28. D	29. B	30. A
31. C	32. A	33. A	34. C	35. D	36. A	37. A	38. A	39. B	40. B
41. B	42. C	43. C	44. B	45. C	46. D	47. B	48. A	49. B	50. C
51. C	52. D	53. D	54. A	55. D	56. A	57. D	58. C	59. C	60. C
61. C	62. D	63. A	64. A	65. B	66. C	67. A	68. D	69. C	70. B
71. D	72. D	73. D	74. C	75. A	76. B	77. D	78. B	79. B	80. B
81. C	82. C	83. D	84. C	85. C	86. D	87. B	88. D	89. A	90. C
91. B	92. B	93. D	94. B	95. A	96. D	97. B	98. B	99. C	100. D
101. C	102. C	103. B	104. B						

二、多项选择题

1. ABC	2. BCD	3. CD	4. ABCD	5. ACDE
6. ABC	7. ABCD	8. BCD	9. ABCD	10. DE
11. ABDE	12. ABD	13. ABCD	14. BCD	15. ABCD
16. ABCE	17. BE	18. BCD	19. ABCD	20. ABD
21. ABC	22. ABCD	23. AC	24. CD	25. ABD
26. ABE	27. BCE	28. ACE	29. ABCE	30. ABCE
31. AB	32. BD	33. ABCD	34. ABCE	35. ACE
36. ABC	37. ABD	38. BDE	39. BCDE	40. ABCD
41. ABCD	42. AD	43. ACD	44. BCD	45. ABCD
46. BC	47. ABC	48. ABCD		

第七章 结构施工图

一、单项选择题

1. 柱平法的列表表达方式中框支柱的代号为（　　）。

A. KZ 　　　　　　B. KZZ 　　　　　　C. XZ 　　　　　　D. QZ

2. 柱平法列表表达方式的柱表中注写"全部纵筋为 12 Φ 22"表示（　　）。

A. 每侧钢筋均为 12 Φ 22 　　　　　　B. 每侧钢筋均为 4 Φ 22

C. 每侧钢筋均为 3 Φ 22 　　　　　　D. 每侧钢筋均为 5 Φ 22

3. 如图所示框架柱 KZ1 所有纵向受力钢筋为（　　）。

A. 4 Φ 20＋5 Φ 22 　　　　　　B. 4 Φ 22＋4 Φ 20＋5 Φ 22

C. 4 Φ 22＋8 Φ 20＋10 Φ 22 　　　　　　D. 8 Φ 22＋8 Φ 20＋10 Φ 22

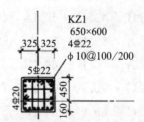

4. 如题 3 图所示框架柱 KZ1 的角部纵筋为（　　）。

A. 4 Φ 22 　　　B. 4 Φ 20 　　　C. 5 Φ 22 　　　D. !10

5. 如题 3 图所示框架柱 KZ1 的标注 ϕ 10@100/200 含义为（　　）。

A. 箍筋为 HRB335 级钢筋，直径 10mm，非加密区间隔 100mm，加密区间隔 200mm 布置

B. 箍筋为 HRB335 级钢筋，直径 10mm，加密区间隔 100mm，非加密区间隔 200mm 布置

C. 箍筋为 HPB300 级钢筋，直径 10mm，非加密区间隔 100mm，加密区间隔 200mm 布置

D. 箍筋为 HPB300 级钢筋，直径 10mm，加密区间隔 100mm，非加密区间隔 200mm 布置

6. 某框架二层抗震 KZ（嵌固部位在基础顶面）净高为 3000mm，尺寸为 650mm×600mm，该柱在楼面以上的箍筋加密区高度是（　　）mm。

A. 300 　　　　　　B. 400 　　　　　　C. 500 　　　　　　D. 650

7. 梁平法的集中标注"KL7（2A）300×650"表示（　　），截面尺寸为 300mm×650mm。

A. 框架梁共 7 跨，两端悬挑　　　　　B. 框架梁共 7 跨，一端悬挑

C. 框架梁编号 7，共 2 跨，一端悬挑　　D. 框架梁编号 7，共 2 跨，两端悬挑

8. 梁平法的集中标注"G4ϕ10"表示在梁的（　　）直径为 10mm 的构造钢筋。

A. 两侧各布置两根　　　　　　　　　B. 两侧各布置四根

C. 上部布置四根　　　　　　　　　　D. 下部布置四根

9. 梁平法的集中标注"ϕ10@100（4）/200（2）"表示梁中配置了ϕ10（　　）的箍筋。

A. 非加密区间隔 100mm，4 肢箍；加密区间隔 200mm，2 肢箍

B. 非加密区间隔 100mm，2 肢箍；加密区间隔 200mm，4 肢箍

C. 加密区间隔 100mm，4 肢箍；非加密区间隔 200mm，2 肢箍

D. 加密区间隔 100mm，2 肢箍；非加密区间隔 200mm，4 肢箍

10. 梁平法的集中标注"2Φ22+2ϕ14；4Φ22"中的"2ϕ14"表示梁的（　　）。

A. 上部通长纵筋　　B. 架立筋　　　C. 下部通长纵筋　　D. 支座负筋

11. 梁平法的集中标注"2Φ22+2ϕ14；4Φ22"中的"4Φ22"表示梁的（　　）。

A. 上部通长纵筋　　B. 架立筋　　　C. 下部通长纵筋　　D. 支座负筋

12. 图中 ⌣ 表示的是（　　）。

A. 支座负筋　　　　B. 架立筋　　　C. 吊筋　　　　　D. 附加箍筋

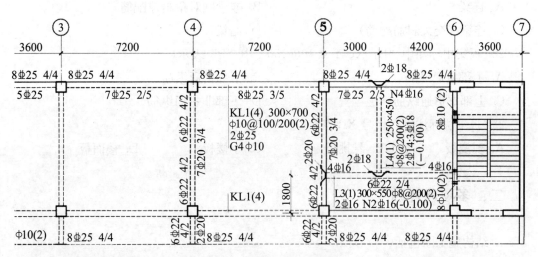

13. 如题 12 图所示标注的"8Φ25 4/4"表示的是（　　）。

A. 支座负筋　　　　B. 架立筋　　　C. 吊筋　　　　　D. 附加箍筋

14. 如题 12 图所示引出标注的"8ϕ10（2）"表示的是（　　）。

A. 支座负筋　　　　B. 架立筋　　　C. 吊筋　　　　　D. 附加箍筋

15. 如题 12 图所示标注的"7Φ25 2/5 N4Φ16"中的"N4Φ16"表示的是（　　）。

A. 架立筋　　　B. 抗扭侧面纵筋　　C. 下部通长纵筋　　D. 构造侧面纵筋

16. 梁下部纵筋共配置 6⏀25，两排，上排 2 根且不伸入支座，下排 4 根，应该表示为（　　）。

A. 6⏀25 2/4　　　　　　　　　　　　　B. 6⏀25 2（一2）/4

C. 4⏀25/2⏀25　　　　　　　　　　　　D. 2⏀25；4⏀25

17. 抗震楼层框架梁 KL 中间支座左跨净跨为 4 200mm，右跨净跨为 3 900mm，那么此 KL 的上部支座负筋第二排的伸出长度在标准构造详图中取值为（　　）。

A. 1 400mm　　　B. 1 300mm　　　C. 1 050mm　　　D. 975mm

18. 某框架梁截面尺寸为 300mm×700mm，一级抗震，该梁的箍筋加密区长度为（　　）mm。

A. 500　　　　　　B. 600　　　　　　C. 900　　　　　　D. 1 400

19. 剪力墙平法中墙身表中 Q2（4）表示 2 号剪力墙（　　）。

A. 墙身所设置的水平与竖向分布钢筋的排数为 2

B. 墙身所设置的水平与竖向分布钢筋的排数为 4

C. 墙身所设置的水平与竖向拉筋的排数为 2

D. 墙身所设置的水平与竖向拉筋的排数为 4

20. 抗震设计时，剪力墙厚为（　　）mm 时布置分布筋的排数为 3 排。

A. $b \leq 400$　　　B. $400 < b \leq 700$　　　C. $b > 700$　　　D. $b > 160$

21. 剪力墙梁代号 LL（JX）表示（　　）。

A. 连梁　　　　　　　　　　　　　　　B. 连梁（对角暗撑配筋）

C. 连梁（交叉斜筋配筋）　　　　　　　D. 暗梁

22. 板集中标注中 "B：X&Y⏀10@150" 中 "B" 表示（　　）。

A. 上部贯通纵筋　　　　　　　　　　　B. 下部贯通纵筋

C. 上部非贯通纵筋　　　　　　　　　　D. 下部非贯通纵筋

23. 板平法标注中，代号 XB 表示（　　）。

A. 现浇板　　　B. 悬挑板　　　C. 小楼板　　　D. 楼面板

二、多项选择题

1. 结构施工图包括（　　）。

A. 结构设计说明　　　　B. 结构平面布置图　　　　C. 构件详图

D. 立面图　　　　　　　E. 平面图

2. 柱平法列表表达方式中柱表包含（　　）。

A. 柱编号、各段柱的起止标高

B. 柱纵筋

C. 柱截面尺寸 $b \times h$ 及与轴线关系的几何参数

D. 箍筋种类型号及箍筋肢数、柱箍筋

E. 柱的嵌固端

3. 下列关于柱的构造说法正确的是(   )。

A. 柱相邻纵向钢筋连接接头应相互错开,同一截面内接头面积百分率不宜大于50%

B. 纵筋的非连接区是箍筋的加密区范围

C. 当柱纵筋直径≥25mm 时,在柱宽范围的柱箍筋内侧设置间距>150mm,但不少于 3 φ10 的角部附加钢筋

D. 抗震 KZ 纵向钢筋的连接分为绑扎搭接、机械连接、焊接连接

E. 绑扎搭接接头间距≥0.3l_{lE},机械连接接头间距≥35d,焊接连接接头间距≥ max（600，35d）

4. 梁的集中标注中包含(   )必注项。

A. 梁编号、梁截面尺寸   B. 梁顶面标高高差

C. 梁上部通长筋或架立筋配置   D. 梁箍筋

E. 梁侧面纵向构造钢筋或受扭钢筋配置

5. 下列关于梁平法的说法正确的是(   )。

A. 原位标注优先于集中标注

B. 当梁腹板高度 hw≥400mm 时,需配置纵向构造钢筋

C. 梁平法集中标注中梁顶面标高高差项是必注项

D. 架立筋与非贯通纵筋搭接时搭接长度 150mm

E. 上部非贯通纵筋若分层布置,第一排的纵筋在伸入梁内$\frac{l_n}{3}$时截断,第二排在伸入

梁内$\frac{l_n}{4}$时截断

6. 下列关于剪力墙平法的说法正确的是(   )。

A. 剪力墙平法的列表注写方式包含剪力墙柱表、剪力墙身表和剪力墙梁表

B. 约束边缘构件的代号为 GBZ,构造边缘构件的代号为 YBZ

C. 分布钢筋网的排数非抗震与抗震情况不一样

D. 计入约束边缘构件体积配箍率,但计入的配箍率不应大于总体积配箍率的 40%

E. 约束边缘构件箍筋间距不大于纵向搭接钢筋最小直径的 5 倍,且不大于 100mm

7. 下列关于板平法的说法正确的是(   )。

A. 板平面注写主要包括板块集中标注和板支座原位标注

B. 板块集中标注的内容为板块的编号、板厚、贯通纵筋、标高高差

C. 有梁楼盖楼（屋）面板的等跨上部贯通纵筋接头面积百分率不宜大于 50%

D. 分布钢筋布置在受力钢筋的外侧

E. 抗裂构造钢筋自身及其与受力主筋搭接长度为 150mm,抗温度筋自身及其与受

力主筋搭接长度为1

三、案例分析

【案例一】

某科技园的办公楼工程所在地抗震设防烈度为6度，设计地震分组第一组，设计基本地震加速度值为0.05g。本工程建筑抗震设防分类为丙类建筑，场地类别为Ⅲ类，结构安全等级为二级，设计基准期为50年，结构设计使用年限为50年，混凝土结构的环境类别室内为一类，地下室为二 a 类。本工程结构类型为框架结构，框架抗震等级为四级。混凝土的强度等级为C25，本工程采用国家标准普通钢筋，施工中，任何钢筋的替换，均应经设计单位同意后，方可替换。下列是该工程一部分的构件施工图，请依据图1做题。

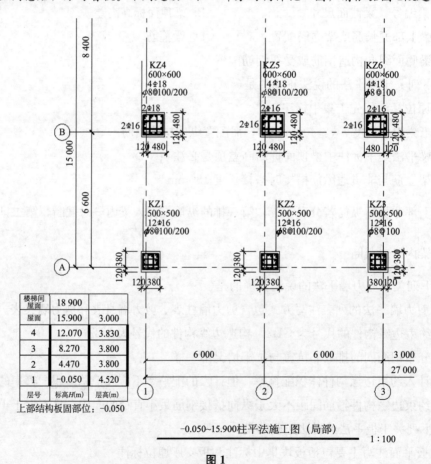

-0.050~15.900柱平法施工图（局部）

1:100

图1

1. 图1所用是柱平法的列表表达方式。 （ ）

2. KZ4中一共有12根纵筋。 （ ）

3. 图1表达的是第（ ）层的柱平法施工图。

A. 1 至 3   B. 1 至 2   C. 1 至 4   D. 1 至屋面

4. KZ5 的角部纵筋是(   )。

A. 2 ⊈ 16   B. 2 ⊉ 16   C. 4 ⊈ 18   D. 4 ⊉ 18

5. 关于 KZ2 的说法错误的是(   )。

A. KZ2 的截面尺寸为 500mm×500mm

B. KZ2 两个方向都偏心 130mm

C. KZ2 的角部纵筋是 2 ⊉ 16

D. KZ2 每边布置 3 根⊉ 16

E. φ8@100/200 指 KZ2 的箍筋配置

【案例二】

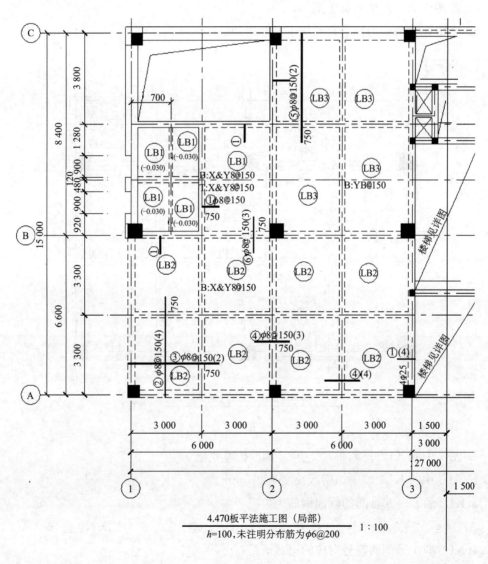

4.470板平法施工图（局部）   1 : 100

h=100,未注明分布筋为φ6@200

图 2

1. 图 2 中板的标注有集中标注也有原位标注。 （　　）

2. 集中标注中的 B 指上部钢筋，T 指下部钢筋。 （　　）

3. 图 2 中 LB1 （−0.030） 表示此处的板顶标高为（　　）。

A. 4.470　　　　　B. 4.500　　　　　C. 4.400　　　　　D. 4.440

4. 图 2 中④号钢筋总长为（　　）mm。

A. 750　　　　　B. 1 500　　　　　C. 950　　　　　D. 1 700

5. 关于图 2 板中的标注说法错误的是（　　）。

A. 本层板厚都为 100mm

B. 分布钢筋为 $\phi6@200$，布置在受力钢筋的内侧

C. ③$\phi8@150$（2）中的（2）指 2 跨，从下往上连续 2 跨布置③号钢筋

D. 此图为第一层楼板施工图

E. 图中标有编号的钢筋都是板下部非贯通筋

【案例三】

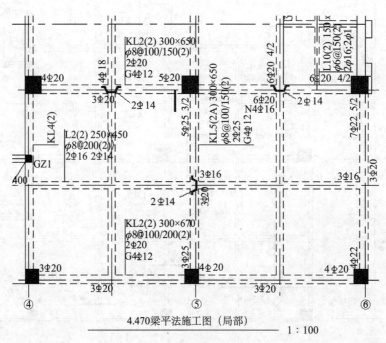

4.470梁平法施工图（局部）　　　　　1 ∶ 100

图 3

1. 图 3 中的 KL1 每侧布置 2 ϕ 12 侧面构造钢筋。 （　　）

2. 图 3 中的 KL2 箍筋加密区长度是 975mm。 （　　）

3. KL2 的⑤～⑥轴间的侧面钢筋为（　　）。

A. G4 ϕ 12　　　　　B. N4 ϕ 12　　　　　C. G4 ϕ 16　　　　　D. N4 ϕ 16

4. KL2 的 1 号剖面符号对应的梁截面是（　　）。

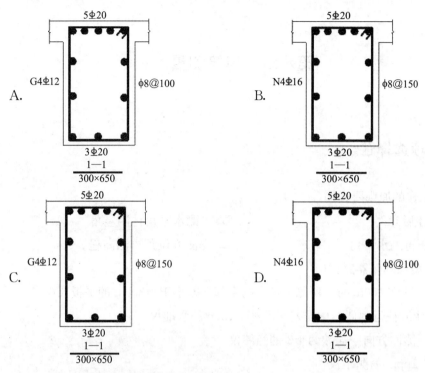

A. G4Φ12 ϕ8@100 3Φ20 1—1 300×650

B. N4Φ16 ϕ8@150 3Φ20 1—1 300×650

C. G4Φ12 ϕ8@150 3Φ20 1—1 300×650

D. N4Φ16 ϕ8@100 3Φ20 1—1 300×650

5. 关于图 3 梁中的标注说法错误的是（　　）。

A. L2 的下部通长纵筋为 2Φ16

B. KL5（2A）指 5 号框架梁有 2 跨和一端悬挑

C. 原位标注优先于集中标注

D. KL5 中的Φ8@100/150（2）中的（2）指 2 跨

E. 中间支座只标注一侧的支座负筋表明支座两侧对称配筋

【参考答案】

一、单项选择题

1. B　　2. B　　3. C　　4. A　　5. D　　6. D　　7. C　　8. A　　9. C　　10. B

11. C　　12. C　　13. A　　14. D　　15. B　　16. B　　17. C　　18. D　　19. B　　20. B

21. C　　22. B　　23. B

二、多项选择题

1. ABC　　　　2. ABCD　　　　3. ABCD　　　　4. ACDE　　　　5. ADE

6. ACE　　　　7. ABCE

三、案例分析题

案例一　1. ×　2. √　3. C　4. C　5. CD

案例二　1. √　2. ×　3. D　4. B　5. DE

案例三　1. √　2. ×　3. D　4. A　5. AD

第八章　建筑测量

一、单项选择题

1. 测量工作的原则要遵循（　　）。

A. 先整体后碎部

B. 先测水平角再测竖角

C. 先量距再测水平角

D. 先测方位角再测高程

2. "J2"型系列仪器意指（　　）。

A. 表示归算到100m时，所测地形点的全部误差小于±30cm的平板仪

B. 表示1km往返测偶然中误差不超过±4mm的水准仪

C. 表示一测回方向中误差为±2″的经纬仪

D. 2mm＋2ppm的测距仪

3. "S3"型系列仪器意指（　　）。

A. 表示归算到100m时，所测地形点的全部误差小于±30cm的平板仪

B. 表示1km往返测偶然中误差不超过±3mm的水准仪

C. 表示一测回方向中误差为±2″的经纬仪

D. 2mm＋2ppm的测距仪

4. 在普通水准测量中，应在水准尺上读取（　　）位数。

A. 5　　　　　　　　B. 3　　　　　　　　C. 2　　　　　　　　D. 4

5. 水准测量中，设后尺 A 的读数 $a=1.401$m，前尺 B 的读数为 $b=2.713$m，已知 A 点高程为15.000m，则视线高程为（　　）m。

A. 13.688　　　　　B. 16.312　　　　　C. 16.401　　　　　D. 17.713

6. 在水准测量中，若后视点 A 的读数大，前视点 B 的读数小，则有（　　）。

A. A 点比 B 点低

B. A 点比 B 点高

C. A 点与 B 点可能同高

D. 无法判断

7. 水准测量中，调节脚螺旋使圆水准气泡居中的目的是使（　　）。

A. 视准轴水平

B. 竖轴铅垂

C. 十字丝横丝水平

D. A、B、C 都不是

8. （　　）处与铅垂线垂直。

A. 水平面　　　　B. 参考椭球面　　　　C. 铅垂面　　　　D. 大地水准面

9. 绝对高程的起算面是（　　）。

A. 水平面　　　　　B. 大地水准面　　　　C. 假定水准面　　　　D. 底层室内地面

10. 假设的平均的静止海平面称为（　　）。

A. 基准面　　　　　B. 水准面　　　　　　C. 水平面　　　　　　D. 大地水准面

11. 建筑工程施工测量的基本工作是（　　）。

A. 测图　　　　　　B. 测设　　　　　　　C. 用图　　　　　　　D. 识图

12. 建筑施工图中标注的某部位标高，一般是指（　　）。

A. 绝对高程　　　　B. 相对高程　　　　　C. 高差　　　　　　　D. 基准面高度

13. 地面上有一点 A，任意取一个水准面，则点 A 到该水准面的铅垂距离为（　　）。

A. 绝对高程　　　　B. 海拔　　　　　　　C. 高差　　　　　　　D. 相对高程

14. 水准测量中，设 A 为后视点，B 为前视点，A 尺读数为 2.713m，B 尺读数为 1.401m，已知 A 点高程为 15.000m，则视线高程为（　　）m。

A. 13.688　　　　　B. 16.312　　　　　　C. 16.401　　　　　　D. 17.713

15. 地面点到高程基准面的垂直距离称为该点的（　　）。

A. 相对高程　　　　B. 绝对高程　　　　　C. 高差　　　　　　　D. 标高

16. 水准仪的（　　）与仪器竖轴平行。

A. 视准轴　　　　　B. 圆水准器轴　　　　C. 十字丝横丝　　　　D. 水准管轴

17. 设 A 点后视读数为 1.032m，B 点前视读数为 0.729m，则 A、B 的两点高差为（　　）m。

A. −29.761　　　　B. −0.303　　　　　　C. 0.303　　　　　　　D. 29.761

18. 水准测量中，设 A 为后视点，B 为前视点，A 尺读数为 1.213m，B 尺读数为 1.401m，A 点高程为 21.000m，则视线高程为（　　）m。

A. 22.401　　　　　B. 22.213　　　　　　C. 21.812　　　　　　D. 20.812

19. 在水准仪上（　　）。

A. 没有圆水准器　　　　　　　　　　　　B. 水准管精度低于圆水准器

C. 水准管用于精确整平　　　　　　　　　D. 每次读数时必须整平圆水准器

20. 水准仪精平是调节（　　）使水准管气泡居中。

A. 微动螺旋　　　　B. 制动螺旋　　　　　C. 微倾螺旋　　　　　D. 脚螺旋

21. 有关水准测量注意事项中，下列说法错误的是（　　）。

A. 仪器应尽可能安置在前后两个水准尺的中间部位

B. 每次读数前均应精平

C. 记录错误时，应擦去重写

D. 测量数据不允许记录在草稿纸上

22. 望远镜的视准轴是（　　）。

A. 十字丝交点与目镜光心连线　　　　　　B. 目镜光心与物镜光心的连线

C. 人眼与目标的连线　　　　　　　　　　D. 十字丝交点与物镜光心的连线

23. DJ6 经纬仪的测量精度通常要（　　）DJ2 经纬仪的测量精度。

    A. 等于　　　　　　　　B. 高于　　　　　　　　C. 接近于　　　　　　　　D. 低于

24. 观测水平角时，盘左应（　　）方向转动照准部。

    A. 顺时针　　　　　　　B. 由下而上　　　　　　C. 逆时针　　　　　　　D. 由上而下

25. 相对标高是以建筑物的首层室内主要使用房间的（　　）为零点，用 ±0.000 表示。

    A. 楼层顶面　　　　　　B. 基础顶面　　　　　　C. 基础底面　　　　　　D. 地面

26. 竖直角（　　）。

    A. 只能为正　　　　　　　　　　　　　　　　B. 只能为负

    C. 可能为正，也可能为负　　　　　　　　　　D. 不能为零

27. 经纬仪用光学对中的精度通常为（　　）mm。

    A. 0.05　　　　　　　　B. 1　　　　　　　　　C. 0.5　　　　　　　　D. 3

28. 操作中依个人视力将镜转向明亮背景旋动目镜对光螺旋，使十字丝纵丝达到十分清晰为止的是（　　）。

    A. 目镜对光　　　　　　B. 物镜对光　　　　　　C. 清除视差　　　　　D. 精平

29. 在水准测量中转点的作用是传递（　　）。

    A. 方向　　　　　　　　B. 高程　　　　　　　　C. 距离　　　　　　　D. 角度

30. 在 A（高程为 25.812m）、B 两点间放置水准仪测量，后视 A 点的读数为 1.360m，前视 B 点的读数为 0.793m，则 B 点的高程为（　　）m。

    A. 25.245　　　　　　　B. 26.605　　　　　　　C. 26.379　　　　　　　D. 27.172

31. 经纬仪四条轴线关系，下列说法正确的是（　　）。

    A. 照准部水准管轴垂直于仪器的竖轴　　　　B. 望远镜横轴平行于竖轴

    C. 望远镜视准轴平行于横轴　　　　　　　　D. 望远镜十字竖丝平行于竖盘水准管轴

32. 测回法适用于观测（　　）间的夹角。

    A. 三个方向　　　　　　B. 两个方向　　　　　　C. 三个以上的方向　　D. 一个方向

33. 下列是 AB 直线用经纬仪定线的步骤，其操作顺序正确的是（　　）。

①水平制动扳纽制紧，将望远镜俯向 1 点处；②用望远镜照准 B 点处所立的标志；③在 A 点安置经纬仪，对中、整平；④指挥乙手持的标志移动，使标志与十字丝重合；⑤标志处即为 1 点处，同理可定其他各点。

    A. ①②③④⑤　　　　　　　　　　　　B. ②③④①⑤

    C. ③①②④⑤　　　　　　　　　　　　D. ③②①④⑤

34. 用一根实际长度是 30.010m 的钢尺（名义长度是 30.000m）去施工放样，一座 120m 长的房子，丈量 4 尺后应（　　）。

    A. 返回 0.040m　　　　　　　　　　　　B. 增加 0.040m

    C. 不必增减　　　　　　　　　　　　　　D. 增加多少计算后才能确定

35. 圆水准器轴是圆水准器内壁圆弧零点的（　　）。

    A. 切线　　　　　　B. 法线　　　　　　C. 垂线　　　　　　D. 水平线

36. 水准测量中要求前后视距离相等，其目的是消除（　　）的误差影响。

    A. 水准管轴不平行于视准轴　　　　　　B. 圆水准轴不平行于仪器竖轴

    C. 十字丝横丝不水平　　　　　　　　　D. 圆水准轴不垂直

37. 视准轴是指（　　）的连线。

    A. 物镜光心与目镜光心　　　　　　　　B. 目镜光心与十字丝中心

    C. 物镜光心与十字丝中心　　　　　　　D. 目标光心与目镜光心

38. 在民用建筑的施工测量中，下列不属于测设前的准备工作的是（　　）。

    A. 设立龙门桩　　　B. 平整场地　　　C. 绘制测设略图　　D. 熟悉图纸

39. 下列图是撒出施工灰线依据的是（　　）。

    A. 建筑总平面图　　　　　　　　　　　B. 建筑平面图

    C. 基础平面图和基础详图　　　　　　　D. 立面图和剖面图

40. 测定建筑物构件受力后产生弯曲变形的工作称为（　　）。

    A. 位移观测　　　B. 沉降观测　　　C. 倾斜观测　　　D. 挠度观测

41. 转动微倾螺旋，使水准管气泡严格居中，从而使望远镜的视线处于水平位置称为（　　）。

    A. 粗平　　　　　B. 对光　　　　　C. 清除视差　　　D. 精平

42. 用水平面代替水准面，下面描述正确的是（　　）。

    A. 对距离的影响大　　　　　　　　　　B. 对高差的影响大

    C. 对两者的影响均较大　　　　　　　　D. 对两者的影响均较小

43. 下面关于经纬仪与水准仪操作，说法正确的是（　　）。

    A. 两者均需对中、整平

    B. 两者均需整平，但不需对中

    C. 经纬仪需整平，水准仪需整平和对中

    D. 经纬仪需整平和对中，水准仪仅需整平

44. 已知 AB 点绝对高程是 $H_A = 13.000\text{m}$、$H_B = 14.000\text{m}$，则 H_{AB} 和 H_{BA} 各是（　　）。

    A. 1.000m，−1.000m　　　　　　　　B. −1.000m，1.000m

    C. 1.000m，1.000m　　　　　　　　　D. −1.000m，−1.000m

45. 在距离丈量中衡量精度的方法是用（　　）。

    A. 往返较差　　　B. 相对误差　　　C. 绝对误差　　　D. 闭合差

46. 从观察窗中看到符合水准气泡影像错动间距较大时，需（　　）使水准气泡影像符合。

    A. 转动微倾螺旋　　　　　　　　　　　B. 转动微动螺旋

C. 转动三个螺旋 D. 制动螺旋

47. 消除视差的方法是(　　)使十字丝和目标影像清晰。

A. 转动物镜对光螺旋 B. 转动目镜对光螺旋

C. 反复交替调节目镜及物镜对光螺旋 D. 转动微倾螺旋

48. 水准仪安置符合棱镜的目的是(　　)。

A. 易于观察气泡的居中情况 B. 提高管气泡居中的精度

C. 保护管水准气泡 D. 提供一条水平视线

49. 当经纬仪竖轴与目标点在同一竖面时，不同高度的水平度盘读数(　　)。

A. 相等 B. 不相等 C. 有时不相等 D. 都有可能

50. 用经纬仪观测水平角时，尽量照准目标的底部，其目的是消除(　　)误差对测角的影响。

A. 对中 B. 照准 C. 目标偏离中心 D. 指标差

51. 经纬仪安置时，整平的目的是使仪器的(　　)。

A. 竖轴位于铅垂位置，水平度盘水平 B. 水准管气泡居中

C. 竖盘指标处于正确位置 D. 水平度盘归零

52. 测定一点竖直角时，若仪器高不同，但都瞄准目标同一位置，则所测竖直角(　　)。

A. 一定相同 B. 不同

C. 可能相同也可能不同 D. 不一定相同

53. 关于经纬仪对中、整平，说法有误的是(　　)。

A. 经纬仪对中与整平相互影响

B. 经纬仪对中是使仪器中心与测站点在同一铅垂线上

C. 经纬仪粗平是使圆水准器气泡居中

D. 经纬仪使用脚螺旋使水准管气泡居中

54. 钢尺量距中，定线不准和钢尺未拉直，则(　　)。

A. 定线不准和钢尺未拉直，均使测量结果短于实际值

B. 定线不准和钢尺未拉直，均使测量结果长于实际值

C. 定线不准使测量结果短于实际值，钢尺未拉直使测量结果长于实际值

D. 定线不准使测量结果长于实际值，钢尺未拉直使测量结果短于实际值

55. 下列说法错误的是(　　)。

A. 建筑物的定位是将建筑物的各轴线交点测设于地面上

B. 建筑物的定位方法：原有建筑物定位、建筑方格网定位、规划道路红线定位和测量控制点定位

C. 建筑物的放线是根据已定位的外墙轴线交点桩详细测设出其他各轴线交点的位置

D. 为便于在施工中恢复各轴线的位置，可用轴线控制桩和龙门板方法将各轴线延

　　长至槽外

56. 转动目镜对光螺旋的目的是( )。

A. 看清十字丝　　　B. 看清物像　　　C. 消除视差　　　D. 初步瞄准

57. 产生视差的原因是( )。

A. 观测时眼睛位置不正确　　　　　B. 目镜调焦不正确

C. 前后视距不相等　　　　　　　　D. 物像与十字丝分划板平面不重合

58. 水准测量中,调整微倾螺旋使管水准气泡居中的目的是使( )。

A. 竖轴竖直　　　　　　　　　　　B. 视准轴水平

C. 十字丝横丝水平　　　　　　　　D. 十字丝竖丝竖直

59. 安置光学经纬仪一般需要经过几次( )的循环过程,才能使仪器整平和对中符合要求。

A. 对中—整平　　　　　　　　　　B. 精平—对中

C. 初平—对中—精平　　　　　　　D. 对中—初平—精平

60. 采用设置龙门板法引测轴线时,用钢尺沿龙门板顶面检查轴线钉的间距,其相对误差不应超过( )。

A. 1/1 000　　　B. 1/3 000　　　C. 1/2 000　　　D. 1/4 000

61. 下列是高程测量所用仪器的是( )。

A. 经纬仪　　　B. 水准仪　　　C. 钢尺　　　D. 激光垂直仪

62. 下列是角度测量所用仪器的是( )。

A. 经纬仪　　　B. 水准仪　　　C. 钢尺　　　D. 激光垂直仪

63. 下列是距离测量所用仪器的是( )。

A. 经纬仪　　　B. 水准仪　　　C. 钢尺　　　D. 激光垂直仪

64. 固定龙门板的木桩称为( )。

A. 龙门板　　　B. 龙门桩　　　C. 角桩　　　D. 水平桩

65. 轴线控制桩一般设置在基槽外( )处、打下木桩,桩顶钉上小钉,准确标出轴线位置,并用混凝土包裹木桩。

A. 2～4m　　　B. 4～5m　　　C. 6～8m　　　D. 8～10m

66. 在建筑物四角与隔墙两端,基槽开挖边界线以外( )处,设置龙门桩。龙门桩要钉得竖直、牢固,龙门桩的外侧面应与基槽平行。

A. 2～4m　　　B. 1.5～2m　　　C. 6～8m　　　D. 8～10m

67. 沿龙门桩上( )标高线钉设龙门板,这样龙门板顶面的高程就同在±0的水平面上。然后,用水准仪校核龙门板的高程,如有差错应及时纠正,其允许误差为±5mm。

A. ±0　　　B. ±1mm　　　C. ±2mm　　　D. ±3mm

68. 轴线钉定位误差应小于( )。

A. ±5mm　　　B. ±10mm　　　C. ±15mm　　　D. ±20mm

69. 基础施工结束后，应检查基础面的标高是否符合设计要求（也可检查防潮层）。可用水准仪测出基础面上若干点的高程和设计高程比较，允许误差为（　　）。

    A. ±5mm   B. ±10mm   C. ±15mm   D. ±20mm

70. 内控法是在建筑物内（　　）平面设置轴线控制点，并预埋标志，以后在各层楼板相应位置上预留 200mm×200mm 的传递孔，在轴线控制点上直接采用吊线坠法或激光铅垂仪法，通过预留孔将其点位垂直投测到任一楼层。

    A. ±0.500m   B. ±0.000m   C. ±0.100m   D. ±1.000m

71. 视线高程＝后视点高程＋（　　）。

    A. 后视读数   B. 仪器高   C. 前视读数   D. 高差

72. （　　）是通过观测两点间的水平距离和天顶距（或高度角）求定两点间高差的方法。它观测方法简单，不受地形条件限制，是测定大地控制点高程的基本方法。

    A. 三角高程测量   B. 高程测量

    C. 基平测量   D. 水准测量

73. 沉降观测的特点是（　　）。

    A. 一次性   B. 周期性   C. 随机性   D. 无规律性

74. 水准测量时，尺垫应放置在（　　）上。

    A. 水准点   B. 转点

    C. 土质松软的水准点   D. 需要立尺的所有点

75. 经纬仪的管水准器和圆水准器整平仪器的精确度关系为（　　）。

    A. 管水准精度高   B. 圆水准精度高

    C. 精度相同   D. 不确定

76. 导线测量的外业工作不包括（　　）。

    A. 选点   B. 测角   C. 量边   D. 闭合差调整

77. 建筑物的定位是指（　　）。

    A. 进行细部定位

    B. 将地面上点的平面位置确定在图纸上

    C. 将建筑物外廓的轴线交点测设在地面上

    D. 在设计图上找到建筑物的位置

78. 在建筑物放线中，延长轴线的方法主要有（　　）和轴线控制桩法两种。

    A. 平移法   B. 交桩法   C. 龙门板法   D. 顶管法

二、多项选择题

1. 施工中用于测量两点间水平夹角的常用仪器有（　　）。

    A. 水准仪   B. 经纬仪   C. 测距仪

D. 全站仪　　　　　E. 铅垂仪

2. 水准仪主要由（　　）组成。

A. 基座　　　　　　B. 水准器　　　　　C. 目镜

D. 水平度盘　　　　E. 照准部

3. 测量仪器水准器通常分为（　　）。

A. 圆水准器　　　　B. 方水准器　　　　C. 筒水准器

D. 管水准器　　　　E. 支水准器

4. 导线测量常用的布设形式有（　　）。

A. 闭合导线　　　　B. 附和导线　　　　C. 支导线

D. 循环导线　　　　E. 三角导线

5. 光学经纬仪主要组成部分有（　　）。

A. 水准尺　　　　　B. 照准部　　　　　C. 水平度盘

D. 基座　　　　　　D. 目镜

6. 下列属于导线测量外业工作的是（　　）。

A. 选点　　　　　　B. 测角　　　　　　C. 量边

D. 计算坐标　　　　E. 闭合差调整

7. 下列属于导线测量内业工作的是（　　）。

A. 选点　　　　　　B. 测角　　　　　　C. 量边

D. 计算坐标　　　　E. 闭合差调整

8. 变形观测中位移观测的主要方法有（　　）。

A. 极坐标法　　　　B. 距离交会法　　　C. 角度前方交会法

D. 基准线法　　　　E. 角度交会法

9. 在普通水准测量一个测站上，所读的数据有（　　）。

A. 前视读数　　　　B. 后视读数　　　　C. 上视读数

D. 下视读数　　　　E. 中视读数

10. 为了限制误差的累积和传播，保证施工和测图的精度及速度，测量工作必须遵循（　　）的原则。

A. 由低级到高级　　B. 先控制后碎部　　C. 从整体到局部

D. 由复杂到简单　　E. 从局部到整体

11. 经纬仪的技术操作包括仪器安置、（　　）读数等工作。

A. 对中　　　　　　B. 整平　　　　　　C. 精平

D. 照准　　　　　　E. 粗平

12. 在 AB 两点之间进行水准测量，得到满足精度要求的往、返测高差为 $h_{AB}=+0.005\text{m}$，$h_{BA}=-0.009\text{m}$。已知 A 点高程 $H_A=417.462\text{m}$，则（　　）。

A. B 点的高程为 417.460m　　　　　　B. B 点的高程为 417.469m

C. 往、返测高差闭合差为 +0.014m　　　D. *B* 点的高程为 417.467m

E. 往、返测高差闭合差为 −0.004m

13. 用钢尺进行直线丈量，应（　　）。

A. 尺身放平　　　　　　　　　　　　B. 确定好直线的坐标方位角

C. 丈量水平距离　　　　　　　　　　D. 目估或用经纬仪定线

E. 进行往返丈量

14. 我国国家规定以山东青岛市验潮站所确定的黄海的常年平均海水面，作为我国计算高程的基准面。陆地上任何一点到此大地水准面的铅垂距离，称为（　　）。

A. 高程　　　　　B. 标高　　　　　C. 海拔

D. 高差　　　　　E. 高度

15. 水准仪是测量高程、建筑标高用的主要仪器。水准仪主要由（　　）几部分构成。

A. 望远镜　　　　B. 水准器　　　　C. 照准部

D. 基座　　　　　E. 刻度盘

16. 经纬仪的安置主要包括（　　）几项内容。

A. 初平　　　　　B. 定平　　　　　C. 精平

D. 对中　　　　　E. 复核

17. 全站仪的测距模式有（　　）几种。

A. 精测模式　　　B. 夜间模式　　　C. 跟踪模式

D. 粗测模式　　　E. 红外线模式

18. 建筑物的定位是根据所给定的条件，经过测量技术的实施，把房屋的空间位置确定下来的过程，常用的房屋定位方法有（　　）。

A. "红线"定位法　B. 方格网定位法　C. 平行线定位法

D. GPS 定位法　　E. 轴线定位法

19. 房屋的定位过程中，主轴线的桩位定好之后，应（　　）。

A. 把这些桩点向外延伸出 2~4m，再定下控制桩的桩点

B. 立即定下控制桩的桩点

C. 控制桩的桩点应用混凝土包围成墩

D. 控制桩的桩点应用油漆涂成红色

E. 控制桩的桩点应用永久性保护

20. 高差是指（　　）。

A. 高程之差　　　　　　　　　　　　B. 高程和建筑标高之间的差

C. 两点之间建筑标高之差　　　　　　D. 两栋不同建筑之间的标高之差

E. 两栋建筑高度之差

21. 水准测量中操作不当引起的误差有（　　）。

A. 视线不清　　　B. 调平不准　　　C. 持尺不垂直

D. 读数不准　　　　E. 记录有误

22. 水准测量中误差的校核方法有（　　）。

A. 返测法　　　　B. 闭合法　　　　C. 测回法

D. 附合法　　　　E. 逆测法

23. 经纬仪的安置主要包括（　　）内容。

A. 照准　　　　B. 定平　　　　C. 观测

D. 对中　　　　E. 读数

24. 经纬仪观测误差的仪器因素有（　　）。

A. 使用年限过久　　B. 检测维修不完善　　C. 支架下沉

D. 对中不认真　　　E. 调平不准

25. 经纬仪可以测量（　　）。

A. 磁方位角　　　　B. 水平角　　　　C. 水平方向值

D. 竖直角　　　　E. 水平距离

26. 水准测量中，使前后视距大致相等，可以消除或削弱（　　）。

A. 水准管轴不平行视准轴的误差　　　　B. 地球曲率产生的误差

C. 估读数差　　　　D. 阳光照射产生的误差

E. 大气折光产生的误差

27. 测量的基准面是（　　）。

A. 大地水准面　　　B. 水准面　　　　C. 水平面

D. 1985 年国家大地坐标系　　　　E. 海平面

28. 砖混结构施工测量放线时，在墙体轴线检查无误后，在（　　）放出门窗口位置，标出尺寸及型号。

A. 防潮层面上　　　B. 基础垫层面上　　C. 基础墙外侧

D. 基础墙内侧　　　E. 基础圈梁外侧

29. 坐标是测量中用来确定地面上物体所在位置的准线，坐标分为（　　）。

A. 平面直角坐标　　B. 笛卡尔坐标　　　C. 世界坐标

D. 空间直角坐标　　E. 局部坐标

30. 水准尺是水准测量时使用的标尺，常用的水准尺有（　　）几种。

A. 整尺　　　　B. 折尺　　　　C. 塔尺

D. 直尺　　　　E. 曲尺

31. 精密水准仪主要用于国家（　　）等水准测量和高精度的工程测量中。

A. 一　　　　B. 二　　　　C. 三

D. 四　　　　E. 五

32. 电子水准测量目前的测量原理有（　　）几种。

A. 相关法　　　　B. 几何法　　　　C. 相位法

D. 光电法　　　　　E. 数学法

33. 经纬仪目前主要有光学经纬仪和电子经纬仪两大类，工程建设中常用的光学经纬仪是（　　）几种。

A. DJ07　　　　　B. DJ2　　　　　C. DJ6

D. DJ15　　　　　E. DJ25

34. 全站型电子速测仪简称全站仪，它包含有测量的（　　）几种光电系统。

A. 水平角测量系统　　　　　　　B. 竖直角测量系统

C. 水平补偿系统　　D. 测距系统　　E. 光电系统

三、判断题

1. 水准仪的视准轴应平行于水准器轴。　　　　　　　　　　　　　（　　）

2. 水准仪的仪高是指望远镜的中心到地面的铅垂距离。　　　　　　（　　）

3. 在某次水准测量过程中，A 测点读数为 1.432m，B 测点读数为 0.832m，则实际地面 A 点高。　　　　　　　　　　　　　　　　　　　　　　　　　　（　　）

4. 测量学的任务主要有测定和测设两方面内容。　　　　　　　　　（　　）

5. 观测值与真值之差称为观测误差。　　　　　　　　　　　　　　（　　）

6. 在进行水准测量前，即抄平前要将水准仪安置在适当位置，一般选在观测两点其中一点附近，并没有遮挡视线的障碍物。　　　　　　　　　　　　　（　　）

7. 尺的端点均为零刻度。　　　　　　　　　　　　　　　　　　　（　　）

8. 仪器精平后，应立即用十字丝的中横丝在水准尺上进行读数，读数时应从下往上读，即从大往小读。　　　　　　　　　　　　　　　　　　　　　　（　　）

9. 精密水准仪主要用于国家三等、四等水准测量和高精度的工程测量中，例如建筑物沉降观测，大型精密设备安装等测量工作。　　　　　　　　　　　　（　　）

10. 建筑总平面图是施工测设和建筑物总体定位的依据。　　　　　（　　）

11. 恢复定位点和轴线位置方法有设置轴线控制桩和龙门板两种方法。（　　）

12. 在多层建筑物施工过程中，各层墙体的轴线一般用吊垂球方法测设。（　　）

13. 钢结构建筑物测设精度应高于混凝土结构建筑物。　　　　　　（　　）

14. 高程是陆地上任何一点到大地水准面的铅垂距离。　　　　　　（　　）

15. 竖直角是指在同一竖向平面内某方向的视线与水平线的夹角。　（　　）

16. 作为控制建筑物位置的"红线"是指根据城市规划建筑物只能在此线一侧，一般不能超越线外，特殊情况下可以踩压"红线"。　　　　　　　　　　　（　　）

17. 根据建筑总平面图到现场进行草测，草测的目的是核对总图上理论尺寸与现场实际是否有出入、现场是否有其他障碍物等。　　　　　　　　　　　（　　）

18. 钢筋混凝土框架结构施工放线时，一般支架经纬仪在房屋中部的控制桩上，对中、调平后从第一根柱基开始转镜观测到最后一根柱基，其轴线均在一条线上无偏离视准轴的为合格。   （ ）

19. 高层建筑由于层数较多、高度较高、施工场地狭窄，故在施工过程中，对于垂直度偏差、水平度偏差及轴线尺寸偏差都必须严格控制。   （ ）

20. 工业厂房安装柱子时，柱子垂直校正应先瞄准柱子中心线的底部，然后固定照准部，再仰视柱子中心线顶部。   （ ）

四、案例分析

某地铁将通过正在施工的住宅小区工地，该工地地质条件比较差。目前工地基坑的开挖已完成，正进行工程桩的施工。先观测到该住宅小区周边较大范围内地面有明显沉降。地铁采用盾构施工，从工程桩中间穿过，两者最近距离为 1.5~1.8m。由于地铁的施工可能会引起周边土体、工程桩位移以及周边地面、建筑物的沉降。因此，在采取相关的加固工程措施的同时，应进行变形监测，以确保周边建筑物的安全。

1. 建筑物的变形包括（   ）。

A. 沉降   B. 倾斜   C. 裂缝

D. 位移   E. 角度

2. 建筑物的变形观测能否达到预定目的要受到很多因素的影响，其中最基本的因素有（   ）。

A. 变形测量点的布设   B. 变形测量的精度

C. 天气和环境   D. 变形测量的方法

E. 变形测量的频率

3. 对于变形测量点的布设，每个工程至少应有（   ）个稳固可靠的点作为基准点。

A. 2   B. 3   C. 4   D. 5

4. 在民用建筑中，沉降观测点是均匀布置的，一般沿建筑物四周每隔（   ）设一点。

A. 5~10m   B. 10~15m   C. 15~20m   D. 20~25m

5. 沉降观测多采用水准测量的方法，多层建筑物的沉降观测用普通水准测量的方法进行，高层建筑物的沉降观测用（   ）的方法进行。

A. 一等水准测量   B. 二等水准测量

C. 三等水准测量   D. 四等水准测量

6. 对于沉降观测，其水准路线应为（   ）。

A. 闭合水准路线   B. 支水准路线

C. 附合水准路线   D. 管水准路线

7. 建筑物倾斜观测常采用的方法有（   ）。

A. 水准仪观测法   B. 经纬仪观测法

C. 全站仪观测法   D. 钢尺观测法

E. 悬挂垂球法

8. 根据平面控制点测定建筑物的平面位置随时间移动的大小及方向的工作，称为（   ）。

A. 沉降观测   B. 倾斜观测

C. 裂缝观测   D. 位移观测

【参考答案】

一、单项选择题

1. A	2. C	3. B	4. D	5. A	6. A	7. B	8. D	9. B	10. D
11. B	12. B	13. D	14. D	15. D	16. B	17. C	18. B	19. C	20. C
21. C	22. B	23. D	24. A	25. D	26. C	27. B	28. A	29. B	30. C
31. A	32. B	33. D	34. A	35. B	36. A	37. C	38. A	39. C	40. D
41. D	42. B	43. D	44. A	45. B	46. A	47. A	48. A	49. A	50. B
51. A	52. B	53. A	54. B	55. A	56. A	57. D	58. B	59. C	60. C
61. B	62. A	63. C	64. B	65. A	66. B	67. A	68. A	69. B	70. B
71. A	72. A	73. B	74. B	75. A	76. D	77. C	78. C		

二、多项选择题

1. BD	2. ABC	3. AD	4. ABC	5. BCD
6. ABC	7. DE	8. CD	9. AB	10. BC
11. ABD	12. BE	13. ACDE	14. AC	15. ABD
16. BD	17. ACD	18. ABC	19. AC	20. AC
21. BC	22. ABD	23. ABCD	24. AB	25. ABD
26. AB	27. AD	28. AC	29. AD	30. ABCD
31. AB	32. ABC	33. BC	34. ABCD	

三、判断题

1. ×	2. ×	3. ×	4. √	5. √	6. ×	7. √	8. ×	9. ×	10. √
11. √	12. √	13. √	14. √	15. ×	16. ×	17. √	18. ×	19. √	20. √

四、案例分析题

1. ABCD	2. ABE	3. B	4. B	5. B
6. A	7. ABE	8. D		

参考文献

[1] JC/T 481—2013. 建筑消石灰［S］. 工业和信息化部，2013.

[2] 建筑生石灰［S］JC/T 479—2013，工业和信息化部.

[3] 建筑石膏［S］（GB/T 9776—2008），国家质监总局、国家标准化管委会.

[4] 水泥的命名、定义和术语［S］（GB/T 4131—1997）.

[5] 通用硅酸盐水泥［S］（GB 175—2007），国家质监总局、国家标准化管委会.

[6] 水泥取样方法［S］（GB/T 12573—2008），国家质监总局、国家标准化管委会.

[7] 混凝土质量控制标准［S］（GB 50164—2011），住建部、国家质监总局.

[8] 混凝土强度检验评定标准［S］（GB/T 50107—2102），住建部、国家质监总局.

[9] 预拌混凝土［S］（GB/T 14902—2012），国家质监总局、国家标准化管委会.

[10] 建设用砂［S］（GB/T 14684—2011），国家质监总局、国家标准化管委会.

[11] 建设用卵石、碎石［S］（GB/T14685—2011），国家质监总局、国家标准化管委会.

[12] 普通混凝土用砂、石质量及检验方法标准［S］（JGJ 52—2006），建设部.

[13] 海砂混凝土应用技术规范［S］（JGJ 206—2010），住建部.

[14] 建筑砂浆基本性能试验方法标准［S］（JGJ/T 70—2009），住建部.

[15] 砌筑砂浆配合比设计规程［S］（JGJ/T 98—2010），住建部.

[16] 预拌砂浆［S］（GB/T 25181—2010），国家质监总局、国家标准化管委会.

[17] 预拌砂浆应用技术规程［S］（JGJ/T 223—2010），住建部.

[18] 建筑用砌筑和抹灰干混砂浆［S］（JG/T 291—2011），住建部.

[19] 烧结普通砖［S］（GB 5101—2003），国家质监总局.

[20] 烧结多孔砖和多孔砌块［S］（GB 13544—2011），国家质监总局、国家标准化管委会.

[21] 烧结空心砖和空心砌块［S］（GB 13545—2014），国家质监总局、国家标准化管委会.

[22] 墙体材料术语［S］（GB/T 18968—2003）.

[23] GB 1499.1—2008，钢筋混凝土用钢　第1部分：热轧光圆钢筋［S］.

[24] GB 1499.2—2007，钢筋混凝土用钢　第2部分：热轧带肋钢筋［S］.

[25] GB/T 14981—2009，热轧圆盘条尺寸、外形、重量及允许偏差 [S].

[26] GB 13788—2008，冷轧带肋钢筋 [S].

[27] GB 13014—2013，钢筋混凝土用余热处理钢筋 [S].

[28] GB/T 20065—2006，预应力混凝土用螺纹钢筋 [S].

[29] GB/T 1591—2008，低合金高强度结构钢 [S].

[30] GB 18242—2008，弹性体改性沥青防水卷材 [S].

[31] GB 18243—2008，塑性体改性沥青防水卷材 [S].

[32] GB 23441—2009，自黏聚合物改性沥青防水卷材 [S].

[33] GB/T 19250—2013，聚氨酯防水涂料 [S].

[34] GB/T 23445—2009，聚合物水泥防水涂料.

[35] GB/T 26510—2011，防水用塑性体改性沥青 [S].

[36] GB/T 26528—2011，防水用弹性体（SBS）改性沥青 [S].

[37] GB 50352—2005，民用建筑设计通则 [S].

[38] GB 50016—2014，建筑设计防火规范 [S].

[39] GB/T 50001—2010，房屋建筑制图统一标准 [S].

[40] GB/T 50104—2010，建筑制图标准 [S].

[41] 张祥东.理论力学 [M].重庆：重庆大学出版社，2011.

[42] 同济大学航空航天与力学学院基础力学教学研究部.材料力学 [M].第二版.
上海：同济大学出版社，2015.

[43] 穆能伶，陈栩.新编力学教程 [M].北京：机械工业出版社，2008.

[44] GB/T 50001—2010，房屋建筑制图统一标准 [S].

[45] GB 50009—2012，建筑结构荷载规范 [S].

[46] GB 50010—2010，混凝土结构设计规范 [S].

[47] GB 50003—2011，砌体结构设计规范 [S].

[48] GB 50011—2010，建筑抗震设计规范 [S].

[49] 东南大学，天津大学，同济大学等.混凝土结构 上册 混凝土结构设计原理
[M].北京：中国建筑工业出版社，2012.

[50] 杨太生.建筑结构基础与识图 [M].北京：中国建筑工业出版社，2013.

[51] 中国建筑标准设计研究院.混凝土结构施工图平面整体表示方法制图规则和
构造详图（现浇混凝土框架、剪力墙、梁、板）[Z].11G101—1.北京：中
国计划出版社，2011.

[52] GB 50026—2007，工程测量规范 [S].